应用运筹学教材教辅丛书

连续最优化高级教程

第三卷　应用与实践

An Advanced Course on Continuous Optimization

Volume III　Application and Practice

刘　进　刘　煜　朱　承

马满好　祝江汉　李海峰

编　著

国防科技大学出版社

·长沙·

内容简介

本书主要介绍连续最优化在多个领域的应用与实践,包括函数逼近、正则化、统计估计、实验设计、距离角度、极值椭球、机器学习的各类回归模型、支持向量机模型以及核函数模型等。本书的特色在于：一是精确，全书采用了大量的数学符号来辅助行文表述，每一个定义、定理的条件交代清晰；二是丰富，全书包含了连续最优化相对全面和精华的应用；三是详细，书中的几乎每一条定理都给出了详细证明，每一个例子都给出了详细的计算。本书严谨规范，可作为系统、信息、管理、数学和控制等专业研究生课程的教材和相关专业科研工作者的参考材料。

图书在版编目（CIP）数据

连续最优化高级教程. 第三卷，应用与实践 / 刘进等编著. — 长沙：国防科技大学出版社，2017. 10

ISBN 978-7-5673-0505-2

Ⅰ. ①连… Ⅱ. ①刘… Ⅲ. ①连续化—最佳化—教材 Ⅳ. ①O224

中国版本图书馆CIP数据核字(2017)第225092号

连续最优化高级教程

LIANXU ZUI YOUHUA GAOJI JIAOCHENG

第三卷　应用与实践

DI-SAN JUAN　YINGYONG YU SHIJIAN

国防科技大学出版社出版发行

电话：(0731)84572640　邮政编码：410073

http://www.gfkdcbs.com

责任编辑：刘璟珺　责任校对：袁　媛

新华书店总店北京发行所经销

国防科技大学印刷厂印装

*

开本：787×1092　1/16　印张：19　字数：451千

2017年10月第1版第1次印刷　印数：1—500册

ISBN 978-7-5673-0505-2

定价：42.00元

前言

最优化的理论和方法已经渗透到多个领域。按照优化模型可行域的稠密程度，可将最优化划分为连续最优化和离散最优化。连续最优化进一步可细分为线性优化、凸优化和非线性优化三个主要部分。关于连续最优化，作者按照原理与模型、算法与算例、应用与实践、习题与解答的思路写成四卷，本书是第三卷，重点介绍应用与实践。

本书共二十三章，分为七个部分。第一部分由第1章构成，主要介绍了本书所需要的基本数学知识，概括为八大结构。第二部分是第2章到第5章，主要介绍连续最优化在函数逼近论中的应用，具体包括范数逼近、正则化和鲁棒逼近等。第三部分从第6章到第9章，聚焦统计估计中的一些内容，特别是最大似然估计、最大后验估计和各种概率定界。第四部分从第10章到13章，主要介绍如何将一些几何例如投影、距离、角度、内接、覆盖等问题转化为连续优化模型。第五部分从第14章到第18章，主要介绍了机器学习中在特定函数空间例如线性函数、二次函数、高次函数和凸函数空间中的监督回归学习。第六部分从第19章到第21章，主要介绍了支持向量机的模型和性质；作为支持向量机的一种推广，本书的第22、23两章介绍了核函数的模型和性质，此为本书的第七部分。

本书的主要特色有三：一是精确，全书采用了大量的数学符号来辅助行文表述，每一个定义、定理、例子的条件交代非常清晰；二是丰富，全书包含了连续最优化相对全面和精华的内容，定义多、定理多、例子多；三是详细，书中的几乎每一条定理都给出了详细证明，每一个例子都给出了详细的计算。

本书由国防科技大学信息系统与管理学院和中南大学地球科学与信息物理学院多位作者联合完成。第1章到第12章、第18章到第23章由刘进完成；第13章由祝江汉完成，第14章由马满好完成，第15章由朱承完成，第16章由李海峰完成，第17章由刘煜完成；全书由刘进统稿。

本书的出版得到了国防科技大学信息系统与管理学院查亚兵院长、伍泛江政委等多位领导和同事的关心，在此表示感谢。特别感谢陈英武教授，与本教材对应的课程《线性优化与凸优化》的开设得到了陈教授的大力支持；

特别感谢李国辉教授，作为学校教学督导组的专家，为本书的内容选择提供了宝贵意见。

本书的出版得到国防科技大学研究生教育教学改革课题“面向研究生定量对抗思维能力培养的博弈论课程系列建设研究”（编号yjsy2017023）的资助。

限于作者水平有限，书中难免有不足之处，请各位专家批评指正。

刘 进

2017年7月于长沙

目　录

第1章

各类数学结构

本章首先介绍全书所需要的基本数学知识，包括线性结构、矩阵结构、度量结构、范数结构、内积结构、微分结构、概率结构以及二次结构。

1.1 线性结构

对于线性空间，我们已有一些直观的印象，比如平面上经过原点的直线，三维欧式空间中经过原点的平面等。按照法国布尔巴基学派的学术观点，在数学上，线性空间是满足一些公理的结构，虽然按照这样的观点理解线性空间会丧失一些几何的直观，但是却在理论和应用上实现了提升。

定义1.1 假设$\mathbf{R}$为实数域，V是一个集合，如果在$V \times V \to V$, $\mathbf{R} \times V \to V$上分别定义了一种加法运算和一种数乘运算，且满足如下性质:

(1) $\forall x, y \in V, x + y \in V$;

(2) $\forall x, y \in V, x + y = y + x$;

(3) $\forall x, y, z \in V, (x + y) + z = x + (y + z)$;

(4) $\exists 0 \in V$, s.t., $\forall x \in V, 0 + x = x$;

(5) $\forall x \in V, \exists y \in V$, s.t., $x + y = 0$;

(6) $\forall \alpha \in \mathbf{R}, \forall x \in V, \alpha x \in V$;

(7) $\forall \alpha \in \mathbf{R}, x, y \in V, \alpha(x + y) = \alpha x + \alpha y$;

(8) $\forall \alpha, \beta \in \mathbf{R}, (\alpha + \beta)x = \alpha x + \beta x$;

(9) $\forall \alpha, \beta \in \mathbf{R}, (\alpha\beta)x = \alpha(\beta x)$;

(10) $\forall x \in V, 1x = x$,

则称V是$\mathbf{R}$上的线性空间。实数域$\mathbf{R}$称为线性空间V的系数域，$\mathbf{R}$中的元素称为数量，V中的元素称为向量。

例1.1 实数域$\mathbf{R}$上次数小于n的多项式形式全体

$$a_0 + a_1 x + \cdots + a_{n-1} x^{n-1}, a_i \in \mathbf{R}, i = 0, \cdots, n-1.$$

是实数域$\mathbf{R}$上的线性空间。

例1.2 实数域$\mathbf{R}$上的连续实变函数全体按照如下定义的加法和数乘构成$\mathbf{R}$上的线性空间

$$f, g\text{:}\ \mathbf{R} \to \mathbf{R}, (f + g)(x) = f(x) + g(x), (\alpha f)(x) = \alpha f(x), \alpha \in \mathbf{R}.$$

例1.3 实数域$\mathbf{R}$上的多项式全体构成线性空间。

命题1.1 线性空间具有性质：

(1) 零元素$0\in V$是唯一的;

(2) V中任意元素x的负元素是唯一的，记为$-x$;

(3) $\alpha x=0$当且仅当$\alpha=0$或者$x=0$;

(4) $(-\alpha)x=\alpha(-x)=-\alpha x$;

(5) $\alpha(\sum\limits_{i=1}^{n}x_i)=\sum\limits_{i=1}^{n}\alpha x_i$，$(\sum\limits_{i=1}^{n}\alpha_i)x=\sum\limits_{i=1}^{n}\alpha_i x$.

定义1.2 假设V是实数域$\mathbf{R}$上的线性空间，$\{x_1,\cdots,x_r\}$是V中的向量。V中的向量x称为向量$\{x_1,\cdots,x_r\}$的线性组合是指x可以写为

$$x=\alpha_1x_1+\cdots+\alpha_rx_r,\alpha_1,\cdots,\alpha_r\in\mathbf{R}.$$

这也称为x可由$\{x_1,\cdots,x_r\}$线性表达。

定义1.3 假设V是实数域$\mathbf{R}$上的线性空间，$S\subset V$是V中的向量组，$x\in V$称为S的线性组合(线性表达、线性生成)是指x可由S中的某有限多个向量线性表达。

定义1.4 假设V是实数域$\mathbf{R}$上的线性空间，$S_1\subset V$，$S_2\subset V$是V中的两个向量组，若S_2中的任一向量可由S_1线性表达，则称S_2可由S_1线性表达，若S_1与S_2可以相互线性表达，则称S_1与S_2线性等价。

定义1.5 假设V是实数域$\mathbf{R}$上的线性空间，$S\subset V$是V中的向量组，若V可由S线性表达，则称S是V的生成元系。若V有一个有限的生成元系，则称V是有限生成的。

定义1.6 假设V是实数域$\mathbf{R}$上的线性空间，$\{x_1,\cdots,x_r\}$是V中的向量，如果存在不全为0的实数$\alpha_1,\cdots,\alpha_r$使得

$$\alpha_1x_1+\cdots+\alpha_rx_r=0,$$

那么称$\{x_1,\cdots,x_r\}$是线性相关的。若$\{x_1,\cdots,x_r\}$不是线性相关的，则称其为线性无关或者线性独立，也就是说由方程

$$\alpha_1x_1+\cdots+\alpha_rx_r=0$$

可以推出$\alpha_1=\cdots=\alpha_r=0$. 一个具有无限多个元素的向量组$S\subset V$线性相关是指其某有限部分线性相关，否则称为线性无关。

命题1.2 假设V是实数域$\mathbf{R}$上的线性空间。一个向量x线性相关当且仅当$x=0$。有两个以上向量的向量组线性相关，当且仅当其中一个向量可以表达为其余向量的线性组合。$\{x_1,\cdots,x_r\}$线性相关当且仅当存在某个$x_i,1\leqslant i\leqslant r$可由$\{x_1,\cdots,x_{i-1},x_{1+1},\cdots,x_r\}$线性表达。若向量组$\{x_1,\cdots,x_r\}$线性无关，且可由向量组$\{y_1,\cdots,y_s\}$线性表达，则$r\leqslant s$。

定义1.7 假设V是实数域$\mathbf{R}$上的线性空间，$S\subset V$是一个向量组，称$S_M\subset S$是S的极大线性无关组，如果满足：S_M是线性无关的；S可由S_M线性表达。S_M中元素的个数或者基数称为S的秩，由S唯一决定，记为$\mathrm{r}(S)$或者$\mathrm{rank}(S)$.

命题1.3 假设V是实数域$\mathbf{R}$上的线性空间，$S_1\subset V$，$S_2\subset V$是V中的两个向量组，若S_2可由S_1线性表达，则$\mathrm{r}(S_2)\leqslant\mathrm{r}(S_1)$，线性等价的两个向量组具有相同的秩。

定义1.8 假设V是实数域$\mathbf{R}$上的线性空间，V的极大线性无关组称为V的基，其秩称为V的维数，记为$\dim(V)$.

命题1.4 假设V是n维线性空间，则V中任意的n个线性无关的向量必定构成基，V中任意能线性表达出V的n个向量必定构成基。

定义1.9 假设V是n维线性空间，$\{x_1,\cdots,x_n\}$是基，$x\in V$且表达为

$$x=\alpha_1x_1+\cdots+\alpha_nx_n=(x_1,\cdots,x_n)\begin{pmatrix}\alpha_1\\ \vdots\\ \alpha_n\end{pmatrix}=(\alpha_1,\cdots,\alpha_n)\begin{pmatrix}x_1\\ \vdots\\ x_n\end{pmatrix}$$

则称$(\alpha_1,\cdots,\alpha_n)$为基$\{x_1,\cdots,x_n\}$之下的坐标行，$(\alpha_1,\cdots,\alpha_n)^{\mathrm{T}}$为坐标列。

定义1.10 假设V是实数域$\mathbf{R}$上的线性空间，W是V的非空子集合，若W在原有V中加法和数乘运算下是$\mathbf{R}$上的线性空间，则称W是V的子空间。

定义1.11 对于V的子集合S，由S线性生成的子空间称为由S张成的子空间，记为$\mathrm{span}(S)$，当$S=\{x_1,\cdots,x_r\}$为有限集合时，

$$\mathrm{span}(S)=\mathrm{span}\{x_1,\cdots,x_r\}=\mathbf{R}x_1+\cdots+\mathbf{R}x_r.$$

命题1.5 假设V是实数域$\mathbf{R}$上的线性空间，W是V的子空间当且仅当W对加法和数乘封闭，即$\forall x,y\in W,\forall\alpha\in\mathbf{R},x+y\in W,\alpha x\in W$。

对于线性空间而言，保持结构的映射是一种重要的分类工具。

定义1.12 假设V_1和V_2是实数域$\mathbf{R}$上的两个线性空间，若映射

$$\phi:\ V_1\to V_2$$

满足

$$\phi(\alpha x+\beta y)=\alpha\phi(x)+\beta\phi(y),\forall x,y\in V_1,\alpha,\beta\in\mathbf{R},$$

则称ϕ为线性映射，特别地，当$V_2=\mathbf{R}$时，ϕ称为线性函数，线性空间V到自身的线性映射ϕ称为线性变换。

定义1.13 假设V_1和V_2是实数域$\mathbf{R}$上的两个线性空间，若映射ϕ：$V_1\to V_2$是线性映射，称

$$\ker(\phi)=\{x\,|x\in V_1,\phi(x)=0\}$$

是映射ϕ的核，核的维数称为ϕ的零度。对于空间V_2中的任一向量$y\in V_2$，称

$$\phi^{-1}(y)=\{x\,|x\in V_1,\phi(x)=y\}$$

为y的原象，称

$$\mathrm{Im}(\phi)=\phi(V_1)=\{\phi(x)\,|x\in V_1\}$$

为像空间。像空间$\phi(V_1)$的维数称为ϕ的秩。

容易证明，线性映射具有下面的简单性质。

命题1.6 假设V_1和V_2是实数域$\mathbf{R}$上的两个线性空间，若映射ϕ：$V_1\to V_2$是线性映射，则满足：

(1) $\phi(0)=0,\phi(\sum\limits_{i=1}^{m}\alpha_ix_i)=\sum\limits_{i=1}^{m}\alpha_i\phi(x_i)$;

(2) 若$\{x_1,\cdots,x_m\}\in V_1$线性相关,则$\{\phi(x_1),\cdots,\phi(x_m)\}$线性相关;

(3) $\forall y\in V_2,\phi^{-1}(y)=x_0+\ker\phi$,此处$\phi(x_0)=y$;

(4) ϕ是单射当且仅当$\ker\phi=0,\phi$是满射当且仅当$\mathrm{Im}\phi=V_2$;

(5) 若$\{x_1,\cdots,x_n\}$是V_1的基, 则$\{\phi(x_1),\cdots,\phi(x_n)\}$生成$\mathrm{Im}\phi$.

定义1.14 设f：$S_1\to S_2, g$：$S_2\to S_3$分别是集合S_1到S_2和S_2到S_3的映射，则f与g的复合记为gf，定义为

$$gf: S_1\to S_3, gf(x)=g(f(x)), \forall x\in S_1.$$

定义1.15 设ϕ：$V_1\to V_2$是实数域$\mathbf{R}$上线性空间V_1到V_2的线性映射，若ϕ是双射，则称ϕ为同构，且称V_1与V_2是同构的，记为$V_1\cong V_2$。线性空间V到自身的同构映射ϕ：$V\to V$ 称为自同构。

命题1.7 线性映射的复合仍然为线性映射。若ϕ：$V_1\to V_2$是线性空间的同构，则其逆映射ϕ^{-1}：$V_2\to V_1$也是同构，若ϕ：$V_1\to V_2,\varphi$：$V_2\to V_3$ 均为线性空间的同构，则复合映射$\varphi\phi$：$V_1\to V_3$也是同构。

定理1.1 假设ϕ：$V_1\to V_2$是线性空间的同构映射，$\{x_1,\cdots,x_r\}$是空间V_1中的向量组，则$\{\phi(x_1),\cdots,\phi(x_r)\}$线性相关当且仅当$\{x_1,\cdots,x_r\}$线性相关。进一步，若$\{x_1,\cdots,x_n\}$是$V_1$的基，则$\{\phi(x_1),\cdots,\phi(x_n)\}$是$V_2$的基，$\dim(V_1)=\dim(V_2)$.

定理1.2 实数域$\mathbf{R}$上的任意n维线性空间同构于实数域$\mathbf{R}$上的n维数组空间$\mathbf{R}^n$. 特别地，实数域$\mathbf{R}$上两个有限维线性空间同构当且仅当二者维数相等。

定理1.3 设$\mathcal{A}$为实数域上线性空间V的线性变换，在V中取定基$\alpha_1,\cdots,\alpha_n$之后，以$\mathcal{A}\alpha_1,\cdots,\mathcal{A}\alpha_n$的坐标列为列作矩阵$A$，即

$$\mathcal{A}(\alpha_1,\cdots,\alpha_n)=(\alpha_1,\cdots,\alpha_n)A,$$

则对任意的$\alpha\in V,\beta=\mathcal{A}\alpha$当且仅当

$$y=Ax,$$

其中x,y分别为α,β的坐标列，A称为$\mathcal{A}$的方阵表示。

定理1.4 设V是实数域上的线性空间，$\mathcal{A}$是V的线性变换，设$\mathcal{A}$在V的基$\alpha_1,..,\alpha_n$和$\bar{\alpha}_1,..,\bar{\alpha}_n$下的方阵表示分别为$A,B$，而$(\bar{\alpha}_1,\cdots,\bar{\alpha}_n)=(\alpha_1,\cdots,\alpha_n)P$，则

$$B=P^{-1}AP.$$

定义1.16 若方阵A,B满足：$B=P^{-1}AP$，其中P是实数域上的可逆方阵，则称方阵A,B在实数域上是相似的。

定理1.5 设V为实数域上的n维线性空间，V上的线性变换全体$\mathrm{End}(V)$对如下运算是线性空间，且与n阶方阵空间同构

$$\mathrm{End}(V)\cong M_n(\mathbf{R}).$$

$\forall\mathcal{A},\mathcal{B}\in\mathrm{End}(V),\ \lambda\in\mathbf{R}$，运算为

$$(\mathcal{A}\mathcal{B})(\alpha)=\mathcal{A}(\mathcal{B}(\alpha)),$$
$$(\mathcal{A}+\mathcal{B})(\alpha)=\mathcal{A}(\alpha)+\mathcal{B}(\alpha),$$
$$(\lambda\mathcal{A})(\alpha)=\lambda(\mathcal{A}(\alpha)).$$

假设**R**是实数域，考虑线性方程组

$$\begin{cases} a_{11}x_1 + a_{12}x_2 + \cdots + a_{1n}x_n = b_1, \\ \quad\vdots \\ a_{m1}x_1 + a_{m2}x_2 + \cdots + a_{mn}x_n = b_m. \end{cases}$$

其中$a_{ij} \in \mathbf{R}$称为方程组的系数，$b_i \in \mathbf{R}$称为常数项，$\{x_1, \cdots, x_n\}$称为未知元。此方程组称为实数域**R**上的n变元m个方程的方程组。$m \times n$ 矩阵$A = (a_{ij})$称为系数矩阵。此方程组可以记为

$$Ax = b,$$

其中$x = (x_1, \cdots, x_n)^{\mathrm{T}}$为未知元列，$b = (b_1, \cdots, b_m)^{\mathrm{T}}$为常数项列。

对方程组的初等变换是指以下三种方程组的变形：

(1) 交换两个方程的位置；

(2) 用非零常数$\lambda \in \mathbf{R}$ 乘以某个方程的两边；

(3) 把一个方程的常数倍加到另一个方程上去。

显然这三种变换都是可逆的，且用同种变换可以变回原来的方程组，而且这三种初等变换都不改变方程组的解集合。解集合相同的两个方程组称为同解方程组。

对于一般的方程组，首先看x_1的系数$a_{11}, a_{21}, \cdots, a_{m1}$，如果全为零，我们转而看$x_2$的系数；如果不全为零，经过第一种初等变换后可设$a_{11} \neq 0$；再经过第二种初等变换后可设$a_{11} = 1$；再经过第三种初等变换，即把第1个方程的$-a_{i1}$倍加到第$i$个方程上去，可得

$$(a_{11}, a_{21}, \cdots, a_{m1}) = (1, 0, \cdots, 0).$$

于是再看x_2的系数$a_{22}, \cdots, a_{m2}$，若不全为零，则按照上述同样的方法对第$2, \cdots, n$个方程进行初等变换后，可设$(a_{22}, \cdots, a_{m2}) = (1, \cdots, 0)$，再把第二个方程的$-a_{12}$ 倍加到第一个方程，可得$a_{12} = 0$。如此下去，对于$x_3, \cdots, x_n$的系数以及常数项，依次按照上述的方法处理，可把方程组化为如下形式

$$\begin{aligned} x_{i_1} + a'_{1(i_1+1)}x_{i_1+1} + \cdots + 0x_{i_2} + \cdots + 0x_{i_r} + \cdots + a'_{1n}x_n &= b'_1, \\ x_{i_2} + \cdots + 0x_{i_r} + \cdots + a'_{2n}x_n &= b'_2, \\ &\vdots \\ x_{i_r} + \cdots + a'_{rn}x_n &= b'_r, \\ 0 &= b'_{r+1}. \end{aligned}$$

这样的方程组称为阶梯形方程组。此时有两种情形：

(1) 若$b'_{r+1} \neq 0$，则方程组无解。

(2) 若$b'_{r+1} = 0$，则方程组实际上只有r个方程，$x_{i_1}, x_{i_2}, \cdots, x_{i_r}$之外的$n - r$ 个未知元均可以任意取值，称为自由变元或者自由未知元，且自由未知元的值唯一地决定着$x_{i_1}, x_{i_2}, \cdots, x_{i_r}$的值。此时称方程组具有$n - r$个自由度的解。特别当$n - r = 0$时，方程组有唯一解；当$n - r > 0$时，方程组有多个解。

上述步骤称为Gauss消元法，因而我们证明了下面的定理。

定理1.6 (Gauss消元法) n元线性方程组经过初等变换可化为同解的阶梯形方程组。

此时若$b'_{r+1} \neq 0$，则方程组无解；若$b'_{r+1} = 0$，则方程组有解，且恰有$n-r$个自由未知元（r为非零方程的个数）。

定义1.17 方程组的常数项均为0时，即方程组为

$$Ax = 0$$

时，称其为齐次的。

命题1.8 未知元多于方程个数的齐次线性方程组一定有非零解。

上面讨论的n个未知元m个方程构成的线性方程组$Ax = b$对应着实数域$\mathbf{R}$上的两个矩阵：A和(A, b)，分别称为方程组的系数矩阵和增广矩阵，后者由A增加一个常数项列构成。对于方程组的三种初等变换相当于对增广矩阵(A, b)作以下三种变换：

(1) 交换矩阵的两行；

(2) 用非零常数乘以矩阵某行；

(3) 把矩阵某行的常数倍加到另一行去。

这三种变换称为对矩阵的初等行变换，由Gauss 消元法，我们知道有如下定理。

定理1.7 每个矩阵均可经过行的初等变换变化为如下形式

$$\begin{pmatrix} 0 & \cdots & 0 & 1 & \cdots & 0 & \cdots & 0 & \cdots \\ & & & & & 1 & \cdots & 0 & \cdots \\ & & & & & & \cdots & \cdots & \cdots \\ & & & & & & & 1 & \cdots \\ & & & & & & & & 0 \end{pmatrix}$$

称之为阶梯形矩阵。

定义1.18 矩阵M的秩即是其最高阶非零子式的阶数，记为$\mathrm{rank}(M)$或者$\mathrm{r}(M)$.

定义1.19 矩阵M的行向量空间的维数称为矩阵的行秩，记为$\mathrm{r_r}(M)$；矩阵M 的列向量空间的维数称为矩阵的列秩，记为$\mathrm{r_c}(M)$.

定理1.8 矩阵M的秩为r当且仅当M有r阶非零子式而无$r+1$阶子式。

定理1.9 行的初等变换不改变矩阵的秩。行的初等变换不改变矩阵的行秩，也不改变列秩。进一步，行的初等变换不改变矩阵任意列间的线性相关性。

定理1.10 矩阵的秩、行秩和列秩三者相等。

定理1.11 n元线性方程组$Ax = b$有解的充分必要条件是系数矩阵与增广矩阵的秩相同，即

$$\mathrm{r}(A) = \mathrm{r}(A, b).$$

而且当方程组$Ax = b$有解时，解由$n - \mathrm{r}(A)$个自由未知元决定。

定理1.12 若P是可逆矩阵，则对任意乘法有意义的矩阵有

$$\mathrm{r}(PA) = \mathrm{r}(A),\ \mathrm{r}(BP) = \mathrm{r}(B).$$

n个未知元m个方程构成的线性方程组$Ax = b$的解的结构有如下定理。

定理1.13 (1) 假设$Ax = 0$为实数域上的n元齐次线性方程组，W_A为其解向量全体，则W_A是$n - \mathrm{r}(A)$维的子空间，称为解子空间；

(2) 假设$Ax = b$为实数域上的n元非齐次线性方程组，则其解向量全体为

$$x_0 + W_A = \{x_0 + x \mid x \in W_A\},$$

其中x_0是$Ax = b$的任一固定解，W_A是相应齐次方程组$Ax = 0$的解子空间。

除了考虑方程$Ax = b$的解结构以外，还可以考虑$Ax = \lambda x$的解结构。

定义1.20 若有实数$\lambda \in \mathrm{R}$及非零向量$\alpha \in V$使得

$$\mathcal{A}\alpha = \lambda\alpha,$$

即

$$Ax = \lambda x,$$

其中x是α在基下的坐标列，则称λ为$\mathcal{A}$或者A的特征值，α称为$\mathcal{A}$的属于λ的特征向量，x称为A的特征列向量。

根据特征值和特征向量的定义，我们知道$Ax = \lambda x$相当于$(\lambda I - A)x = 0$有非零解x，故λ是A的特征根当且仅当

$$\det(\lambda I - A) = 0.$$

定义1.21 多项式$f(\lambda) = \det(\lambda I - A)$称为$\mathcal{A}$或者$A$的特征多项式。

定理1.14 假设V是实数域上的线性空间，$\mathcal{A}$为其线性变换，A为$\mathcal{A}$在某基下的方阵表示，则：$\mathcal{A}$的特征多项式不随V的基的选择而改变；$\mathcal{A}$ 的特征值即是特征多项式的根，$f(\lambda)$的每个根至少有一个所属的特征向量$\alpha \in V$；$\mathcal{A}$在V中有特征向量当且仅当$f(\lambda)$的特征多项式在实数域中有根。

定理1.15 假设$f(\lambda) = \det(\lambda I - A) = \lambda^n - a_1\lambda^{n-1} + \cdots + (-1)^n a_n$是$n$阶方阵$A$的特征多项式，则有：

(1) a_i是A的所有i阶主子式之和，特别地

$$a_i = \mathrm{tr}(A), a_n = \det A.$$

(2) 若$f(\lambda)$有n个根$\lambda_1, \cdots, \lambda_n$，则$a_i$是$\lambda_1, \cdots, \lambda_n$的$i$次初等对称多项式，特别地

$$a_1 = \sum_{i=1}^{n} \lambda_i,\ a_n = \prod_{i=1}^{n} \lambda_i.$$

(3) 若$A = \begin{pmatrix} A_1 & A_3 \\ 0 & A_2 \end{pmatrix}$，则$f(\lambda) = f_1(\lambda)f_2(\lambda)$，其中$f_i(\lambda)$为$A_i$的特征多项式。

(4) 若$A = \begin{pmatrix} \lambda_1 & * & * \\ & \ddots & * \\ & & \lambda_n \end{pmatrix}$为上三角方阵，则$\lambda_1, \cdots, \lambda_n$为$A$的特征根。

(5) $\det A \neq 0$当且仅当特征根均非零。

1.2 矩阵结构

矩阵可以通过相抵、相似、相合、正交相似实现变换。

可利用基本的行和列的初等变换对矩阵进行处理得到简洁的等价类，这种处理过程称为矩阵的相抵。

定义1.22 以下三种方阵称为实数域上的三种初等方阵。

(1)第一种：

$$P_{ij}=\begin{pmatrix}
1 & & & & & & & & & & \\
 & \ddots & & & & & & & & & \\
 & & 1 & & & & & & & & \\
 & & & 0 & & & & 1 & & & \\
 & & & & 1 & & & & & & \\
 & & & & & \ddots & & & & & \\
 & & & & & & 1 & & & & \\
 & & & 1 & & & & 0 & & & \\
 & & & & & & & & 1 & & \\
 & & & & & & & & & \ddots & \\
 & & & & & & & & & & 1
\end{pmatrix}.$$

(2)第二种：

$$P_i(c)=\begin{pmatrix}
1 & & & & & & \\
 & \ddots & & & & & \\
 & & 1 & & & & \\
 & & & c & & & \\
 & & & & 1 & & \\
 & & & & & \ddots & \\
 & & & & & & 1
\end{pmatrix},(c\neq 0).$$

(3)第三种：

$$P_{ij}(c)=\begin{pmatrix}
1 & & & & & & \\
 & \ddots & & & & & \\
 & & 1 & & c & & \\
 & & & \ddots & & & \\
 & & & & 1 & & \\
 & & & & & \ddots & \\
 & & & & & & 1
\end{pmatrix}.$$

命题1.9 初等方阵都可逆，并且逆是同种初等方阵。初等方阵从左边乘以矩阵A相当于对矩阵A的行进行初等变换，初等方阵从右边乘以矩阵A相当于对A作列的初等变换。

定义1.23 矩阵A与B相抵是指对A作行和列的有限次初等变换之后可以得到B，即存

在初等方阵$\{P_1,\cdots,P_s,Q_1,\cdots,Q_t\}$，使得

$$P_s\cdots P_1AQ_1\cdots Q_t=B.$$

定理1.16 任一矩阵A相抵于$\begin{pmatrix} I_r & 0\\ 0 & 0\end{pmatrix}$，其中$r=\mathrm{rank}(A)$，$\begin{pmatrix} I_r & 0\\ 0 & 0\end{pmatrix}$称为相抵标准型。

当A是可逆方阵时，由上述定理知道存在初等方阵$\{P_1,\cdots,P_s,Q_1,\cdots,Q_t\}$，使得

$$P_s\cdots P_1AQ_1\cdots Q_t=I.$$

即

$$A=P_1^{-1}\cdots P_s^{-1}Q_t^{-1}\cdots Q_1^{-1}.$$

命题1.10 方阵A可逆当且仅当A是初等方阵之乘积。

命题1.11 对任一矩阵A，存在可逆方阵P,Q，使得

$$PAQ=\begin{pmatrix} I_r & 0\\ 0 & 0\end{pmatrix}$$

命题1.12 任一可逆方阵A经过有限次行的初等变换能够化为单位方阵I。

命题1.13 设A为n阶可逆方阵，对$n\times 2n$方阵(A,I_n)作行的初等变换化A为I_n，则右边的单位方阵同时化为A^{-1}。

只有很特殊的一类方阵，即具有n个线性无关的特征向量者，才能相似于对角形。一般的复方阵，只能复相似于某种简单的上三角形，称为Jordan标准型。实方阵只能相似于某种准上三角形，对角线上是二阶方阵块。

定理1.17 若实数域上的方阵A有特征根$\lambda_1\in\mathbf{R}$，则存在实数域上方阵P使得

$$P^{-1}AP=\begin{pmatrix} \lambda_1 & X\\ 0 & B_1\end{pmatrix}.$$

若方阵A有特征虚根$\lambda_1=a+b\sqrt{-1}$，设$x_1=y_1+z\sqrt{-1}$为其虚特征向量，则$W=\mathbf{R}y+\mathbf{R}z$是$A$的二维不变子空间，且存在实方阵$P$，使得

$$P^{-1}AP=\begin{pmatrix} \begin{pmatrix} a & b\\ -b & a\end{pmatrix} & X\\ 0 & C_1\end{pmatrix}.$$

定理1.18 假设A是实数域上的n阶方阵。若已知A在$\mathbf{R}$中有特征根$\lambda_1,\cdots,\lambda_t$，则存在实数域上的方阵$P$，使得

$$B=P^{-1}AP=\begin{pmatrix} T & X\\ 0 & A_1\end{pmatrix},$$

其中T为上三角方阵，对角线为$\{\lambda_1,\cdots,\lambda_t\}$. 若$A$在实数域中有$n$个特征根$\lambda_1,\cdots,\lambda_n$，则存在实数域上的方阵$P$，使得

$$B=P^{-1}AP=\begin{pmatrix} \lambda_1 & * & *\\ & \ddots & *\\ & & \lambda_n\end{pmatrix}.$$

若A为实方阵，则存在实方阵P，使得

$$B = P^{-1}AP = \begin{pmatrix} A_1 & * & * \\ & \ddots & * \\ & & A_m \end{pmatrix}$$

为准上三角形，A_i为二阶无实特征根实方阵或者实数。

定理1.19 实数域上的方阵A在实数域上相似于对角形的充分必要条件是A有n个线性无关的特征向量。

假设A是实数域上的n阶对称方阵($a_{ij} = a_{ji}$)， 假设$x = (x_1, \cdots, x_n)^{\mathrm{T}}$为变元构成的列，于是我们可以定义

$$Q(x) = x^{\mathrm{T}}Ax,$$

称为实数域上n个变元$x_1, \cdots, x_n$的二次型，也可以写作

$$Q(x) = (x_1, \cdots, x_n)\begin{pmatrix} a_{11} & \cdots & a_{1n} \\ \vdots & & \vdots \\ a_{n1} & \cdots & a_{nn} \end{pmatrix}\begin{pmatrix} x_1 \\ \vdots \\ x_n \end{pmatrix} = \sum_{ij} a_{ij}x_ix_j = \sum_i a_{ii}x_i^2 + 2\sum_{i<j} a_{ij}x_ix_j.$$

如果进行坐标变换，如利用可逆方阵P，使得

$$x = Py.$$

那么关于变元x的二次型可以转化为关于y的二次型

$$Q(x) = x^{\mathrm{T}}Ax = Q(y) = y^{\mathrm{T}}P^{\mathrm{T}}APy.$$

因此，为了使二次型具有简洁的表达，研究下面的变换

$$P^{\mathrm{T}}AP$$

是有意义的，寻找可逆方阵P，使得表达式具有简洁的形式，称之为相合变换。

定理1.20 假设A是实数域上的n阶对称方阵，则有实数域上的可逆方阵P，使得

$$P^{\mathrm{T}}AP = \begin{pmatrix} a_1 & & \\ & \ddots & \\ & & a_n \end{pmatrix}, (a_i \in \mathbf{R})$$

进一步，假设$Q(x)$是n个变元$x_1, \cdots, x_n$的二次型，则经过线性变换$x = Py$，使得

$$Q(x) = a_1y_1^2 + \cdots + a_ny_n^2, a_i \in \mathbf{R}.$$

定理1.21 假设A是实数域上的n阶对称方阵，则有实数域上的可逆方阵P，使得

$$P^{\mathrm{T}}AP = \begin{pmatrix} I_p & & \\ & -I_q & \\ & & 0 \end{pmatrix},$$

其中I_p表示p阶单位方阵，I_q表示q阶单位方阵，而且p与q由A唯一决定。进一步，假设$Q(x)$是n个变元$x_1, \cdots, x_n$的二次型，则经过线性变换$x = Py$，使得

$$Q(x) = y_1^2 + \cdots + y_p^2 - y_{p+1}^2 - \cdots - y_{p+q}^2.$$

前文了解了相似和相合的概念，一个自然的问题：如何将二者融合起来？这就是正交方阵。

定义1.24 若实数域上的方阵Ω满足

$$\Omega^{\mathrm{T}}\Omega = I,$$

则称Ω为正交方阵。

定理1.22 假设A为实方阵，则存在实的正交方阵Ω，使A正交相似于准上三角形，即

$$\Omega^{-1}A\Omega = \begin{pmatrix} A_1 & * & * & * & * & * \\ & \ddots & * & * & * & * \\ & & A_s & * & * & * \\ & & & \lambda_{2s+1} & * & * \\ & & & & \ddots & * \\ & & & & & \lambda_n \end{pmatrix},$$

其中$A_1,\cdots,A_s$为二阶无实特征根的方阵，$\lambda_{2s+1},\cdots,\lambda_n$为实数。

定义1.25 若实数域上的方阵N满足

$$N^{\mathrm{T}}N = NN^{\mathrm{T}},$$

则称N为规范方阵。

定理1.23 假设N为实规范方阵，则存在实的正交方阵Ω，使得

$$\Omega^{-1}N\Omega = \begin{pmatrix} \begin{pmatrix} a_1 & b_1 \\ -b_1 & a_1 \end{pmatrix} & * & * & * & * & * \\ & \ddots & * & * & * & * \\ & & \begin{pmatrix} a_s & b_s \\ -b_s & a_s \end{pmatrix} & * & * & * \\ & & & \lambda_{2s+1} & * & * \\ & & & & \ddots & * \\ & & & & & \lambda_n \end{pmatrix},$$

其中$A_k = \begin{pmatrix} a_k & b_k \\ -b_k & a_k \end{pmatrix}$为二阶无实特征根的方阵，$\lambda_{2s+1},\cdots,\lambda_n$为实数。

定理1.24 假设S为实对称方阵，则存在实的正交方阵Ω，使得

$$\Omega^{-1}S\Omega = \mathrm{diag}(\lambda_1,\cdots,\lambda_n),$$

其中$\lambda_1,\cdots,\lambda_n$为$S$的实特征根。

定义1.26 假设S是实数域上的对称方阵。

(1) 称它是正定的，如果

$$Q(x) = x^{\mathrm{T}}Sx > 0, \forall x \in \mathbf{R}^n - \{0\},$$

记为$S > 0$.

(2) 称它是半正定的，如果

$$Q(x) = x^{\mathrm{T}}Sx \geqslant 0, \forall x \in \mathbf{R}^n,$$

记为$S \geqslant 0$.

用$SM_{n\times n}(\mathbf{R})$表示实数域上的所有$n\times n$阶对称矩阵；用$SM_{n\times n,+}(\mathbf{R})$表示实数域上的所有$n\times n$阶半正定矩阵；用$SM_{n\times n,-}(\mathbf{R})$表示实数域上的所有$n\times n$阶半负定矩阵；用$SM_{n\times n,++}(\mathbf{R})$表示实数域上的所有$n\times n$阶正定矩阵；用$SM_{n\times n,--}(\mathbf{R})$表示实数域上的所有$n\times n$阶负定矩阵。

定理1.25 假设S为n阶实对称方阵，则下面的命题等价：

(1) S正定，$S>0$；

(2) S的特征根$\lambda_i>0, i=1,\cdots,n$；

(3) $S=S_1^2$，其中S_1为正定实对称方阵；

(4) S实正交相合于$\mathrm{diag}(\lambda_1,\cdots,\lambda_n), \lambda_i>0, i=1,\cdots,n$；

(5) $S=P^{\mathrm{T}}P$实相合于I；

(6) S的主子式皆为正数；

(7) S的顺序主子式皆为正数；

(8) S的同阶主子式之和皆为正数。

定理1.26 假设S为n阶实对称方阵，则下面的命题等价：

(1) S半正定，$S\geqslant 0$；

(2) S的特征根$\lambda_i\geqslant 0, i=1,\cdots,n$；

(3) $S=S_1^2$，其中S_1为半正定实对称方阵；

(4) S实正交相合于$\mathrm{diag}(\lambda_1,\cdots,\lambda_r,0,\cdots,0), \lambda_i>0, i=1,\cdots,r$；

(5) $S=P^{\mathrm{T}}P$，P为实方阵；

(6) S的主子式皆为正数；

(7) S的同阶主子式之和皆为正数。

定理1.27 假设S为n阶半正定实对称方阵，则有唯一的半正定实对称方阵S_1，使$S=S_1^2$，且与S可交换的方阵与S_1也可以交换。

定理1.28 对于任意的$m\times n$实矩阵A，存在实正交方阵Ω_1和Ω_2使

$$\Omega_1 A\Omega_2=\begin{pmatrix}\lambda_1 & & & \\ & \ddots & & \\ & & \lambda_r & \\ & & & 0\end{pmatrix},$$

其中$\lambda_1\geqslant\cdots\geqslant\lambda_r>0$为正实数，$\lambda_1^2,\cdots,\lambda_r^2$为$A^{\mathrm{T}}A$的所有非零特征根。这就是矩阵的奇异值分解。

定理1.29 任一实方阵A可以表示为

$$A=S\Omega=\Omega_1 S_1,$$

其中S和S_1为半正定实对称方阵，Ω和Ω_1为实正交方阵，而且S和S_1均是唯一的。

定理1.30 假设$A\in M_n(\mathbf{R})$非奇异，$B\in M_{n\times m}(\mathbf{R}), C\in M_{m\times n}(\mathbf{R})$并且$D\in M_m(\mathbf{R})$，分块矩阵

$$\begin{pmatrix}A & B\\ C & D\end{pmatrix}$$

可以做如下变换

$$\begin{pmatrix} I & 0 \\ -CA^{-1} & I \end{pmatrix}\begin{pmatrix} A & B \\ C & D \end{pmatrix}\begin{pmatrix} I & -A^{-1}B \\ 0 & I \end{pmatrix}=\begin{pmatrix} A & 0 \\ 0 & D-CA^{-1}B \end{pmatrix}.$$

在一定条件下，分块矩阵的逆为

$$\begin{pmatrix} A & B \\ C & D \end{pmatrix}^{-1}=\begin{pmatrix} I & -A^{-1}B \\ 0 & I \end{pmatrix}\begin{pmatrix} A^{-1} & 0 \\ 0 & (D-CA^{-1}B)^{-1} \end{pmatrix}\begin{pmatrix} I & 0 \\ -CA^{-1} & I \end{pmatrix}.$$

显然有

$$\det\begin{pmatrix} A & B \\ C & D \end{pmatrix}=\det(A)\det(D-CA^{-1}B).$$

定理1.31 假设$A\in M_n(\mathbf{R})$，$B\in M_{n\times m}(\mathbf{R}), C\in M_{m\times n}(\mathbf{R})$，并且$D\in M_m(\mathbf{R})$非奇异，分块矩阵

$$\begin{pmatrix} A & B \\ C & D \end{pmatrix}$$

可以做如下变换

$$\begin{pmatrix} I & -BD^{-1} \\ 0 & I \end{pmatrix}\begin{pmatrix} A & B \\ C & D \end{pmatrix}\begin{pmatrix} I & 0 \\ -D^{-1}C & I \end{pmatrix}=\begin{pmatrix} A-BD^{-1}C & 0 \\ 0 & D \end{pmatrix}.$$

在一定条件下，分块矩阵的逆为

$$\begin{pmatrix} A & B \\ C & D \end{pmatrix}^{-1}=\begin{pmatrix} I & 0 \\ -D^{-1}C & I \end{pmatrix}\begin{pmatrix} (A-BD^{-1}C)^{-1} & 0 \\ 0 & D^{-1} \end{pmatrix}\begin{pmatrix} I & -BD^{-1} \\ 0 & I \end{pmatrix}.$$

显然有

$$\det\begin{pmatrix} A & B \\ C & D \end{pmatrix}=\det(D)\det(A-BD^{-1}C).$$

定理1.32 假设$A\in SM_n(\mathbf{R})$非奇异，$B\in M_{n\times m}(\mathbf{R})$并且$D\in SM_m(\mathbf{R})$，分块矩阵

$$\begin{pmatrix} A & B \\ B^{\mathrm{T}} & D \end{pmatrix}$$

可以做如下变换

$$\begin{pmatrix} I & 0 \\ -B^{\mathrm{T}}A^{-1} & I \end{pmatrix}\begin{pmatrix} A & B \\ B^{T} & D \end{pmatrix}\begin{pmatrix} I & -A^{-1}B \\ 0 & I \end{pmatrix}=\begin{pmatrix} A & 0 \\ 0 & D-B^{\mathrm{T}}A^{-1}B \end{pmatrix}.$$

在一定条件下，分块矩阵的逆为

$$\begin{pmatrix} A & B \\ B^{\mathrm{T}} & D \end{pmatrix}^{-1}=\begin{pmatrix} I & -A^{-1}B \\ 0 & I \end{pmatrix}\begin{pmatrix} A^{-1} & 0 \\ 0 & (D-B^{\mathrm{T}}A^{-1}B)^{-1} \end{pmatrix}\begin{pmatrix} I & 0 \\ -B^{\mathrm{T}}A^{-1} & I \end{pmatrix}.$$

显然有

$$\det\begin{pmatrix} A & B \\ B^{\mathrm{T}} & D \end{pmatrix}=\det(A)\det(D-B^{\mathrm{T}}A^{-1}B).$$

定理1.33 假设$A\in SM_n(\mathbf{R})$，$B\in M_{n\times m}(\mathbf{R})$并且$D\in SM_m(\mathbf{R})$非奇异，分块矩阵

$$\begin{pmatrix} A & B \\ B^{\mathrm{T}} & D \end{pmatrix}$$

可以做如下变换

$$\begin{pmatrix} I & -BD^{-1} \\ 0 & I \end{pmatrix}\begin{pmatrix} A & B \\ B^{\mathrm{T}} & D \end{pmatrix}\begin{pmatrix} I & 0 \\ -D^{-1}B^{\mathrm{T}} & I \end{pmatrix}=\begin{pmatrix} A-BD^{-1}B^{\mathrm{T}} & 0 \\ 0 & D \end{pmatrix}.$$

在一定条件下，分块矩阵的逆为

$$\begin{pmatrix} A & B \\ B^{\mathrm{T}} & D \end{pmatrix}^{-1}=\begin{pmatrix} I & 0 \\ -D^{-1}B^{\mathrm{T}} & I \end{pmatrix}\begin{pmatrix} (A-BD^{-1}B^{\mathrm{T}})^{-1} & 0 \\ 0 & D^{-1} \end{pmatrix}\begin{pmatrix} I & -BD^{-1} \\ 0 & I \end{pmatrix}.$$

显然有

$$\det\begin{pmatrix} A & B \\ B^{\mathrm{T}} & D \end{pmatrix}=\det(D)\det(A-BD^{-1}B^{\mathrm{T}}).$$

定义1.27 根据奇异值分解定理可知，对于任意的秩为r的$m\times n$实矩阵A，存在矩阵$\Omega_1\in M_{m\times r}(\mathbf{R})$满足$\Omega_1^{\mathrm{T}}\Omega_1=I_r$和矩阵$\Omega_2\in M_{n\times r}(\mathbf{R})$满足$\Omega_2^{\mathrm{T}}\Omega_2=I_r$，使得

$$A=\Omega_1\Sigma\Omega_2^{\mathrm{T}}=\Omega_1\begin{pmatrix} \lambda_1 & & \\ & \ddots & \\ & & \lambda_r \end{pmatrix}\Omega_2^{\mathrm{T}},$$

其中$\lambda_1\geqslant\cdots\geqslant\lambda_r>0$为正实数，$\lambda_1^2,\cdots,\lambda_r^2$为$A^{\mathrm{T}}A$的所有非零特征根。我们定义矩阵$A$的伪逆或者Moore-Penrose逆为

$$A^{\dagger}=\Omega_2\Sigma^{-1}\Omega_1^{\mathrm{T}}=\Omega_2\begin{pmatrix} \lambda_1^{-1} & & \\ & \ddots & \\ & & \lambda_r^{-1} \end{pmatrix}\Omega_1^{\mathrm{T}}.$$

定理1.34 假设$A\in M_{m\times n}(\mathbf{R})$是一个矩阵，那么它的伪逆有三种特殊情形：

(1) 如果$\mathrm{rank}(A)=n$，则伪逆为

$$A^{\dagger}=(A^{\mathrm{T}}A)^{-1}A^{\mathrm{T}}.$$

(2) 如果$\mathrm{rank}(A)=m$，则伪逆为

$$A^{\dagger}=A^{\mathrm{T}}(AA^{\mathrm{T}})^{-1}.$$

(3) 如果$\mathrm{rank}(A)=m=n$，则伪逆为

$$A^{\dagger}=A^{-1}.$$

1.3　度量结构

上文介绍的线性结构是一种代数结构，涉及的是平直整体的结构，没有涉及局部的领域结构，即没有考虑拓扑结构，因此本节考虑拓扑结构，但是为了不涉及较多的数学背景和最一般的拓扑结构，只考虑度量结构。

定义1.28 假设X是一个非空集合，函数d：$X\times X\to\mathbf{R}$称为距离，如果满足

(1) $d(x,y)\geqslant 0,\forall x,y\in X$;

(2) $d(x,y)=0\Leftrightarrow x=y$;

(3) $d(x,y)=d(y,x),\forall x,y\in X$;

(4) $d(x,y)\leqslant d(x,z)+d(z,y),\forall x,y,z\in X$.

带有距离函数的空间记为 (X,d).

例1.4 假设$X=\mathbf{R}^n$，可以用多种方式定义其上的距离:

(1) $d_2(x,y)=\left(\sum\limits_{i=1}^{n}(x_i-y_i)^2\right)^{\frac{1}{2}}$, $\forall x=(x_i)_{i=1}^n, y=(y_i)_{i=1}^n\in\mathbf{R}^n$;

(2) $d_1(x,y)=\sum\limits_{i=1}^{n}|x_i-y_i|, \forall x=(x_i)_{i=1}^n, y=(y_i)_{i=1}^n\in\mathbf{R}^n$;

(3) $d_\infty(x,y)=\max\limits_i|x_i-y_i|, \forall x=(x_i)_{i=1}^n, y=(y_i)_{i=1}^n\in\mathbf{R}^n$;

(4) $d_p(x,y)=\left(\sum\limits_{i=1}^{n}|x_i-y_i|^p\right)^{\frac{1}{p}}$, $\forall x=(x_i)_{i=1}^n$, $y=(y_i)_{i=1}^n\in\mathbf{R}^n, \forall p\in[1,+\infty)$.

例1.5 假设X是一个非空集合，可以定义一种特殊距离

$$d(x,y)=\begin{cases}1, & \text{如果} x\neq y;\\ 0, & \text{如果} x=y.\end{cases}$$

例1.6 假设$M_{m\times n}(\mathbf{R})$是实数域上的$m\times n$矩阵，可以定义多种距离：

(1) $d(A,B)=\left(\sum\limits_{i=1}^{m}\sum\limits_{j=1}^{n}(a_{ij}-b_{ij})^2\right)^{\frac{1}{2}}$, $\forall A=(a_{ij}), B=(b_{ij})\in M_{m\times n}(\mathbf{R})$;

(2) $d(A,B)=\sum\limits_{i=1}^{m}\sum\limits_{j=1}^{n}|a_{ij}-b_{ij}|, \forall A=(a_{ij}), B=(b_{ij})\in M_{m\times n}(\mathbf{R})$;

(3) $d(A,B)=\max\limits_i\sum\limits_{j=1}^{n}|a_{ij}-b_{ij}|, \forall A=(a_{ij}), B=(b_{ij})\in M_{m\times n}(\mathbf{R})$;

(4) $d(A,B)=\max\limits_j\sum\limits_{i=1}^{m}|a_{ij}-b_{ij}|, \forall A=(a_{ij}), B=(b_{ij})\in M_{m\times n}(\mathbf{R})$;

(5) $d(A,B)=(\sum\limits_{j}^{n}\sum\limits_{i=1}^{m}|a_{ij}-b_{ij}|^p)^{\frac{1}{p}}, \forall A=(a_{ij}), B=(b_{ij})\in M_{m\times n}(\mathbf{R}), \forall p\in[1,+\infty)$.

定义1.29 假设(X,d)是一个距离空间，$Y\subseteq X$是一个非空子集，令$d_Y=d|_{Y\times Y}$，则称(Y,d_Y)为(X,d)的子空间，在不混淆的情况下，子空间(Y,d_Y)记为(Y,d).

定义1.30 假设(X,d)是一个距离空间，$\forall x\in X,\forall r\in\mathbf{R}_+$，那么以$x$为中心，以$r$为半径的闭球记为

$$B_c(x,r)=\{y\mid y\in X, d(y,x)\leqslant r\}.$$

定义1.31 假设(X,d)是一个距离空间，$\forall x\in X,\forall r\in\mathbf{R}_+$，那么以$x$为中心，以$r$为半径的开球记为

$$B_o(x,r)=\{y\mid y\in X, d(y,x)<r\}.$$

定义1.32 假设(X,d)是一个距离空间，$\{x_n\}_{n=1}^\infty\subseteq X$是一个序列，$x\in X$是一个点，称序列$\{x_n\}_{n=1}^\infty$收敛于点$x$，如果满足

$$\lim_{n\to\infty}d(x_n,x)=0.$$

定义1.33 假设(X,d)是一个距离空间，$\{x_n\}_{n=1}^\infty\subseteq X$是一个序列，称其为柯西序列，如果满足

$$\lim_{n,m\to\infty}d(x_n,x_m)=0.$$

定理1.35 假设(X,d)是一个距离空间，收敛列一定是柯西列。即，如果$\{x_n\}_{n=1}^{\infty}$收敛于x，那么

$$\lim_{n,m\to\infty} d(x_n,x_m)=0.$$

但是柯西列不一定是收敛列。

定义1.34 假设(X,d)是一个距离空间，如果每个柯西列都是收敛列，则称(X,d)是完备的。

定义1.35 假设(X,d)是一个距离空间，函数f：$X\to\mathbf{R}$称为在点x_0处连续，如果任取收敛到x_0的序列$\{x_n\}_{n=1}^{\infty}\subseteq X$成立

$$\lim_{n\to\infty} f(x_n)=f(x_0).$$

如果函数f在X的每一点都连续，那么称函数f在X上连续。X上的所有连续函数记为$C(X)$或者$C(X,\mathbf{R})$.

定义1.36 假设(X,d)是一个距离空间，函数ϕ：$[0,1]\to X$称为在点$t_0\in[0,1]$处连续，如果任取收敛到t_0的序列$\{t_n\}_{n=1}^{\infty}\subseteq[0,1]$成立

$$\lim_{n\to\infty} d(\phi(t_n),\phi(t_0))=0.$$

如果函数ϕ在$[0,1]$的每一点都连续，那么称函数ϕ在$[0,1]$上连续。$[0,1]$上的到X的所有连续函数记为$C([0,1],X)$.

定义1.37 假设(X,d)是一个距离空间，$x\in X, E\subseteq X$，点x和集合E的位置关系定义为：

(1) 如果满足$\exists r>0$, s.t., $B_o(x,r)\subseteq E$，则称点x为E的内点，集合E的所有内点记为$\text{int}(E)$；

(2) 如果满足$\exists r>0$, s.t., $B_o(x,r)\subseteq E^c$，则称点x为E的外点，集合E的所有外点记为$\text{ext}(E)$；

(3) 如果满足$\forall r>0$, s.t., $B_o(x,r)\bigcap E^c\neq\varnothing, B_o(x,r)\bigcap E\neq\varnothing$，则称点$x$为$E$的边界点，集合$E$的所有边界点记为$\text{bnd}(E)$或者$\partial E$；

(4) 如果满足$\forall r>0$, s.t., $B_o(x,r)\bigcap E\neq\varnothing$，则称点$x$为$E$的闭包点，集合$E$的所有闭包点记为$\text{cls}(E)$或者$\bar{E}$.

定理1.36 假设(X,d)是一个距离空间，$E\subseteq X$，那么有

$$X=\text{int}(E)\biguplus\text{ext}(E)\biguplus\partial E;\text{cls}(E)=\text{int}(E)\biguplus\partial E=E\bigcup\partial E.$$

定理1.37 假设(X,d)是一个距离空间，$E\subseteq X$，那么有

$$x\in\partial E\Leftrightarrow\exists\{x_n\}_{n=1}^{\infty}\subseteq E,\exists\{y_n\}_{n=1}^{\infty}\subseteq E^c,\ \text{s.t.},\ x_n\to x, y_n\to x.$$

定理1.38 假设(X,d)是一个距离空间，$E\subseteq X$，那么有

$$x\in\text{cls}(E)\Leftrightarrow\exists\{x_n\}_{n=1}^{\infty}\subseteq E,\ \text{s.t.},\ x_n\to x.$$

定义1.38 假设(X,d)是一个距离空间，$E\subseteq X$，定义各种集合概念：

(1) 如果满足$\text{int}(E)=E$，则称E为开集；

(2) 如果满足E^c为开集，则称E为闭集；

(3) 如果满足$\exists x_0\in X, r>0$, s.t., $E\subseteq B_o(x_0,r)$，则称E为有界集；

(4) 如果满足$\forall\{x_n\}_{n=1}^{\infty}\subseteq E$，存在收敛子列$\{x_{n_k}\}_{k=1}^{\infty}$，则称$E$为预紧集；

(5) 如果满足$\forall\{x_n\}_{n=1}^{\infty}\subseteq E$，存在收敛子列$\{x_{n_k}\}_{k=1}^{\infty}\to x\in E$，则称$E$为紧集；

(6) 如果满足$\forall x,y\in E$，存在函数$\phi\in C([0,1],E)$，使$\phi(0)=x,\phi(1)=y$，则称E为连通集。

定理1.39 假设(X,d)是一个距离空间，$E\subseteq X$为闭集当且仅当

$$\forall\{x_n\}_{n=1}^{\infty}, x_n\to x\Rightarrow x\in E.$$

定理1.40 假设(X,d)是一个距离空间，$E\subseteq X$为闭集当且仅当

$$\mathrm{cls}(E)=E.$$

1.4 范数结构

对于n维实数空间$\mathbf{R}^n$，我们经常用到其上的一类特殊的范数——欧几里得范数，简称欧式范数，即

$$\forall x=(x_1,\cdots,x_n)\in\mathbf{R}^n,\ \ \|x\|_2=\Big(\sum_{i=1}^{n}x_i^2\Big)^{\frac{1}{2}}.$$

欧式范数显然满足一些特殊的性质：

(1) 非负性：$\forall x\in\mathbf{R}^n,\|x\|_2\geqslant 0$；$\|x\|_2=0\Leftrightarrow x=0$.

(2) 齐次性：$\forall x\in\mathbf{R}^n,\alpha\in\mathbf{R},\|\alpha x\|_2=|\alpha|\,\|x\|_2$.

(3) 三角性：$\forall x,y\in\mathbf{R}^n,\|x+y\|_2\leqslant\|x\|_2+\|y\|_2$.

有时为了应用的方便或者某一类结果的广泛性，需要定义更加抽象的范数，定义的公理采用欧式范数的非负性、齐次性和三角性等三条性质。

定义1.39 假设$\mathbf{R}^n$是n维的实数空间，其上的范数$\|\cdot\|$是满足如下性质的映射

(1) 非负性：$\forall x\in\mathbf{R}^n$，$\|x\|\geqslant 0$；$\|x\|=0\Leftrightarrow x=0$.

(2) 齐次性：$\forall x\in\mathbf{R}^n$，$\alpha\in\mathbf{R},\|\alpha x\|=|\alpha|\|x\|$.

(3) 三角性：$\forall x,y\in\mathbf{R}^n$，$\|x+y\|\leqslant\|x\|+\|y\|$.

例1.7 假设$\mathbf{R}^n$是n维的实数空间，如下定义的映射$\|\cdot\|_2$是范数，称为欧式范数或者L_2范数

$$\forall x\in\mathbf{R}^n,\ \ \|x\|_2=\Big(\sum_{i=1}^{n}x_i^2\Big)^{\frac{1}{2}}.$$

例1.8 假设$\mathbf{R}^n$是n维的实数空间，如下定义的映射$\|\cdot\|_1$是范数，称为求和范数或者L_1范数

$$\forall x\in\mathbf{R}^n,\ \ \|x\|_1=\sum_{i=1}^{n}|x_i|.$$

例1.9 假设$\mathbf{R}^n$是n维的实数空间，如下定义的映射$\|\cdot\|_\infty$是范数，称为最大范数或者L_∞范数

$$\forall x\in\mathbf{R}^n,\ \ \|x\|_\infty=\max_{i=1}^{n}|x_i|.$$

例1.10 假设$\mathbf{R}^n$是n维的实数空间，如下定义的映射$\|\cdot\|_p$是范数，称为L_p范数，其中$1\leqslant p\leqslant+\infty$

$$\forall x\in\mathbf{R}^n,\ \ \|x\|_p=\Big(\sum_{i=1}^{n}|x_i|^p\Big)^{\frac{1}{p}}.$$

例1.11 假设$\mathbf{R}^n$是n维的实数空间，如下定义的映射$\|\cdot\|_A$是范数，称为A范数，其中$A\in SM_{n,++}(\mathbf{R})$是正定对称矩阵

$$\forall x\in\mathbf{R}^n,\ \ \|x\|_A=(x^{\mathrm{T}}Ax)^{\frac{1}{2}}.$$

定义1.40 假设$\mathbf{R}^n$是n维的实数空间，其上有范数$\|\cdot\|$，定义其对偶范数$\|\cdot\|_*$为

$$\forall x\in\mathbf{R}^n,\ \ \|x\|_*=\sup_{y\in\mathbf{R}^n}\frac{|x^{\mathrm{T}}y|}{\|y\|}.$$

定理1.41 假设$\mathbf{R}^n$是n维的实数空间，其上有范数$\|\cdot\|$，其对偶范数为$\|\cdot\|_*$，那么有

$$\forall x,y\in\mathbf{R}^n,\ \ |x^{\mathrm{T}}y|\leqslant\|x\|\,\|y\|_*.$$

定理1.42 假设$\mathbf{R}^n$是n维的实数空间，其上有范数$\|\cdot\|$，其对偶范数为$\|\cdot\|_*$，那么有

$$\forall x,\|x\|_*=\sup_{y\in\mathbf{R}^n,\ \|y\|=1}|x^{\mathrm{T}}y|.$$

例1.12 假设$\mathbf{R}^n$是n维的实数空间，L_2范数

$$\forall x\in\mathbf{R}^n,\ \ \|x\|_2=\Big(\sum_{i=1}^{n}x_i^2\Big)^{\frac{1}{2}}$$

的对偶范数依然是L_2范数，即

$$\forall x\in\mathbf{R}^n,\ \ \|x\|_{2,*}=\Big(\sum_{i=1}^{n}x_i^2\Big)^{\frac{1}{2}}=\|x\|_2.$$

例1.13 假设$\mathbf{R}^n$是n维的实数空间，L_1范数

$$\forall x\in\mathbf{R}^n,\ \ \|x\|_1=\sum_{i=1}^{n}|x_i|$$

的对偶范数是L_∞范数，即

$$\forall x\in\mathbf{R}^n,\ \ \|x\|_{1,*}=\max_{i=1}^{n}|x_i|=\|x\|_\infty.$$

例1.14 假设$\mathbf{R}^n$是n维的实数空间，L_∞范数

$$\forall x\in\mathbf{R}^n,\ \ \|x\|_\infty=\max_{i=1}^{n}|x_i|$$

的对偶范数是L_1范数，即

$$\forall x\in\mathbf{R}^n,\ \ \|x\|_{\infty,*}=\sum_{i=1}^{n}|x_i|=\|x\|_1.$$

例1.15 假设$\mathbf{R}^n$是n维的实数空间，L_p范数，其中$1\leqslant p\leqslant+\infty$

$$\forall x\in\mathbf{R}^n,\ \ \|x\|_p=\Big(\sum_{i=1}^{n}|x_i|^p\Big)^{\frac{1}{p}}$$

的对偶范数是L_q范数，其中$1/p+1/q=1$，即

$$\forall x\in\mathbf{R}^n,\ \ \|x\|_{p,*}=\Big(\sum_{i=1}^{n}|x_i|^q\Big)^{\frac{1}{q}}=\|x\|_q.$$

例1.16 假设$\mathbf{R}^n$是n维的实数空间，A范数，其中$A\in SM_{n,++}(\mathbf{R})$是正定对称矩阵

$$\forall x\in\mathbf{R}^n,\ \ \|x\|_A=(x^{\mathrm{T}}Ax)^{\frac{1}{2}}$$

的对偶范数是A^{-1}范数，即

$$\forall x \in \mathbf{R}^n,\ \|x\|_{A,*} = (x^{\mathrm{T}}A^{-1}x)^{\frac{1}{2}} = \|x\|_{A^{-1}}.$$

定义1.41 假设$M_{m\times n}(\mathbf{R})$是$mn$维的实数矩阵空间，其上的范数$\|\cdot\|$是满足如下性质的映射：

(1) 非负性：$\forall A \in M_{m\times n}(\mathbf{R}), \|A\| \geqslant 0$; $\|A\| = 0 \Leftrightarrow A = 0$.

(2) 齐次性：$\forall A \in M_{m\times n}(\mathbf{R}) \alpha \in \mathbf{R}, \|\alpha A\| = |\alpha|\,\|A\|$.

(3) 三角性：$\forall A, B \in M_{m\times n}(\mathbf{R}), \|A+B\| \leqslant \|A\| + \|B\|$.

例1.17 假设$M_{m\times n}(\mathbf{R})$是$mn$维实数矩阵空间，如下定义的映射称为Frobenius范数，简称为F范数

$$\forall A \in M_{m\times n}(\mathbf{R}), \|A\|_F = \Big(\sum_{i=1}^{m}\sum_{j=1}^{n} a_{ij}^2\Big)^{\frac{1}{2}}.$$

例1.18 假设$M_{m\times n}(\mathbf{R})$是$mn$维实数矩阵空间，如下定义的映射称为列和范数

$$\forall A \in M_{m\times n}(\mathbf{R}), \|A\|_C = \max_{j=1}^{n} \sum_{i=1}^{m} |a_{ij}|.$$

例1.19 假设$M_{m\times n}(\mathbf{R})$是$mn$维实数矩阵空间，如下定义的映射称为行和范数

$$\forall A \in M_{m\times n}(\mathbf{R}), \|A\|_R = \max_{i=1}^{m} \sum_{j=1}^{n} |a_{ij}|.$$

例1.20 假设$M_{m\times n}(\mathbf{R})$是$mn$维实数矩阵空间，取定$A \in M_{m\times n}(\mathbf{R})$，所谓的奇异值分解为

$$\exists \Omega_1 \in O_m(\mathbf{R}), \Omega_2 \in O_n(\mathbf{R}),\ \text{s.t.},\ A = \Omega_1 \begin{pmatrix} \lambda_1 & 0 & \cdots & 0 \\ 0 & \ddots & 0 & 0 \\ 0 & 0 & \lambda_r & 0 \\ \cdots & \cdots & \cdots & \ddots \end{pmatrix} \Omega_2,$$

其中$\lambda_1 \geqslant \cdots \geqslant \lambda_r > 0$，$r = \operatorname{rank}(A)$，并且$\lambda_1^2, \cdots, \lambda_r^2$是$A^{\mathrm{T}}A$的正的特征值，如下定义的映射称为奇异值范数

$$\forall A \in M_{m\times n}(\mathbf{R}), \|A\|_{SV} = \sqrt{\lambda_{\max}(A^{\mathrm{T}}A)}.$$

定义1.42 假设$M_{m\times n}(\mathbf{R})$是$mn$维的实数矩阵空间，$\|\cdot\|_a$是空间$\mathbf{R}^m$上的范数，$\|\cdot\|_b$是空间$\mathbf{R}^n$上的范数，那么在矩阵空间上诱导的范数$\|\cdot\|_{a,b}$定义为

$$\forall A \in M_{m\times n}(\mathbf{R}), \|A\|_{a,b} = \sup_{x\in\mathbf{R}^n} \frac{\|Ax\|_a}{\|x\|_b}.$$

定理1.43 假设$M_{m\times n}(\mathbf{R})$是$mn$维的实数矩阵空间，$\|\cdot\|_a$是空间$\mathbf{R}^m$上的范数，$\|\cdot\|_b$是空间$\mathbf{R}^n$上的范数，那么在矩阵空间上诱导的范数$\|\cdot\|_{a,b}$满足

$$\forall A \in M_{m\times n}(\mathbf{R}), \|A\|_{a,b} = \sup_{x\in\mathbf{R}^n,\ \|x\|_b=1} \|Ax\|_a.$$

定理1.44 假设$M_{m\times n}(\mathbf{R})$是$mn$维的实数矩阵空间，$\|\cdot\|_a$是空间$\mathbf{R}^m$上的范数，$\|\cdot\|_b$是空间$\mathbf{R}^n$上的范数，在矩阵空间上诱导的范数为$\|\cdot\|_{a,b}$，那么一定有

$$\forall A \in M_{m\times n}(\mathbf{R}), \forall x \in \mathbf{R}^n,\ \|Ax\|_a \leqslant \|A\|_{a,b}\|x\|_b.$$

例1.21 假设$M_{m\times n}(\mathbf{R})$是$mn$维的实数矩阵空间，$\|\cdot\|_2$是空间$\mathbf{R}^m$上的$L_2$范数，$\|\cdot\|_2$是空

间$\mathbf{R}^n$上的L_2范数，那么在矩阵空间上诱导的范数$\|\cdot\|_{2,2}$是矩阵的奇异值范数，即

$$\forall A \in M_{m\times n}(\mathbf{R}), \|A\|_{2,2} = \sup_{x\in\mathbf{R}^n,\ \|x\|_2=1} \|Ax\|_2 = \sqrt{\lambda_{\max}(A^{\mathrm{T}}A)} = \|A\|_{SV}.$$

此时一定有

$$\forall A \in M_{m\times n}(\mathbf{R}), \forall x \in \mathbf{R}^n,\ \|Ax\|_2 \leqslant \|A\|_{SV}\|x\|_2.$$

例1.22 假设$M_{m\times n}(\mathbf{R})$是$mn$维的实数矩阵空间，$\|\cdot\|_1$是空间$\mathbf{R}^m$上的$L_1$范数，$\|\cdot\|_1$是空间$\mathbf{R}^n$上的$L_1$范数，那么在矩阵空间上诱导的范数$\|\cdot\|_{1,1}$是矩阵的列和范数，即

$$\forall A \in M_{m\times n}(\mathbf{R}), \|A\|_{1,1} = \sup_{x\in\mathbf{R}^n,\ \|x\|_1=1} \|Ax\|_1 = \|A\|_C.$$

此时一定有

$$\forall A \in M_{m\times n}(\mathbf{R}), \forall x \in \mathbf{R}^n,\ \|Ax\|_1 \leqslant \|A\|_C\|x\|_1.$$

例1.23 假设$M_{m\times n}(\mathbf{R})$是$mn$维的实数矩阵空间，$\|\cdot\|_\infty$是空间$\mathbf{R}^m$上的$L_\infty$范数，$\|\cdot\|_\infty$是空间$\mathbf{R}^n$上的$L_\infty$范数，那么在矩阵空间上诱导的范数$\|\cdot\|_{\infty,\infty}$是矩阵的行和范数，即

$$\forall A \in M_{m\times n}(\mathbf{R}), \|A\|_{\infty,\infty} = \sup_{x\in\mathbf{R}^n,\ \|x\|_\infty=1} \|Ax\|_\infty = \|A\|_R.$$

此时一定有

$$\forall A \in M_{m\times n}(\mathbf{R}), \forall x \in \mathbf{R}^n,\ \|Ax\|_\infty \leqslant \|A\|_R\|x\|_\infty.$$

既然一个向量空间上有多种范数，是否可以考察各类范数之间的关系呢？对于这个问题的回答，产生了范数等价性的概念。

定义1.43 假设$\mathbf{R}^n$是n维的实数空间，其上有两个范数$\|\cdot\|_1, \|\cdot\|_2$，称它们为等价的，如果满足

$$\exists \alpha,\beta > 0,\ \text{s.t.},\ \forall x \in \mathbf{R}^n,\ \alpha\|x\|_1 \leqslant \|x\|_2 \leqslant \beta\|x\|_1.$$

定理1.45 假设$\mathbf{R}^n$是n维的实数空间，范数的等价概念满足如下性质：(1) 自反性：任何一个范数$\|\cdot\|_1$和自身$\|\cdot\|_1$等价。(2) 对称性：如果$\|\cdot\|_1$和$\|\cdot\|_2$等价，那么$\|\cdot\|_2$也和$\|\cdot\|_1$等价。(3) 传递性：如果$\|\cdot\|_1$和$\|\cdot\|_2$等价并且$\|\cdot\|_2$与$\|\cdot\|_3$等价，那么$\|\cdot\|_1$也和$\|\cdot\|_3$等价。

定理1.46 假设$\mathbf{R}^n$是n维的实数空间，假设$\|\cdot\|$是其上的任意一个范数，$|\cdot|_2$是欧式范数，那么$\|\cdot\|$和$|\cdot|_2$等价。

1.5 内积结构

内积结构是一种特殊的范数结构，因此也是一种度量结构。范数只考虑向量的长度，内积结构还考虑了向量之间的角度。

定义1.44 假设V是n维的线性空间，函数ϕ：$V\times V \to \mathbf{R}$称之为内积，如果满足：

(1) $\phi(x,x) \geqslant 0,\ \forall x \in V;\ \phi(x,x) = 0 \Leftrightarrow x = 0;$

(2) $\phi(x,y) = \phi(y,x),\ \forall x,y \in V;$

(3) $\phi(\alpha x+\beta y,z) = \alpha\phi(x,z)+\beta\phi(y,z),\ \forall x,y,z \in V,\ \alpha,\beta \in \mathbf{R}.$

内积ϕ一般也记为$(\cdot,\cdot)$或者$\langle\cdot,\cdot\rangle$. 二元组$(V,\phi)$称为一个内积空间。

例1.24 $\mathbf{R}^n$是n维的实线性空间，其上的典范内积为

$$(x, y) = x^{\mathrm{T}}y, \forall x, y \in \mathbf{R}^n.$$

例1.25 $\mathbf{R}^n$是n维的实线性空间，$A \in SM_{n\times n,++}(\mathbf{R})$表示一个正定矩阵，可以定义与$A$相关的内积为

$$(x, y)_A = x^{\mathrm{T}}Ay, \forall x, y \in \mathbf{R}^n.$$

例1.26 $M_{n\times n}(\mathbf{R})$是$n \times n$的矩阵空间，定义内积为

$$(A, B) = \sum_{ij} a_{ij}b_{ij} = \mathrm{tr}(AB^{\mathrm{T}}), \forall A = (a_{ij}), B = (b_{ij}) \in M_{n\times n}(\mathbf{R}).$$

假设(V, ϕ)是一个n维的内积空间，任意取定V的一组基$\alpha_1, \cdots, \alpha_n$，可以通过Schimidt过程获取内积空间的正交基 $e_1, \cdots, e_n$，s.t.，$\phi(e_i, e_j) = \delta_{ij}$.

定理1.47 任何一个n维的内积空间(V, ϕ)本质上都是$\mathbf{R}^n$上的典范内积。

定理1.48 假设(V, ϕ)是一个n维的内积空间，定义函数

$$\|x\|_\phi = \sqrt{\phi(x, x)}, \forall x \in V,$$

那么$(V, \|\cdot\|_\phi)$是范数空间，并且是完备的。

1.6 微分结构

函数f：$\mathbf{R}^n \to \mathbf{R}$是连续函数，对于$x \in \mathbf{R}^n$和单位向量$e^i = (\delta_{1i}, \cdots, \delta_{ii}, \cdots, \delta_{ni})^{\mathrm{T}}$，其中$\delta_{ij} = 1, \forall i = j; \delta_{ij} = 0, \forall i \neq j$. 一元函数$f(x + te_i)$在$t = 0$的导数称为函数$f$在点$x$关于$x_i$的一阶偏导数，若在点$x$关于$x_1, \cdots, x_n$的所有偏导数都存在，我们定义函数$f$在点$x$ 的梯度为

$$\nabla f(x) = \Big(\frac{\partial f(x)}{\partial x_1}, \cdots, \frac{\partial f(x)}{\partial x_n}\Big)^{\mathrm{T}}.$$

另外，对于$x \in \mathbf{R}^n$，$p \in \mathbf{R}^n$，$p \neq 0$，函数f在点x关于方向p的方向导数定义为

$$\frac{\partial f(x)}{\partial p} = \lim_{t\to 0} \frac{f(x + tp) - f(x)}{t}.$$

有时，我们用$Df(x; p)$表示f在点x关于方向p的方向导数。当f的一阶偏导数连续时，方向导数通常用下面的公式计算

$$Df(x; p) = \nabla f(x)^{\mathrm{T}}p.$$

从一阶偏导数出发，可以定义二阶偏导数，甚至高阶偏导数。当f在点x存在二阶偏导数时，函数f在点x的Hesse矩阵定义为

$$\nabla^2 f(x) = \begin{pmatrix} \dfrac{\partial^2 f(x)}{\partial {x_1}^2} & \cdots & \dfrac{\partial^2 f(x)}{\partial x_1 \partial x_n} \\ \vdots & \ddots & \vdots \\ \dfrac{\partial^2 f(x)}{\partial x_n \partial x_1} & \cdots & \dfrac{\partial^2 f(x)}{\partial {x_n}^2} \end{pmatrix}.$$

对于向量值函数，可以类似定义一阶导数和二阶导数。实际上，假设$F = (f_1, \cdots, f_m)^{\mathrm{T}}$：$\mathbf{R}^n \to \mathbf{R}^m$，如果每个分量$f_i$都是一阶可微分的，我们就说向量值函数$F$是一阶可微分的，

同样如果每个分量f_i都是二阶可微分的，我们就说向量值函数F是二阶可微分的。一阶导数用矩阵表示，二阶导数用张量表示。

$$\nabla F(x)=\begin{pmatrix}\nabla f_1(x)^{\mathrm{T}}\\ \vdots\\ \nabla f_m(x)^{\mathrm{T}}\end{pmatrix}=\begin{pmatrix}\dfrac{\partial f_1(x)}{\partial x_1} & \cdots & \dfrac{\partial f_m(x)}{\partial x_n}\\ \vdots & \ddots & \vdots\\ \dfrac{\partial f_m(x)}{\partial x_1} & \cdots & \dfrac{\partial f_m(x)}{\partial x_n}\end{pmatrix}.$$

$$\nabla^2 F(x)=\left\{\frac{\partial^2 f_\alpha(x)}{\partial x_i\partial x_j}\right\},\ \alpha\in\{1,\cdots,m\},\ i,j\in\{1,\cdots,n\}.$$

Taylor展式在优化问题的算法设计中有重要应用，我们将一些定理陈述如下。

定理1.49 假设f：$B(a,r)\subset\mathbf{R}^1\to\mathbf{R}^1$ 是n次可导函数，那么

$$f(x)=f(a)+f'(a)(x-a)+\frac{f''(a)}{2!}(x-a)^2+\cdots+\frac{f^{(n)}(x)}{n!}(x-a)^n+o((x-a)^n).$$

定理1.50 假设f：$B(a,r)\subset\mathbf{R}^1\to\mathbf{R}^1$ 是$n+1$次连续可导函数，那么

$$f(x)=f(a)+f'(a)(x-a)+\frac{f''(a)}{2!}(x-a)^2+\cdots+\frac{f^{(n)}(x)}{n!}(x-a)^n+\frac{f^{(n+1)}(\xi)}{(n+1)!}(x-a)^{n+1},\xi\in(a,x).$$

定理1.51 假设f：$B(a,r)\subset\mathbf{R}^1\to\mathbf{R}^1$ 是$n+1$次连续可导函数，那么

$$\begin{aligned}f(x)=&f(a)+f'(a)(x-a)+\frac{f''(a)}{2!}(x-a)^2+\cdots+\frac{f^{(n)}(x)}{n!}(x-a)^n\\&+\frac{(x-a)^{n+1}}{n!}\int_0^1(1-t)^n f^{(n+1)}(a+t(x-a))\mathrm{d}t.\end{aligned}$$

定理1.52 假设f：$B(x,r)\subset\mathbf{R}^n\to\mathbf{R}^1$ 是连续可微函数，那么

$$f(x+h)=f(x)+\nabla f(x)^{\mathrm{T}}h+\frac{1}{2!}h^{\mathrm{T}}\nabla^2 f(x)h+o(|h|^2).$$

定理1.53 假设f：$B(x,r)\subset\mathbf{R}^n\to\mathbf{R}^1$ 是连续可微函数，那么

$$f(x+h)=f(x)+\nabla f(x)^{\mathrm{T}}h+\frac{1}{2!}h^{\mathrm{T}}\nabla^2 f(x+\theta h)h,\theta\in(0,1).$$

定理1.54 假设f：$B(x,r)\subset\mathbf{R}^n\to\mathbf{R}^1$ 是连续可微函数，那么

$$f(x+h)=f(x)+\nabla f(x)^{\mathrm{T}}h+\int_0^1(1-t)h^{\mathrm{T}}\nabla^2 f(x+th)h\mathrm{d}t.$$

1.7 概率结构

概率论建立在适当的集合类的基础之上。假设Ω是非空集合，2^Ω是其所有的子集构成的集合，$\mathcal{A}\subset 2^\Omega$是子集族。

定义1.45 $\mathcal{A}\subset 2^\Omega$称为是$\sigma$代数，如果满足：

(1) $\varnothing\in\mathcal{A}$;

(2) 如果$B\in\mathcal{A}$，那么$B^c\in\mathcal{A}$;

(3) 如果$\{B_i\}_{i=1}^\infty\subset\mathcal{A}$，那么$\bigcup_{i=1}^\infty B_i\in\mathcal{A}$。

定义1.46 假设Ω是非空集合，$\mathcal{A}$是σ代数。若非负函数P：$\mathcal{A}\to[0,1]$满足：

(1) $P(\Omega)=1$;

(2) $\forall A\in\mathcal{A},P(A)\geqslant 0$;

(3) $\forall\{A_i\}_{i=1}^{\infty}\subset\mathcal{A}, A_i\bigcap A_j=\varnothing(\forall i\neq j)\Rightarrow P(\bigcup_{i=1}^{\infty}A_i)=\sum_i P(A_i)$,

则称函数P为概率测度。

定义1.47 假设Ω是非空集合，$\mathcal{A}$是σ代数，P为概率测度，则三元组$(\Omega,\mathcal{A},P)$为概率空间。

假设$(\Omega_i,\mathcal{A}_i,P_i), i=1,2,\cdots,n$分别为概率空间，令$\Omega=\Omega_1\times\Omega_2\times\cdots\times\Omega_n, \mathcal{A}=\mathcal{A}_1\times\mathcal{A}_2\times\cdots\times\mathcal{A}_n$。注意到概率测度$P_i, i=1,2,\cdots,n$是有限的，由乘积测度理论可知，对于任意的$A_i\in\mathcal{A}_i, i=1,2,\cdots,n$，在$\mathcal{A}$上存在唯一的测度$P$使得

$$P(A_1\times A_2\times\cdots\times A_n)=P_1(A_1)\times P_2(A_2)\times\cdots\times P_n(A_n).$$

而且测度P满足

$$P(\Omega)=P_1(\Omega_1)\times P_2(\Omega_2)\times\cdots\times P_n(\Omega_n)=1.$$

即测度P仍然是概率测度。

定义1.48 假设$(\Omega_i,\mathcal{A}_i,P_i), i=1,2,\cdots,n$为概率空间。如果$\Omega=\Omega_1\times\Omega_2\times\cdots\times\Omega_n, \mathcal{A}=\mathcal{A}_1\times\mathcal{A}_2\times\cdots\times\mathcal{A}_n$和$P=P_1\times P_2\times\cdots\times P_n$，则称$(\Omega,\mathcal{A},P)$为乘积概率空间。

定理1.55 假设$(\Omega,\mathcal{A},P)$为一概率空间，则有

(1) $P(\varnothing)=0$;

(2) $\forall A\in\mathcal{A}, P(A)+P(A^c)=1$;

(3) $\forall A\in\mathcal{A}, 0\leqslant P(A)\leqslant 1$;

(4) $\forall A,B\in\mathcal{A}, P(A)\leqslant P(B)$;

(5) $\forall A,B\in\mathcal{A}, P(A\bigcup B)+P(A\bigcap B)=P(A)+P(B)$.

定义1.49 欧式空间$\mathbf{R}^n$上由所有开集生成的σ代数$\mathcal{B}$中的元素称为Borel集。

定义1.50 假设$(\Omega,\mathcal{A},P)$为一概率空间，ξ：$\Omega\to\mathbf{R}^1$是一函数，若满足

$$\xi^{-1}(\mathcal{B})\subset\mathcal{A},$$

则称ξ为概率空间$(\Omega,\mathcal{A},P)$上的一个随机变量。

定义1.51 假设$(\Omega,\mathcal{A},P)$为一概率空间，$\xi=(\xi_1,\cdots,\xi_n)$：$\Omega\to\mathbf{R}^n$是一函数，若满足

$$\xi^{-1}(\mathcal{B})\subset\mathcal{A},$$

则称ξ为概率空间$(\Omega,\mathcal{A},P)$上的一个随机向量。

定理1.56 假设$(\Omega,\mathcal{A},P)$为一概率空间，$\xi=(\xi_1,\cdots,\xi_n)$：$\Omega\to\mathbf{R}^n$是随机向量的充分必要条件是$\xi_1,\cdots,\xi_n$为随机变量。

定义1.52 假设f：$\mathbf{R}^n\to\mathbf{R}^1$为可测函数，且$\xi_i$，$i=1,2,\cdots,n$为定义在概率空间$(\Omega_i,\mathcal{A}_i,P_i), i=1,2,\cdots,n$上的随机变量，则称$\xi=f(\xi_1,\cdots,\xi_n)$为乘积概率空间$(\Omega,\mathcal{A},P)$上的随机变量，且

$$\xi(\omega_1,\cdots,\omega_n)=f(\xi_1(\omega_1),\cdots,\xi_n(\omega_n)).$$

定理1.57 假设f：$\mathbf{R}^n\to\mathbf{R}^1$为可测函数，$\xi=(\xi_1,\cdots,\xi_n)$为概率空间$(\Omega,\mathcal{A},P)$上的随机向量，则$f(\xi)$为随机变量。

定理1.58 假设$\xi,\xi_1,\xi_2,\cdots$是随机变量，如果$i\to\infty$时，有$\xi_i\uparrow\xi$，那么对于任何实

数r，当$i \to \infty$时

$$P(\xi_i \leqslant r) \downarrow P(\xi \leqslant r), P(\xi_i > r) \uparrow P(\xi > r).$$

定理1.59 假设$\xi, \xi_1, \xi_2, \cdots$是随机变量，如果$i \to \infty$时，有$\xi_i \downarrow \xi$，那么对于任何实数$r$，当$i \to \infty$时

$$P(\xi_i < r) \uparrow P(\xi < r), P(\xi_i \geqslant r) \downarrow P(\xi \geqslant r).$$

定义1.53 假设$(\Omega, \mathcal{A}, P)$为一概率空间，ξ是其上的随机变量，函数Φ：$[-\infty, +\infty] \to [0, 1]$，若

$$\Phi(x) = P(\xi^{-1}[-\infty, x]),$$

则称Φ为随机变量ξ的概率分布函数。

定义1.54 假设$(\Omega, \mathcal{A}, P)$为一概率空间，ξ是其上的随机变量，Φ为ξ的分布函数，如果对于所有的x，函数ϕ：$\mathbf{R} \to [0, +\infty)$满足

$$\Phi(x) = \int_{-\infty}^{x} \phi(y)\mathrm{d}y,$$

则称ϕ为随机变量ξ的概率密度函数。

定义1.55 $\xi = (\xi_1, \cdots, \xi_n)$为概率空间$(\Omega, \mathcal{A}, P)$上的随机向量，如果函数$\Phi$：$[-\infty, +\infty]^n \to [0, 1]$满足

$$\Phi(x_1, \cdots, x_n) = P(\xi_1^{-1}[-\infty, x_1], \cdots, \xi_n^{-1}[-\infty, x_n]),$$

则称Φ为随机向量ξ的概率分布函数。

定义1.56 假设$(\Omega, \mathcal{A}, P)$为一概率空间，$\xi = (\xi_1, \cdots, \xi_n)$是其上的随机向量，$\Phi$为$\xi$的分布函数，如果对于所有的$x = (x_1, \cdots, x_n)$，函数$\phi$：$\mathbf{R}^n \to [0, +\infty)$ 满足

$$\Phi(x_1, \cdots, x_n) = \int_{-\infty}^{x_1} \cdots \int_{-\infty}^{x_n} \phi(y_1, \cdots, y_n)\mathrm{d}y_1 \cdots \mathrm{d}y_n,$$

则称ϕ为随机变量ξ的概率密度函数。

定义1.57 假设$\xi_1, \cdots, \xi_m$为随机变量，如果对$\mathbf{R}$上的任意Borel集合$B_1, \cdots, B_m$，有

$$P(\xi_1^{-1}(B_1), \cdots, \xi_m^{-1}(B_m)) = \prod_{i=1}^{m} P(\xi_i^{-1}(B_i)),$$

则称$\xi_1, \xi_2, \cdots, \xi_m$为相互独立的随机变量。

定理1.60 $\xi_1, \xi_2, \cdots, \xi_m$为相互独立的随机变量，$f_1, \cdots, f_m$为可测函数，则$f_1(\xi_1), \cdots, f_m(\xi_m)$是相互独立的随机变量。

定义1.58 假设$\xi_1, \cdots, \xi_m$为随机变量，如果对$\mathbf{R}$上的任意Borel集合B，有

$$P(\xi_i^{-1}(B)) = P(\xi_j^{-1}(B)), i, j = 1, 2, \cdots, m,$$

则称$\xi_1, \xi_2, \cdots, \xi_m$为同分布的随机变量。

定义1.59 假设$\xi_1, \cdots, \xi_m$为n维随机向量，如果对$\mathbf{R}^n$上的任意Borel集合$B_1, \cdots, B_m$，有

$$P(\xi_1^{-1}(B_1), \cdots, \xi_m^{-1}(B_m)) = \prod_{i=1}^{m} P(\xi_i^{-1}(B_i)),$$

则称$\xi_1, \xi_2, \cdots, \xi_m$为相互独立的随机向量。

定义1.60 假设$\xi_1,\cdots,\xi_m$为n维随机向量，如果对$\mathbf{R}^n$上的任意Borel集合B，有

$$P(\xi_i^{-1}(B)) = P(\xi_j^{-1}(B)), i, j = 1, 2, \cdots, m,$$

则称$\xi_1,\xi_2,\cdots,\xi_m$为同分布的随机向量。

定义1.61 假设ξ是概率空间$(\Omega,\mathcal{A},P)$上的随机变量，称

$$E(\xi) = \int_0^{+\infty} P(\xi \geqslant r)\mathrm{d}r - \int_{-\infty}^0 P(\xi \leqslant r)\mathrm{d}r$$

为随机变量ξ的期望值。

定理1.61 假设ϕ是概率空间$(\Omega,\mathcal{A},P)$上的随机变量ξ的概率密度函数，若Lebesgue积分

$$\int_{\mathbf{R}} x\phi(x)\mathrm{d}x$$

存在而且有限，则

$$E(\xi) = \int_{\mathbf{R}} x\phi(x)\mathrm{d}x.$$

定理1.62 假设ξ,η是概率空间$(\Omega,\mathcal{A},P)$上的随机变量，期望值有限，则对任意的实数a,b

$$E(a\xi + b\eta) = aE(\xi) + bE(\eta).$$

定义1.62 假设$\xi = (\xi_1,\cdots,\xi_n)^{\mathrm{T}}$是概率空间$(\Omega,\mathcal{A},P)$上的$n$维随机向量，称

$$E(\xi) = (E(\xi_1),\cdots,E(\xi_n))^{\mathrm{T}}$$

为随机向量ξ的期望向量。

假设ξ和η都是离散的随机变量，那么对于一切使得$P(\eta = y) > 0$的y，在给定$\eta = y$的条件下，ξ的条件概率函数定义为

$$P(\xi = x|\ \eta = y) = \frac{P(\xi = x, \eta = y)}{P(\eta = y)}.$$

给定$\eta = y$时，ξ的条件分布函数定义为

$$F(x|y) = P(\xi \leqslant x|\eta = y).$$

而给定$\eta = y$时，ξ的条件期望定义为

$$E(\xi|\eta = y) = \int x\mathrm{d}F(x|y) = \sum xP(\xi = x|\eta = y).$$

以$E(\xi|\eta)$记随机变量ξ的函数：它在$\eta = y$处取$E(\xi|\eta = y)$，条件期望一个极其有用的性质：

定理1.63 当期望存在时，对于一切随机变量ξ和η有

$$E(\xi) = E(E(\xi|\eta)) = \int E(\xi|\eta = y)\mathrm{d}F_\eta(y).$$

定义1.63 假设ξ是一随机变量而且期望值为$E(\xi)$，则称

$$\mathrm{Var}(\xi) = E[(\xi - E(\xi))^2]$$

为随机变量ξ的方差。

定理1.64 假设ξ是一随机变量而且期望值为$E(\xi)$是有限数，a和b为任意实数，则

$$\mathrm{Var}(a\xi + b) = a^2\mathrm{Var}(\xi).$$

定义1.64 假设ξ,η是两随机变量而且$E(\xi),E(\eta),E(\xi\eta)$均有限，则称

$$\mathrm{Cov}(\xi,\eta)=E(\xi\eta)-E(\xi)E(\eta)$$

为随机变量ξ,η的协方差。

定义1.65 假设ξ,η是两随机向量而且$E(\xi),E(\eta),E(\xi\eta^{\mathrm{T}})$均有限，则称

$$\mathrm{Cov}(\xi,\eta)=E(\xi\eta^{\mathrm{T}})-E(\xi)E(\eta)^{\mathrm{T}}$$

为随机向量ξ,η的协方差矩阵。

1.8　二次结构

假设$P\in SM_n(\mathbf{R})$是对称矩阵，不一定具有半定结构，考察下面的一般的二次优化问题

$$\min\ f(x)=\frac{1}{2}x^{\mathrm{T}}Px+q^{\mathrm{T}}x+r,$$

计算目标函数的导数为

$$\nabla f(x)=Px+q,$$
$$\nabla^2 f(x)=P,$$

根据最优性条件，我们需要同时考察一阶导数和二阶导数，显然如果$q\in R(P)$，那么一阶导数为零的方程有解

$$x^*=-P^{\dagger}q,$$

带入目标函数得到最优值为

$$-\frac{1}{2}q^{\mathrm{T}}P^{\dagger}q+r,$$

为了保证这个临界点是最小点，必定要求$P\geqslant 0$，综上可得如下结论。

定理1.65 假设$P\in SM_n(\mathbf{R})$是对称矩阵，假设一般的二次优化问题

$$\min\ f(x)=\frac{1}{2}x^{\mathrm{T}}Px+q^{\mathrm{T}}x+r$$

的最优值为p^*，那么有

$$p^*=\begin{cases}-\frac{1}{2}q^{\mathrm{T}}P^{\dagger}q+r, & \text{如果}P\geqslant 0,q\in R(P),\\ -\infty, & \text{其他情形。}\end{cases}$$

第一种情形的最优解为

$$x^*=-P^{\dagger}q.$$

假设$A\in SM_n(\mathbf{R}),B\in M_{m\times n}(\mathbf{R}),D\in SM_m(\mathbf{R})$，对于分块矩阵

$$\begin{pmatrix}A & B\\ B^{\mathrm{T}} & D\end{pmatrix},$$

为了考察其半定结构，需要从半定的定义开始。构造一个函数

$$f(x,y)=x^{\mathrm{T}}Ax+2y^{\mathrm{T}}B^{\mathrm{T}}x+y^{\mathrm{T}}Dy=(x^{\mathrm{T}},y^{\mathrm{T}})\begin{pmatrix}A & B\\ B^{\mathrm{T}} & D\end{pmatrix}\begin{pmatrix}x\\ y\end{pmatrix},$$

固定y，考察极小化问题

$$\min_{x\in\mathbf{R}^n} f(x,y).$$

根据上面的定理，可知问题的最优值$p^*(y)$为

$$p^*(y)=\begin{cases} y^{\mathrm{T}}(D-B^{\mathrm{T}}A^{\dagger}B)y, & \text{如果} A\geqslant 0, By\in R(A),\\ -\infty, & \text{其他情形。}\end{cases}$$

考察$By\in R(A)$这个条件，即

$$\exists x_0,\ \text{s.t.},\ Ax_0=By,$$

当且仅当

$$By=Ax_0=AA^{\dagger}Ax_0=AA^{\dagger}By,$$

即

$$(I-AA^{\dagger})By=0.$$

综上我们有关于分块矩阵的半定结构的结论。

定理1.66 假设$A\in SM_n(\mathbf{R}), B\in M_{m\times n}(\mathbf{R}), D\in SM_m(\mathbf{R})$，对于分块矩阵

$$X=\begin{pmatrix} A & B\\ B^{\mathrm{T}} & D\end{pmatrix}$$

有：

(1) $X>0$当且仅当$A>0, D-B^{\mathrm{T}}A^{-1}B>0$；

(2) 如果$A>0$，那么$X\geqslant 0$当且仅当$D-B^{\mathrm{T}}A^{-1}B\geqslant 0$；

(3) $X\geqslant 0$当且仅当$A\geqslant 0, (I-AA^{\dagger})B=0, D-B^{\mathrm{T}}A^{\dagger}B\geqslant 0$.

假设$A_i\in SM_n(\mathbf{R}), b_i\in\mathbf{R}^n$，$c_i\in\mathbf{R}^1, i=0,1$，考察下面的优化问题

$$\begin{aligned} \min\ & x^{\mathrm{T}}A_0x+2b_0^{\mathrm{T}}x+c_0\\ \text{s.t.}\ & x^{\mathrm{T}}A_1x+2b_1^{\mathrm{T}}x+c_1\leqslant 0.\end{aligned}$$

这个问题不一定是凸优化问题，因为我们不要求$A_i\in SM_{n,+}(\mathbf{R})$。计算问题的Lagrange函数可得

$$L(x,\alpha)=x^{\mathrm{T}}(A_0+\alpha A_1)x+2(b_0+\alpha b_1)^{\mathrm{T}}x+(c_0+\alpha c_1), \alpha\geqslant 0,$$

对偶函数计算得到：

(1) 如果$A_0+\alpha A_1\geqslant 0, b_0+\alpha b_1\in R(A_0+\alpha A_1)$，那么对偶函数

$$\begin{aligned} r(\alpha) &= \inf_{x\in\mathbf{R}^n} L(x,\alpha)\\ &= (c_0+\alpha c_1)-(b_0+\alpha b_1)^{\mathrm{T}}(A_0+\alpha A_1)^{\dagger}(b_0+\alpha b_1).\end{aligned}$$

(2) 其他情形，都可得$r(\alpha)=-\infty$。

综上并利用分块矩阵的半定性刻画可得如下结论。

定理1.67 优化问题

$$\begin{aligned} \min\ & x^{\mathrm{T}}A_0x+2b_0^{\mathrm{T}}x+c_0\\ \text{s.t.}\ & x^{\mathrm{T}}A_1x+2b_1^{\mathrm{T}}x+c_1\leqslant 0\end{aligned}$$

的对偶问题可以表示为

$$\begin{aligned}&\max\ \beta\\&\text{s.t.}\ \ \alpha\geqslant 0,\\&\quad\begin{pmatrix}A_0+\alpha A_1 & b_0+\alpha b_1\\(b_0+\alpha b_1)^{\mathrm{T}} & c_0+\alpha c_1-\beta\end{pmatrix}\geqslant 0.\end{aligned}$$

定理1.68 如果优化问题

$$\begin{aligned}&\min\ x^{\mathrm{T}}A_0x+2b_0^{\mathrm{T}}x+c_0\\&\text{s.t.}\ \ x^{\mathrm{T}}A_1x+2b_1^{\mathrm{T}}x+c_1\leqslant 0\end{aligned}$$

满足强Slater条件(可行域有严格内点)，那么原始问题与对偶问题

$$\begin{aligned}&\max\ \beta\\&\text{s.t.}\ \ \alpha\geqslant 0,\\&\quad\begin{pmatrix}A_0+\alpha A_1 & b_0+\alpha b_1\\(b_0+\alpha b_1)^{\mathrm{T}} & c_0+\alpha c_1-\beta\end{pmatrix}\geqslant 0\end{aligned}$$

是强对偶的。

经过简单计算可知：对偶问题

$$\begin{aligned}&\max\ \beta\\&\text{s.t.}\ \ \alpha\geqslant 0,\\&\quad\begin{pmatrix}A_0+\alpha A_1 & b_0+\alpha b_1\\(b_0+\alpha b_1)^{\mathrm{T}} & c_0+\alpha c_1-\beta\end{pmatrix}\geqslant 0\end{aligned}$$

的对偶问题是

$$\begin{aligned}&\min\ \operatorname{tr}(A_0X)+2b_0^{\mathrm{T}}x+c_0\\&\text{s.t.}\ \ \operatorname{tr}(A_1X)+2b_1^{\mathrm{T}}x+c_1\leqslant 0,\\&\quad\begin{pmatrix}X & x\\x^{\mathrm{T}} & 1\end{pmatrix}\geqslant 0,\\&\quad X\in SM_{n,+}(\mathbf{R}).\end{aligned}$$

另一方面，注意优化问题

$$\begin{aligned}&\min\ x^{\mathrm{T}}A_0x+2b_0^{\mathrm{T}}x+c_0\\&\text{s.t.}\ \ x^{\mathrm{T}}A_1x+2b_1^{\mathrm{T}}x+c_1\leqslant 0\end{aligned}$$

可以等价转化为

$$\begin{aligned}&\min\ \operatorname{tr}(A_0X)+2b_0^{\mathrm{T}}x+c_0\\&\text{s.t.}\ \ \operatorname{tr}(A_1X)+2b_1^{\mathrm{T}}x+c_1\leqslant 0,\\&\quad X=xx^{\mathrm{T}}.\end{aligned}$$

松弛为

$$\begin{aligned}&\min\ \operatorname{tr}(A_0X)+2b_0^{\mathrm{T}}x+c_0\\&\text{s.t.}\ \ \operatorname{tr}(A_1X)+2b_1^{\mathrm{T}}x+c_1\leqslant 0\end{aligned}$$

$$X \geqslant xx^{\mathrm{T}}, X \in SM_{n,+}(\mathbf{R}).$$

再等价转化为

$$\begin{aligned} \min\ & \operatorname{tr}(A_0X) + 2b_0^{\mathrm{T}}x + c_0 \\ \text{s.t.}\ & \operatorname{tr}(A_1X) + 2b_1^{\mathrm{T}}x + c_1 \leqslant 0 \\ & \begin{pmatrix} X & x \\ x^{\mathrm{T}} & 1 \end{pmatrix} \geqslant 0, \\ & X \in SM_{n,+}(\mathbf{R}). \end{aligned}$$

综合上面两方面的计算，可得如下结论。

定理1.69 如果优化问题

$$\begin{aligned} \min\ & x^{\mathrm{T}}A_0x + 2b_0^{\mathrm{T}}x + c_0 \\ \text{s.t.}\ & x^{\mathrm{T}}A_1x + 2b_1^{\mathrm{T}}x + c_1 \leqslant 0 \end{aligned}$$

满足强Slater条件(可行域有严格内点)，那么它与对偶问题的对偶问题

$$\begin{aligned} \min\ & \operatorname{tr}(A_0X) + 2b_0^{\mathrm{T}}x + c_0 \\ \text{s.t.}\ & \operatorname{tr}(A_1X) + 2b_1^{\mathrm{T}}x + c_1 \leqslant 0, \\ & \begin{pmatrix} X & x \\ x^{\mathrm{T}} & 1 \end{pmatrix} \geqslant 0, \\ & X \in SM_{n,+}(\mathbf{R}). \end{aligned}$$

是强对偶的。

定理1.70 假设$A_i \in SM_n(\mathbf{R}), b_i \in \mathbf{R}^n$，$c_i \in \mathbf{R}^1, i = 1,2$，并且假设满足

$$\exists \hat{x} \in \mathbf{R}^n,\quad \text{s.t.},\ \hat{x}^{\mathrm{T}}A_2\hat{x} + 2b_2^{\mathrm{T}}\hat{x} + c_2 < 0,$$

那么下列关于$x \in \mathbf{R}^n$的方程

$$x^{\mathrm{T}}A_1x + 2b_1^{\mathrm{T}}x + c_1 < 0, x^{\mathrm{T}}A_2x + 2b_2^{\mathrm{T}}x + c_2 \leqslant 0$$

有解的充分必要条件是下列关于$\alpha \in \mathbf{R}^1$的方程

$$\alpha \geqslant 0, \begin{pmatrix} A_1 & b_1 \\ b_1^{\mathrm{T}} & c_1 \end{pmatrix} + \alpha \begin{pmatrix} A_2 & b_2 \\ b_2^{\mathrm{T}} & c_2 \end{pmatrix} \geqslant 0$$

无解。

定理1.71 假设$A_i \in SM_n(\mathbf{R}), b_i \in \mathbf{R}^n$，$c_i \in \mathbf{R}^1, i = 1,2$，并且假设满足

$$\exists \hat{x} \in \mathbf{R}^n,\quad \text{s.t.},\ \hat{x}^{\mathrm{T}}A_1\hat{x} + 2b_1^{\mathrm{T}}\hat{x} + c_1 < 0,$$

那么下列蕴含关系

$$x^{\mathrm{T}}A_1x + 2b_1^{\mathrm{T}}x + c_1 \leqslant 0 \Longrightarrow x^{\mathrm{T}}A_2x + 2b_2^{\mathrm{T}}x + c_2 \leqslant 0$$

成立的充分必要条件是下列关于$\alpha \in \mathbf{R}^1$的方程

$$\alpha \geqslant 0, \begin{pmatrix} A_2 & b_2 \\ b_2^{\mathrm{T}} & c_2 \end{pmatrix} \leqslant \alpha \begin{pmatrix} A_1 & b_1 \\ b_1^{\mathrm{T}} & c_1 \end{pmatrix}$$

有解。

上面两个定理被称为S-程序，在凸优化的应用问题中非常有用，以后会经常用到。

第 2 章

范数逼近问题

本章首先定义什么是范数逼近问题，然后在一定意义下将范数逼近问题构建为凸优化模型，并探索其性质，再给出一些特殊情形下的应用。

2.1　范数逼近问题

定义2.1　假设$A \in M_{m\times n}(\mathbf{R}), b \in \mathbf{R}^m$，并且$\|\cdot\|$是$\mathbf{R}^m$上的某个范数，那么范数逼近问题为

$$\min_{x\in\mathbf{R}^n} \|Ax - b\|$$

其中$x \in \mathbf{R}^n$是变量，对于某个固定的变量x，称$r = Ax - b$为残差。

对于范数逼近问题

$$\min_{x\in\mathbf{R}^n} \|Ax - b\|,$$

可以根据数据A, b之间的关系进行讨论。如果

$$b \in R(A),$$

即b落在A的值空间里面，那么显然存在$x_0 \in \mathbf{R}^n$，使得

$$Ax_0 = b,$$

那么范数逼近问题的最优解至少包括x_0，最优值为0。如果

$$b \notin R(A,$$

即b不落在A的值空间里面，此时b不在A的列向量张成的空间之内，这是我们要关注的问题，有时为了讨论的方便，总是假设A是列满秩的并且不张满整个空间，即

$$\mathrm{rank}(A) = n,\ m > n.$$

考察目标函数，根据范数的三角性和齐次性，可知范数逼近问题的目标函数是凸函数，因此范数逼近问题是一个凸优化模型。

定义2.2　假设$A \in M_{m\times n}(\mathbf{R}), b \in \mathbf{R}^m$，并且函数$\phi$：$\mathbf{R} \to \mathbf{R}$，那么单元罚函数逼近问题为

$$\begin{aligned} \min\ & \sum_{i=1}^{m} \phi(r_i) \\ \text{s.t.}\ & r = Ax - b, \end{aligned}$$

其中$x \in \mathbf{R}^n$是变量，函数ϕ称为单元罚函数。

单元罚函数逼近问题

$$\begin{aligned} &\min \ \sum_{i=1}^{m}\phi(r_i) \\ &\text{s.t.} \quad r = Ax - b \end{aligned}$$

的复杂性依赖于罚函数ϕ的复杂度，如果单元罚函数ϕ是一个凸函数，那么显然上面问题中的目标函数也是一个凸函数，又因为约束是线性的，那么整个问题都是凸优化问题。一些特殊的范数逼近问题可以用单元罚函数的形式表示出来。

定义2.3 假设$A \in M_{m\times n}(\mathbf{R}), b \in \mathbf{R}^m$，并且函数$\phi$：$\mathbf{R}^m \to \mathbf{R}$，那么多元罚函数逼近问题为

$$\begin{aligned} &\min \ \phi(r) \\ &\text{s.t.} \quad r = Ax - b. \end{aligned}$$

其中$x \in \mathbf{R}^n$是变量，函数ϕ称为多元罚函数。

多元罚函数逼近问题

$$\begin{aligned} &\min \ \phi(r) \\ &\text{s.t.} \quad r = Ax - b \end{aligned}$$

的复杂性依赖于罚函数ϕ的复杂度，如果多元罚函数ϕ是凸函数，又因为约束是线性的，那么整个问题都是凸优化问题。显然，范数逼近问题和单元罚函数逼近问题都是多元罚函数逼近问题的特殊情形。

2.2 逼近问题解释

对于范数逼近问题

$$\min_{x\in\mathbf{R}^n} \|Ax - b\|$$

可以给多种解释。

第一种解释是基于逼近的本源意义。假设矩阵A的列向量组为

$$a_1, \cdots, a_n,$$

那么$Ax = b$可以表示为

$$Ax = \sum_{i=1}^{n} x_i a_i,$$

此时可以看出，范数逼近问题的目标是利用A的列的线性组合，尽可能准确逼近或者拟合向量b，其偏差用范数$\|\cdot\|$来度量。在这种解释下的逼近问题也称为回归问题，此时称

$$a_1, \cdots, a_n$$

为回归量，如果x^*是范数逼近问题的一个最优解，那么称向量

$$\sum_{i=1}^{n} x_i^* a_i$$

为b向回归量的回归。

第二种解释是基于估计。一个与范数逼近问题密切相关的问题是基于不完全线性向量测量值的参数估计问题。考虑线性测量模型

$$y = Ax + v,$$

其中$y \in \mathbf{R}^m$是测量值，$x \in \mathbf{R}^n$是需要估计的参数值，$v \in \mathbf{R}^m$是未知的误差，假设在范数$\|\cdot\|$意义下很小，那么相应的估计问题是在给定y的情况下对于x 是什么进行合理的猜测。如果猜测x的值是$\hat{x}$，那么隐含猜测v的值是

$$v = y - A\hat{x}.$$

假设v的值在范数$\|\cdot\|$意义下越小越可信，那么参数x的估计问题可以建模为

$$\min \ \|y - Ax\|,$$

其中A, y已知，x是变量。

第三种解释是基于几何。考虑如下的线性子空间和一个点

$$\mathcal{A} = R(A), A \in M_{m\times n}(\mathbf{R}),\ b \in \mathbf{R}^m,$$

点向子空间$\mathcal{A}$的投影即是$\mathcal{A}$中在$\|\cdot\|$意义下最靠近b的点，也就是说，是如下问题的最优解

$$\begin{aligned} &\min \ \|u - b\| \\ &\text{s.t.} \ \ u \in \mathcal{A}. \end{aligned}$$

将子空间$\mathcal{A}$参数化为$u = Ax$，那么求解范数逼近问题

$$\min_{x\in\mathbf{R}^n} \ \|Ax - b\|$$

等价于计算b向$\mathcal{A}$的投影。

第四种解释是基于设计。可以将范数逼近问题解释为最优设计。假设

$$x_1, \cdots, x_n$$

为n个需要设计的变量，其数值待定。向量$y = Ax$给出了表示m个结果的向量，假设结果是设计变量的线性函数，向量b是期望结果。我们的目标是选择一个设计使得尽可能接近期望的结果，也就是说

$$Ax \approx b,$$

可以将残差解释为实际结果与期望目标之间的偏差。如果用范数$\|\cdot\|$来度量这个偏差，那么问题建模为

$$\min_{x\in\mathbf{R}^n} \ \|Ax - b\|.$$

对于单元罚函数逼近问题

$$\begin{aligned} &\min \ \sum_{i=1}^{m} \phi(r_i) \\ &\text{s.t.} \ \ r = Ax - b \end{aligned}$$

可以做出如下解释。对于x的选择，得到了b的一个逼近Ax，也得到了相应的残差向量$r = Ax - b$，罚函数通过$\phi(r_i)$来评估每一个分量的费用或者惩罚；总体惩罚就是每个残差的罚函数之和，即

$$\sum_{i=1}^{n} \phi(r_i).$$

x的不同选择导致不同的残差，因此有不同的总体惩罚。在罚函数逼近问题中，极小化由残差带来的总体惩罚。

对于多元罚函数逼近问题，同样的解释。

2.3 各种逼近模型

例2.1 加权范数逼近问题。对于基本的范数逼近问题

$$\min_{x\in\mathbf{R}^n} \|Ax-b\|,$$

可以通过一个加权矩阵得以扩展。假设$W\in M_{m\times m}(\mathbf{R})$是一个矩阵，通常情况下是一个对角矩阵，给出了残差向量$r=Ax-b$的不同分量之间不同的相对强调程度。所谓的加权范数逼近问题为

$$\min_{x\in\mathbf{R}^n} \|W(Ax-b)\|,$$

显然，加权范数逼近问题可以转化为

$$\min_{x\in\mathbf{R}^n} \|(WA)x-(Wb)\|,$$

此时若令$\hat{A}=WA, \hat{b}=Wb$，那么问题转化为

$$\min_{x\in\mathbf{R}^n} \|\hat{A}x-\hat{b}\|.$$

即通常意义下的范数逼近问题。

例2.2 L_2范数逼近问题。对于基本的范数逼近问题

$$\min_{x\in\mathbf{R}^n} \|Ax-b\|,$$

如果选用L_2范数，并且将目标函数平方，那么是最小二乘逼近问题

$$\min_{x\in\mathbf{R}^n} \|Ax-b\|_2^2=\sum_{i=1}^{m} r_i^2,$$

定义函数

$$f(x)=\|Ax-b\|_2^2=x^{\mathrm{T}}A^{\mathrm{T}}Ax-2b^{\mathrm{T}}Ax+b^{\mathrm{T}}b,$$

计算各阶导数得到

$$\nabla f(x)=2A^{\mathrm{T}}Ax-2A^{\mathrm{T}}b,$$
$$\nabla^2 f(x)=2A^{\mathrm{T}}A\geqslant 0,$$

因此最优解满足方程

$$A^{\mathrm{T}}Ax=A^{\mathrm{T}}b,$$

如果假设A是列满秩的，那么求解得到

$$x=(A^{\mathrm{T}}A)^{-1}A^{\mathrm{T}}b,$$

即满足一定条件的最小二乘问题的最优解是唯一的。

例2.3 极小极大逼近问题。对于基本的范数逼近问题

$$\min_{x\in\mathbf{R}^n} \|Ax-b\|,$$

如果选用L_∞范数，此时问题变为

$$\min_{x\in\mathbf{R}^n} \|Ax-b\|_\infty = \max\ \{|r_1|,\cdots,|r_m|\},$$

即试图极小极大化残差的绝对值，因此问题称为极小极大逼近问题。显然，问题可以转化为一个线性规划模型

$$\begin{aligned}&\min\ t\\ &\text{s.t.}\quad -t\mathbf{1}_m \leqslant Ax-b \leqslant t\mathbf{1}_m.\end{aligned}$$

其中变量是$x\in\mathbf{R}^n$和$t\in\mathbf{R}^1$.

例2.4 绝对值和逼近问题。对于基本的范数逼近问题

$$\min_{x\in\mathbf{R}^n} \|Ax-b\|,$$

如果选用L_1范数，此时问题变为

$$\min_{x\in\mathbf{R}^n} \|Ax-b\|_1 = \sum_{i=1}^m |r_i|,$$

即试图极小化残差的绝对值之和，因此问题称为绝对值和逼近问题。显然，问题可以转化为一个线性规划模型

$$\begin{aligned}&\min\ \mathbf{1}_m^{\mathrm{T}}t\\ &\text{s.t.}\quad -t \leqslant Ax-b \leqslant t.\end{aligned}$$

其中变量是$x\in\mathbf{R}^n$和$t\in\mathbf{R}^m$.

例2.5 L_p范数逼近问题。对于基本的范数逼近问题

$$\min_{x\in\mathbf{R}^n} \|Ax-b\|,$$

如果选用L_p范数，$1\leqslant p\leqslant +\infty$，此时问题变为

$$\min_{x\in\mathbf{R}^n} \|Ax-b\|_p = (\sum_{i=1}^m |r_i|^p)^{\frac{1}{p}},$$

显然可以对目标函数进行p次方，得到等价问题

$$\min_{x\in\mathbf{R}^n} \|Ax-b\|_p^p = \sum_{i=1}^m |r_i|^p.$$

例2.6 对于单元罚函数逼近问题

$$\begin{aligned}&\min\ \sum_{i=1}^m \phi(r_i)\\ &\text{s.t.}\quad r=Ax-b,\end{aligned}$$

如果罚函数$\phi(u)=u^2$，则是L_2范数逼近问题；如果$\phi(u)=|u|$，则是L_1范数逼近问题；如果$\phi(u)=|u|^p, 1\leqslant p<+\infty$，则是$L_p$范数逼近问题。

例2.7 对于多元罚函数逼近问题

$$\begin{aligned}&\min\ \phi(r)\\ &\text{s.t.}\quad r=Ax-b,\end{aligned}$$

如果罚函数取定

$$\phi\text{：}\ \mathbf{R}^m\to\mathbf{R}^1,\ \text{s.t.,}\ \phi(u)=\max\ \{|u_1|,\cdots,|u_m|\},$$

那么问题转化为L_∞范数逼近问题。

例2.8 对于单元罚函数逼近问题

$$\begin{aligned}\min\ & \sum_{i=1}^{m}\phi(r_i)\\ \text{s.t.}\ & r = Ax - b,\end{aligned}$$

如果罚函数设计为

$$\phi(u)=\begin{cases}0, & \text{如果}|u|\leqslant a,\\ |u|-a, & \text{如果}|u|>a.\end{cases}$$

即对小于a的残差不进行惩罚，此问题称为带有死区的线性罚函数逼近问题。

例2.9 对于单元罚函数逼近问题

$$\begin{aligned}\min\ & \sum_{i=1}^{m}\phi(r_i)\\ \text{s.t.}\ & r = Ax - b,\end{aligned}$$

如果罚函数设计为

$$\phi(u)=\begin{cases}-a^2\log\left(1-\left(\dfrac{u}{a}\right)^2\right), & \text{如果}|u|<a,\\ \infty, & \text{如果}|u|\geqslant a.\end{cases}$$

即对大于等于a的残差给予无穷的惩罚，此问题称为带有对数障碍的罚函数逼近问题。

例2.10 对于单元罚函数逼近问题

$$\begin{aligned}\min\ & \sum_{i=1}^{m}\phi(r_i)\\ \text{s.t.}\ & r = Ax - b,\end{aligned}$$

如果罚函数设计为

$$\phi(u)=\begin{cases}u^2, & \text{如果}|u|\leqslant M,\\ M^2, & \text{如果}|u|>M.\end{cases}$$

即对大于等于M的残差给予固定的惩罚，此问题称为野值罚函数逼近问题。

例2.11 对于单元罚函数逼近问题

$$\begin{aligned}\min\ & \sum_{i=1}^{m}\phi(r_i)\\ \text{s.t.}\ & r = Ax - b,\end{aligned}$$

如果罚函数设计为

$$\phi(u)=\begin{cases}u^2, & \text{如果}|u|\leqslant M,\\ M(2|u|-M), & \text{如果}|u|>M.\end{cases}$$

在小于等于M的区间采用最小二乘罚函数，在大于M的区间采用L_1范数，此问题称为Huber罚函数逼近问题。

范数逼近问题中有各种各样的范数，它们对残差的敏感程度不一样。最小二乘逼近对于很小的残差给予很小的权重，因为当u很小的时候，$\phi(u)=u^2$，对于那些小的残差给予非常小惩罚的罚函数，我们期望它们能够使得最优残差比较小，但是不要非常小。相反，对较小残差给予相对较大权重的罚函数，例如$\phi(u)=|u|$，即是相应的L_1范数逼近问题，往往会得到含有很多非常小甚至恰好为0的分量的最优残差。所以，为了达到问题的

设计目标，需要综合考虑多种范数模式的混合运用。

例2.12 带有非负约束的范数逼近问题。对于基本的范数逼近问题

$$\min_{x\in\mathbf{R}^n} \|Ax-b\|,$$

增加变量的非负约束，可得

$$\begin{aligned} &\min\ \|Ax-b\| \\ &\text{s.t.}\quad x \geqslant 0. \end{aligned}$$

例2.13 带有上下界约束的范数逼近问题。对于基本的范数逼近问题

$$\min_{x\in\mathbf{R}^n} \|Ax-b\|,$$

增加变量的上下界约束，可得

$$\begin{aligned} &\min\ \|Ax-b\| \\ &\text{s.t.}\quad l \leqslant x \leqslant u, \end{aligned}$$

其中$l, u \in \mathbf{R}^n$，并且满足$l \leqslant u$。

例2.14 带有概率分布约束的范数逼近问题。对于基本的范数逼近问题

$$\min_{x\in\mathbf{R}^n} \|Ax-b\|,$$

增加变量的概率分布约束，可得

$$\begin{aligned} &\min\ \|Ax-b\| \\ &\text{s.t.}\quad x \geqslant 0, \mathbf{1}_n^{\mathrm{T}}x = 1. \end{aligned}$$

例2.15 带有球约束的范数逼近问题。对于基本的范数逼近问题

$$\min_{x\in\mathbf{R}^n} \|Ax-b\|_a,$$

其中$\|\cdot\|_a$表示$\mathbf{R}^m$上的范数，增加变量的球约束，采用$\mathbf{R}^n$上的范数$\|\cdot\|_b$，可得

$$\begin{aligned} &\min_{x\in\mathbf{R}^n}\ \|Ax-b\|_a \\ &\text{s.t.}\quad \|x-x_0\|_b \leqslant d, \end{aligned}$$

其中x_0, d是问题的参数。

2.4 最小范数问题

定义2.4 假设$A \in M_{m\times n}(\mathbf{R})$是一个矩阵，$b \in \mathbf{R}^m$是一个向量，$\|\cdot\|$是$\mathbf{R}^n$上的范数，最小范数问题为

$$\begin{aligned} &\min\ \|x\| \\ &\text{s.t.}\quad Ax = b, \end{aligned}$$

其中$x \in \mathbf{R}^n$是变量。

最小范数问题

$$\begin{aligned} &\min\ \|x\| \\ &\text{s.t.}\quad Ax = b \end{aligned}$$

的可解性和问题的参数A,b有极大的关系。如果$b \notin R(A)$，即方程$Ax = b$无解，那么最小范数问题自然无解；如果$b \in R(A)$，即方程$Ax = b$有解，假设特解为x_0，A的零空间为Null(A)，那么最小范数问题可以转化为

$$\min_{z \in \text{Null}(A)} \|x_0 + z\|.$$

定义函数$\phi(z) = \|x_0 + z\|$，显然函数ϕ是连续的，并且有控制

$$0 \leqslant \phi(z) \leqslant \|x_0\| + \|z\|, \ \forall z \in \text{Null}(A),$$

取定充分大的数M，那么问题

$$\min_{z \in \text{Null}(A)} \|x_0 + z\|$$

转化为

$$\min_{z \in \text{Null}(A), \|z\| \leqslant M} \|x_0 + z\|.$$

这是连续函数在有界闭集上的最小值点问题，显然一定存在。很显然，最小范数问题是一个凸优化问题，为了保证$Ax = b$始终有解，一般假设A满足行满秩并且方程不定，即

$$\text{rank}(A) = m, m < n.$$

我们断言：最小范数问题本质上是范数逼近问题。假设x_0是方程$Ax = b$的特解，$B \in M_{n \times k}(\mathbf{R})$的列是$Ax = 0$的解空间的基，那么$Ax = b$的通解可以表示为

$$x_0 + Bu, \forall u \in \mathbf{R}^k,$$

于是最小范数问题

$$\begin{aligned} &\min \ \|x\| \\ &\text{s.t.} \quad Ax = b \end{aligned}$$

变为

$$\min_{u \in \mathbf{R}^k} \|x_0 + Bu\|.$$

这是范数逼近问题。

定义2.5 假设$A \in M_{m \times n}(\mathbf{R})$是一个矩阵，$b \in \mathbf{R}^m$是一个向量，函数$\phi$：$\mathbf{R} \to \mathbf{R}$，单元最小罚问题为

$$\begin{aligned} &\min \ \sum_{i=1}^{n} \phi(x_i) \\ &\text{s.t.} \quad Ax = b, \end{aligned}$$

一般要求函数ϕ非负、凸，并且$\phi(0) = 0$，此时称函数ϕ为单元罚函数。

定义2.6 假设$A \in M_{m \times n}(\mathbf{R})$是一个矩阵，$b \in \mathbf{R}^m$是一个向量，函数$\phi$：$\mathbf{R}^n \to \mathbf{R}$，多元最小罚问题为

$$\begin{aligned} &\min \ \phi(x) \\ &\text{s.t.} \quad Ax = b, \end{aligned}$$

一般要求函数ϕ非负、凸，并且$\phi(0) = 0$，此时称函数ϕ为多元罚函数。

无论是单元最小罚问题，还是多元最小罚问题，罚函数的值$\phi(u)$量化了对x或者x的某一个分量具有值u的厌恶程度，于是在约束$Ax = b$下，最小罚问题找到了具有最小总惩

罚的x。我们断言：只要罚函数是凸函数，那么最小罚问题都是凸优化问题。

2.5 最小范数解释

对于最小范数问题

$$\begin{aligned} &\min\ \|x\| \\ &\text{s.t.}\ \ Ax = b \end{aligned}$$

有多种解释。

第一种解释是基于设计。可以将最小范数问题解释为最优设计问题。假设$x_1, \cdots, x_n$是n个设计变量，其值待定。向量$y = Ax$给出了设计x对应的m个属性或者结果，假设它们是设计变量x的线性函数。$m(< n)$个方程$Ax = b$表示了设计的m个要求，因为$m < n$，所以这种设计是不定的，具有$n - m$个自由度。在所有满足规格的设计中，最小范数问题选择了范数$\|\cdot\|$度量下的最小方案。这可以认为是最有效的设计，因为它用最小的可能值达到了要求$Ax = b$。

第二种解释是基于估计。假设x是需要估计的参数向量，有$m(< n)$个很好的没有噪声的线性测量值，由$Ax = b$给出，因为测量值的个数少于待估计的参数的个数，因此测量值不足以完全确定x。 任意满足$Ax = b$的值x都符合我们的估计。为了不进行更多的测量而获取x的较好的估计，需要先验信息。假设有先验信息，或者单纯假定：x很可能在范数$\|\cdot\|$意义下较小。在所有满足测量值$Ax = b$的参数向量中，最小范数问题选择了最小的向量作为参数向量x的估计。

第三种解释是基于几何。可行域$\mathcal{A} = \{x \mid Ax = b\}$是仿射集合，目标函数是$x$和0在范数$\|\cdot\|$意义下的距离，最小范数问题是在仿射集合$\mathcal{A}$ 中寻找距离0最近的点，即寻找0向仿射集合$\mathcal{A}$的投影。

2.6 各种最小范数

例2.16 最小L_2范数问题。在一般的最小范数问题

$$\begin{aligned} &\min\ \|x\| \\ &\text{s.t.}\ \ Ax = b \end{aligned}$$

中取定范数$\|\cdot\|$为L_2范数，并将目标函数平方，那么得到

$$\begin{aligned} &\min\ \|x\|_2^2 \\ &\text{s.t.}\ \ Ax = b, \end{aligned}$$

模型的KKT条件为

$$2x^* + A^{\mathrm{T}}\beta^* = 0, Ax^* = b,$$

通过直接计算得到

$$x^* = A^{\mathrm{T}}(AA^{\mathrm{T}})^{-1}b, \beta^* = -2(AA^{\mathrm{T}})^{-1}b.$$

例2.17 最小L_1范数问题。在一般的最小范数问题

$$\begin{aligned}&\min\ \|x\|\\&\text{s.t.}\quad Ax=b\end{aligned}$$

中取定范数$\|\cdot\|$为L_1范数，那么得到模型

$$\begin{aligned}&\min\ \sum_{i=1}^{n}|x_i|\\&\text{s.t.}\quad Ax=b.\end{aligned}$$

例2.18 最小L_∞范数问题。在一般的最小范数问题

$$\begin{aligned}&\min\ \|x\|\\&\text{s.t.}\quad Ax=b\end{aligned}$$

中取定范数$\|\cdot\|$为L_∞范数，那么得到模型

$$\begin{aligned}&\min\ \max_{i=1}^{n}|x_i|\\&\text{s.t.}\quad Ax=b.\end{aligned}$$

例2.19 最小L_p范数问题。在一般的最小范数问题

$$\begin{aligned}&\min\ \|x\|\\&\text{s.t.}\quad Ax=b\end{aligned}$$

中取定范数$\|\cdot\|$为L_p范数，指标$1\leqslant p<+\infty$，并将目标函数p次方，那么得到模型

$$\begin{aligned}&\min\ \sum_{i=1}^{n}|x_i|^p\\&\text{s.t.}\quad Ax=b.\end{aligned}$$

例2.20 在单元最小罚问题

$$\begin{aligned}&\min\ \sum_{i=1}^{n}\phi(x_i)\\&\text{s.t.}\quad Ax=b\end{aligned}$$

中，如果取定罚函数ϕ为$\phi(u)=u^2$，则为最小L_2范数问题；如果取定ϕ为$\phi(u)=|u|$，则为最小L_1范数问题；如果取定ϕ 为$\phi(u)=|u|^p$，并且$1\leqslant p<+\infty$，则为最小L_p范数问题。

例2.21 在多元最小罚问题

$$\begin{aligned}&\min\ \phi(x)\\&\text{s.t.}\quad Ax=b\end{aligned}$$

中，如果取定罚函数

$$\phi:\ \mathbf{R}^n\to\mathbf{R}^1,\ \text{s.t.},\ \phi(u)=\max\ \{|u_1|,\cdots,|u_n|\},$$

则为最小L_∞范数问题。

定义2.7 假设$x\in\mathbf{R}^n$，定义一个映射称为L_0计数，即

$$\|x\|_0=\#\{i|\ x_i\neq 0\}.$$

L_0计数不是范数，不满足齐次性。

定义2.8 假设$A \in M_{m\times n}(\mathbf{R}), b \in \mathbf{R}^m$，如下的问题称为稀疏表示问题

$$\begin{aligned} &\min\ \|x\|_0 \\ &\text{s.t.}\quad Ax = b, \end{aligned}$$

即在解空间$Ax = b$中寻求具有最少非零分量解，相当于用稀疏的A中的列向量来表示b。

稀疏表示问题是一个非凸的组合优化问题，是NP-hard问题，通常通过最小L_1范数问题来研究它。因为L_1范数对小的残差给予相对较大的权重，因此将导致很多最优残差很小，甚至是0。最小L_1范数问题

$$\begin{aligned} &\min\ \|x\|_1 \\ &\text{s.t.}\quad Ax = b \end{aligned}$$

得到的解x趋向于有很多等于零的分量。换言之，最小L_1范数问题趋向得到$Ax = b$的稀疏解，常常具有最多m个非零分量。因此，通过求解最小L_1范数问题，就相当于给出了较好的启发式算法用以寻找$Ax = b$的稀疏的、较小的解。

第3章

正则逼近问题

本章首先定义什么是正则逼近问题，然后在一定意义下将正则逼近问题构建为凸优化模型，并探索其性质，再给出一些特殊情形下的应用。

3.1 双准则优化的模型

上一章讨论了范数逼近问题

$$\min_{x\in\mathbf{R}^n} \|Ax-b\|.$$

也讨论了最小范数问题

$$\begin{aligned} &\min\ \|x\| \\ &\text{s.t.}\ \ Ax=b. \end{aligned}$$

有时为了应用，需要将二者结合起来，即如下的双准则优化问题。

定义3.1 假设$A\in M_{m\times n}(\mathbf{R})$是一个矩阵，$b\in\mathbf{R}^m$是一个向量，$\|\cdot\|_a$是$\mathbf{R}^m$上的一个范数，$\|\cdot\|_c$是$\mathbf{R}^n$上的一个范数，如下的问题称为残差规模双准则优化问题

$$(R_+^2)-\min\ (\|Ax-b\|_a,\|x\|_c),$$

其中第一个目标函数是残差$r=Ax-b$度量，第二个目标函数是x的规模度量.

为了求解残差规模双准则优化问题

$$(R_+^2)-\min\ (\|Ax-b\|_a,\|x\|_c),$$

需要寻找两个目标之间的最优权衡，然后绘制出$\|Ax-b\|_a$关于$\|x\|_c$的最优权衡曲线，显示为了使一个目标减少而另一个目标必须增加的量。权衡曲线的绘制关键是找出两个端点。

第一个端点是$\|x\|_c$的最优解和最优值，显然最优解是0，最优值也是0，此时第一个目标函数$\|Ax-b\|_a$的值为$\|b\|_a$，因此权衡曲线的第一个端点是

$$(\|b\|_a,0).$$

权衡曲线的另一端的描述要复杂一些。用C表示第一个目标函数$\|Ax-b\|_a$的最优解集合，那么C中任意的关于范数$\|\cdot\|_c$的最小范数点都是Pareto最优的，对应权衡曲线上的另一个端点，换言之在这个端点处的Pareto最优点由范数最小化$\|Ax-b\|_a$的最优解给出。

3.2 正则化本质与解释

残差规模双准则问题

$$(R_+^2) - \min\ (\|Ax-b\|_a, \|x\|_c)$$

的求解是复杂的，标量化是常用的方法。所谓的正则化就是一种标量化的方法。

定义3.2 假设$A \in M_{m\times n}(\mathbf{R})$是一个矩阵，$b \in \mathbf{R}^m$是一个向量，$\|\cdot\|_a$是$\mathbf{R}^m$上的一个范数，$\|\cdot\|_c$是$\mathbf{R}^n$上的一个范数，残差规模双准则优化问题

$$(R_+^2) - \min\ (\|Ax-b\|_a, \|x\|_c)$$

的一种正则化模型为

$$\min\ \|Ax-b\|_a + \gamma\|x\|_c, \gamma \in (0,+\infty).$$

当γ遍历$(0,+\infty)$时，正则化模型的解遍历了残差规模双准则优化问题的最优权衡曲线。

定义3.3 假设$A \in M_{m\times n}(\mathbf{R})$是一个矩阵，$b \in \mathbf{R}^m$是一个向量，$\|\cdot\|_a$是$\mathbf{R}^m$上的一个范数，$\|\cdot\|_c$是$\mathbf{R}^n$上的一个范数，残差规模双准则优化问题

$$(R_+^2) - \min\ (\|Ax-b\|_a, \|x\|_c)$$

的一种正则化模型为

$$\min\ \|Ax-b\|_a^2 + \delta\|x\|_c^2,\ \delta \in (0,+\infty).$$

当δ遍历$(0,+\infty)$时，正则化模型的解遍历了残差规模双准则优化问题的最优权衡曲线。

上文定义的两种模型中，后一种正则化模型较之前一种正则化模型在特殊的范数时方便计算。正则化在很多领域都得了应用。在估计领域，附加的对大的$\|x\|_c$的惩罚可以解释为我们的先验知识：$\|x\|_c$不是很大。在最优设计领域，附加项将使用较大设计变量的成本添加到了偏离目标的成本之中。$\|x\|_c$应当较小这个约束也可以反映在建模问题之中。例如，$y = Ax$可能仅仅是y和x之间的真实关系$y = f(x)$的一个很好的逼近。为使得$f(x) \approx b$，我们希望$Ax \approx b$同时需要x较小以保证$f(x) \approx Ax$。正则化也可以用于在矩阵A稀疏的条件下求解线性方程组$Ax = b$。在A的条件数较坏，甚至是奇异时，正则化在求解方程组和保持规模的合理性之间取得平衡。

3.3 各类正则化的模型

例3.1 Tikhonov规模正则化。残差规模双准则问题

$$(R_+^2) - \min\ (\|Ax-b\|_a, \|x\|_c)$$

当范数都为L_2范数时，Tikhonov规模正则化模型为

$$\min\ \|Ax-b\|_2^2 + \delta\|x\|_2^2, \forall\delta \in (0,+\infty).$$

模型的目标函数为

$$f(x) = x^{\mathrm{T}}(A^{\mathrm{T}}A + \delta I)x - 2b^{\mathrm{T}}Ax + b^{\mathrm{T}}b,$$

计算各阶导数为

$$\nabla f(x) = 2(A^{\mathrm{T}}A + \delta I)x - 2A^{\mathrm{T}}b,$$
$$\nabla^2 f(x) = 2(A^{\mathrm{T}}A + \delta I) > 0,$$

所以目标函数是严格凸函数，最优解为

$$x^* = (A^{\mathrm{T}}A + \delta I)^{-1}A^{\mathrm{T}}b.$$

正则化的想法，即是向目标函数添加惩罚大的x的项，可以有很多扩展，其中一个有用的扩展是研究x的变化规律，具体说是一阶微分和二阶微分，需要借用差分的思想。

定义3.4 假设$x \in \mathbf{R}^n$是一个向量，其一阶差分向量定义为

$$Dx, \quad D = \begin{pmatrix} -1 & 1 & 0 & \cdots & 0 & 0 & 0 \\ 0 & -1 & 1 & \cdots & 0 & 0 & 0 \\ \vdots & \vdots & \vdots & \ddots & \vdots & \vdots & \vdots \\ 0 & 0 & 0 & \cdots & -1 & 1 & 0 \\ 0 & 0 & 0 & \cdots & 0 & -1 & 1 \end{pmatrix} \in M_{(n-1)\times n}(\mathbf{R})$$

具体而言

$$Dx = (x_2 - x_1, \cdots, x_n - x_{n-1}).$$

定义3.5 假设$x \in \mathbf{R}^n$是一个向量，其二阶差分向量定义为

$$\Delta x, \quad \Delta = \begin{pmatrix} 1 & -2 & 1 & \cdots & 0 & 0 & 0 \\ 0 & 1 & -2 & \cdots & 0 & 0 & 0 \\ \vdots & \vdots & \vdots & \ddots & \vdots & \vdots & \vdots \\ 0 & 0 & 0 & \cdots & -2 & 1 & 0 \\ 0 & 0 & 0 & \cdots & 1 & -2 & 1 \end{pmatrix} \in M_{(n-2)\times n}(\mathbf{R})$$

具体而言

$$\Delta x = (x_3 - 2x_2 + x_1, \cdots, x_n - 2x_{n-1} + x_{n-2}).$$

为什么要这么定义一阶差分和二阶差分呢？假设$[0,1]$是一个闭区间，平均划分为n个区块

$$\left[0, \frac{1}{n}\right], \left[\frac{1}{n}, \frac{2}{n}\right], \cdots, \left[\frac{i}{n}, \frac{i+1}{n}\right], \cdots, \left[\frac{n-1}{n}, 1\right].$$

每个节点$i/n, i = 1, \cdots, n$上有数值x_i，那么相邻两个节点之间的一阶变化率为

$$\frac{x_i - x_{i-1}}{\frac{1}{n}} = n(x_i - x_{i-1}).$$

二阶变化率为一变化率的变化率，即是

$$\frac{n(x_{i+1} - x_i) - n(x_i - x_{i-1})}{\frac{1}{n}} = n^2(x_{i+1} - 2x_i + x_{i-1}).$$

所以我们定义了上面的两个矩阵，用来计算一阶差分和二阶差分。一阶差分近似代表了一阶导数，表示函数或者数值的变化率；二阶差分近似代表了二阶导数，表示函数或者数值的曲率；二者都是函数或者数值光滑性的刻画。

定义3.6 假设$A \in M_{m\times n}(\mathbf{R})$是一个矩阵，$b \in \mathbf{R}^m$是一个向量，$\|\cdot\|_a$是$\mathbf{R}^m$上的一个范数，$D$是一阶差分矩阵，$\|\cdot\|_c$是$\mathbf{R}^{n-1}$上的一个范数，如下的问题称为残差与一阶差分双准则优化问题

$$(R_+^2) - \min\ (\|Ax - b\|_a, \|Dx\|_c),$$

其中第一个目标函数是残差$r = Ax - b$度量，第二个目标函数是一阶差分Dx的度量.

定义3.7 假设$A \in M_{m\times n}(\mathbf{R})$是一个矩阵，$b \in \mathbf{R}^m$是一个向量，$\|\cdot\|_a$是$\mathbf{R}^m$上的一个范数，$\Delta$是二阶差分矩阵，$\|\cdot\|_c$是$\mathbf{R}^{n-2}$上的一个范数，如下的问题称为残差与二阶差分双准则优化问题

$$(R_+^2) - \min\ (\|Ax - b\|_a, \|\Delta x\|_c),$$

其中第一个目标函数是残差$r = Ax - b$度量，第二个目标函数是二阶差分Δx的度量.

定义3.8 假设$A \in M_{m\times n}(\mathbf{R})$是一个矩阵，$b \in \mathbf{R}^m$是一个向量，$\|\cdot\|_a$是$\mathbf{R}^m$上的一个范数，$D$是一阶差分矩阵，$\|\cdot\|_c$是$\mathbf{R}^{n-1}$上的一个范数，$\|\cdot\|_d$ 是$\mathbf{R}^n$上的范数，如下的问题称为残差一阶差分规模三准则优化问题

$$(R_+^3) - \min\ (\|Ax - b\|_a, \|Dx\|_c, \|x\|_d),$$

其中第一个目标函数是残差$r = Ax - b$度量，第二个目标函数是一阶差分Dx的度量，第三个目标函数是变量本身x的规模度量.

定义3.9 假设$A \in M_{m\times n}(\mathbf{R})$是一个矩阵，$b \in \mathbf{R}^m$是一个向量，$\|\cdot\|_a$是$\mathbf{R}^m$上的一个范数，$\Delta$是二阶差分矩阵，$\|\cdot\|_c$是$\mathbf{R}^{n-2}$ 上的一个范数，$\|\cdot\|_d$是$\mathbf{R}^n$上的范数，如下的问题称为残差二阶差分规模三准则优化问题

$$(R_+^3) - \min\ (\|Ax - b\|_a, \|\Delta x\|_c, \|x\|_d),$$

其中第一个目标函数是残差$r = Ax - b$度量，第二个目标函数是二阶差分Δx的度量，第三个目标函数是变量本身x的规模度量.

定义3.10 假设$A \in M_{m\times n}(\mathbf{R})$是一个矩阵，$b \in \mathbf{R}^m$是一个向量，$\|\cdot\|_a$是$\mathbf{R}^m$上的一个范数，$D$是一阶差分矩阵，$\Delta$是二阶差分矩阵，$\|\cdot\|_c$ 是$\mathbf{R}^{n-1}$ 上的一个范数，$\|\cdot\|_d$是$\mathbf{R}^{n-2}$上的范数，如下的问题称为残差一阶二阶差分三准则优化问题

$$(R_+^3) - \min\ (\|Ax - b\|_a, \|Dx\|_c, \|\Delta x\|_d),$$

其中第一个目标函数是残差$r = Ax - b$度量，第二个目标函数是一阶差分Dx的度量，第三个目标函数是二阶差分Δx的度量。

定义3.11 假设$A \in M_{m\times n}(\mathbf{R})$是一个矩阵，$b \in \mathbf{R}^m$是一个向量，$\|\cdot\|_a$是$\mathbf{R}^m$上的一个范数，$D$是一阶差分矩阵，$\Delta$是二阶差分矩阵，$\|\cdot\|_c$ 是$\mathbf{R}^{n-1}$ 上的一个范数，$\|\cdot\|_d$是$\mathbf{R}^{n-2}$上的范数，$\|\cdot\|_e$是$\mathbf{R}^n$上的范数，如下的问题称为残差一阶二阶差分规模四准则优化问题

$$(R_+^4) - \min\ (\|Ax - b\|_a, \|Dx\|_c, \|\Delta x\|_d, \|x\|_e),$$

其中第一个目标函数是残差$r = Ax - b$度量，第二个目标函数是一阶差分Dx的度量，第三个目标函数是二阶差分Δx的度量，第四个目标函数是变量本身x的规模度量。

定义3.12 残差与一阶差分双准则优化问题

$$(R_+^2) - \min\ (\|Ax - b\|_a, \|Dx\|_c)$$

的正则化模型为

$$\min \|Ax-b\|_a+\alpha\|Dx\|_c, \forall\alpha\in[0,+\infty)$$

或者

$$\min \|Ax-b\|_a^2+\alpha\|Dx\|_c^2, \forall\alpha\in[0,+\infty).$$

定义3.13 残差与二阶差分双准则优化问题

$$(R_+^2)-\min\ (\|Ax-b\|_a, \|\Delta x\|_c)$$

的正则化模型为

$$\min \|Ax-b\|_a+\alpha\|\Delta x\|_c, \forall\alpha\in[0,+\infty),$$

或者

$$\min \|Ax-b\|_a^2+\alpha\|\Delta x\|_c^2, \forall\alpha\in[0,+\infty).$$

定义3.14 残差一阶差分规模三准则优化问题

$$(R_+^3)-\min\ (\|Ax-b\|_a, \|Dx\|_c, \|x\|_d)$$

的正则化模型为

$$\min \|Ax-b\|_a+\alpha\|Dx\|_c+\beta\|x\|_d, \forall\alpha,\beta\in[0,+\infty),$$

或者

$$\min \|Ax-b\|_a^2+\alpha\|Dx\|_c^2+\beta\|x\|_d^2, \forall\alpha,\beta\in[0,+\infty).$$

定义3.15 残差二阶差分规模三准则优化问题

$$(R_+^3)-\min\ (\|Ax-b\|_a, \|\Delta x\|_c, \|x\|_d)$$

的正则化模型为

$$\min \|Ax-b\|_a+\alpha\|\Delta x\|_c+\beta\|x\|_d, \forall\alpha,\beta\in[0,+\infty),$$

或者

$$\min \|Ax-b\|_a^2+\alpha\|\Delta x\|_c^2+\beta\|x\|_d^2, \forall\alpha,\beta\in[0,+\infty).$$

定义3.16 残差一阶二阶差分三准则优化问题

$$(R_+^3)-\min\ (\|Ax-b\|_a, \|Dx\|_c, \|\Delta x\|_d)$$

的正则化模型为

$$\min \|Ax-b\|_a+\alpha\|Dx\|_c+\beta\|\Delta x\|_d, \forall\alpha,\beta\in[0,+\infty),$$

或者

$$\min \|Ax-b\|_a^2+\alpha\|Dx\|_c^2+\beta\|\Delta x\|_d^2, \forall\alpha,\beta\in[0,+\infty).$$

定义3.17 残差一阶二阶差分规模四准则优化问题

$$(R_+^4)-\min\ (\|Ax-b\|_a, \|Dx\|_c, \|\Delta x\|_d, \|x\|_e)$$

的正则化模型为

$$\min \|Ax-b\|_a+\alpha\|Dx\|_c+\beta\|\Delta x\|_d+\gamma\|x\|_e, \forall\alpha,\beta,\gamma\in[0,+\infty),$$

或者

$$\min \|Ax-b\|_a^2+\alpha\|Dx\|_c^2+\beta\|\Delta x\|_d^2+\gamma\|x\|_e^2, \forall\alpha,\beta,\gamma\in[0,+\infty).$$

例3.2 残差与一阶差分双准则优化问题

$$(R_+^2)-\min\ (\|Ax-b\|_a,\|Dx\|_c)$$

的Tikhonov正则化模型为

$$\min\ \|Ax-b\|_2^2+\alpha\|Dx\|_2^2,\forall\alpha\in[0,+\infty).$$

模型的目标函数为

$$f(x)=x^{\mathrm{T}}(A^{\mathrm{T}}A+\alpha D^{\mathrm{T}}D)x-2b^{\mathrm{T}}Ax+b^{\mathrm{T}}b,$$

计算各阶导数为

$$\nabla f(x)=2(A^{\mathrm{T}}A+\alpha D^{\mathrm{T}}D)x-2A^{\mathrm{T}}b,$$
$$\nabla^2 f(x)=2(A^{\mathrm{T}}A+\alpha D^{\mathrm{T}}D)\geqslant 0,$$

因此在一定条件下，模型的最优解为

$$x^*=(A^{\mathrm{T}}A+\alpha D^{\mathrm{T}}D)^{-1}A^{\mathrm{T}}b.$$

例3.3 残差与二阶差分双准则优化问题

$$(R_+^2)-\min\ (\|Ax-b\|_a,\|\Delta x\|_c)$$

的Tikhonov正则化模型为

$$\min\ \|Ax-b\|_2^2+\alpha\|\Delta x\|_2^2,\forall\alpha\in[0,+\infty).$$

模型的目标函数为

$$f(x)=x^{\mathrm{T}}(A^{\mathrm{T}}A+\alpha\Delta^{\mathrm{T}}\Delta)x-2b^{\mathrm{T}}Ax+b^{\mathrm{T}}b,$$

计算各阶导数为

$$\nabla f(x)=2(A^{\mathrm{T}}A+\alpha\Delta^{\mathrm{T}}\Delta)x-2A^{\mathrm{T}}b,$$
$$\nabla^2 f(x)=2(A^{\mathrm{T}}A+\alpha\Delta^{\mathrm{T}}\Delta)\geqslant 0,$$

因此在一定条件下，模型的最优解为

$$x^*=(A^{\mathrm{T}}A+\alpha\Delta^{\mathrm{T}}\Delta)^{-1}A^{\mathrm{T}}b.$$

例3.4 残差一阶差分规模三准则优化问题

$$(R_+^3)-\min\ (\|Ax-b\|_a,\|Dx\|_c,\|x\|_d)$$

的Tikhonov正则化模型为

$$\min\ \|Ax-b\|_2^2+\alpha\|Dx\|_2^2+\beta\|x\|_2^2,\forall\alpha,\beta\in[0,+\infty).$$

模型的目标函数为

$$f(x)=x^{\mathrm{T}}(A^{\mathrm{T}}A+\alpha D^{\mathrm{T}}D+\beta I)x-2b^{\mathrm{T}}Ax+b^{\mathrm{T}}b,$$

计算各阶导数为

$$\nabla f(x)=2(A^{\mathrm{T}}A+\alpha D^{\mathrm{T}}D+\beta I)x-2A^{\mathrm{T}}b,$$
$$\nabla^2 f(x)=2(A^{\mathrm{T}}A+\alpha D^{\mathrm{T}}D+\beta I)\geqslant 0,$$

因此在一定条件下，模型的最优解为

$$x^*=(A^{\mathrm{T}}A+\alpha D^{\mathrm{T}}D+\beta I)^{-1}A^{\mathrm{T}}b.$$

例3.5 残差二阶差分规模三准则优化问题

$$(R_+^3)-\min\ (\|Ax-b\|_a,\|\Delta x\|_c,\|x\|_d)$$

的Tikhonov正则化模型为

$$\min\ \|Ax-b\|_2^2+\alpha\|\Delta x\|_2^2+\beta\|x\|_2^2,\forall\alpha,\beta\in[0,+\infty).$$

模型的目标函数为

$$f(x)=x^{\mathrm{T}}(A^{\mathrm{T}}A+\alpha\Delta^{\mathrm{T}}\Delta+\beta I)x-2b^{\mathrm{T}}Ax+b^{\mathrm{T}}b,$$

计算各阶导数为

$$\nabla f(x)=2(A^{\mathrm{T}}A+\alpha\Delta^{\mathrm{T}}\Delta+\beta I)x-2A^{\mathrm{T}}b,$$
$$\nabla^2 f(x)=2(A^{\mathrm{T}}A+\alpha\Delta^{\mathrm{T}}\Delta+\beta I)\geqslant 0,$$

因此在一定条件下，模型的最优解为

$$x^*=(A^{\mathrm{T}}A+\alpha\Delta^{\mathrm{T}}\Delta+\beta I)^{-1}A^{\mathrm{T}}b.$$

例3.6 残差一阶二阶差分三准则优化问题

$$(R_+^3)-\min\ (\|Ax-b\|_a,\|Dx\|_c,\|\Delta x\|_d)$$

的Tikhonov正则化模型为

$$\min\ \|Ax-b\|_2^2+\alpha\|Dx\|_2^2+\beta\|\Delta x\|_2^2,\forall\alpha,\beta\in[0,+\infty).$$

模型的目标函数为

$$f(x)=x^{\mathrm{T}}(A^{\mathrm{T}}A+\alpha D^{\mathrm{T}}D+\beta\Delta^{\mathrm{T}}\Delta)x-2b^{\mathrm{T}}Ax+b^{\mathrm{T}}b,$$

计算各阶导数为

$$\nabla f(x)=2(A^{\mathrm{T}}A+\alpha D^{\mathrm{T}}D+\beta\Delta^{\mathrm{T}}\Delta)x-2A^{\mathrm{T}}b,$$
$$\nabla^2 f(x)=2(A^{\mathrm{T}}A+\alpha D^{\mathrm{T}}D+\beta\Delta^{\mathrm{T}}\Delta)\geqslant 0,$$

因此在一定条件下，模型的最优解为

$$x^*=(A^{\mathrm{T}}A+\alpha D^{\mathrm{T}}D+\beta\Delta^{\mathrm{T}}\Delta)^{-1}A^{\mathrm{T}}b.$$

例3.7 残差一阶二阶差分规模四准则优化问题

$$(R_+^4)-\min\ (\|Ax-b\|_a,\|Dx\|_c,\|\Delta x\|_d,\|x\|_e)$$

的Tikhonov正则化模型为

$$\min\ \|Ax-b\|_2^2+\alpha\|Dx\|_2^2+\beta\|\Delta x\|_2^2+\gamma\|x\|_2^2,\forall\alpha,\beta,\gamma\in[0,+\infty).$$

模型的目标函数为

$$f(x)=x^{\mathrm{T}}(A^{\mathrm{T}}A+\alpha D^{\mathrm{T}}D+\beta\Delta^{\mathrm{T}}\Delta+\gamma I)x-2b^{\mathrm{T}}Ax+b^{\mathrm{T}}b,$$

计算各阶导数为

$$\nabla f(x)=2(A^{\mathrm{T}}A+\alpha D^{\mathrm{T}}D+\beta\Delta^{\mathrm{T}}\Delta+\gamma I)x-2A^{\mathrm{T}}b,$$
$$\nabla^2 f(x)=2(A^{\mathrm{T}}A+\alpha D^{\mathrm{T}}D+\beta\Delta^{\mathrm{T}}\Delta+\gamma I)\geqslant 0,$$

因此在一定条件下，模型的最优解为

$$x^*=(A^{\mathrm{T}}A+\alpha D^{\mathrm{T}}D+\beta\Delta^{\mathrm{T}}\Delta+\gamma I)^{-1}A^{\mathrm{T}}b.$$

例3.8 残差规模双准则优化问题

$$(R_+^2)-\min\ (\|Ax-b\|_a,\|x\|_c)$$

的$L_2 - L_1$范数正则化模型为

$$\min \|Ax - b\|_2 + \alpha\|x\|_1,\ \forall\alpha \in [0, +\infty).$$

通过调整参数α，可以在$\|Ax - b\|_2$和$\|x\|_1$的最优权衡曲线上移动，由此得到最小二乘逼近$\|Ax - b\|_2$和向量x的稀疏性Card(x)之间最优权衡曲线的近似。上面的正则化模型可以转化为二阶锥规划并得到求解。

例3.9 给定一个矩阵$A \in M_{m\times n}(\mathbf{R})$，其列

$$a_1, \cdots, a_n$$

为潜在的回归向量，向量$b \in \mathbf{R}^m$将由A的$k(< n)$个列向量的线性组合进行拟合。问题是如何选择k个回归向量并确定相应的系数。可以建模这个问题为

$$\begin{aligned} &\min\ \|Ax - b\|_2 \\ &\text{s.t.}\quad \text{Card}(x) \leqslant k. \end{aligned}$$

这是一个非常困难的组合问题。

例3.10 残差与一阶差分双准则优化问题

$$(R^2_+) - \min\ (\|Ax - b\|_a, \|Dx\|_c)$$

的$L_2 - L_1$正则化模型为

$$\min \|Ax - b\|_2 + \alpha\|Dx\|_1, \forall\alpha \in [0, +\infty).$$

这个模型也被称为总变差重构模型，可以将原始信号去噪并保留原始信号的某些典型特征，具有Tihkonov正则化模型不可比拟的优点。

第4章

鲁棒逼近问题

本章首先定义什么是鲁棒逼近问题，然后在一定意义下将鲁棒逼近问题构建为凸优化模型，并探索其性质，再给出一些特殊情形下的应用。

4.1 随机鲁棒逼近

我们研究的逼近问题的基本目标是

$$\min_{x\in\mathbf{R}^n} \|Ax-b\|.$$

考虑数据A, b的不确定性和可能的变换。

假设A是在$M_{m\times n}(\mathbf{R})$中取值的随机变量，满足

$$E\{A\}=\bar{A}.$$

基于此，可以将A描述为

$$A=\bar{A}+U,$$

显然U是取值在$M_{m\times n}(\mathbf{R})$中的随机变量，并且满足

$$E\{U\}=0.$$

常值矩阵$\bar{A}$给出了A的平均值，而U描述了A的随机特征。

定义4.1 假设A是取值在$M_{m\times n}(\mathbf{R})$中的随机变量，$b\in\mathbf{R}^m$是一个常值向量，$\|\cdot\|$是$\mathbf{R}^m$上的一个范数，随机鲁棒逼近问题为

$$\min_{x\in\mathbf{R}^n} E\{\|Ax-b\|\},$$

其中期望算子E是针对A而言。

显然，随机鲁棒逼近问题

$$\min_{x\in\mathbf{R}^n} E\{\|Ax-b\|\}$$

是关于x的凸优化问题，但是通常很难处理，因为在大多数情况之下，这个目标函数及其导数的计算都是很困难的。

例4.1 对于随机鲁棒逼近问题

$$\min_{x\in\mathbf{R}^n} E\{\|Ax-b\|\}.$$

如果A是有限取值的随机变量，即样本空间为

$$A_1,\cdots,A_k,$$

并且在每个值上面的分布为

$$Prob(A = A_i) = p_i, i = 1, \cdots, k.$$

显然有

$$p \in \mathbf{R}^k, p \geqslant 0, \mathbf{1}_k^{\mathrm{T}} p = 1.$$

此时随机鲁棒逼近问题的模型为

$$\min \sum_{i=1}^{k} p_i \|A_i x - b\|.$$

这个问题通常称为范数和问题，可以转化为

$$\begin{aligned} &\min\ p^{\mathrm{T}} t \\ &\text{s.t.}\ \ \|A_i x - b\| \leqslant t_i, i = 1, \cdots, k. \end{aligned}$$

如果范数是L_2范数，那么范数和问题为二阶锥规划问题；如果范数是L_1或者L_∞范数，那么范数和问题可以转化为线性规划问题。

例4.2 对于随机鲁棒逼近问题

$$\min_{x \in \mathbf{R}^n} E\{\|Ax - b\|\}.$$

如果选用L_2范数，并将随机变量$\|Ax - b\|$平方，可得随机鲁棒最小二乘问题

$$\min_{x \in \mathbf{R}^n} E\{\|Ax - b\|_2^2\}.$$

展开目标函数可得

$$\begin{aligned} E\{\|Ax - b\|_2^2\} &= E\{\|(\bar{A} + U)x - b\|_2^2\} \\ &= \|\bar{A}x - b\|_2^2 + x^{\mathrm{T}} E\{U^{\mathrm{T}} U\} x \\ &=: \|\bar{A}x - b\|_2^2 + x^{\mathrm{T}} P x \\ &= x^{\mathrm{T}} (\bar{A}^{\mathrm{T}} \bar{A} + P) x - 2 b^{\mathrm{T}} \bar{A} x + b^{\mathrm{T}} b. \end{aligned}$$

利用第二章最小二乘的结论，可知问题的最优解为

$$x^* = (\bar{A}^{\mathrm{T}} \bar{A} + P)^{-1} A^{\mathrm{T}} b.$$

4.2 最坏鲁棒逼近

除了上文中的随机模型，有可能采用基于集合的、最坏情况方法对矩阵A的变化进行建模。用A的可能值集合

$$A \in \mathcal{A} \subseteq M_{m \times n}(\mathbf{R})$$

描述A的不确定性，假设集合$\mathcal{A}$是非空和有界的。

定义4.2 假设A是$M_{m \times n}(\mathbf{R})$中的不确定矩阵，可能的取值集合是

$$A \in \mathcal{A} \subseteq M_{m \times n}(\mathbf{R}),$$

假设$b \in \mathbf{R}^m$是确定的向量，$\|\cdot\|$是$\mathbf{R}^m$上的范数，固定$x \in \mathbf{R}^n$，定义其最坏误差为

$$e_{wc}(x) = \sup_{A \in \mathcal{A}} \|Ax - b\|.$$

最坏误差函数$e_{wc}(x)$是x的凸函数，因此如下的最坏鲁棒逼近模型是凸优化模型。

定义4.3 假设A是$M_{m\times n}(\mathbf{R})$中的不确定矩阵，可能的取值集合是

$$A \in \mathcal{A} \subseteq M_{m\times n}(\mathbf{R}),$$

假设$b \in \mathbf{R}^m$是确定的向量，$\|\cdot\|$是$\mathbf{R}^m$上的范数，最坏误差函数为

$$e_{wc}(x) = \sup_{A\in\mathcal{A}} \|Ax - b\|.$$

最坏鲁棒逼近模型为

$$\min \left(e_{wc}(x) = \sup_{A\in\mathcal{A}} \|Ax - b\|\right).$$

最坏鲁棒逼近问题出现在很多的领域以及应用之中。在估计领域，集合$\mathcal{A}$给出了待估计向量和测量向量之间线性关系的不确定性。在最优设计领域，变化可以表示设计x和结果向量Ax之间的线性方程的不确定性。于是最坏鲁棒逼近问题可以解释为鲁棒设计问题：寻找设计变量x以极小化所有A的可能值中Ax和b最坏的不匹配情况。

4.3 最坏逼近例子

例4.3 对于最坏鲁棒逼近模型

$$\min \left(e_{wc}(x) = \sup_{A\in\mathcal{A}} \|Ax - b\|\right).$$

如果$\mathcal{A}$是有限集合，即

$$\mathcal{A} = \{A_1, \cdots, A_k\}.$$

那么模型变为

$$\min_{x\in\mathbf{R}^n} \max_{i=1}^{k} \|A_i x - b\|.$$

可以将这个问题描述为如下形式

$$\begin{aligned} &\min\ t \\ &\text{s.t.}\quad \|A_i x - b\| \leqslant t, i = 1, \cdots, k. \end{aligned}$$

如果选用L_2范数，那么问题为二阶锥优化问题；如果选用L_1或者L_∞范数，那么问题为线性规划问题。

例4.4 对于最坏鲁棒逼近模型

$$\min \left(e_{wc}(x) = \sup_{A\in\mathcal{A}} \|Ax - b\|\right).$$

如果$\mathcal{A}$是范数球，即

$$\mathcal{A} = \{\bar{A} + U \mid \|U\|_\alpha \leqslant r\},$$

其中$\|\cdot\|_\alpha$是$M_{m\times n}(\mathbf{R})$上的范数。此时最坏误差函数为

$$e_{wc}(x) = \sup_{A\in\mathcal{A}} \|Ax - b\|.$$

选定$\mathbf{R}^m$上的范数为L_2范数，$M_{m\times n}(\mathbf{R})$上的范数为最大奇异值范数，此时可以计算出最坏

误差函数。首先定义矩阵

$$\Sigma = \begin{pmatrix} \lambda_1 & & & \\ & \ddots & & \\ & & \lambda_k & \\ & & & 0 \end{pmatrix},$$

由此，可计算得

$$\begin{aligned} e_{wc}(x) &= \sup_{A\in\mathcal{A}} \|Ax-b\|_2 \\ &= \sup_{\|U\|_{sv}\leqslant r} \|\bar{A}x+Ux-b\|_2 \\ &= \sup_{\Omega_1\in O_m,\Omega_2\in O_n,\lambda_i\leqslant r} \|\bar{A}x-b+\Omega_1\Sigma\Omega_2 x\|_2 \\ &= \|\bar{A}x-b\|_2 + r\|x\|_2. \end{aligned}$$

此时，最坏鲁棒逼近问题为

$$\min_{x\in\mathbf{R}^n} \|\bar{A}x-b\|_2 + r\|x\|_2.$$

转化为

$$\begin{aligned} &\min\ t_1 + rt_2 \\ &\text{s.t.}\ \ \|\bar{A}x-b\|_2 \leqslant t_1, \|x\|_2 \leqslant t_2. \end{aligned}$$

这是二阶锥规划问题。

例4.5 对于最坏鲁棒逼近模型

$$\min \left(e_{wc}(x) = \sup_{A\in\mathcal{A}} \|Ax-b\|\right).$$

选定L_2范数，并且如果$\mathcal{A}$是不确定性椭球，即

$$\mathcal{A} = \{[a_1,\cdots,a_m]^{\mathrm{T}} \mid a_i\in E_i, i=1,\cdots,m\},$$

其中

$$E_i = \{\bar{a}_i + P_i u \mid \|u\|_2 \leqslant 1\}, P_i\in M_n(\mathbf{R}), i=1,\cdots,m.$$

计算每一个残差的最坏误差函数，可得

$$\begin{aligned} \sup_{a_i\in E_i} |a_i^{\mathrm{T}}x-b_i| &= \sup\{|\bar{a}_i^{\mathrm{T}}x-b_i+u^{\mathrm{T}}(P_i^{\mathrm{T}}x)| \mid \|u\|_2\leqslant 1\} \\ &= |\bar{a}_i^{\mathrm{T}}x-b_i| + \|P_i^{\mathrm{T}}x\|_2. \end{aligned}$$

综合起来，整体的最坏误差函数为

$$e_{wc}(x) = \left(\sum_{i=1}^m \left(|\bar{a}_i^{\mathrm{T}}x-b_i| + \|P_i^{\mathrm{T}}x\|_2\right)^2\right)^{\frac{1}{2}}.$$

那么模型变为

$$\min_{x\in\mathbf{R}^n} \left(\sum_{i=1}^m \left(|\bar{a}_i^{\mathrm{T}}x-b_i| + \|P_i^{\mathrm{T}}x\|_2\right)^2\right)^{\frac{1}{2}}.$$

可以将这个问题转化为如下形式

$$\begin{aligned}&\min\ \|t\|_2\\&\text{s.t.}\ \ |\bar{a}_i^{\mathrm{T}}x-b_i|+\|P_i^{\mathrm{T}}x\|_2\leqslant t_i, i=1,\cdots,m.\end{aligned}$$

即

$$\begin{aligned}&\min\ \|t\|_2\\&\text{s.t.}\ \ \bar{a}_i^{\mathrm{T}}x-b_i+\|P_i^{\mathrm{T}}x\|_2\leqslant t_i, i=1,\cdots,m,\\&\qquad -\bar{a}_i^{\mathrm{T}}x+b_i+\|P_i^{\mathrm{T}}x\|_2\leqslant t_i, i=1,\cdots,m.\end{aligned}$$

此问题最终可以转换为二阶锥问题。

例4.6 对于最坏鲁棒逼近模型

$$\min\left(e_{wc}(x)=\sup_{A\in\mathcal{A}}\|Ax-b\|\right).$$

如果$\mathcal{A}$具有如下形式

$$\mathcal{A}=\{\bar{A}+\sum_{i=1}^{p}u_iA_i|\ \|u\|_\alpha\leqslant 1\},$$

其中$\|\cdot\|_\alpha$是$\mathbf{R}^p$上的一个范数，并且

$$\bar{A},A_i\in M_{m\times n}(\mathbf{R}), i=1,\cdots,p.$$

计算最坏误差函数，可得

$$\sup_{\|u\|_\alpha\leqslant 1}\|(\bar{A}+\sum_{i=1}^{p}u_iA_i)x-b\|=\sup_{\|u\|_\alpha\leqslant 1}\|P(x)u+q(x)\|,$$

其中

$$P(x)=[A_1x,\cdots,A_px]\in M_{m\times p}(\mathbf{R}), q(x)=\bar{A}x-b\in\mathbf{R}^m.$$

对于矩阵$P(x)$，用$p_i(x)^{\mathrm{T}}$表示其第i行。

第一种情形是选定$\|\cdot\|_\alpha$和$\|\cdot\|$都为L_∞范数，此时最坏误差函数为

$$\begin{aligned}e_{wc}(x)&=\sup_{\|u\|_\infty\leqslant 1}\|P(x)u+q(x)\|_\infty\\&=\max_{i=1}^{m}\sup_{\|u\|_\infty\leqslant 1}|p_i(x)^{\mathrm{T}}u+q_i(x)|\\&=\max_{i=1}^{m}\left(\|p_i(x)\|_1+|q_i(x)|\right).\end{aligned}$$

此时，L_∞的最坏鲁棒逼近问题为

$$\begin{aligned}&\min\ t\\&\text{s.t.}\ \ -y_0\leqslant\bar{A}x-b\leqslant y_0,\\&\qquad -y_k\leqslant A_kx\leqslant y_k, k=1,\cdots,p,\\&\qquad y_0+\sum_{k=1}^{p}y_k\leqslant t\mathbf{1}_m,\end{aligned}$$

其中问题的变量为

$$x\in\mathbf{R}^n;\ y_0\in\mathbf{R}^m,\ y_k\in\mathbf{R}^m,\ k=1,\cdots,p;\ t\in\mathbf{R}^1.$$

第二种情形是选定$\|\cdot\|_\alpha$和$\|\cdot\|$都为L_2范数，此时最坏误差函数为

$$e_{wc}(x)=\sup_{\|u\|_2\leqslant 1}\|P(x)u+q(x)\|_2.$$

将最坏误差函数的计算转化为一个优化问题

$$\begin{aligned}&\max\ \|P(x)u+q(x)\|_2^2\\&\text{s.t.}\quad u^{\mathrm{T}}u\leqslant 1,\end{aligned}$$

其中$u\in\mathbf{R}^p$是变量。我们首先计算这一问题的对偶问题，首先Lagrange函数计算为

$$L(u,\alpha)=-\|P(x)u+q(x)\|_2^2+\alpha(\|u\|_2^2-1),$$

其次，对偶函数为

$$\begin{aligned}r(\alpha)&=\inf_{u\in\mathbf{R}^p}L(u,\alpha)=\inf_{u\in\mathbf{R}^p}\Big(-\|P(x)u+q(x)\|_2^2+\alpha(\|u\|_2^2-1)\Big)\\&=\inf_{u\in\mathbf{R}^p}\Big(u^{\mathrm{T}}(-P(x)^{\mathrm{T}}P(x)+\alpha I)u-2q(x)^{\mathrm{T}}P(x)u-q(x)^{\mathrm{T}}q(x)-\alpha\Big).\end{aligned}$$

可以讨论为：

(1) 如果满足

$$P(x)^{\mathrm{T}}q(x)\in R\Big(-P(x)^{\mathrm{T}}P(x)+\alpha I\Big),-P(x)^{\mathrm{T}}P(x)+\alpha I\geqslant 0,$$

那么

$$r(\alpha)=-q(x)^{\mathrm{T}}P(x)(-P(x)^{\mathrm{T}}P(x)+\alpha I)^{\dagger}P(x)^{\mathrm{T}}q(x)-q(x)^{\mathrm{T}}q(x)-\alpha.$$

(2) 对于任何其他情形

$$r(\alpha)=-\infty.$$

于是对偶问题可以表示为

$$\begin{aligned}&\max\ \beta\\&\text{s.t.}\quad \alpha\geqslant 0,\\&\qquad\begin{pmatrix}-P(x)^{\mathrm{T}}P(x)+\alpha I & P(x)^{\mathrm{T}}q(x)\\ q(x)^{\mathrm{T}}P(x) & -q(x)^{\mathrm{T}}q(x)-\alpha-\beta\end{pmatrix}\geqslant 0.\end{aligned}$$

这是半定规划问题。根据第一章二次结构中的定理，可知原始问题和对偶问题是强对偶的，即可以通过求解半定问题来计算$e_{wc}(x)$。

第 5 章

函数拟合问题

本章首先定义什么是函数拟合问题，然后在一定意义下将函数拟合问题构建为凸优化模型，并探索其性质，再给出一些特殊情形下的应用。

5.1 各类函数族

假设$D \subseteq \mathbf{R}^m$是一个非空集合，考虑其上的一族函数

$$f_1, \cdots, f_i, \cdots, f_n\colon\ D \to \mathbf{R}^1.$$

这n个函数称为基函数，其在实数上张成的空间记为

$$\mathcal{F}(D) = \mathrm{Span}_{\mathbf{R}}\big(f_1, \cdots, f_i, \cdots, f_n\big).$$

给定一个向量$x \in \mathbf{R}^n$，构造一个函数

$$f_x(u) = \sum_{i=1}^{n} x_i f_i(u)\colon\ D \to \mathbf{R}^1.$$

显然如果固定x，函数$f_x(u)$在函数空间$\mathcal{F}(D)$之中。

在很多应用中，基函数是根据先验知识或者经验分布而特别选择的，用于合理地使用有限维函数子空间对感兴趣的函数进行建模。在现实应用中，如下的几类函数族是使用较多的。

例5.1 $\mathbf{R}$上的一个常见的函数子空间是由阶次小于n的多项式组成，最简单的基函数如下

$$f_0(t) = 1, f_1(t) = t, \cdots, f_{n-1}(t) = t^{n-1}.$$

在很多应用中，同样的函数子空间可以由不同的基进行描述，例如，与某些正函数ϕ：$\mathbf{R} \to \mathbf{R}_+$正交的，阶次小于$n$的多项式集合

$$f_1, \cdots, f_n$$

满足

$$\int f_i(t) f_j(t) \phi(t) \mathrm{d}t = \begin{cases} 1, & \text{如果} i = j, \\ 0, & \text{如果} i \neq j. \end{cases}$$

例5.2 给定n个离散的点

$$t_1, \cdots, t_n,$$

构造出与这n个点对偶的多项式函数，令

$$f_i(t) = \frac{\prod_{j\neq i}(t - t_j)}{\prod_{j\neq i}(t_i - t_j)}, i = 1, \cdots, n.$$

函数$f_i(t)$是多项式函数，并且还有一个非常重要的性质

$$f_i(t_i) = 1, f_i(t_j) = 0, \forall j \neq i.$$

这样的一组基

$$f_1(t), \cdots, f_n(t)$$

与离散点$t_1, \cdots, t_n$关系密切，称为Lagrange基函数。

例5.3 $\mathbf{R}$上的一个常见的函数子空间是由三角多项式组成，最简单的基函数如下

$$\sin(kt), k = 1, \cdots, n-1; \cos(kt), k = 0, 1, \cdots, n-1.$$

这是周期函数，根据Fourier积分理论，三角函数可对一大类周期函数实现很好的逼近，而且基函数满足正交性质

$$\frac{1}{\pi}\int_0^{2\pi} \sin(kt)\sin(lt)\mathrm{d}t = 0, k \neq l;$$
$$\frac{1}{\pi}\int_0^{2\pi} \sin(kt)\sin(lt)\mathrm{d}t = 1, k = l;$$
$$\frac{1}{\pi}\int_0^{2\pi} \cos(kt)\cos(lt)\mathrm{d}t = 0, k \neq l;$$
$$\frac{1}{\pi}\int_0^{2\pi} \cos(kt)\cos(lt)\mathrm{d}t = 1, k = l;$$
$$\frac{1}{\pi}\int_0^{2\pi} \cos(kt)\sin(lt)\mathrm{d}t = 0, \forall k, l.$$

例5.4 假设$D \subseteq \mathbf{R}^m$是一个非空集合，首先讨论D的三角化剖分。假设有网格点

$$v_1, \cdots, v_n \in \mathbf{R}^m$$

将D剖分为多个单纯形的集合

$$D = S_1 \cup \cdots \cup S_k, \mathrm{int}(S_i \bigcap S_j) = \varnothing, \forall i \neq j.$$

每个单纯形是$m+1$个网格点的凸包，还要求每个网格点是它所在的单纯形的顶点。

给定一组三角化，可以构造出一个分片仿射函数f，其方法是将网格点赋值

$$f(v_i) = x_i,$$

然后将函数仿射地扩展到每一个单纯形上。基函数f_i在每个单纯形上是仿射的并且有条件

$$f_i(v_j) = \begin{cases} 1, & \text{如果} i = j, \\ 0, & \text{如果} i \neq j. \end{cases}$$

通过这种构造所得的函数是连续的。

5.2 函数族约束

假设$D \subseteq \mathbf{R}^m$是一个非空集合，考虑其上的一族函数

$$f_1, \cdots, f_i, \cdots, f_n\text{：} D \to \mathbf{R}^1.$$

这n个函数称为基函数，其在实数上张成的空间记为

$$\mathcal{F}(D) = \mathrm{Span}_{\mathbf{R}}\big(f_1, \cdots, f_i, \cdots, f_n\big).$$

给定一个向量$x \in \mathbf{R}^n$，构造一个函数

$$f_x(u) = \sum_{i=1}^{n} x_i f_i(u)\text{：}\ D \to \mathbf{R}^1.$$

本节对函数$f_x(u)$增加一些约束，本质上是对系数$x \in \mathbf{R}^n$增加约束。

例5.5 插值约束。令v是D中的一个特定的点，函数f_x在v处的值为

$$f_x(v) = \sum_{i=1}^{n} x_i f_i(v),$$

显然是x的线性函数。因此，插值条件

$$f_x(v_\alpha) = z_\alpha, \alpha = 1, \cdots, k,$$

要求函数f_x在特定的k个点上v_α具有z_α的取值，构成了x的一组线性方程。更一般，关于给定点的函数值的不等式，例如

$$l \leqslant f_x(v) \leqslant u$$

是变量x的线性不等式。例如，还可以考虑函数f_x在特定点集合上的Lipschitz条件

$$|f_x(v_\alpha) - f_x(v_\beta)| \leqslant L\|v_\alpha - v_\beta\|, \forall \alpha, \beta = 1, \cdots, k,$$

也构成了x的线性不等式。除了单点集合以及有限集合上的约束，也可以对无限集合确定约束，例如

$$f_x(u) = \sum_{i=1}^{n} x_i f_i(u) \geqslant 0, \forall u \in D.$$

例5.6 导数约束。令v是D中的一个特定的点，基函数$f_i, i = 1, \cdots, n$在v处可微，那么函数f_x在v处也可微分，为

$$\nabla f_x(v) = \sum_{i=1}^{n} x_i \nabla f_i(v),$$

显然是x的线性函数。因此，v处函数f的插值条件将简化为x的线性等式约束。例如，要求v处梯度的范数不超过给定的限制

$$\|\nabla f_x(v)\| = \|\sum_{i=1}^{n} x_i \nabla f_i(v)\| \leqslant M,$$

这是关于x的凸约束。同样的想法可以扩展到更高的导数。例如，如果基函数二次可微分，那么要求

$$lI \leqslant \nabla^2 f_x(v) = \sum_{i=1}^{n} x_i \nabla^2 f_i(v) \leqslant uI,$$

这是关于x的线性矩阵不等式，也是凸的。也可以在无限多个点集合上对导数增加约束，例如，可以要求点集合是单调的：

$$f_x(u) \geqslant f_x(v), \forall u \geqslant v, u, v \in D.$$

这也是关于x的凸约束。例如，可以要求函数是1/2凸的，即

$$f_x\Big(\frac{u+v}{2}\Big) \leqslant \frac{f_x(u) + f_x(v)}{2}, \ \forall u, v \in D.$$

这也是关于x的凸约束。

例5.7 积分约束。函数子空间中的任意线性泛函$\mathcal{L}$都可以表示为x的线性函数，即

$$\exists c \in \mathbf{R}^n, \text{ s.t., } \mathcal{L}(f_x) = c^{\mathrm{T}} x.$$

对于函数f_x在一个点的度量只是一个简单的情况。例如，线性泛函

$$\mathcal{L}(f_x) = \int_D \phi(u) f_x(u)\mathrm{d}u,$$

其中函数ϕ：$D \to \mathbf{R}^1$，这个泛函可以表示为

$$\mathcal{L}(f_x) = c^{\mathrm{T}}x, c_i = \int_D \phi(u) f_i(u)\mathrm{d}u.$$

因此形如

$$\mathcal{L}(f_x) = a$$

是对x的线性等式约束。例如，矩约束

$$\int_D t^m f_x(t)\mathrm{d}t = a$$

即积分约束。

5.3 拟合与插值

假设$D \subseteq \mathbf{R}^m$是一个非空集合，考虑其上的一族函数

$$f_1, \cdots, f_i, \cdots, f_n\text{：} D \to \mathbf{R}^1.$$

这n个函数称为基函数，其在实数上张成的空间记为

$$\mathcal{F}(D) = \mathrm{Span}_{\mathbf{R}}\big(f_1, \cdots, f_i, \cdots, f_n\big).$$

给定一个向量$x \in \mathbf{R}^n$，构造一个函数

$$f_x(u) = \sum_{i=1}^n x_i f_i(u)\text{：} D \to \mathbf{R}^1.$$

给定一个数据集合

$$(u_i, y_i), u_i \in D, y_i \in \mathbf{R}^1, i = 1, \cdots, k.$$

我们的问题是如何在$\mathcal{F}(D)$中寻找函数f_x，在一定规则下，使得尽可能精确匹配，这一类问题称为数据拟合问题。

定义5.1 给定数据集合

$$(u_i, y_i), u_i \in D, y_i \in \mathbf{R}^1, i = 1, \cdots, k.$$

如下的模型称为最小二乘数据拟合模型或者L_2范数拟合模型

$$\min_{x\in\mathbf{R}^n} \sum_{j=1}^k (f_x(u_j) - y_j)^2.$$

最小二乘数据拟合模型

$$\min_{x\in\mathbf{R}^n} \sum_{j=1}^k (f_x(u_j) - y_j)^2$$

可以转化为关于x的最小二乘问题，即

$$\sum_{j=1}^k (f_x(u_j) - y_j)^2 = \sum_{j=1}^k (\sum_{i=1}^n x_i f_i(u_j) - y_j)^2.$$

令矩阵向量为

$$A = (a_{ij}), a_{ij} = f_j(u_i), y = (y_1, \cdots, y_k)^{\mathrm{T}},$$

那么问题转化为

$$\min_{x\in\mathbf{R}^n}\|Ax-y\|_2^2.$$

定义5.2 给定数据集合

$$(u_i,y_i),u_i\in D,y_i\in\mathbf{R}^1,i=1,\cdots,k.$$

如下的模型称为L_1范数拟合模型

$$\min_{x\in\mathbf{R}^n}\ \sum_{j=1}^{k}|f_x(u_j)-y_j)|.$$

定义5.3 给定数据集合

$$(u_i,y_i),u_i\in D,y_i\in\mathbf{R}^1,i=1,\cdots,k.$$

如下的模型称为L_∞范数拟合模型

$$\min_{x\in\mathbf{R}^n}\ \max_{j=1}^{k}|f_x(u_j)-y_j|.$$

定义5.4 给定数据集合

$$(u_i,y_i),u_i\in D,y_i\in\mathbf{R}^1,i=1,\cdots,k.$$

如下的模型称为L_p范数拟合模型$(1\leqslant p<+\infty)$

$$\min_{x\in\mathbf{R}^n}\ \sum_{j=1}^{k}|f_x(u_j)-y_j|^p.$$

定义5.5 给定数据集合

$$(u_i,y_i),u_i\in D,y_i\in\mathbf{R}^1,i=1,\cdots,k.$$

假设函数ϕ：$\mathbf{R}\to\mathbf{R}$是一个评估函数，那么单元罚函数拟合模型为

$$\min_{x\in\mathbf{R}^n}\ \sum_{j=1}^{k}\phi(f_x(u_j)-y_j).$$

定义5.6 给定数据集合

$$(u_i,y_i),u_i\in D,y_i\in\mathbf{R}^1,i=1,\cdots,k.$$

假设函数ϕ：$\mathbf{R}^k\to\mathbf{R}$是一个评估函数，令矩阵向量为

$$A=(a_{ij}),a_{ij}=f_j(u_i),y=(y_1,\cdots,y_k)^{\mathrm{T}},$$

那么多元罚函数拟合模型为

$$\min_{x\in\mathbf{R}^n}\ \phi(Ax-y).$$

例5.8 给定数据集合

$$(u_i,y_i),u_i\in D,y_i\in\mathbf{R}^1,i=1,\cdots,k.$$

单元罚函数拟合模型为

$$\min_{x\in\mathbf{R}^n}\ \sum_{j=1}^{k}\phi(f_x(u_j)-y_j).$$

如果$\phi(u)=u^2$，那么为L_2范数拟合模型；如果$\phi(u)=|u|$，那么为L_1范数拟合模型；如果$\phi(u)=|u|^p,1\leqslant p<+\infty$，那么为$L_p$范数拟合模型。

例5.9 给定数据集合

$$(u_i,y_i),u_i\in D,y_i\in\mathbf{R}^1,i=1,\cdots,k.$$

令矩阵向量为

$$A = (a_{ij}), a_{ij} = f_j(u_i), y = (y_1, \cdots, y_k)^{\mathrm{T}},$$

多元罚函数拟合模型为

$$\min_{x\in\mathbf{R}^n} \phi(Ax - y).$$

如果$\phi(u) = \max\{|u_1|, \cdots, |u_k|\}$，那么为$L_\infty$范数拟合模型。

定义5.7 给定数据集合

$$(u_i, y_i), u_i \in D, y_i \in \mathbf{R}^1, i = 1, \cdots, k.$$

令矩阵向量为

$$A = (a_{ij}), a_{ij} = f_j(u_i), y = (y_1, \cdots, y_k)^{\mathrm{T}}.$$

如下的模型称为最小L_2范数拟合模型

$$\begin{aligned} &\min\ \|x\|_2 \\ &\text{s.t.}\ \ Ax = y. \end{aligned}$$

定义5.8 给定数据集合

$$(u_i, y_i), u_i \in D, y_i \in \mathbf{R}^1, i = 1, \cdots, k.$$

令矩阵向量为

$$A = (a_{ij}), a_{ij} = f_j(u_i), y = (y_1, \cdots, y_k)^{\mathrm{T}}.$$

如下的模型称为最小L_1范数拟合模型

$$\begin{aligned} &\min\ \|x\|_1 \\ &\text{s.t.}\ \ Ax = y. \end{aligned}$$

定义5.9 给定数据集合

$$(u_i, y_i), u_i \in D, y_i \in \mathbf{R}^1, i = 1, \cdots, k.$$

令矩阵向量为

$$A = (a_{ij}), a_{ij} = f_j(u_i), y = (y_1, \cdots, y_k)^{\mathrm{T}}.$$

如下的模型称为最小L_∞范数拟合模型

$$\begin{aligned} &\min\ \|x\|_\infty \\ &\text{s.t.}\ \ Ax = y. \end{aligned}$$

定义5.10 给定数据集合

$$(u_i, y_i), u_i \in D, y_i \in \mathbf{R}^1, i = 1, \cdots, k.$$

令矩阵向量为

$$A = (a_{ij}), a_{ij} = f_j(u_i), y = (y_1, \cdots, y_k)^{\mathrm{T}}.$$

如下的模型称为最小L_p范数拟合模型$(1 \leqslant p < +\infty)$

$$\begin{aligned} &\min\ \|x\|_p \\ &\text{s.t.}\ \ Ax = y. \end{aligned}$$

定义5.11 给定数据集合

$$(u_i, y_i), u_i \in D, y_i \in \mathbf{R}^1, i = 1, \cdots, k.$$

令矩阵向量为

$$A = (a_{ij}), a_{ij} = f_j(u_i), y = (y_1, \cdots, y_k)^{\mathrm{T}}.$$

假设函数ϕ：$\mathbf{R} \to \mathbf{R}$是一个评估函数，那么最小单元罚函数拟合模型为

$$\begin{aligned} &\min \ \sum_{i=1}^{n} \phi(x_i) \\ &\text{s.t.} \quad Ax = y. \end{aligned}$$

定义5.12 给定数据集合

$$(u_i, y_i), u_i \in D, y_i \in \mathbf{R}^1, i = 1, \cdots, k.$$

令矩阵向量为

$$A = (a_{ij}), a_{ij} = f_j(u_i), y = (y_1, \cdots, y_k)^{\mathrm{T}}.$$

假设函数ϕ：$\mathbf{R}^k \to \mathbf{R}$是一个评估函数，那么最小多元罚函数拟合模型为

$$\begin{aligned} &\min \ \phi(x) \\ &\text{s.t.} \quad Ax = y. \end{aligned}$$

例5.10 给定数据集合

$$(u_i, y_i), u_i \in D, y_i \in \mathbf{R}^1, i = 1, \cdots, k.$$

令矩阵向量为

$$A = (a_{ij}), a_{ij} = f_j(u_i), y = (y_1, \cdots, y_k)^{\mathrm{T}}.$$

假设函数ϕ：$\mathbf{R} \to \mathbf{R}$是一个评估函数，最小单元罚函数拟合模型为

$$\begin{aligned} &\min \ \sum_{i=1}^{n} \phi(x_i) \\ &\text{s.t.} \quad Ax = y. \end{aligned}$$

如果$\phi(u) = u^2$，那么为最小L_2范数拟合模型；如果$\phi(u) = |u|$，那么为最小L_1范数拟合模型；如果$\phi(u) = |u|^p, 1 \leqslant p < +\infty$，那么为最小$L_p$范数拟合模型。

例5.11 给定数据集合

$$(u_i, y_i), u_i \in D, y_i \in \mathbf{R}^1, i = 1, \cdots, k.$$

令矩阵向量为

$$A = (a_{ij}), a_{ij} = f_j(u_i), y = (y_1, \cdots, y_k)^{\mathrm{T}}.$$

假设函数ϕ：$\mathbf{R}^k \to \mathbf{R}$是一个评估函数，最小多元罚函数拟合模型为

$$\begin{aligned} &\min \ \phi(x) \\ &\text{s.t.} \quad Ax = y. \end{aligned}$$

如果$\phi(u) = \max\{|u_1|, \cdots, |u_k|\}$，那么为最小$L_\infty$范数拟合模型。

给定一个数据集合

$$(u_i, y_i), u_i \in D, y_i \in \mathbf{R}^1, i = 1, \cdots, k.$$

我们的问题是如何在$\mathcal{F}(D)$中寻找函数f_x，在一定规则下，使得尽可能精确匹配，并且使得Card(x)尽可能小，这一类问题称为数据的稀疏拟合问题，此时

$$f_x = \sum_{i=1}^{n} x_i f_i = \sum_{i\in \mathrm{Supp}(x)} x_i f_i.$$

我们知道L_1范数和稀疏有密切的关系，所以可以建立如下的模型用来近似求解稀疏拟合问题。

定义5.13 给定数据集合

$$(u_i, y_i), u_i \in D, y_i \in \mathbf{R}^1, i = 1, \cdots, k.$$

令矩阵向量为

$$A = (a_{ij}), a_{ij} = f_j(u_i), y = (y_1, \cdots, y_k)^{\mathrm{T}}.$$

$L_2 - L_1$正则拟合模型为

$$\min_{x\in\mathbf{R}^n} \|Ax - y\|_2^2 + \alpha\|x\|_1, \forall\alpha \geqslant 0.$$

$L_2 - L_1$正则拟合模型

$$\min_{x\in\mathbf{R}^n} \|Ax - y\|_2^2 + \alpha\|x\|_1, \forall\alpha \geqslant 0$$

是一个凸优化问题，可以用来近似求解稀疏拟合问题。我们也可以进一步改进，假设先求解$L_2 - L_1$模型，得到最优解

$$\hat{x}, \mathrm{Supp}(\hat{x}) = \{i|\ \hat{x}_i \neq 0\}.$$

然后求解如下的L_2拟合模型

$$\min_{x\in\mathbf{R}^n} \|Ax - y\|_2^2$$
$$\text{s.t.}\quad \mathrm{Supp}(x) \subseteq \mathrm{Supp}(\hat{x}).$$

通过这样的操作，可以得到关于稀疏拟合的较高质量的近似解。

5.4 凸函数拟合

前面几节，我们讨论了基于有限维函数子空间的数据拟合问题。本节考虑无限维的函数空间。凸函数空间是非常重要的。首先定义两个函数空间。第一个函数空间是定义域为$\mathbf{R}^k$的凸函数空间，记为

$$\mathcal{CF}(\mathbf{R}^k) = \{f \mid f\text{：} \mathbf{R}^k \to \mathbf{R}^1, f\text{是凸函数}\}.$$

第二个函数空间是定义域为$\mathbf{R}^k$的单调递增凸函数空间，记为

$$\mathcal{MICF}(\mathbf{R}^k) = \{f \mid f\text{：} \mathbf{R}^k \to \mathbf{R}^1, f\text{是关于}\mathbf{R}^k_+\text{递增的凸函数}\}.$$

定义5.14 给定数据集合

$$(u_i, y_i), u_i \in \mathbf{R}^k, y_i \in \mathbf{R}^1, i = 1, \cdots, m.$$

凸函数插值问题是寻找

$$f \in \mathcal{CF}(\mathbf{R}^k),\ \text{s.t.,}\ f(u_i) = y_i, i = 1, \cdots, m.$$

定理5.1 给定数据集合

$$(u_i, y_i), u_i \in \mathbf{R}^k, y_i \in \mathbf{R}^1, i = 1, \cdots, m.$$

凸函数插值问题

$$\begin{aligned} &\text{Find } f \\ &\text{s.t.} \quad f(u_i) = y_i, i = 1, \cdots, m, \\ &\qquad f \in \mathcal{CF}(\mathbf{R}^k) \end{aligned}$$

有解的充分必要条件是

$$\exists\ \{p_1, \cdots, p_m\} \subseteq \mathbf{R}^k,\ \text{s.t.},\ y_j \geqslant y_i + p_i^{\mathrm{T}}(u_j - u_i), i, j = 1, \cdots, m.$$

证明 (1) 假设凸函数插值问题

$$\begin{aligned} &\text{Find } f \\ &\text{s.t.} \quad f(u_i) = y_i, i = 1, \cdots, m \\ &\qquad f \in \mathcal{CF}(\mathbf{R}^k) \end{aligned}$$

有解，根据凸函数的性质，可知

$$\exists p_i \in \mathbf{R}^k,\ \text{s.t.},\ \forall z \in \mathbf{R}^k, f(z) \geqslant f(u_i) + p_i^{\mathrm{T}}(z - u_i), i = 1, \cdots, m.$$

即

$$\exists\ \{p_1, \cdots, p_m\} \subseteq \mathbf{R}^k,\ \text{s.t.},\ y_j \geqslant y_i + p_i^{\mathrm{T}}(u_j - u_i), i, j = 1, \cdots, m.$$

(2) 反过来，如果满足

$$\exists\ \{p_1, \cdots, p_m\} \subseteq \mathbf{R}^k,\ \text{s.t.},\ y_j \geqslant y_i + p_i^{\mathrm{T}}(u_j - u_i), i, j = 1, \cdots, m.$$

构造函数

$$f(z) = \max_{i=1,\cdots,m} \left(y_i + p_i^{\mathrm{T}}(z - u_i)\right).$$

显然所构造的函数$f(z)$是凸函数，并且满足插值条件

$$f(u_i) = y_i, i = 1, \cdots, m, f \in \mathcal{CF}(\mathbf{R}^k).$$ □

定义5.15 给定数据集合

$$(u_i, y_i), u_i \in \mathbf{R}^k, y_i \in \mathbf{R}^1, i = 1, \cdots, m.$$

L_2范数凸函数拟合问题为

$$\begin{aligned} &\min \ \sum_{i=1}^{m}(y_i - f(u_i))^2 \\ &\text{s.t.} \quad f \in \mathcal{CF}(\mathbf{R}^k). \end{aligned}$$

定理5.2 给定数据集合

$$(u_i, y_i), u_i \in \mathbf{R}^k, y_i \in \mathbf{R}^1, i = 1, \cdots, m.$$

L_2范数凸函数拟合问题为

$$\begin{aligned} &\min \ \sum_{i=1}^{m}(y_i - f(u_i))^2 \\ &\text{s.t.} \quad f \in \mathcal{CF}(\mathbf{R}^k). \end{aligned}$$

可以转化为

$$\begin{aligned}\min\ & \sum_{i=1}^{m}(y_i-\hat{y}_i)^2\\ \text{s.t.}\ & \hat{y}_j \geqslant \hat{y}_i + p_i^{\mathrm{T}}(u_j-u_i), i,j=1,\cdots,m.\end{aligned}$$

问题的变量是$\hat{y}_j, p_j, j=1,\cdots,m$.

定义5.16 给定数据集合

$$(u_i,y_i), u_i\in\mathbf{R}^k, y_i\in\mathbf{R}^1, i=1,\cdots,m.$$

L_1范数凸函数拟合问题为

$$\begin{aligned}\min\ & \sum_{i=1}^{m}|y_i-f(u_i)|\\ \text{s.t.}\ & f\in\mathcal{CF}(\mathbf{R}^k).\end{aligned}$$

定理5.3 给定数据集合

$$(u_i,y_i), u_i\in\mathbf{R}^k, y_i\in\mathbf{R}^1, i=1,\cdots,m.$$

L_1范数凸函数拟合问题为

$$\begin{aligned}\min\ & \sum_{i=1}^{m}|y_i-f(u_i)|\\ \text{s.t.}\ & f\in\mathcal{CF}(\mathbf{R}^k).\end{aligned}$$

可以转化为

$$\begin{aligned}\min\ & \sum_{i=1}^{m}|y_i-\hat{y}_i|\\ \text{s.t.}\ & \hat{y}_j \geqslant \hat{y}_i + p_i^{\mathrm{T}}(u_j-u_i), i,j=1,\cdots,m,\end{aligned}$$

问题的变量是$\hat{y}_j, p_j, j=1,\cdots,m$.

定义5.17 给定数据集合

$$(u_i,y_i), u_i\in\mathbf{R}^k, y_i\in\mathbf{R}^1, i=1,\cdots,m.$$

L_∞范数凸函数拟合问题为

$$\begin{aligned}\min\ & \max_{i=1}^{m}|y_i-f(u_i)|\\ \text{s.t.}\ & f\in\mathcal{CF}(\mathbf{R}^k).\end{aligned}$$

定理5.4 给定数据集合

$$(u_i,y_i), u_i\in\mathbf{R}^k, y_i\in\mathbf{R}^1, i=1,\cdots,m.$$

L_∞范数凸函数拟合问题为

$$\begin{aligned}\min\ & \max_{i=1}^{m}|y_i-f(u_i)|\\ \text{s.t.}\ & f\in\mathcal{CF}(\mathbf{R}^k).\end{aligned}$$

可以转化为

$$\begin{aligned}\min\ & \max_{i=1}^{m}|y_i-\hat{y}_i|\\ \text{s.t.}\ & \hat{y}_j \geqslant \hat{y}_i + p_i^{\mathrm{T}}(u_j-u_i), i,j=1,\cdots,m,\end{aligned}$$

问题的变量是$\hat{y}_j, p_j, j=1,\cdots,m$.

定义5.18 给定数据集合

$$(u_i, y_i), u_i \in \mathbf{R}^k, y_i \in \mathbf{R}^1, i = 1, \cdots, m.$$

L_p范数凸函数拟合问题($1 \leqslant p < +\infty$)为

$$\begin{aligned} \min \ & \sum_{i=1}^{m} |y_i - f(u_i)|^p \\ \text{s.t.} \ & f \in \mathcal{CF}(\mathbf{R}^k). \end{aligned}$$

定理5.5 给定数据集合

$$(u_i, y_i), u_i \in \mathbf{R}^k, y_i \in \mathbf{R}^1, i = 1, \cdots, m.$$

L_p范数凸函数拟合问题($1 \leqslant p < +\infty$)为

$$\begin{aligned} \min \ & \sum_{i=1}^{m} |y_i - f(u_i)|^p \\ \text{s.t.} \ & f \in \mathcal{CF}(\mathbf{R}^k). \end{aligned}$$

可以转化为

$$\begin{aligned} \min \ & \sum_{i=1}^{m} |y_i - \hat{y}_i|^p \\ \text{s.t.} \ & \hat{y}_j \geqslant \hat{y}_i + p_i^{\mathrm{T}}(u_j - u_i), i, j = 1, \cdots, m, \end{aligned}$$

问题的变量是$\hat{y}_j, p_j, j = 1, \cdots, m$.

定义5.19 给定数据集合

$$(u_i, y_i), u_i \in \mathbf{R}^k, y_i \in \mathbf{R}^1, i = 1, \cdots, m.$$

给定函数ϕ: $\mathbf{R} \to \mathbf{R}$，单元罚函数凸函数拟合问题为

$$\begin{aligned} \min \ & \sum_{i=1}^{m} \phi(f(u_i) - y_i) \\ \text{s.t.} \ & f \in \mathcal{CF}(\mathbf{R}^k). \end{aligned}$$

定理5.6 给定数据集合

$$(u_i, y_i), u_i \in \mathbf{R}^k, y_i \in \mathbf{R}^1, i = 1, \cdots, m.$$

给定函数ϕ: $\mathbf{R} \to \mathbf{R}$，单元罚函数凸函数拟合问题为

$$\begin{aligned} \min \ & \sum_{i=1}^{m} \phi(f(u_i) - y_i) \\ \text{s.t.} \ & f \in \mathcal{CF}(\mathbf{R}^k). \end{aligned}$$

可以转化为

$$\begin{aligned} \min \ & \sum_{i=1}^{m} \phi(\hat{y}_i - y_i) \\ \text{s.t.} \ & \hat{y}_j \geqslant \hat{y}_i + p_i^{\mathrm{T}}(u_j - u_i), i, j = 1, \cdots, m, \end{aligned}$$

问题的变量是$\hat{y}_j, p_j, j = 1, \cdots, m$.

定义5.20 给定数据集合

$$(u_i, y_i), u_i \in \mathbf{R}^k, y_i \in \mathbf{R}^1, i = 1, \cdots, m.$$

定义向量

$$\vec{f}(u) = (f(u_1), \cdots, f(u_m))^{\mathrm{T}}, y = (y_1, \cdots, y_m)^{\mathrm{T}}.$$

给定函数ϕ：$\mathbf{R}^k \to \mathbf{R}$，多元罚函数凸函数拟合问题为

$$\begin{aligned}&\min\ \phi(\vec{f}(u)-y)\\&\text{s.t.}\quad f\in \mathcal{CF}(\mathbf{R}^k).\end{aligned}$$

定理5.7 给定数据集合

$$(u_i,y_i), u_i\in\mathbf{R}^k, y_i\in\mathbf{R}^1, i=1,\cdots,m.$$

定义向量

$$\vec{f}(u)=(f(u_1),\cdots,f(u_m))^{\mathrm{T}}, y=(y_1,\cdots,y_m)^{\mathrm{T}}, \hat{y}=(\hat{y}_1,\cdots,\hat{y}_m)^{\mathrm{T}}.$$

给定函数ϕ：$\mathbf{R}^k \to \mathbf{R}$，多元罚函数凸函数拟合问题为

$$\begin{aligned}&\min\ \phi(\vec{f}(u)-y)\\&\text{s.t.}\quad f\in \mathcal{CF}(\mathbf{R}^k).\end{aligned}$$

可以转化为

$$\begin{aligned}&\min\ \phi(\hat{y}-y)\\&\text{s.t.}\quad \hat{y}_j\geqslant\hat{y}_i+p_i^{\mathrm{T}}(u_j-u_i), i,j=1,\cdots,m,\end{aligned}$$

问题的变量是$\hat{y}_j, p_j, j=1,\cdots,m$.

给定数据集合

$$(u_i,y_i), u_i\in\mathbf{R}^k, y_i\in\mathbf{R}^1, i=1,\cdots,m.$$

我们知道，凸函数插值问题是寻找

$$f\in\mathcal{CF}(\mathbf{R}^k),\ \text{s.t.},\ f(u_i)=y_i, i=1,\cdots,m.$$

有时候满足条件的凸函数不止一个，需要根据先验知识进行优化，我们坚信在点u_0处，函数的值应该是越小越好，因此这样的插值问题可以转化为优化问题

$$\begin{aligned}&\min\ f(u_0)\\&\text{s.t.}\quad f(u_i)=y_i, i=1,\cdots,m,\\&\qquad\ f\in\mathcal{CF}(\mathbf{R}^k).\end{aligned}$$

显然这样的问题可以转化为

$$\begin{aligned}&\min\ y_0\\&\text{s.t.}\quad y_j\geqslant y_i+p_i^{\mathrm{T}}(u_j-u_i), i,j=0,1,\cdots,m,\end{aligned}$$

问题的变量是$y_0, p_i, i=1,\cdots,m$.

定义5.21 给定数据集合

$$(u_i,y_i), u_i\in\mathbf{R}^k, y_i\in\mathbf{R}^1, i=1,\cdots,m.$$

单调递增凸函数空间插值问题是

$$\begin{aligned}&\text{Find } f\\&\text{s.t.}\quad f(u_i)=y_i, i=1,\cdots,m\\&\qquad\ f\in\mathcal{MICF}(\mathbf{R}^k).\end{aligned}$$

定理5.8 给定数据集合

$$(u_i,y_i), u_i\in\mathbf{R}^k, y_i\in\mathbf{R}^1, i=1,\cdots,m.$$

单调递增凸函数空间插值问题

$$\begin{aligned}&\text{Find } f\\&\text{s.t. } \ f(u_i)=y_i, i=1,\cdots,m\\&\qquad f\in\mathcal{MICF}(\mathbf{R}^k).\end{aligned}$$

可以转化为

$$\begin{aligned}&\text{Find } \{p_1,\cdots,p_m\},\\&\text{s.t. } \ \{p_1,\cdots,p_m\}\subseteq\mathbf{R}^k\\&\qquad p_i\geqslant 0, i=1,\cdots,m,\\&\qquad y_j\geqslant y_i+p_i^{\mathrm{T}}(u_j-u_i), i,j=1,\cdots,m.\end{aligned}$$

定义5.22 给定数据集合

$$(u_i,y_i), u_i\in\mathbf{R}^k, y_i\in\mathbf{R}^1, i=1,\cdots,m.$$

L_2范数单调递增凸函数拟合问题为

$$\begin{aligned}&\min\ \sum_{i=1}^m(y_i-f(u_i))^2\\&\text{s.t. } \ f\in\mathcal{MICF}(\mathbf{R}^k).\end{aligned}$$

定理5.9 给定数据集合

$$(u_i,y_i), u_i\in\mathbf{R}^k, y_i\in\mathbf{R}^1, i=1,\cdots,m.$$

L_2范数单调递增凸函数拟合问题为

$$\begin{aligned}&\min\ \sum_{i=1}^m(y_i-f(u_i))^2\\&\text{s.t. } \ f\in\mathcal{MICF}(\mathbf{R}^k).\end{aligned}$$

可以转化为

$$\begin{aligned}&\min\ \sum_{i=1}^m(y_i-\hat{y}_i)^2\\&\text{s.t. } \ \hat{y}_j\geqslant\hat{y}_i+p_i^{\mathrm{T}}(u_j-u_i), i,j=1,\cdots,m,\\&\qquad p_i\geqslant 0, i=1,\cdots,m,\end{aligned}$$

问题的变量是$\hat{y}_j, p_j, j=1,\cdots,m$.

定义5.23 给定数据集合

$$(u_i,y_i), u_i\in\mathbf{R}^k, y_i\in\mathbf{R}^1, i=1,\cdots,m.$$

L_1范数单调递增凸函数拟合问题为

$$\begin{aligned}&\min\ \sum_{i=1}^m|y_i-f(u_i)|\\&\text{s.t. } \ f\in\mathcal{MICF}(\mathbf{R}^k).\end{aligned}$$

定理5.10 给定数据集合

$$(u_i,y_i), u_i\in\mathbf{R}^k, y_i\in\mathbf{R}^1, i=1,\cdots,m.$$

L_1范数单调递增凸函数拟合问题为

$$\begin{aligned}\min\ & \sum_{i=1}^{m}|y_i - f(u_i)|\\ \text{s.t.}\ & f \in \mathcal{MICF}(\mathbf{R}^k).\end{aligned}$$

可以转化为

$$\begin{aligned}\min\ & \sum_{i=1}^{m}|y_i - \hat{y}_i|\\ \text{s.t.}\ & \hat{y}_j \geqslant \hat{y}_i + p_i^{\mathrm{T}}(u_j - u_i), i, j = 1, \cdots, m,\\ & p_i \geqslant 0, i = 1, \cdots, m,\end{aligned}$$

问题的变量是$\hat{y}_j, p_j, j = 1, \cdots, m$.

定义5.24 给定数据集合

$$(u_i, y_i), u_i \in \mathbf{R}^k, y_i \in \mathbf{R}^1, i = 1, \cdots, m.$$

L_∞范数单调递增凸函数拟合问题为

$$\begin{aligned}\min\ & \max_{i=1}^{m}|y_i - f(u_i)|\\ \text{s.t.}\ & f \in \mathcal{MICF}(\mathbf{R}^k).\end{aligned}$$

定理5.11 给定数据集合

$$(u_i, y_i), u_i \in \mathbf{R}^k, y_i \in \mathbf{R}^1, i = 1, \cdots, m.$$

L_∞范数单调递增凸函数拟合问题为

$$\begin{aligned}\min\ & \max_{i=1}^{m}|y_i - f(u_i)|\\ \text{s.t.}\ & f \in \mathcal{MICF}(\mathbf{R}^k).\end{aligned}$$

可以转化为

$$\begin{aligned}\min\ & \max_{i=1}^{m}|y_i - \hat{y}_i|\\ \text{s.t.}\ & \hat{y}_j \geqslant \hat{y}_i + p_i^{\mathrm{T}}(u_j - u_i), i, j = 1, \cdots, m,\\ & p_i \geqslant 0, i = 1, \cdots, m,\end{aligned}$$

问题的变量是$\hat{y}_j, p_j, j = 1, \cdots, m$.

定义5.25 给定数据集合

$$(u_i, y_i), u_i \in \mathbf{R}^k, y_i \in \mathbf{R}^1, i = 1, \cdots, m.$$

L_p范数单调递增凸函数拟合问题$(1 \leqslant p < +\infty)$为

$$\begin{aligned}\min\ & \sum_{i=1}^{m}|y_i - f(u_i)|^p\\ \text{s.t.}\ & f \in \mathcal{MICF}(\mathbf{R}^k).\end{aligned}$$

定理5.12 给定数据集合

$$(u_i, y_i), u_i \in \mathbf{R}^k, y_i \in \mathbf{R}^1, i = 1, \cdots, m.$$

L_p范数单调递增凸函数拟合问题$(1 \leqslant p < +\infty)$为

$$\begin{aligned}\min\ & \sum_{i=1}^{m} |y_i - f(u_i)|^p \\ \text{s.t.}\ & f \in \mathcal{MICF}(\mathbf{R}^k).\end{aligned}$$

可以转化为

$$\begin{aligned}\min\ & \sum_{i=1}^{m} |y_i - \hat{y}_i|^p \\ \text{s.t.}\ & \hat{y}_j \geqslant \hat{y}_i + p_i^{\mathrm{T}}(u_j - u_i), i, j = 1, \cdots, m, \\ & p_i \geqslant 0, i = 1, \cdots, m,\end{aligned}$$

问题的变量是$\hat{y}_j, p_j, j = 1, \cdots, m$.

定义5.26 给定数据集合

$$(u_i, y_i), u_i \in \mathbf{R}^k, y_i \in \mathbf{R}^1, i = 1, \cdots, m.$$

给定函数ϕ：$\mathbf{R} \to \mathbf{R}$，单元罚函数单调递增凸函数拟合问题为

$$\begin{aligned}\min\ & \sum_{i=1}^{m} \phi(f(u_i) - y_i) \\ \text{s.t.}\ & f \in \mathcal{MICF}(\mathbf{R}^k).\end{aligned}$$

定理5.13 给定数据集合

$$(u_i, y_i), u_i \in \mathbf{R}^k, y_i \in \mathbf{R}^1, i = 1, \cdots, m.$$

给定函数ϕ：$\mathbf{R} \to \mathbf{R}$，单元罚函数单调递增凸函数拟合问题为

$$\begin{aligned}\min\ & \sum_{i=1}^{m} \phi(f(u_i) - y_i) \\ \text{s.t.}\ & f \in \mathcal{MICF}(\mathbf{R}^k).\end{aligned}$$

可以转化为

$$\begin{aligned}\min\ & \sum_{i=1}^{m} \phi(\hat{y}_i - y_i) \\ \text{s.t.}\ & \hat{y}_j \geqslant \hat{y}_i + p_i^{\mathrm{T}}(u_j - u_i), i, j = 1, \cdots, m, \\ & p_i \geqslant 0, i = 1, \cdots, m,\end{aligned}$$

问题的变量是$\hat{y}_j, p_j, j = 1, \cdots, m$.

定义5.27 给定数据集合

$$(u_i, y_i), u_i \in \mathbf{R}^k, y_i \in \mathbf{R}^1, i = 1, \cdots, m.$$

定义向量

$$\vec{f}(u) = (f(u_1), \cdots, f(u_m))^{\mathrm{T}}, y = (y_1, \cdots, y_m)^{\mathrm{T}}.$$

给定函数ϕ：$\mathbf{R}^k \to \mathbf{R}$，多元罚函数单调凸函数拟合问题为

$$\begin{aligned}\min\ & \phi(\vec{f}(u) - y) \\ \text{s.t.}\ & f \in \mathcal{MICF}(\mathbf{R}^k).\end{aligned}$$

定理5.14 给定数据集合

$$(u_i, y_i), u_i \in \mathbf{R}^k, y_i \in \mathbf{R}^1, i = 1, \cdots, m.$$

定义向量

$$\vec{f}(u) = (f(u_1), \cdots, f(u_m))^{\mathrm{T}}, y = (y_1, \cdots, y_m)^{\mathrm{T}}, \hat{y} = (\hat{y}_1, \cdots, \hat{y}_m)^{\mathrm{T}}.$$

给定函数ϕ：$\mathbf{R}^k \to \mathbf{R}$，多元罚函数单调递增凸函数拟合问题为

$$\begin{aligned} &\min\ \phi(\vec{f}(u) - y) \\ &\text{s.t.}\quad f \in \mathcal{MICF}(\mathbf{R}^k). \end{aligned}$$

可以转化为

$$\begin{aligned} &\min\ \phi(\hat{y} - y) \\ &\text{s.t.}\quad \hat{y}_j \geqslant \hat{y}_i + p_i^{\mathrm{T}}(u_j - u_i), i, j = 1, \cdots, m, \\ &\qquad\ p_i \geqslant 0, i = 1, \cdots, m, \end{aligned}$$

问题的变量是$\hat{y}_j, p_j, j = 1, \cdots, m.$

第 6 章

分布估计问题

本章首先定义什么是分布估计问题，然后在一定意义下将分布估计问题构建为凸优化模型，并探索其性质，再给出一些特殊情形下的应用。

6.1 最大似然估计

考虑$\mathbf{R}^m$上的一族概率分布，每个概率分布对应一个参数向量$x \in \mathbf{R}^n$，概率密度表示为

$$p_x(y), x \in \mathbf{R}^n,\ \ y \in \mathbf{R}^m.$$

固定$y \in \mathbf{R}^m$，$p_x(y)$可以看成是x的函数，称为似然函数。因为常用的概率密度都是指数族，所以考察似然函数的对数函数更为方便，我们称为对数似然函数，用l表示，即

$$l_y(x) = \log(p_x(y)).$$

通常对参数x都有一些约束，可以作为x的先验知识，或者是似然函数的定义域。这些约束可以显式给出，或者在似然函数中，若x不满足先验信息，那么令$p_x(y) = 0$，因此如果参数x违背了先验信息约束，那么对数似然函数的值为$-\infty$。

一个自然的问题是：根据观测到的服从分布的一个样本y，如何来估计参数x的值？一个比较符合经验的处理方式是选择使得似然函数在y的观测值处最大的那个参数值作为x的估计。这就是最大似然估计，形式化如下。

定义6.1 现有一族概率密度

$$p_x(y), x \in \mathbf{R}^n,\ \ y \in \mathbf{R}^m,$$

其中x是参数，y是样本值，无约束最大似然估计(ML)即如下的模型

$$\max_x\ p_x(y)$$

或者

$$\max_x\ l_y(x).$$

如果我们有关于参数x的先验信息，比如说$x \in \mathcal{A} \subseteq \mathbf{R}^n$，那么可以提出带约束的最大似然估计模型。

定义6.2 现有一族概率密度

$$p_x(y), x \in \mathcal{A} \subseteq \mathbf{R}^n,\ \ y \in \mathbf{R}^m,$$

其中x是参数，y是样本值，有约束最大似然估计(ML)即如下的模型

$$\begin{aligned} &\max\ p_x(y) \\ &\text{s.t.}\quad x \in \mathcal{A}, \end{aligned}$$

或者

$$\begin{aligned} &\max\ l_y(x) \\ &\text{s.t.}\quad x \in \mathcal{A}. \end{aligned}$$

无论是无约束的最大似然估计模型，还是有约束的最大似然估计模型，其中的变量是x，而样本值y是模型的参数，是观测值或者说是输入值。如果对于每个观测值y，对数似然函数都是凹函数，并且约束$\mathcal{A}$可以表述为x的凸约束，那么最大似然估计模型为凸优化问题，可以利用成熟的算法得以求解。

例6.1 附加了IID噪声的线性测量。考虑线性测量模型：

$$y_i = a_i^{\mathrm{T}} x + v_i,\ i = 1, \cdots, m.$$

或者矩阵形式

$$y = Ax + v,$$

其中

$$A = (a_1, \cdots, a_m)^{\mathrm{T}}, y = (y_1, \cdots, y_m)^{\mathrm{T}}, v = (v_1, \cdots, v_m)^{\mathrm{T}}, x = (x_1, \cdots, x_n)^{\mathrm{T}}.$$

在模型中，x是需要估计的参数，y是观测值，v_i是噪声，并且v_i是独立同分布，在$\mathbf{R}$上具有密度函数p，显然此时的似然函数为

$$p_x(y) = \prod_{i=1}^{m} p(y_i - a_i^{\mathrm{T}} x),$$

因此对数似然函数为

$$l_y(x) = \log p_x(y) = \sum_{i=1}^{m} \log(p(y_i) - a_i^{\mathrm{T}} x).$$

那么ML估计模型为

$$\max_x\ \sum_{i=1}^{m} \log(p(y_i) - a_i^{\mathrm{T}} x).$$

例6.2 附加了IID高斯噪声的线性测量。考虑线性测量模型：

$$y_i = a_i^{\mathrm{T}} x + v_i, i = 1, \cdots, m.$$

或者矩阵形式

$$y = Ax + v,$$

其中

$$A = (a_1, \cdots, a_m)^{\mathrm{T}}, y = (y_1, \cdots, y_m)^{\mathrm{T}}, v = (v_1, \cdots, v_m)^{\mathrm{T}}, x = (x_1, \cdots, x_n)^{\mathrm{T}}.$$

在模型中，x是需要估计的参数，y是观测值，v_i是噪声，并且v_i是独立同分布，在$\mathbf{R}$上具有高斯密度函数

$$p(z) = (2\pi\sigma^2)^{-\frac{1}{2}} \mathrm{e}^{-\frac{z^2}{2\sigma^2}},$$

显然此时的似然函数为

$$p_x(y) = \prod_{i=1}^{m} p(y_i - a_i^{\mathrm{T}} x),$$

因此对数似然函数为

$$l_y(x) = \log(p_x(y)) = \sum_{i=1}^{m} \log(p(y_i) - a_i^{\mathrm{T}} x) = -\frac{m}{2}\log(2\pi\sigma^2) - \frac{1}{2\sigma^2}\|Ax - y\|_2^2.$$

那么ML估计模型为

$$\min_x \ \|Ax - y\|_2^2.$$

这是一个最小二乘逼近问题。

例6.3 附加了IID Laplace噪声的线性测量。考虑线性测量模型：

$$y_i = a_i^{\mathrm{T}} x + v_i, i = 1, \cdots, m.$$

或者矩阵形式

$$y = Ax + v$$

其中

$$A = (a_1, \cdots, a_m)^{\mathrm{T}}, y = (y_1, \cdots, y_m)^{\mathrm{T}}, v = (v_1, \cdots, v_m)^{\mathrm{T}}, x = (x_1, \cdots, x_n)^{\mathrm{T}}.$$

在模型中，x是需要估计的参数，y是观测值，v_i是噪声，并且v_i是独立同分布，在$\mathbf{R}$上具有Laplace密度函数

$$p(z) = \frac{1}{2\alpha}\mathrm{e}^{-\frac{|z|}{\alpha}}, \alpha > 0.$$

显然此时的似然函数为

$$p_x(y) = \prod_{i=1}^{m} p(y_i - a_i^{\mathrm{T}} x),$$

因此对数似然函数为

$$l_y(x) = \log(p_x(y)) = \sum_{i=1}^{m} \log(p(y_i) - a_i^{\mathrm{T}} x) = -\frac{m}{2}\log(2\alpha) - \frac{1}{\alpha}\|Ax - y\|_1.$$

那么ML估计模型为

$$\min_x \ \|Ax - y\|_1.$$

这是一个L_1范数逼近问题。

例6.4 附加了IID 均匀噪声的线性测量。考虑线性测量模型：

$$y_i = a_i^{\mathrm{T}} x + v_i, i = 1, \cdots, m.$$

或者矩阵形式

$$y = Ax + v,$$

其中

$$A = (a_1, \cdots, a_m)^{\mathrm{T}}, y = (y_1, \cdots, y_m)^{\mathrm{T}}, v = (v_1, \cdots, v_m)^{\mathrm{T}}, x = (x_1, \cdots, x_n)^{\mathrm{T}}.$$

在模型中，x是需要估计的参数，y是观测值，v_i是噪声，并且v_i是独立同分布，在$[-\alpha, \alpha]$上具有密度函数

$$p(z) = \frac{1}{2\alpha}, \alpha > 0.$$

显然此时的似然函数为

$$p_x(y)=\prod_{i=1}^{m}p(y_i-a_i^{\mathrm{T}}x),$$

因此对数似然函数为

$$l_y(x)=\log(p_x(y))=\sum_{i=1}^{m}\log(p(y_i)-a_i^{\mathrm{T}}x)=-\frac{m}{2}\log(2\alpha).$$

那么ML估计模型为一个约束

$$\|Ax-y\|_\infty\leqslant\alpha.$$

这是一个L_∞范数求解问题。

定义6.3 假设$A\in M_{m\times n}(\mathbf{R}),y\in\mathbf{R}^m$，并且函数$\phi$：$\mathbf{R}\to\mathbf{R}$，那么单元罚函数逼近问题为

$$\begin{aligned}\min\ &\sum_{i=1}^{m}\phi(r_i)\\ \text{s.t.}\ & r=y-Ax,\end{aligned}$$

其中$x\in\mathbf{R}^n$是变量，函数ϕ称为单元罚函数。

单元罚函数逼近问题可以用最大似然估计给出一个解释。

例6.5 附加了IID 罚函数噪声的线性测量。考虑线性测量模型：

$$y_i=a_i^{\mathrm{T}}x+v_i,i=1,\cdots,m.$$

或者矩阵形式

$$y=Ax+v,$$

其中

$$A=(a_1,\cdots,a_m)^{\mathrm{T}},y=(y_1,\cdots,y_m)^{\mathrm{T}},v=(v_1,\cdots,v_m)^{\mathrm{T}},x=(x_1,\cdots,x_n)^{\mathrm{T}}.$$

在模型中，x是需要估计的参数，y是观测值，v_i是噪声，并且v_i是独立同分布，具有密度函数

$$p(z)=\frac{\mathrm{e}^{-\phi(z)}}{\int\mathrm{e}^{-\phi(z)}\mathrm{d}z}.$$

显然此时的似然函数为

$$p_x(y)=\prod_{i=1}^{m}p(y_i-a_i^{\mathrm{T}}x),$$

因此对数似然函数为

$$l_y(x)=\log(p_x(y))=\sum_{i=1}^{m}\log(p(y_i)-a_i^{\mathrm{T}}x)=-m\log\left(\int\mathrm{e}^{-\phi(z)}\mathrm{d}z\right)-\sum_{i=1}^{m}\phi(y_i-a_i^{\mathrm{T}}x).$$

那么ML估计模型为一个约束

$$\min_x\ \sum_{i=1}^{m}\phi(y_i-a_i^{\mathrm{T}}x).$$

这是一个单元罚函数逼近问题。

考察上面的几类模型，可以从最大似然估计的角度来理解L_1范数逼近在大误差情况下的鲁棒性。L_1逼近问题可以看作Laplace噪声下的线性测量的最大似然估计问题；L_2范数逼近问题可以看作高斯噪声下的线性测量的最大似然估计问题。Laplace密度函数比高

斯密度函数具有更大的截尾：在Laplace密度下，变量取很大值的概率大于高斯密度下的情况，因此L_1范数逼近问题会接受更多更大的残差。

例6.6 具有Poisson分布的计数问题。假设随机变量y的样本值空间是非负整数集，并且服从Poisson分布，即

$$Prob(y=k)=\frac{\alpha^k e^{-\alpha}}{k!}, k=0,1,\cdots,+\infty.$$

通常随机变量y表示符合Poisson过程的某种事件在一段时间内发生的次数。显然α是一个需要估计的参数，在一些简单的统计模型中，均值α通常构建为一个向量$u\in\mathbf{R}^n$的仿射函数，即

$$\alpha=a^{\mathrm{T}}u+b.$$

这里u称为解释向量，$a\in\mathbf{R}^n$，$b\in\mathbf{R}^1$为模型参数。现有一系列的观测值

$$(u_i,y_i), i=1,\cdots,m,$$

其中y_i是对应解释向量u_i的观测值。我们需要根据观测值来找到参数a,b的最大似然估计。显然似然函数为

$$\prod_{i=1}^{m}\frac{(a^{\mathrm{T}}u_i+b)^{y_i}e^{-(a^{\mathrm{T}}u_i+b)}}{y_i!},$$

对数似然函数为

$$l(a,b)=\sum_{i=1}^{m}\left(y_i\log(a^{\mathrm{T}}u_i+b)-(a^{\mathrm{T}}u_i+b)-\log(y_i!)\right),$$

那么最大似然估计模型为

$$\max_{a,b}\ \sum_{i=1}^{m}\left(y_i\log(a^{\mathrm{T}}u_i+b)-(a^{\mathrm{T}}u_i+b)\right).$$

例6.7 Logistic回归。假设随机变量y的样本值空间为$\{0,1\}$，其概率密度函数为

$$Prob(y=1)=p, Prob(y=0)=1-p, p\in[0,1].$$

假设p由解释向量u来决定，Logistic模型为

$$p=\frac{e^{a^{\mathrm{T}}u+b}}{1+e^{a^{\mathrm{T}}u+b}},$$

其中$a\in\mathbf{R}^n$，$b\in\mathbf{R}^1$为参数，决定了p和解释向量u之间的关系。假设给定了一组数据

$$(u_i,y_i), i=1,\cdots,m.$$

我们需要根据这组数据寻找参数a,b的最大似然估计。有时称a,b的ML估计为Logistich回归。重排数据，使得

$$y_1=\cdots=y_q=1, y_{q+1}=\cdots=y_m=0.$$

此时，似然函数具有如下形式

$$\prod_{i=1}^{q}p_i\prod_{j=q+1}^{m}(1-p_j).$$

可得对数似然函数为

$$
\begin{aligned}
l(a,b) &= \sum_{i=1}^{q}\log(p_i) + \sum_{j=q+1}^{m}\log(1-p_j)\\
&= \sum_{i=1}^{q}\log\left(\frac{e^{a^{T}u_i+b}}{1+e^{a^{T}u_i+b}}\right) + \sum_{j=q+1}^{m}\log\left(\frac{1}{1+e^{a^{T}u_j+b}}\right)\\
&= \sum_{i=1}^{q}(a^{T}u_i+b) - \sum_{i=1}^{m}\log(1+e^{a^{T}u_i+b}),
\end{aligned}
$$

因此，最大似然估计模型为

$$\max_{a,b}\ \sum_{i=1}^{q}(a^{T}u_i+b) - \sum_{i=1}^{m}\log(1+e^{a^{T}u_i+b}).$$

例6.8 高斯变量的协方差估计。假设$y\in\mathbf{R}^n$是一个高斯随机变量，均值为0，协方差矩阵为

$$A = E\{yy^{T}\}\in SM_{n,++}(\mathbf{R}),$$

因此y的概率密度函数为

$$p_A(y) = \frac{1}{(2\pi)^{\frac{n}{2}}(\det A)^{\frac{1}{2}}}e^{-\frac{1}{2}y^{T}A^{-1}y}.$$

现在有服从高斯分布的采样数据

$$y_1,\cdots,y_N,$$

以及关于矩阵A的先验知识，那么希望得到协方差矩阵A的估计。显然根据数据可得对数似然函数为

$$l(A) = \log(p_A(y_1,\cdots,y_N)) = -\frac{nN}{2}\log(2\pi) - \frac{N}{2}\log\det(A) - \frac{1}{2}\sum_{i=1}^{N}y_i^{T}A^{-1}y_i.$$

令矩阵

$$Y = \frac{1}{N}\sum_{i=1}^{N}y_iy_i^{T}.$$

那么对数似然函数变为

$$l(A) = -\frac{nN}{2}\log(2\pi) - \frac{N}{2}\log\det(A) - \frac{N}{2}\mathrm{tr}(A^{-1}Y).$$

令$S = A^{-1}$，那么对数似然函数转化为

$$l(S) = -\frac{nN}{2}\log(2\pi) + \frac{N}{2}\log\det(S) - \frac{N}{2}\mathrm{tr}(SY),$$

这是关于S的凹函数，因此最大似然估计模型为

$$
\begin{aligned}
&\max\ \ \log\det(S) - \mathrm{tr}(SY)\\
&\ \mathrm{s.t.}\ \ S\in\mathcal{S}.
\end{aligned}
$$

其中$\mathcal{S}$表示S的先验知识。显然这里有一个隐含的约束，即

$$S\in SM_{n,++}(\mathbf{R}).$$

先不考虑约束，直接计算目标函数的各阶导数可得

$$
\begin{aligned}
\nabla_S(\log\det(S) - \mathrm{tr}(SY)) &= S^{-1} - Y,\\
\nabla_S^2(\log\det(S) - \mathrm{tr}(SY)) &= -S^{-2}.
\end{aligned}
$$

因此，如果满足$Y \in SM_{n,++}(\mathbf{R})$，那么最优解

$$A^* = S^{-1*} = Y.$$

下面可考察一些先验知识。例如，要求

$$L \leqslant A \leqslant U,$$

此时

$$\mathcal{S} = \{S \mid U^{-1} \leqslant S \leqslant L^{-1}\}.$$

又例如，要求

$$\lambda_{\max}(A) \leqslant \kappa\lambda_{\min}(A),$$

此时

$$\mathcal{S} = \{S \mid \lambda_{\max}(S) \leqslant \kappa\lambda_{\min}(S)\}.$$

这等价于

$$\exists u > 0,\ \text{s.t.},\ uI \leqslant S \leqslant \kappa uI.$$

再可以考虑另外的约束，假定随机向量y的某些线性函数的方差有上界的约束，即

$$E\{c_i^{\mathrm{T}} y\}^2 \leqslant \alpha_i, i = 1, \cdots, K.$$

此时

$$\mathcal{S} = \{S \mid c_i^{\mathrm{T}} S^{-1} c_i \leqslant \alpha_i, i = 1, \cdots, K\}.$$

这也是关于S的凸约束，因此整个问题也可以转化为凸优化问题。

6.2 最大后验估计

最大后验估计(MAP)是最大似然估计的Bayes形式，此时，假设需要估计的参数x不是一个确定的向量，而是服从某一预先设定的概率分布。假定需要估计的向量$x \in \mathbf{R}^n$ 和观测向量$y \in \mathbf{R}^m$ 是随机向量，联合分布为$p(x, y)$，这与似然估计不一样，似然估计中x是确定的参数。首先计算x的先验概率为

$$p_x(x) = \int p(x, y)\mathrm{d}y,$$

这个概率给出了估计向量x可能取值的先验分布，这是独立于观测向量的。类似地，观测向量y的先验概率为

$$p_y(y) = \int p(x, y)\mathrm{d}x,$$

这个概率给出了观测向量y可能取值的分布。如果给定x，那么y的条件概率密度为

$$p_{y|x}(x, y) = \frac{p(x, y)}{p_x(x)}.$$

在MAP估计方法之中，$p_{y|x}$扮演了最大似然估计中参数决定的概率密度$p_x(y)$的角色。同理，给定y，那么x的条件概率密度为

$$p_{x|y}(x, y) = \frac{p(x, y)}{p_y(y)} = \frac{p(x, y)}{p_x(x)} \frac{p_x(x)}{p_y(y)} = p_{y|x}(x, y)\frac{p_x(x)}{p_y(y)}.$$

将y的观测值代入上面的公式，就可以得到x的后验概率密度，它表示了获得观测值以后对x的信息的了解程度。

定义6.4 假定需要估计的向量$x \in \mathbf{R}^n$ 和观测向量$y \in \mathbf{R}^m$是随机向量，联合分布为$p(x,y)$，所谓最大后验估计是如下的模型

$$\max_x \ p_{x|y}(x,y),$$

或者

$$\max_x \ p_{y|x}(x,y)p_x(x),$$

或者

$$\max_x \ p(x,y),$$

或者

$$\max_x \ \log(p_{y|x}(x,y)) + \log(p_x(x)).$$

最大后验估计模型

$$\max_x \ \log(p_{y|x}(x,y)) + \log(p_x(x)),$$

第一项和对数似然估计函数本质上是一样的，第二项是根据先验概率密度对不太可能发生的x的惩罚项。

例6.9 附加了IID噪声的线性测量。考虑线性测量模型：

$$y_i = a_i^{\mathrm{T}}x + v_i, i = 1, \cdots, m.$$

或者矩阵形式

$$y = Ax + v,$$

其中

$$A = (a_1, \cdots, a_m)^{\mathrm{T}}, y = (y_1, \cdots, y_m)^{\mathrm{T}}, v = (v_1, \cdots, v_m)^{\mathrm{T}}, x = (x_1, \cdots, x_n)^{\mathrm{T}}.$$

在模型中，x是估计向量，假设其在$\mathbf{R}^n$上的先验概率密度为$p_x(x)$，y是观测向量，v_i是噪声，并且v_i是独立同分布，在$\mathbf{R}$上具有密度函数p_v，x和y的联合密度函数为

$$p(x,y) = p_x(x)\prod_{i=1}^{m} p_v(y_i - a_i^{\mathrm{T}}x),$$

此时对数最大后验估计模型为

$$\max_x \ \log(p_x(x)) + \sum_{i=1}^{m}\log(p_v(y_i) - a_i^{\mathrm{T}}x).$$

例6.10 附加了高斯先验和IID均匀噪声的线性测量。考虑线性测量模型：

$$y_i = a_i^{\mathrm{T}}x + v_i, i = 1, \cdots, m.$$

或者矩阵形式

$$y = Ax + v,$$

其中

$$A = (a_1, \cdots, a_m)^{\mathrm{T}}, y = (y_1, \cdots, y_m)^{\mathrm{T}}, v = (v_1, \cdots, v_m)^{\mathrm{T}}, x = (x_1, \cdots, x_n)^{\mathrm{T}}.$$

在模型中，x是估计向量，满足均值为$\bar{x}$，协方差为A的高斯分布，y是观测值，v_i是噪声，并且v_i是独立同分布，在$\mathbf{R}$上具有均匀密度函数

$$p_v(z) = \frac{1}{2\alpha}, \alpha > 0.$$

x和y的联合密度函数为

$$p(x,y) = p_x(x)\prod_{i=1}^{m} p_v(y_i - a_i^{\mathrm{T}}x), |y_i - a_i^{\mathrm{T}}x| \leqslant \alpha, i = 1, \cdots, m.$$

此时对数最大后验估计模型为

$$\begin{aligned} \min\ & (x-\bar{x})^{\mathrm{T}}A^{-1}(x-\bar{x}) \\ \text{s.t.}\ & \|Ax - y\|_\infty \leqslant \alpha. \end{aligned}$$

例6.11 精确线性测量。考虑线性测量模型：

$$y_i = a_i^{\mathrm{T}}x, i = 1, \cdots, m.$$

或者矩阵形式

$$y = Ax,$$

其中

$$A = (a_1, \cdots, a_m)^{\mathrm{T}}, y = (y_1, \cdots, y_m)^{\mathrm{T}}, x = (x_1, \cdots, x_n)^{\mathrm{T}}.$$

在模型中，x是估计向量，具有先验概率密度$p_x(x)$，y是观测值，完全是精确的，即给定x，y的条件概率密度为1，此时联合概率密度为

$$p(x,y) = p_x(x).$$

显然对数最大后验估计模型为

$$\begin{aligned} \max\ & \log(p_x(x)) \\ \text{s.t.}\ & Ax = y. \end{aligned}$$

进一步，如果x中的n个分量是独立同分布，在$\mathbf{R}$上的概率密度为p，那么对数最大后验估计模型变为

$$\begin{aligned} \max\ & \sum_{i=1}^{n}\log(p(x_i)) \\ \text{s.t.}\ & Ax = y. \end{aligned}$$

定义6.5 假设$A \in M_{m\times n}(\mathbf{R})$是一个矩阵，$y \in \mathbf{R}^m$是一个向量，函数$\phi$：$\mathbf{R} \to \mathbf{R}$，单元最小罚问题为

$$\begin{aligned} \min\ & \sum_{i=1}^{n}\phi(x_i) \\ \text{s.t.}\ & Ax = y, \end{aligned}$$

一般要求函数ϕ非负、凸，并且$\phi(0) = 0$，此时称函数ϕ为单元罚函数。

例6.12 罚函数精确线性测量。考虑线性测量模型：

$$y_i = a_i^{\mathrm{T}}x, i = 1, \cdots, m.$$

或者矩阵形式

$$y = Ax,$$

其中

$$A=(a_1,\cdots,a_m)^{\mathrm{T}}, y=(y_1,\cdots,y_m)^{\mathrm{T}}, x=(x_1,\cdots,x_n)^{\mathrm{T}}.$$

在模型中，y是观测值，是精确的，x是需要估计的参数，n个分量独立同分布，具有密度函数

$$p(z)=\frac{\mathrm{e}^{-\phi(z)}}{\int \mathrm{e}^{-\phi(z)}\mathrm{d}z}.$$

此时的对数最大后验估计模型为

$$\begin{aligned}\min\ & \sum_{i=1}^{n}\phi(x_i)\\ \text{s.t.}\ & Ax=y.\end{aligned}$$

这是单元最小罚函数问题。因此，单元最小罚问题可以解释为精确线性测量问题的最大后验估计模型。

6.3 非参分布估计

前面两节考虑了含参分布的估计，本节研究非参分布的估计问题。

假设X是一个随机变量，样本值空间为

$$\{\alpha_1,\cdots,\alpha_n\}\subseteq \mathbf{R}.$$

假设X的概率分布为

$$p\in\mathbf{R}^n,\ \ p\geqslant 0, \mathbf{1}_n^{\mathrm{T}}p=1, p_i=Prob(X=\alpha_i), i=1,\cdots,n.$$

反过来，任何满足

$$p\in\mathbf{R}^n,\ \ p\geqslant 0, \mathbf{1}_n^{\mathrm{T}}p=1$$

的向量p都可以是X的概率分布，此时只要令

$$p_i=Prob(X=\alpha_i), i=1,\cdots,n$$

即可。因此概率单纯形

$$\Delta_n=\{p|\ p\in\mathbf{R}^n,\ \ p\geqslant 0, \mathbf{1}_n^{\mathrm{T}}p=1\}$$

与X的概率分布是一一对应的。因此，估计X的概率分布，即在Δ_n寻找向量p.

有时为了寻找p，需要一些先验信息。下面列举一些先验信息的例子。

例6.13 期望约束。有很多关于p的先验信息可以表示为p的线性等式或者不等式。假设f：$\mathbf{R}\to\mathbf{R}$是一个函数，随机变量$f(X)$的期望计算为

$$E\{f(X)\}=\sum_{i=1}^{n}p_i f(\alpha_i),$$

此公式显然是p的线性函数。如果我们对随机变量X的某个函数$f(X)$的期望有先验认知，那么可以利用此公式表示约束。

例6.14 概率约束。假设$C\subseteq\mathbf{R}$是一个非空集合，那么概率$Prob(X\in C)$计算为

$$Prob(X\in C)=c^{\mathrm{T}}p, c_i=\begin{cases}1, & \text{如果}\alpha_i\in C,\\ 0, & \text{如果}\alpha_i\notin C.\end{cases}$$

显然概率$Prob(X \in C)$也是p的线性函数。如果我们对随机变量X在某个范围的概率又先验认知，那么可利用上面的公式实现约束的数学描述。

例6.15 矩约束。假设我们对随机变量X的某些矩有先验认知，那么也可以表示为p的线性等式或者不等式，例如某些矩可以计算为

$$E\{X\} = \sum_{i=1}^{n} p_i\alpha_i,$$
$$E\{X^2\} = \sum_{i=1}^{n} p_i(\alpha_i)^2,$$
$$E\{X^m\} = \sum_{i=1}^{n} p_i(\alpha_i)^m.$$

以矩为基础，可以对方差做一些计算

$$\mathrm{Var}\{X\} = E\{X^2\} - (E\{X\})^2 = \sum_{i=1}^{n} p_i(\alpha_i)^2 - (\sum_{i=1}^{n} p_i\alpha_i)^2,$$

这是关于p的二次函数，并且是凹函数，所以方差的下界控制可以表示为一个凸约束。

例6.16 条件概率约束。假设$A, B \subseteq \mathbf{R}$是两个非空集合，给定$B$，考虑$A$上的条件概率密度

$$Prob(X \in A|X \in B) = \frac{Prob(X \in A \bigcap B)}{Prob(X \in B)}.$$

此概率可以精确描述为

$$Prob(X \in A|X \in B) = \frac{c^{\mathrm{T}}p}{d^{\mathrm{T}}p},$$

其中

$$c_i = \begin{cases} 1, & \text{如果}\alpha_i \in A \bigcap B, \\ 0, & \text{如果}\alpha_i \notin A \bigcap B; \end{cases} \quad d_i = \begin{cases} 1, & \text{如果}\alpha_i \in B, \\ 0, & \text{如果}\alpha_i \notin B. \end{cases}$$

因此可以将先验约束

$$l \leqslant Prob(X \in A|X \in B) \leqslant u$$

描述为p的线性不等式约束

$$ld^{\mathrm{T}}p \leqslant Prob(X \in A|X \in B) \leqslant uc^{\mathrm{T}}p.$$

例6.17 期望定界。给定随机变量X的概率分布p的一些先验信息

$$p \in \mathcal{P},$$

可以计算某个函数的期望值的上下界，或者某一个集合上概率的上下界。例如，为了确定随机变量$f(X)$的一个下界，我们求解如下的优化问题

$$\begin{aligned} \min \ & E\{f(X)\} = \sum_{i=1}^{n} p_i f(\alpha_i) \\ \text{s.t.} \ & p \in \mathcal{P}. \end{aligned}$$

例6.18 最大似然估计。基于分布的观测值，可以利用最大似然估计来估计p. 假定有N组服从分布的独立采样点

$$x_1, \cdots, x_N.$$

令k_i表示这些采样点取值为α_i的次数，因此一定有

$$\sum_{i=1}^{n} k_i = N.$$

对数似然函数为

$$l(p) = \sum_{i=1}^{n} k_i \log(p_i),$$

这是p的凹函数。因此p的最大似然估计模型为

$$\begin{aligned} \max \quad & \sum_{i=1}^{n} k_i \log(p_i) \\ \text{s.t.} \quad & p \in \mathcal{P}, \end{aligned}$$

此处$\mathcal{P}$是p的先验信息。

例6.19 最大熵估计。我们知道一个分布p的熵函数定义如下

$$-\sum_{i=1}^{n} p_i \log(p_i).$$

因此，最大熵估计模型为

$$\begin{aligned} \min \quad & \sum_{i=1}^{n} p_i \log(p_i) \\ \text{s.t.} \quad & p \in \mathcal{P}. \end{aligned}$$

此处$\mathcal{P}$是p的先验信息。

例6.20 最小KL散度估计。假设知道一个先验分布q，我们定义任意一个分布p相对于q的Kullback-Leibler散度为

$$\sum_{i=1}^{n} p_i \log \frac{p_i}{q_i}.$$

在应用中，一般寻求相对于q最小的散度，模型为

$$\begin{aligned} \min \quad & \sum_{i=1}^{n} p_i \log \frac{p_i}{q_i} \\ \text{s.t.} \quad & p \in \mathcal{P}. \end{aligned}$$

此处$\mathcal{P}$是p的先验信息。当$q = \frac{1}{n}\mathbf{1}_n$时，最小KL散度估计问题变为最大熵估计问题。

第 7 章

概率定界问题

本章首先定义什么是概率定界问题，然后在一定意义下将概率定界问题构建为凸优化模型，并探索其性质，再给出一些特殊情形下的应用。

7.1 Chebyshev界

假设X是一个随机变量，基于X的某个函数的期望值，比如期望、方差，Chebyshev界给出了随机变量X的某个函数在某个集合上的概率的一个上界。

回顾Markov不等式：如果X是$\mathbf{R}_+$上的某个随机变量，并且

$$E\{X\} = \mu,$$

那么无论随机变量X是什么，都有

$$Prob(X \geqslant 1) \leqslant \mu.$$

我们可以粗略给出上面不等式的一个分析。假设$f(x)$是X的密度函数，那么根据条件一定有

$$\int_{\mathbf{R}_+} f(x)\mathrm{d}x = 1;$$

$$\int_{\mathbf{R}_+} xf(x)\mathrm{d}x = \mu.$$

根据上面的公式可知

$$\begin{aligned} Prob(X \geqslant 1) &= \int_1^{\infty} f(x)\mathrm{d}x \\ &= \int_{\mathbf{R}_+} f(x)\mathrm{d}x - \int_0^1 f(x)\mathrm{d}x \\ &\leqslant \int_{\mathbf{R}_+} xf(x)\mathrm{d}x = \mu. \end{aligned}$$

类似地，我们有：假设X是$\mathbf{R}$上的随机变量，并且

$$E\{X\} = \mu, E\{(X-\mu)^2\} = \sigma^2,$$

那么无论随机变量X是什么，都有

$$Prob(|X-\mu| \geqslant 1) \leqslant \sigma^2.$$

我们可以粗略给出上面不等式的一个分析。假设$f(x)$是X的密度函数，那么根据条件

一定有

$$\int_{\mathbf{R}} f(x)\mathrm{d}x = 1;$$

$$\int_{\mathbf{R}} xf(x)\mathrm{d}x = \mu;$$

$$\int_{\mathbf{R}} (x-\mu)^2 f(x)\mathrm{d}x = \sigma^2.$$

根据上面的公式可知

$$\begin{aligned} Prob(|X-\mu| \geqslant 1) &= \int_{|x-\mu|\geqslant 1} f(x)\mathrm{d}x \\ &\leqslant \int_{|x-\mu|\geqslant 1} |x-\mu|^2 f(x)\mathrm{d}x \\ &\leqslant \int_{\mathbf{R}} |x-\mu|^2 f(x)\mathrm{d}x = \sigma^2. \end{aligned}$$

上面的分析过于技巧化，我们希望利用凸优化的思想来计算某些概率的界。假设X是$S \subseteq \mathbf{R}^m$上的随机变量，$C \subseteq S$是子集合，对集合C上的概率

$$Prob(X \in C)$$

定界。首先定义一个示性函数

$$\mathbf{1}_C(z) = \begin{cases} 1, & \text{如果} z \in C, \\ 0, & \text{如果} z \notin C. \end{cases}$$

假设关于X的分布有一些先验知识，即随机变量X的一些函数的期望值是已知的，即

$$E\{f_i(X)\} = \alpha_i, i = 1, \cdots, n,$$

其中函数f_i：$\mathbf{R}^m \to \mathbf{R}^1$，我们约定$f_0$：$\mathbf{R}^m \to \mathbf{R}^1, f_0 \equiv 1$，那么有

$$E\{f_0(X)\} = \alpha_0 = 1.$$

考虑函数族

$$f_0, f_1, \cdots, f_n$$

的线性组合

$$f_x(z) = \sum_{i=0}^{n} x_i f_i(z).$$

根据已知的信息$E\{f_i(X)\}$，可得

$$E\{f_x(X)\} = \sum_{i=0}^{n} x_i \alpha_i = \alpha^{\mathrm{T}} x.$$

现在假设有

$$f_x(z) \geqslant \mathbf{1}_C(z), \forall z \in S.$$

显然有

$$E\{f_x(X)\} = \alpha^{\mathrm{T}} x \geqslant E\{\mathbf{1}_C(X)\} = Prob(X \in C).$$

换言之，对于S上的任意分布，$\alpha^{\mathrm{T}} x$都是$Prob(X \in C)$的一个上界。

更进一步，可以通过如下的优化问题得到概率$Prob(X \in C)$的最好上界：

$$\begin{aligned}
\min\ & \alpha^{\mathrm{T}} x \\
\text{s.t.}\ & f_x(z) = \sum_{i=0}^{n} x_i f_i(z) \geqslant 1, \forall z \in C, \\
& f_x(z) = \sum_{i=0}^{n} x_i f_i(z) \geqslant 0, \forall z \in S \setminus C.
\end{aligned}$$

其中变量$x \in \mathbf{R}^{n+1}$，问题显然是凸优化问题。这个模型称为Chebyshev定界模型。

例7.1 假设$S = \mathbf{R}_+, C = [1, +\infty)$，并且$X$是$S$上的一个随机变量，令

$$f_0(z) = 1, f_1(z) = z,$$

我们有

$$E\{f_0(X)\} = 1, E\{f_1(X)\} = E\{X\} = \mu \leqslant 1,$$

构造函数

$$f_x(z) = x_0 + x_1 z,$$

显然有

$$E\{f_x(X)\} = x_0 + \mu x_1.$$

那么约束

$$f_x(z) \geqslant 1, \forall z \in C; f_x(z) \geqslant 0, \forall z \in S$$

可以简化为

$$x_0 + x_1 \geqslant 1, x_0 \geqslant 0, x_1 \geqslant 0,$$

于是Chebyshev模型转化为

$$\begin{aligned}
\min\ & x_0 + x_1 \mu \\
\text{s.t.}\ & x_0 + x_1 \geqslant 1, \\
& x_0 \geqslant 0, x_1 \geqslant 0.
\end{aligned}$$

因为$0 \leqslant \mu \leqslant 1$，所以上面模型的最优解为$x_0 = 0, x_1 = 1$，即Markov不等式

$$Prob(X \geqslant 1) \leqslant \mu.$$

我们可以把Chebyshev模型进行抽象化，假设π是S上的非负测度，考虑下面的问题

$$\begin{aligned}
\max\ & \int_C \pi(\mathrm{d}z) \\
\text{s.t.}\ & \int_S f_i(z)\pi(\mathrm{d}z) = \alpha_i, i = 1, \cdots, n, \\
& \int_S \pi(\mathrm{d}z) = 1, \\
& \pi \geqslant 0.
\end{aligned}$$

此问题相当于在满足一些约束的

$$\int_S f_i(z)\pi(\mathrm{d}z) = \alpha_i, i = 1,\cdots,n,$$
$$\int_S \pi(\mathrm{d}z) = 1,$$
$$\pi \geqslant 0,$$

所有测度中，寻求$\pi(C)$的最大测度。那么Chebyshev界模型用有限维的思想给出了上面的无限维抽象模型的一个界。

Chebyshev界模型

$$\begin{aligned} \min\ & \alpha^{\mathrm{T}} x \\ \text{s.t.}\ & f_x(z) = \sum_{i=0}^{n} x_i f_i(z) \geqslant \mathbf{1}_C(z), \forall z \in S \end{aligned}$$

中有无限多个约束，此时的对偶系数不再是一个向量，而是一个函数

$$p\text{：} S \to \mathbf{R}.\ \text{s.t.},\ p \geqslant 0.$$

Lagrange函数为

$$\begin{aligned} L(x, p) =& \alpha^{\mathrm{T}} x + \int_S (\mathbf{1}_C(z) - f_x(z))p(z)\mathrm{d}z \\ =& \alpha^{\mathrm{T}} x - \sum_{i=0}^{n} x_i \int_S f_i(z)p(z)\mathrm{d}z + \int_C p(z)\mathrm{d}z. \end{aligned}$$

计算对偶函数为

$$\inf_{x\in\mathbf{R}^n} L(x, p).$$

(1) 如果

$$\alpha_i = \int_S f_i(z)p(z)\mathrm{d}z, i = 1,\cdots,n,$$

那么对偶函数为

$$\int_C p(z)\mathrm{d}z.$$

(2) 其他情形，对偶函数都为$-\infty$。综上，Chebyshev界模型的对偶模型为

$$\begin{aligned} \max\ & \int_C p(z)\mathrm{d}z \\ \text{s.t.}\ & \int_S f_i(z)p(z)\mathrm{d}z = \alpha_i, i = 1,\cdots,n, \\ & \int_S p(z)\mathrm{d}z = 1, \\ & p(z) \geqslant 0, \forall z \in S. \end{aligned}$$

例7.2 假设$S = \mathbf{R}^m$，X是S上的一个随机向量，X的一阶矩和二阶矩是已知的，即

$$E\{X\} = a \in \mathbf{R}^m, E\{XX^{\mathrm{T}}\} = \Sigma \in SM_{m,+}(\mathbf{R}),$$

按照Chebyshev界模型，知道如下函数的先验

$$f_0(X) = 1, f_i(z) = z_i, f_{ij}(z) = z_i z_j, i, j = 1,\cdots,m.$$

构造如上函数的线性组合，显然为

$$f_{P,q,r}(z) = z^t Pz + 2q^{\mathrm{T}}z + r,$$

其中$P \in SM_m(\mathbf{R}), q \in \mathbf{R}^m, r \in \mathbf{R}^1$为参数，此时

$$\begin{aligned} E\{f_{P,q,r}(X)\} =& E\{\mathrm{tr}(PXX^{\mathrm{T}}) + 2q^{\mathrm{T}}X + r\} \\ =& \mathrm{tr}(\Sigma P) + 2q^{\mathrm{T}}a + r. \end{aligned}$$

约束

$$f_{P,q,r}(z) \geqslant 0, \forall z \in \mathbf{R}^m$$

可以表示为

$$\begin{pmatrix} P & q \\ q^{\mathrm{T}} & r \end{pmatrix} \geqslant 0.$$

特别地，一定有

$$P \geqslant 0, r \geqslant 0.$$

现在假设C是一个多面体的补集，即

$$C = \mathbf{R}^m \setminus \mathcal{P}, \mathcal{P} = \{z \mid Az < b\}, A = [a_1, \cdots, a_k]^{\mathrm{T}} \in M_{k\times m}(\mathbf{R}), b = (b_1, \cdots, b_k)^{\mathrm{T}} \in \mathbf{R}^k.$$

另一个约束是

$$f_{P,q,r}(z) \geqslant 1, \forall z \in C,$$

等价于

$$\forall i = 1, \cdots, k, a_i^{\mathrm{T}} z \geqslant b_i \Longrightarrow z^{\mathrm{T}} Pz + 2q^{\mathrm{T}} z + r \geqslant 1.$$

根据S-程序定理(第一章：二次结构)，可知等价于

$$\exists \alpha_i \geqslant 0, i = 1, \cdots, k, \ \text{s.t.,} \begin{pmatrix} P & q \\ q^{\mathrm{T}} & r-1 \end{pmatrix} \geqslant \alpha_i \begin{pmatrix} 0 & a_i/2 \\ a_i^{\mathrm{T}}/2 & -b_i \end{pmatrix}.$$

综上，本例中的Chebyshev界模型为

$$\begin{aligned} \min\ & \mathrm{tr}(\Sigma P) + 2q^{\mathrm{T}}a + r \\ \text{s.t.}\ & \begin{pmatrix} P & q \\ q^{\mathrm{T}} & r-1 \end{pmatrix} \geqslant \alpha_i \begin{pmatrix} 0 & a_i/2 \\ a_i^{\mathrm{T}}/2 & -b_i \end{pmatrix}, i = 1, \cdots, k, \\ & \alpha_i \geqslant 0, i = 1, \cdots, k, \\ & \begin{pmatrix} P & q \\ q^{\mathrm{T}} & r \end{pmatrix} \geqslant 0. \end{aligned}$$

这是一个半定规划问题，优化变量为$P, q, r, \alpha_i, i = 1, \cdots, k$. 我们来计算此模型的对偶模型，首先把它变为标准形式，即

$$\begin{aligned} \min\ & \mathrm{tr}(\Sigma P) + 2q^{\mathrm{T}}a + r \\ \text{s.t.}\ & \alpha_i \begin{pmatrix} 0 & a_i/2 \\ a_i^{\mathrm{T}}/2 & -b_i \end{pmatrix} - \begin{pmatrix} P & q \\ q^{\mathrm{T}} & r-1 \end{pmatrix} \leqslant 0, i = 1, \cdots, k, \\ & -\alpha_i \leqslant 0, i = 1, \cdots, k, \end{aligned}$$

$$-\begin{pmatrix} P & q \\ q^{\mathrm{T}} & r \end{pmatrix} \leqslant 0.$$

其次选择对偶系数为

$$\begin{pmatrix} A_i & z_i \\ z_i^{\mathrm{T}} & \lambda_i \end{pmatrix} \geqslant 0, i = 0, 1, \cdots, k; \gamma_i \geqslant 0, i = 1, \cdots, k.$$

Lagrange函数为

$$\begin{aligned}
& L(P, q, r, \alpha; A_i, z_i, \lambda_i, \gamma_i) \\
=& \operatorname{tr}(\Sigma P) + 2q^{\mathrm{T}}a + r - \operatorname{tr}\left(\begin{pmatrix} A_0 & z_0 \\ z_0^{\mathrm{T}} & \lambda_0 \end{pmatrix}\begin{pmatrix} P & q \\ q^{\mathrm{T}} & r \end{pmatrix}\right) \\
& + \sum_{i=1}^{k} \operatorname{tr}\left(\begin{pmatrix} A_i & z_i \\ z_i^{\mathrm{T}} & \lambda_i \end{pmatrix}\left(\alpha_i\begin{pmatrix} 0 & a_i/2 \\ a_i^{\mathrm{T}}/2 & -b_i \end{pmatrix} - \begin{pmatrix} P & q \\ q^{\mathrm{T}} & r-1 \end{pmatrix}\right)\right) - \gamma^{\mathrm{T}}\alpha \\
=& \operatorname{tr}\left(\left(\begin{pmatrix} \Sigma & a \\ a^{\mathrm{T}} & 1 \end{pmatrix} - \sum_{i=0}^{k}\begin{pmatrix} A_i & z_i \\ z_i^{\mathrm{T}} & \lambda_i \end{pmatrix}\right)\begin{pmatrix} P & q \\ q^{\mathrm{T}} & r \end{pmatrix}\right) \\
& + \sum_{i=1}^{k} \alpha_i\left[\operatorname{tr}\left(\begin{pmatrix} A_i & z_i \\ z_i^{\mathrm{T}} & \lambda_i \end{pmatrix}\begin{pmatrix} 0 & a_i/2 \\ a_i^{\mathrm{T}}/2 & -b_i \end{pmatrix}\right) - \gamma_i\right] - \sum_{i=1}^{k}\lambda_i.
\end{aligned}$$

显然对偶函数在如下条件下才有意义

$$\begin{pmatrix} \Sigma & a \\ a^{\mathrm{T}} & 1 \end{pmatrix} - \sum_{i=0}^{k}\begin{pmatrix} A_i & z_i \\ z_i^{\mathrm{T}} & \lambda_i \end{pmatrix} = 0;$$

$$\left[\operatorname{tr}\left(\begin{pmatrix} A_i & z_i \\ z_i^{\mathrm{T}} & \lambda_i \end{pmatrix}\begin{pmatrix} 0 & a_i/2 \\ a_i^{\mathrm{T}}/2 & -b_i \end{pmatrix}\right) - \gamma_i\right] = 0.$$

此时对偶函数为

$$\sum_{i=1}^{k}\lambda_i.$$

综上，本例中的对偶模型为

$$\begin{aligned}
\max\ & \sum_{i=1}^{k}\lambda_i \\
\text{s.t.}\ & \begin{pmatrix} A_i & z_i \\ z_i^{\mathrm{T}} & \lambda_i \end{pmatrix} \geqslant 0, i = 0, 1, \cdots, k; \gamma_i \geqslant 0, i = 1, \cdots, k, \\
& \begin{pmatrix} \Sigma & a \\ a^{\mathrm{T}} & 1 \end{pmatrix} - \sum_{i=0}^{k}\begin{pmatrix} A_i & z_i \\ z_i^{\mathrm{T}} & \lambda_i \end{pmatrix} = 0, \\
& \left[\operatorname{tr}\left(\begin{pmatrix} A_i & z_i \\ z_i^{\mathrm{T}} & \lambda_i \end{pmatrix}\begin{pmatrix} 0 & a_i/2 \\ a_i^{\mathrm{T}}/2 & -b_i \end{pmatrix}\right) - \gamma_i\right] = 0.
\end{aligned}$$

可以转化为

$$\begin{aligned}
\max\ & \sum_{i=1}^{k}\lambda_i \\
\text{s.t.}\ & \begin{pmatrix} A_i & z_i \\ z_i^{\mathrm{T}} & \lambda_i \end{pmatrix} \geqslant 0, i = 1, \cdots, k,
\end{aligned}$$

$$\sum_{i=1}^{k}\begin{pmatrix} A_i & z_i \\ z_i^{\mathrm{T}} & \lambda_i \end{pmatrix} \leqslant \begin{pmatrix} \Sigma & a \\ a^{\mathrm{T}} & 1 \end{pmatrix},$$
$$a_i^{\mathrm{T}} z_i \geqslant b_i\lambda_i, i = 1,\cdots,k.$$

根据Slater条件，可知原始模型和对偶模型是强对偶的。

7.2 Chernoff界

假设X是$\mathbf{R}$上的一个随机变量，期望为α，方差为β^2，现假设$u \in \mathbf{R}^1$，我们希望估计概率

$$Prob(X \geqslant u).$$

假设随机变量X的密度函数为$f(x)$，那么必定有

$$\int_{\mathbf{R}} f(x)\mathrm{d}x = 1;$$
$$\int_{\mathbf{R}} xf(x)\mathrm{d}x = \alpha;$$
$$\int_{\mathbf{R}} (x-\alpha)^2 f(x)\mathrm{d}x = \beta^2.$$

我们知道一个基本的不等式为

$$\mathrm{e}^{\lambda(x-u)} \geqslant \mathbf{1}_{x\geqslant u}, \forall\lambda \geqslant 0.$$

计算得到

$$\begin{aligned} Prob(X \geqslant u) &= \int_{x\geqslant u} f(x)\mathrm{d}x \\ &= \int_{\mathbf{R}} \mathbf{1}_{x\geqslant u} f(x)\mathrm{d}x \\ &\leqslant \int_{\mathbf{R}} \mathrm{e}^{\lambda(x-u)} f(x)\mathrm{d}x, \forall\lambda \geqslant 0. \end{aligned}$$

因此可得

$$Prob(X \geqslant u) \leqslant \inf_{\lambda\geqslant 0} E\{\mathrm{e}^{\lambda(X-u)}\},$$

对数形式为

$$\log(Prob(X \geqslant u)) \leqslant \inf_{\lambda\geqslant 0}\Big\{-\lambda u + \log(E\{\mathrm{e}^{\lambda X}\})\Big\}.$$

这种形式的界估计称为Chernoff界。

例7.3 假设X是高斯变量，均值为0，方差为1，概率密度函数为

$$f(x) = \frac{1}{\sqrt{2\pi}}\mathrm{e}^{-\frac{1}{2}x^2}.$$

显然有

$$\begin{aligned} E\{\mathrm{e}^{\lambda X}\} &= \int_{\mathbf{R}} \frac{1}{\sqrt{2\pi}}\mathrm{e}^{-\frac{1}{2}x^2+\lambda x}\mathrm{d}x \\ &= \int_{\mathbf{R}} \frac{1}{\sqrt{2\pi}}\mathrm{e}^{-\frac{1}{2}(x-\lambda)^2+\frac{1}{2}\lambda^2}\mathrm{d}x \\ &= \mathrm{e}^{\frac{1}{2}\lambda^2}. \end{aligned}$$

所以

$$\log(E\{e^{\lambda X}\}) = \frac{\lambda^2}{2}.$$

利用Chernoff界，可得

$$Prob(X \geqslant u) \leqslant e^{\inf_{\lambda\geqslant 0}\{-\lambda u+\frac{1}{2}\lambda^2\}} = e^{-\frac{1}{2}u^2}, \forall u \geqslant 0.$$

Chernoff界的思想可以推广到更一般的情形，也可以用凸优化的技术来估计某些概率的界。假设$C \subseteq \mathbf{R}^m$是一个集合，X是$\mathbf{R}^m$上的一个随机向量，我们需要估计概率

$$Prob(X \in C).$$

首先定义示性函数

$$\mathbf{1}_C(z) = \begin{cases} 1, & 如果z \in C, \\ 0, & 如果z \notin C. \end{cases}$$

考察函数

$$f_{(\alpha,\beta)}(z) = e^{\alpha^{\mathrm{T}} z+\beta}\text{：}\ \mathbf{R}^m \to \mathbf{R}^1,$$

其中$\alpha \in \mathbf{R}^m, \beta \in \mathbf{R}^1$是参数，$z \in \mathbf{R}^m$是变量。跟推导Chebyshev界一样，我们希望满足

$$f_{(\alpha,\beta)}(z) \geqslant \mathbf{1}_C(z), \forall z \in \mathbf{R}^m.$$

如果满足上面的条件，可以得到

$$Prob(X \in C) = E\{\mathbf{1}_C(X)\} \leqslant E\{f_{(\alpha,\beta)}(X)\}.$$

显然约束

$$f_{(\alpha,\beta)}(z) \geqslant \mathbf{1}_C(z), \forall z \in \mathbf{R}^m$$

可以转化为

$$\alpha^{\mathrm{T}} z + \beta \geqslant 0, \forall z \in C.$$

即

$$(-\alpha)^{\mathrm{T}} z \leqslant \beta, \forall z \in C.$$

定义7.1　假设$C \subseteq \mathbf{R}^m$是一个非空集合，我们定义集合C的支撑函数为

$$S_C\text{：}\ \mathbf{R}^m \to \mathbf{R}^1,\ \text{s.t.},\ S_C(x) = \sup_{y\in C} x^{\mathrm{T}} y.$$

利用上面的定义，约束可以转化为

$$S_C(-\alpha) \leqslant \beta.$$

此时可得

$$\log(Prob(X \in C)) \leqslant \beta + \log(E\{e^{\alpha^{\mathrm{T}} X}\}).$$

综合考虑可得

$$\log(Prob(X \in C)) \leqslant \inf_{\alpha} \{S_C(-\alpha) + \log(E\{e^{\alpha^{\mathrm{T}} X}\})\}.$$

这个估计模型称为Chernoff界模型。

为了计算Chernoff界模型的一个例子，我们需要线性规划的对偶模型。

定理7.1 (一般形式的线性规划模型(LP)) 假设$c \in \mathbf{R}^n$，$d \in \mathbf{R}^1, G \in M_{m\times n}(\mathbf{R}), h \in \mathbf{R}^m, A \in M_{l\times n}(\mathbf{R}), b \in \mathbf{R}^l$，一般形式的线性规划模型

$$\begin{aligned} \min\ & c^{\mathrm{T}}x + d \\ \text{s.t.}\ & Gx - h \leqslant 0, \\ & Ax - b = 0 \end{aligned}$$

的对偶模型为

$$\begin{aligned} \max\ & d - \alpha^{\mathrm{T}}h - \beta^{\mathrm{T}}b \\ \text{s.t.}\ & \alpha \geqslant 0, G^{\mathrm{T}}\alpha + A^{\mathrm{T}}\beta + c = 0. \end{aligned}$$

定理7.2 (标准形式的线性规划模型) 假设$c \in \mathbf{R}^n$，$d \in \mathbf{R}^1, A \in M_{l\times n}(\mathbf{R}), b \in \mathbf{R}^l$，标准形式的线性规划模型

$$\begin{aligned} \min\ & c^{\mathrm{T}}x + d \\ \text{s.t.}\ & x \geqslant 0, \\ & Ax - b = 0 \end{aligned}$$

的对偶模型为

$$\begin{aligned} \max\ & d - \beta^{\mathrm{T}}b \\ \text{s.t.}\ & \alpha \geqslant 0, -\alpha + A^{\mathrm{T}}\beta + c = 0. \end{aligned}$$

定理7.3 (不等式形式的线性规划模型) 假设$c \in \mathbf{R}^n$，$d \in \mathbf{R}^1, A \in M_{m\times n}(\mathbf{R}), b \in \mathbf{R}^m$，不等式形式的线性规划模型

$$\begin{aligned} \min\ & c^{\mathrm{T}}x + d \\ \text{s.t.}\ & Ax \leqslant b \end{aligned}$$

的对偶模型为

$$\begin{aligned} \max\ & d - \alpha^{\mathrm{T}}b \\ \text{s.t.}\ & \alpha \geqslant 0, A^{\mathrm{T}}\alpha + c = 0. \end{aligned}$$

例7.4 假设X是$\mathbf{R}^m$上的随机向量，均值为0，协方差矩阵为I，即

$$E\{X\} = 0, E\{XX^{\mathrm{T}}\} = I.$$

密度函数为

$$f(x) = \frac{1}{(2\pi)^{m/2}}\mathrm{e}^{-\frac{1}{2}x^{\mathrm{T}}x}.$$

取定$\alpha \in \mathbf{R}^m$，可得

$$\begin{aligned} E\{\mathrm{e}^{\alpha^{\mathrm{T}}X}\} &= \int_{\mathbf{R}^m} \frac{1}{(2\pi)^{m/2}}\mathrm{e}^{-\frac{1}{2}x^{\mathrm{T}}x + \alpha^{\mathrm{T}}x}\mathrm{d}x \\ &= \int_{\mathbf{R}^m} \frac{1}{(2\pi)^{m/2}}\mathrm{e}^{-\frac{1}{2}|x-\alpha|_2^2 + \frac{1}{2}|\alpha|_2^2}\mathrm{d}x \\ &= \mathrm{e}^{\frac{1}{2}|\alpha|_2^2}. \end{aligned}$$

因此

$$\log(E\{\mathrm{e}^{\alpha^{\mathrm{T}}X}\}) = \frac{1}{2}|\alpha|_2^2.$$

现在假设C是如下的多面体

$$C=\{x \mid Ax \leqslant b\}, A \in M_{k\times m}(\mathbf{R}), b \in \mathbf{R}^k.$$

支撑函数为

$$S_C(y)=\sup_{Ax\leqslant b} y^{\mathrm{T}}x,$$

可以转化为一个线性规划问题

$$\begin{aligned} &\max\ y^{\mathrm{T}}x \\ &\text{s.t.}\ \ Ax\leqslant b. \end{aligned}$$

转化为

$$\begin{aligned} &-\min\ (-y)^{\mathrm{T}}x \\ &\text{s.t.}\ \ Ax\leqslant b. \end{aligned}$$

对偶模型为

$$\begin{aligned} &-\max\ b^{\mathrm{T}}u \\ &\text{s.t.}\ \ A^{\mathrm{T}}u=y, u\geqslant 0. \end{aligned}$$

转化为

$$\begin{aligned} &\min\ b^{\mathrm{T}}u \\ &\text{s.t.}\ \ A^{\mathrm{T}}u=y, u\geqslant 0. \end{aligned}$$

综上，Chernoff界模型为

$$\begin{aligned} \log(Prob(X\in C)) &\leqslant \inf_{\alpha}\left\{S_C(-\alpha)+\frac{\alpha^{\mathrm{T}}\alpha}{2}\right\} \\ &=\inf_{\alpha}\inf_{u\geqslant 0, A^{\mathrm{T}}u+\alpha=0}\left\{b^{\mathrm{T}}u+\frac{\alpha^{\mathrm{T}}\alpha}{2}\right\} \\ &=\inf_{u\geqslant 0}\{b^{\mathrm{T}}u+\frac{1}{2}\|A^{\mathrm{T}}u\|_2^2\}. \end{aligned}$$

因此，Chernoff解估计可以转化为一个优化问题

$$\begin{aligned} &\min\ b^{\mathrm{T}}u+\frac{1}{2}\|A^{\mathrm{T}}u\|_2^2 \\ &\text{s.t.}\ \ u\geqslant 0. \end{aligned}$$

计算这个问题的对偶问题，首先转化为标准问题

$$\begin{aligned} &\min\ b^{\mathrm{T}}u+\frac{1}{2}\|A^{\mathrm{T}}u\|_2^2 \\ &\text{s.t.}\ \ -u\leqslant 0. \end{aligned}$$

其次设计对偶系数为

$$v\geqslant 0, v\in\mathbf{R}^k,$$

可得Lagrange函数为

$$L(u,v)=b^{\mathrm{T}}u+\frac{1}{2}\|A^{\mathrm{T}}u\|_2^2-v^{\mathrm{T}}u,$$

对偶函数为

$$r(v)=\inf_{u\in\mathbf{R}^k}=-\frac{1}{2}(v-b)^{\mathrm{T}}(AA^{\mathrm{T}})^{-1}(v-b),$$

于是对偶问题可以表述为

$$\begin{aligned} \max \quad & -\frac{1}{2}\|x\|_2^2 \\ \text{s.t.} \quad & Ax \leqslant b. \end{aligned}$$

转化为

$$\begin{aligned} -\min \quad & \frac{1}{2}\|x\|_2^2 \\ \text{s.t.} \quad & Ax \leqslant b. \end{aligned}$$

显然原始模型与对偶模型满足强对偶性，因此二者最优值相等，对偶模型的最优值为

$$-\frac{dist(0,C)^2}{2}.$$

因此Chernoff界为

$$Prob(X \in C) \leqslant \mathrm{e}^{-\frac{dist(0,C)^2}{2}}.$$

这是一个有趣的结论。

第8章

最优检测问题

本章首先定义什么是最优检测问题，然后在一定意义下将最优检测问题构建为凸优化模型，并探索其性质，再给出一些特殊情形下的应用。

8.1 问题与检测器

假设X是一个随机变量，样本值空间为

$$1, \cdots, n,$$

其概率密度分布和参数

$$\theta \in \{1, \cdots, m\}$$

的取值有关。对于θ的m个取值，X的概率分布可以由矩阵

$$P \in M_{n\times m}(\mathbf{R}), p_{kj} = Prob(X = k|\theta = j)$$

来确定，矩阵P的第j列$p_{\cdot j}$对应为$\theta = j$时的概率分布，所以一定有

$$p_{\cdot j} \in \Delta_n, j = 1, \cdots, m.$$

为了方便起见，P的第k行记为$p_{k\cdot}$. 显然有

$$1^{\mathrm{T}} p_{\cdot j} = 1, p_{\cdot j} \geqslant 0, p_{\cdot j} \in \mathbf{R}^n,\ \ j = 1, \cdots, m.$$

考虑基于X的观测样本来估计参数θ的值的问题。换言之，样本X来自于m种可能的概率分布，我们需要确定是哪一个。参数θ的m个取值称为假设，我们从这些假设中猜想哪一个是正确的，这个问题称为假设检验或者检测。

在很多情况下，假设的顺序对于结果没有影响。对于m个不同的假设，将其任意标记为

$$\theta = 1, \cdots, m.$$

如果$\hat{\theta} = \theta$，其中$\hat{\theta}$表示θ的估计值，那么此时我们成功地猜想出了参数值θ. 如果$\hat{\theta} \neq \theta$，那么此时关于θ的猜想不正确。在其他的情况之下，假设的顺序非常重要，比如$\hat{\theta} > \theta$，此时我们对于θ的估计值偏大。

参数θ的取值也可以不取$1, \cdots, m$. 例如可以取$\theta_1, \cdots, \theta_m$. 这些抽象的参数可以取向量甚至其他，此时估计误差的范数$\|\hat{\theta} - \theta\|$是有意义的。

定义8.1 假设X是一个随机变量，样本值空间为$\{1, \cdots, n\}$，参数空间为$\{1, \cdots, m\}$，确定检测器是一个映射

$$\phi: \{1, \cdots, n\} \to \{1, \cdots, m\}.$$

即，如果X的观测值为k，那么参数θ的值确定为$\theta = \phi(k)$.

例8.1 最大似然检测器是确定检测器。定义为

$$\hat{\theta} = \phi(k) =: \mathrm{Argmax}_j \ p_{kj},$$

即已知观测值$X = k$时，所有可能的概率分布中使得观测事件$X = k$发生的概率最大的那个分布对应的θ值是θ的最大似然估计。

我们考虑确定检测器的一个推广，此时给定X的观测值，θ的估计值不是一个确定的数，而是随机的。

定义8.2 假设X是一个随机变量，样本值空间为$\{1, \cdots, n\}$，参数空间为$\{1, \cdots, m\}$，随机检测器是参数空间$\{1, \cdots, m\}$上的随机变量$\hat{\theta}$，其分布取决于X的观测值，即是矩阵

$$T \in M_{m\times n}(\mathbf{R}), t_{ik} = Prob(\hat{\theta} = i|X = k).$$

如果X的观测值为k，那么随机检测器以概率t_{ik}给出估计值$\hat{\theta} = i$。矩阵T的第k列记为$t_{\cdot k}$，第i行记为$t_{i\cdot}$，显然有

$$t_{\cdot k} \in \Delta_m, k = 1, \cdots, n.$$

即

$$t_{\cdot k} \geqslant 0, t_{\cdot k} \in \mathbf{R}^m, 1^{\mathrm{T}} t_{\cdot k} = 1, k = 1, \cdots, n.$$

如果T的每一列都是单位向量，那么随机检测器就是确定检测器，即$\hat{\theta}$是X的观测值的一个确定函数。初步来看，在估计领域过程中引入随机因素似乎会让估计效果更差，但是实际应用表明，随机检测器比所有的确定检测器效果更好。我们致力于寻找随机检测器T，即寻找

$$t_{\cdot k} \in \mathbf{R}^m, t_{\cdot k} \geqslant 0, 1^{\mathrm{T}} t_{\cdot k} = 1, k = 1, \cdots, n.$$

8.2 检测概率矩阵

我们有两个矩阵，其一为P，即

$$P \in M_{n\times m}(\mathbf{R}), p_{kj} = Prob(X = k|\theta = j).$$

其二为T，即

$$T \in M_{m\times n}(\mathbf{R}), t_{ik} = Prob(\hat{\theta} = i|X = k).$$

二者相结合，可得新的矩阵

$$D = TP \in M_m(\mathbf{R}), d_{ij} = (TP)_{ij} = Prob(\hat{\theta} = i|\theta = j).$$

用$d_{\cdot j}$表示D的第j列，用$d_{i\cdot}$表示D的第i行。矩阵的列向量满足

$$1^{\mathrm{T}} d_{\cdot j} = 1^{\mathrm{T}} \sum_{k=1}^{n} t_{\cdot k} p_{kj} = \sum_{k=1}^{n} 1^{\mathrm{T}} t_{\cdot k} p_{kj} = \sum_{k} p_{kj} = 1.$$

矩阵D中的元素d_{ij}表示当$\theta = j$时，猜想为$\hat{\theta} = i$的概率，所以矩阵D衡量了由矩阵T定义的随机检测器的性能。对角元素d_{ii}是当$\theta = i$时，猜想为$\hat{\theta} = i$的概率，即正确检测出$\theta = i$的概率。非对角元素$d_{ij}, i \neq j$是$\theta = j$时误判为$\theta = i$的概率。如果矩阵$D = I$，那么检测器是理想的。

定义8.3 矩阵D的对角元素，排列成一个向量，称为检测概率，用p^d表示，即

$$p_i^d = d_{ii} = Prob(\hat{\theta} = i|\theta = i).$$

错误概率是检测概率的补，用p^e表示，即

$$p_i^e = 1 - d_{ii} = \sum_{j \neq i} d_{ji} = Prob(\hat{\theta} \neq i|\theta = i).$$

8.3 检测设计约束

检测概率矩阵是我们设计检测器的基础，为了应用的需要，经常会增加一些约束。

例8.2 检测概率的界。我们对可以正确检测出第j个假设的概率添加一个下界：

$$p_j^d = d_{jj} \geqslant L_j,$$

这是D的线性不等式，也是T的线性不等式。

例8.3 错误概率的界。我们也可以对将$\theta = j$误判为$\theta = i$的概率添加一个上界：

$$D_{ij} \leqslant U_{ij},$$

这是D的线性不等式，也是T的线性不等式。

例8.4 极小极大检测器。我们希望将最大的错误概率极小化，这个问题建模为

$$\begin{aligned} &\min \ \max_j p_j^e \\ &\text{s.t.} \quad t_{\cdot k} \in \mathbf{R}^m, t_{\cdot k} \geqslant 0, \ \mathbf{1}^{\mathrm{T}} t_{\cdot k} = 1, k = 1, \cdots, n. \end{aligned}$$

优化变量就是随机检测器T。

例8.5 Bayes检测器。假设我们知道参数θ的一个先验分布$q \in \mathbf{R}^m$，其中

$$q_i = Prob(\theta = i).$$

在这种情况之下，概率p_{ij}可以理解为给定θ时，X的条件概率。检测器判断错误的概率为

$$q^{\mathrm{T}} p^e,$$

这是T的仿射函数，所以Bayes最优检测器的模型为

$$\begin{aligned} &\min \ q^{\mathrm{T}} p^e \\ &\text{s.t.} \quad t_{\cdot k} \in \mathbf{R}^m, t_{\cdot k} \geqslant 0, \mathbf{1}^{\mathrm{T}} t_{\cdot k} = 1, k = 1, \cdots, n. \end{aligned}$$

优化变量就是随机检测器T。如果$q = \dfrac{1}{m}\mathbf{1}_m$，此时的模型为

$$\begin{aligned} &\min \ \sum_{i=1}^m p_i^e \\ &\text{s.t.} \quad t_{\cdot k} \in \mathbf{R}^m, t_{\cdot k} \geqslant 0, \mathbf{1}^{\mathrm{T}} t_{\cdot k} = 1, k = 1, \cdots, n. \end{aligned}$$

例8.6 有时θ取值的相对大小有意义，即当$i > j$时，可以理解为参数取值$\theta = i$大于参数取值$\theta = j$. 此时，我们可能会对如下的统计量感兴趣

$$Prob(\hat{\theta} > \theta|\theta = i),$$

即$\theta = i$时高估θ的概率，它是D的仿射函数，自然也是T的仿射函数

$$Prob(\hat{\theta}|\theta = i) = \sum_{j>i} d_{ji}.$$

再例如，考虑$\theta = i$时，θ的估计值与真实值之间的差值超过1的概率：

$$Prob(|\hat{\theta} - \theta| > 1 | \theta = i) = \sum_{|j-i|>1} d_{ji},$$

这是D的仿射函数，也是T的仿射函数。

例8.7 现在假设θ的集合为$\{\theta_1, \cdots, \theta_m\} \subseteq \mathbf{R}$，估计或者检测误差为$\hat{\theta} - \theta$，很多统计量都可以表示为$D$的线性函数，也就是$T$的线性函数。比如，

偏差：

$$E_i(\hat{\theta} - \theta) = \sum_{j=1}^{m} (\theta_j - \theta_i) d_{ji}.$$

均方误差：

$$E_i(\hat{\theta} - \theta)^2 = \sum_{j=1}^{m} (\theta_j - \theta_i)^2 d_{ji}.$$

绝对值误差：

$$E_i|\hat{\theta} - \theta| = \sum_{j=1}^{m} |\theta_j - \theta_i| d_{ji}.$$

上面三个公式中的E_i是关于假设$\theta = \theta_i$的分布的期望。

8.4 多目标检测器

定义8.4 假设$D = TP$是检测概率矩阵，所谓的多目标检测器即如下的模型

$$\begin{aligned} &(R_+^{m(m-1)})\text{– min } d_{ij}, i, j = 1, \cdots, m, i \neq j \\ &\qquad \text{s.t. } t_{\cdot k} \in \mathbf{R}^m, t_{\cdot k} \geqslant 0, \mathbf{1}^{\mathrm{T}} t_{\cdot k} = 1, k = 1, \cdots, n. \end{aligned}$$

模型的优化变量是随机检测器T。

多目标检测器模型是一个向量优化问题，并且目标函数d_{ij}都是T的线性函数，因此是多目标线性优化问题。为了将这个多目标优化问题标量化，需要引入权重函数，即

$$W \in M_m(R), \text{ s.t., } w_{ii} = 0, i = 1, \cdots, m; w_{ij} > 0, i, j = 1, \cdots, m, i \neq j,$$

并且将目标函数加权为

$$\sum_{ij} w_{ij} d_{ij} = \mathrm{tr}(W^{\mathrm{T}} D).$$

定义8.5 假设$D = TP$是检测概率矩阵，多目标检测器

$$\begin{aligned} &(R_+^{m(m-1)})\text{– min } d_{ij}, i, j = 1, \cdots, m, i \neq j \\ &\qquad \text{s.t. } t_{\cdot k} \in \mathbf{R}^m, t_{\cdot k} \geqslant 0, \mathbf{1}^{\mathrm{T}} t_{\cdot k} = 1, k = 1, \cdots, n \end{aligned}$$

的标量模型为

$$\begin{aligned} &\min \ \mathrm{tr}(W^{\mathrm{T}} D) \\ &\text{s.t. } t_{\cdot k} \in \mathbf{R}^m, t_{\cdot k} \geqslant 0, \mathbf{1}^{\mathrm{T}} t_{\cdot k} = 1, k = 1, \cdots, n. \end{aligned}$$

其中W满足

$$W \in M_m(\mathbf{R}), \text{ s.t., } w_{ii} = 0, i = 1, \cdots, m; w_{ij} > 0, i, j = 1, \cdots, m, i \neq j$$

是权重矩阵。

对于标量模型

$$\begin{aligned}&\min\ \operatorname{tr}(W^{\mathrm{T}}D)\\&\text{s.t.}\quad t_{\cdot k}\in\mathbf{R}^m, t_{\cdot k}\geqslant 0, \mathbf{1}^{\mathrm{T}}t_{\cdot k}=1, k=1,\cdots,n.\end{aligned}$$

将$D=TP$代入可得

$$\begin{aligned}&\min\ \operatorname{tr}(PW^{\mathrm{T}}T)\\&\text{s.t.}\quad t_{\cdot k}\in\mathbf{R}^m, t_{\cdot k}\geqslant 0, \mathbf{1}^{\mathrm{T}}t_{\cdot k}=1, k=1,\cdots,n.\end{aligned}$$

假设PW^{T}表示为

$$PW^{\mathrm{T}}=(c_1,\cdots,c_n)^{\mathrm{T}}, c_k\in\mathbf{R}^m, k=1,\cdots,n.$$

那么标量模型可以转化为

$$\begin{aligned}&\min\ \sum_{k=1}^{n}c_k^{\mathrm{T}}t_{\cdot k}\\&\text{s.t.}\quad t_{\cdot k}\in\mathbf{R}^m, t_{\cdot k}\geqslant 0, \mathbf{1}^{\mathrm{T}}t_{\cdot k}=1, k=1,\cdots,n.\end{aligned}$$

上面的模型，目标函数是可分的，约束是可分的，于是整个标量模型可以转化为n个线性规划问题

$$\begin{aligned}&\min\ c_k^{\mathrm{T}}t_{\cdot k}\\&\text{s.t.}\quad t_{\cdot k}\in\mathbf{R}^m, t_{\cdot k}\geqslant 0, \mathbf{1}^{\mathrm{T}}t_{\cdot k}=1.\end{aligned}$$

固定一个k，假设

$$c_{qk}=\min_j c_{jk},$$

那么令$t_{\cdot k}^*=e_q$，此时模型

$$\begin{aligned}&\min\ c_k^{\mathrm{T}}t_{\cdot k}\\&\text{s.t.}\quad t_{\cdot k}\in\mathbf{R}^m, t_{\cdot k}\geqslant 0, \mathbf{1}^{\mathrm{T}}t_{\cdot k}=1\end{aligned}$$

的最优解和最优值分别为

$$t_{\cdot k}^*=e_q, c_{qk}.$$

这个最优点对应一个确定检测器：当$X=k$时，我们的估计值为

$$\hat{\theta}\in\operatorname{Argmin}_j(WP^{\mathrm{T}})_{jk}.$$

因此对于每一个非对角线元素大于0的权重矩阵W，可以找到一个确定检测器，使得加权求和之后的目标函数最小，这似乎意味着随机检测器没有意义。事实上，多目标检测器的Pareto最优权衡表面是分片线性的，但是标量模型描述的检测器对应了Pareto最优权衡曲面的顶点。

例8.8 考虑q的分布已知的Bayes检测器设计问题。我们定义权重矩阵

$$w_{ij}=q_j, i,j=1,\cdots,m, i\neq j; w_{ii}=0, i=1,\cdots,m.$$

则平均的错误概率为

$$q^{\mathrm{T}}p^e=\sum_{j=1}^{m}\sum_{i\neq j}d_{ij}=\sum_{ij}w_{ij}d_{ij},$$

因此Bayes最优检测器有确定性检测器

$$(WP^{\mathrm{T}})_{jk}=\sum_{i\neq j}q_ip_{ki}=\sum_{j=1}^{m}q_ip_{ki}-q_jp_{kj},$$

上式中第一项和j是独立的，所以最优检测器可以简单表示为

$$\hat{\theta}\in \mathrm{Argmax}_j(q_jp_{kj}),$$

其中$X=k$是观测值，此检测器可以理解为最大后验检测器。当$q=\dfrac{1}{m}\mathbf{1}_m$时，此检测器为最大似然检测器。

8.5 鲁棒检测设计

在前面几节，我们都是假设对于参数θ的每个取值，随机变量X服从的概率分布矩阵P是已知的。本节考虑这些分布未知的情形，但是关于这些分布有一些先验信息，假设为

$$P\in\mathcal{P},$$

其中$\mathcal{P}$就是可能的分布矩阵的集合。给定随机检测器T，考虑由其决定的检测概率矩阵$D=TP$，我们用$P\in\mathcal{P}$上最坏情况概率值来衡量错误概率。

最坏检测概率矩阵定义为

$$D^{wc};d_{ij}^{wc}=\sup_{P\in\mathcal{P}}d_{ij},i,j=1,\cdots,m,i\neq j;d_{ii}^{wc}=\inf_{P\in\mathcal{P}}d_{ii},i=1,\cdots,m.$$

对于所有的$P\in\mathcal{P}$，非对角元素给出了检测错误概率可能的最大值；主对角元素给出了检测正确概率可能的最小值。此时一般情况下

$$\sum_j d_{ji}^{wc}\neq 1,$$

即最坏检测概率矩阵的每一列之和不一定等于1。我们定义最坏错误概率为

$$p_i^{wce}=1-d_{ii}^{wc},i=1,\cdots,m.$$

因此p_i^{wce}是当$\theta=i$时，对所有的$P\in\mathcal{P}$的错误概率的最大值。利用最坏检测概率矩阵，或者最坏错误概率向量，可以定义多种鲁棒检测器设计。

鲁棒极小极大检测器设计的目标函数是

$$\max_i p_i^{wce}=\max_i\sup_{P\in\mathcal{P}}(1-(TP)_{ii})=1-\min_i\inf_{P\in\mathcal{P}}(TP)_{ii}.$$

当$\mathcal{P}$是有限集合时，假设

$$\mathcal{P}=\{P_1,\cdots,P_k\},$$

此时鲁棒极小极大检测器模型为

$$\begin{aligned}&\max\ \min_{i=1,\cdots,m}\ \inf_{j=1,\cdots,k}(TP_j)_{ii}\\&\text{s.t.}\quad t_{\cdot\alpha}\geqslant 0,\mathbf{1}^{\mathrm{T}}t_{\cdot\alpha}=1,t_{\cdot\alpha}\in\mathbf{R}^m,\alpha=1,\cdots,n.\end{aligned}$$

为了推导当$\mathcal{P}$是多面体时，鲁棒极小极大模型的简洁形式，我们需要线性规划的对偶模型。

定理8.1 (一般形式的线性规划模型(LP)) 假设$c \in \mathbf{R}^n$，$d \in \mathbf{R}^1, G \in M_{m\times n}(\mathbf{R}), h \in \mathbf{R}^m, A \in M_{l\times n}(\mathbf{R}), b \in \mathbf{R}^l$，一般形式的线性规划模型

$$\begin{aligned} \min\ & c^{\mathrm{T}}x + d \\ \text{s.t.}\ & Gx - h \leqslant 0, \\ & Ax - b = 0 \end{aligned}$$

的对偶问题模型为

$$\begin{aligned} \max\ & d - \alpha^{\mathrm{T}}h - \beta^{\mathrm{T}}b \\ \text{s.t.}\ & \alpha \geqslant 0, G^{\mathrm{T}}\alpha + A^{\mathrm{T}}\beta + c = 0. \end{aligned}$$

定理8.2 (标准形式的线性规划模型) 假设$c \in \mathbf{R}^n$，$d \in \mathbf{R}^1, A \in M_{l\times n}(\mathbf{R}), b \in \mathbf{R}^l$，标准形式的线性规划模型

$$\begin{aligned} \min\ & c^{\mathrm{T}}x + d \\ \text{s.t.}\ & x \geqslant 0, \\ & Ax - b = 0 \end{aligned}$$

的对偶模型为

$$\begin{aligned} \max\ & d - \beta^{\mathrm{T}}b \\ \text{s.t.}\ & \alpha \geqslant 0, -\alpha + A^{\mathrm{T}}\beta + c = 0. \end{aligned}$$

定理8.3 (不等式形式的线性规划模型) 假设$c \in \mathbf{R}^n$，$d \in \mathbf{R}^1, A \in M_{m\times n}(\mathbf{R}), b \in \mathbf{R}^m$，不等式形式的线性规划模型

$$\begin{aligned} \min\ & c^{\mathrm{T}}x + d \\ \text{s.t.}\ & Ax \leqslant b \end{aligned}$$

的对偶模型为

$$\begin{aligned} \max\ & d - \alpha^{\mathrm{T}}b \\ \text{s.t.}\ & \alpha \geqslant 0, A^{\mathrm{T}}\alpha + c = 0. \end{aligned}$$

当$\mathcal{P}$是多面体时，假设

$$\mathcal{P} = \{P = [p_1, \cdots, p_m] |\ A_k p_k = b_k, \mathbf{1}^{\mathrm{T}} p_k = 1, p_k \geqslant 0, k = 1, \cdots, m\},$$

此时鲁棒极小极大检测器模型为

$$\begin{aligned} \max\ & \min_{i=1,\cdots,m} \inf_{P\in\mathcal{P}} (TP)_{ii} \\ \text{s.t.}\ & t_{\cdot\alpha} \geqslant 0, \mathbf{1}^{\mathrm{T}} t_{\cdot\alpha} = 1, t_{\cdot\alpha} \in \mathbf{R}^m, \alpha = 1, \cdots, n. \end{aligned}$$

代入$\mathcal{P}$的具体表达可得

$$\begin{aligned} \max\ & \gamma \\ \text{s.t.}\ & \inf\{t_{i\cdot}^{\mathrm{T}} p |\ A_i p = b_i, p \geqslant 0, \mathbf{1}^{\mathrm{T}} p = 1\} \geqslant \gamma, i = 1, \cdots, m, \\ & t_{\cdot\alpha} \geqslant 0, \mathbf{1}^{\mathrm{T}} t_{\cdot\alpha} = 1, t_{\cdot\alpha} \in \mathbf{R}^m, \alpha = 1, \cdots, n. \end{aligned}$$

利用线性规划对偶模型简化下面的式子

$$\inf\{t_{i\cdot}^{\mathrm{T}} p |\ A_i p = b_i, p \geqslant 0, \mathbf{1}^{\mathrm{T}} p = 1\}, i = 1, \cdots, m,$$

可得

$$\inf\{t_{i\cdot}^{\mathrm{T}} p \mid A_i p = b_i, p \geqslant 0, \mathbf{1}^{\mathrm{T}} p = 1\} = \sup\{\alpha_i^{\mathrm{T}} b_i + \beta_i \mid A_i^{\mathrm{T}} \alpha_i + \beta 1 \leqslant t_{i\cdot}\}.$$

基于此，此情形的鲁棒极小极大模型可以转化为

$$\begin{aligned} &\max \ \gamma \\ &\text{s.t.} \ \ \alpha_i^{\mathrm{T}} b_i + \beta_i \geqslant \gamma, i = 1, \cdots, m, \\ &\qquad A_i^{\mathrm{T}} \alpha_i + \beta 1 \leqslant t_{i\cdot}, i = 1, \cdots, m, \\ &\qquad t_{\cdot j} \geqslant 0, \mathbf{1}^{\mathrm{T}} t_{\cdot j} = 1, t_{\cdot j} \in \mathbf{R}^m, j = 1, \cdots, n. \end{aligned}$$

模型中的优化变量为α_i, β_i, T，其中T的行表示为$t_{i\cdot}$，列表示为$t_{\cdot j}$.

第 9 章

实验设计问题

本章首先定义什么是实验设计问题，然后在一定意义下将实验设计问题构建为凸优化模型，并探索其性质，再给出一些特殊情形下的应用。

9.1 基本模型

考虑线性测量模型：

$$y_i = a_i^{\mathrm{T}} x + v_i, i = 1, \cdots, m.$$

或者矩阵形式

$$y = Ax + v,$$

其中

$$A = (a_1, \cdots, a_m)^{\mathrm{T}}, y = (y_1, \cdots, y_m)^{\mathrm{T}}, v = (v_1, \cdots, v_m)^{\mathrm{T}}, x = (x_1, \cdots, x_n)^{\mathrm{T}}.$$

在模型中，x是需要估计的参数，y是观测值，v_i是噪声，并且v_i是独立同分布，在$\mathbf{R}$上具有高斯密度函数

$$p(z) = (2\pi)^{-\frac{1}{2}} \mathrm{e}^{-\frac{z^2}{2}},$$

显然此时的似然函数为

$$p_x(y) = \prod_{i=1}^{m} p(y_i - a_i^{\mathrm{T}} x),$$

因此对数似然函数为

$$l_y(x) = \log(p_x(y)) = \sum_{i=1}^{m} \log(p(y_i) - a_i^{\mathrm{T}} x) = -\frac{m}{2} \log(2\pi) - \frac{1}{2} \|Ax - y\|_2^2.$$

那么ML估计模型为

$$\min_x \ \|Ax - y\|_2^2.$$

这是一个最小二乘逼近问题。我们知道最小二乘逼近问题的最优解为

$$x^* = (A^{\mathrm{T}}A)^{-1}A^{\mathrm{T}}y = (\sum_{i=1}^{m} a_i a_i^{\mathrm{T}})^{-1} \sum_{i=1}^{m} y_i a_i.$$

定义误差为

$$e = x^* - x,$$

显然有

$$E\{x^* - x\} = (A^{\mathrm{T}}A)^{-1} E\{(A^{\mathrm{T}}A)(x^* - x)\} = (A^{\mathrm{T}}A)^{-1} E\{A^{\mathrm{T}}(y - v) - A^{\mathrm{T}}(y - v)\} = 0.$$

同理协方差为

$$\begin{aligned}E =&:E\{ee^{\mathrm{T}}\}\\ =&(A^{\mathrm{T}}A)^{-1}E\{(A^{\mathrm{T}}A)(x^*-x)(x^*-x)^{\mathrm{T}}(A^{\mathrm{T}}A)^{\mathrm{T}}\}(A^{\mathrm{T}}A)^{-\mathrm{T}}\\ =&(A^{\mathrm{T}}A)^{-1}E\{A^{\mathrm{T}}vv^{\mathrm{T}}A\}(A^{\mathrm{T}}A)^{-\mathrm{T}}\\ =&(A^{\mathrm{T}}A)^{-1}=(\sum_{i=1}^{m}a_ia_i^{\mathrm{T}})^{-1}.\end{aligned}$$

矩阵

$$E=:(A^{\mathrm{T}}A)^{-1}=(\sum_{i=1}^{m}a_ia_i^{\mathrm{T}})^{-1}$$

刻画了估计的精度或者是实验的信息度，是非常重要的量。

假设刻画测量值的量

$$a_1,\cdots,a_m\in\mathbf{R}^n$$

可以从p种可能的检验向量

$$v_1,\cdots,v_p\in\mathbf{R}^n$$

中进行选择，即每个a_i是v_j中的一个。

实验设计的目的就是从所有可能的选择中选择向量a_i使得协方差矩阵

$$E=(A^{\mathrm{T}}A)^{-1}=(\sum_{i=1}^{m}a_ia_i^{\mathrm{T}})^{-1}$$

在某种意义上尽可能小。换言之，m次实验或者测量的每一次都可以从包含p种可能实验的固定列表中选择：我们的任务是找到测量的集合，使得信息度最大。

令m_j表示a_i选择值v_j的实验次数，因此一定有

$$\sum_{j=1}^{p}m_j=m.$$

此时可以将协方差矩阵表示为

$$E=(\sum_{i=1}^{m}a_ia_i^{\mathrm{T}})^{-1}=(\sum_{j=1}^{p}m_jv_jv_j^{\mathrm{T}})^{-1}.$$

这说明误差的协方差矩阵只与选择每种类型实验的次数有关。

定义9.1 给定可能的实验列表

$$v_1,\cdots,v_p$$

以及总的实验次数m，选择每种类型实验的次数，即

$$m_1,\cdots,m_p$$

使得误差协方差矩阵

$$E=(\sum_{i=1}^{m}a_ia_i^{\mathrm{T}})^{-1}=(\sum_{j=1}^{p}m_jv_jv_j^{\mathrm{T}})^{-1}$$

在某种程度上比较小。实验设计问题可以表述为如下的优化问题

$$(SM_{n,+})-\min E=(\sum_{j=1}^{p}m_jv_jv_j^{\mathrm{T}})^{-1}$$
$$\text{s.t.}\ \sum_{j=1}^{p}m_j=m,$$
$$m_j\in \mathrm{N}.$$

问题的优化变量为整数$m_j, j=1,\cdots,p$.

实验设计的基本模型是半正定锥上的一个向量优化问题，如果某个实验设计的方案得到的误差协方差矩阵为E，而另一个方案得到的为$\bar{E}$，而$E\leqslant\bar{E}$，那么我们就说第一种方案比第二种方案要好一些，或者至少一样好。

9.2 松弛模型

对于实验设计的基本模型

$$(SM_{n,+})-\min E=(\sum_{j=1}^{p}m_jv_jv_j^{\mathrm{T}})^{-1}$$
$$\text{s.t.}\ \sum_{j=1}^{p}m_j=m,$$
$$m_j\in \mathrm{N}.$$

如果是实验样本数m和n相当的时候，模型是一个复杂的组合优化问题，此时m_j都是较小的整数，然而当相对于n，m很大的时候，我们可以松弛m_j为整数的约束，来求解得到基本模型的一个较好的近似解。首先，将基本模型等价为

$$(SM_{n,+})-\min E=\frac{1}{m}(\sum_{j=1}^{p}\frac{m_j}{m}v_jv_j^{\mathrm{T}})^{-1}$$
$$\text{s.t.}\ \sum_{j=1}^{p}\frac{m_j}{m}=1,$$
$$m_j\in \mathrm{N}.$$

松弛为

$$(SM_{n,+})-\min E=\frac{1}{m}(\sum_{j=1}^{p}\lambda_jv_jv_j^{\mathrm{T}})^{-1}$$
$$\text{s.t.}\ \lambda\geqslant 0, \mathbf{1}^{\mathrm{T}}\lambda=1,$$
$$\lambda\in \mathbf{R}^p.$$

这个模型称为实验设计的松弛模型，目标函数是关于λ的$SM_{n,+}(\mathbf{R})$凸函数，约束也是凸函数。

松弛模型

$$(SM_{n,+})-\min E=\frac{1}{m}(\sum_{j=1}^{p}\lambda_jv_jv_j^{\mathrm{T}})^{-1}$$
$$\text{s.t.}\ \lambda\geqslant 0, \mathbf{1}^{\mathrm{T}}\lambda=1,$$
$$\lambda\in \mathbf{R}^p$$

的定义域比基本模型

$$(SM_{n,+}) - \min E = (\sum_{j=1}^{p} m_j v_j v_j^{\mathrm{T}})^{-1}$$
$$\text{s.t.} \quad \sum_{j=1}^{p} m_j = m,$$
$$m_j \in \mathrm{N}$$

的定义域要大得多，所以松弛模型的最优值给出了基本模型最优值的一个下界估计。其次，如果得到了松弛模型的一个最优解

$$\lambda_i, i = 1, \cdots, p.$$

利用四舍五入构造整数

$$m_j = \mathrm{round}(m\lambda_j), j = 1, \cdots, p.$$

然后再计算出系数

$$\hat{\lambda}_j = \frac{m_j}{m}, j = 1, \cdots, p.$$

利用性质

$$|m_j - m\lambda_j| \leqslant \frac{1}{2}, j = 1, \cdots, p$$

可得

$$|\lambda_j - \hat{\lambda}_j| \leqslant \frac{1}{2m}, j = 1, \cdots, p.$$

所以如果m充分大，一定有

$$\lambda \approx \hat{\lambda}.$$

并且基本模型的协方差矩阵和松弛模型的协方差矩阵也是近似的。

对于实验设计的松弛模型，可以认为向量

$$\lambda \in \mathbf{R}^p, \lambda \geqslant 0, \mathbf{1}^{\mathrm{T}}\lambda = 1$$

定义了实验集合

$$v_1, \cdots, v_p$$

上的一个概率分布，我们对λ的选择对应了一个随机实验：每次实验时a_i等于v_j的概率为λ_j.

9.3 标量模型

松弛模型

$$(SM_{n,+}) - \min E = \frac{1}{m}(\sum_{j=1}^{p} \lambda_j v_j v_j^{\mathrm{T}})^{-1}$$
$$\text{s.t.} \quad \lambda \geqslant 0, \mathbf{1}^{\mathrm{T}}\lambda = 1,$$
$$\lambda \in \mathbf{R}^p$$

是一个向量模型，需要进行标量化。下面介绍三种标量化模型，每一个模型都是凸优化模型。

第一个标量化模型是D最优设计。在此设计中，我们极小化误差协方差矩阵的行列式值，即如下模型

$$
\begin{aligned}
&\min\ \ \log\det\Big(\sum_{j=1}^{p}\lambda_j v_j v_j^{\mathrm{T}}\Big)^{-1}\\
&\text{s.t.}\ \ \lambda \geqslant 0, \mathbf{1}^{\mathrm{T}}\lambda = 1, \lambda \in \mathbf{R}^p.
\end{aligned}
$$

这是一个凸优化模型。这个模型的对偶模型为

$$
\begin{aligned}
&\max\ \ \log\det(W) + n\log(n)\\
&\text{s.t.}\ \ v_i^{\mathrm{T}} W v_i \leqslant 1, i = 1,\cdots,p.
\end{aligned}
$$

第二个标量化模型是E最优设计。在此设计中，我们极小化误差协方差矩阵的奇异值范数，在此情形即最大特征值，即如下模型

$$
\begin{aligned}
&\min\ \ \left\|\Big(\sum_{j=1}^{p}\lambda_j v_j v_j^{\mathrm{T}}\Big)^{-1}\right\|_{sv}\\
&\text{s.t.}\ \ \lambda \geqslant 0, \mathbf{1}^{\mathrm{T}}\lambda = 1, \lambda \in \mathbf{R}^p.
\end{aligned}
$$

这是一个凸优化模型。这个模型可以转化为

$$
\begin{aligned}
&\max\ \ t\\
&\text{s.t.}\ \ \sum_{j=1}^{p}\lambda_j v_j v_j^{\mathrm{T}} \geqslant tI,\\
&\qquad \lambda \geqslant 0, \mathbf{1}^{\mathrm{T}}\lambda = 1, \lambda \in \mathbf{R}^p.
\end{aligned}
$$

此时的优化变量是λ和t。这个模型的对偶模型为

$$
\begin{aligned}
&\max\ \ \mathrm{tr}(W)\\
&\text{s.t.}\ \ v_i^{\mathrm{T}} W v_i \leqslant 1, i = 1,\cdots,p,\\
&\qquad W \geqslant 0.
\end{aligned}
$$

第三个标量化模型是A最优设计。在此设计中，我们极小化误差协方差矩阵的迹，即如下模型

$$
\begin{aligned}
&\min\ \ \mathrm{tr}\Big(\sum_{j=1}^{p}\lambda_j v_j v_j^{\mathrm{T}}\Big)^{-1}\\
&\text{s.t.}\ \ \lambda \geqslant 0, \mathbf{1}^{\mathrm{T}}\lambda = 1, \lambda \in \mathbf{R}^p.
\end{aligned}
$$

这是一个凸优化模型。这个模型可以转化为

$$
\begin{aligned}
&\min\ \ \mathbf{1}^{\mathrm{T}}u\\
&\text{s.t.}\ \ \begin{pmatrix} \sum_{j=1}^{p}\lambda_j v_j v_j^{\mathrm{T}} & e_k\\ e_k^{\mathrm{T}} & u_k \end{pmatrix} \geqslant 0, k = 1,\cdots,n,\\
&\qquad \lambda \geqslant 0, \mathbf{1}^{\mathrm{T}}\lambda = 1, \lambda \in \mathbf{R}^p.
\end{aligned}
$$

此时的优化变量是λ和u，此处e_k是单位向量。这个模型的对偶模型为

$$
\begin{aligned}
&\max\ \ (\mathrm{tr}(W^{\frac{1}{2}}))^2\\
&\text{s.t.}\ \ v_i^{\mathrm{T}} W v_i \leqslant 1, i = 1,\cdots,p,\\
&\qquad W \geqslant 0.
\end{aligned}
$$

观察上面的三类对偶模型，最优解W^*定义了一个包含

$$v_1, \cdots, v_p$$

的椭球

$$\{x \mid x^{\mathrm{T}} W^* x \leqslant 1\}.$$

我们可以考虑一种推广，即每次试验得到多个测量值。换言之，当进行一次实验时，得到多个测量值，此时问题的建模思路和单个测量值的思路近似。

第 10 章

距离角度问题

本章首先定义什么是距离角度问题，然后在一定意义下将距离角度问题构建为凸优化模型，并探索其性质，再给出一些特殊情形下的应用。

10.1　点到集合的距离

定义10.1　假设$\Omega \subseteq \mathbf{R}^n$是一个非空集合，$x_0 \in \mathbf{R}^n$是一个点，$\|\cdot\|$是$\mathbf{R}^n$上的范数，点$x_0$到$\Omega$的距离定义为

$$\mathrm{dist}(x_0, \Omega) = \inf_{x\in\Omega} \|x - x_0\|.$$

如果满足

$$\exists x^* \in \Omega,\ \text{s.t.},\ \mathrm{dist}(x_0, \Omega) = \|x^* - x_0\|,$$

则称距离是可达的。此时称

$$\mathrm{Argmin}_{x\in\Omega}\|x - x_0\|$$

为点x_0到集合Ω的投影，记为

$$P_\Omega(x_0) = \mathrm{Argmin}_{x\in\Omega}\|x - x_0\|.$$

本质上，给定集合Ω，可以定义投影映射

$$P_\Omega\text{：}\mathbf{R}^n \to \mathbf{R}^1,\ \text{s.t.},\ P_\Omega(x) = \mathrm{Argmin}_{y\in\Omega}\|x - y\|.$$

并不是所有的点到集合的距离都是可达的。例如，取定$\Omega = (0, 1) \subseteq \mathbf{R}^1$，选定通常意义上的范数，点$-1$与集合$(0, 1)$的距离为1，但是不可达。所以我们需要探索什么时候，点到集合的距离是可达的，下面的定理表明，闭集性质是一个非常重要的性质。

定理10.1 假设$\Omega \subseteq \mathbf{R}^n$是一个非空闭集合，$\|\cdot\|$是$\mathbf{R}^n$上的范数，那么

$$\forall x_0 \in \mathbf{R}^n,\ \exists x^* \in \Omega,\ \text{s.t.},\ \mathrm{dist}(x_0, \Omega) = \|x_0 - x^*\|.$$

证明　取定一个特殊的$x_1 \in \Omega$，点x_0与点x_1的距离记为

$$R_1 = \|x_0 - x_1\|.$$

以x_0为中心，以R_1为半径的范数闭球为

$$B(x_0, R_1) = \{x \mid x \in \mathbf{R}^n,\ \|x - x_0\| \leqslant R_1\}.$$

显然

$$x_1 \in \Omega \bigcap B(x_0, R_1).$$

构造一个集合

$$\Omega \bigcap B(x_0, R_1).$$

因为Ω是非空闭集，范数球也是闭集并且有界，那么集合

$$\Omega \bigcap B(x_0, R_1)$$

是一个非空有界闭集。构造另一个集合

$$\Omega \bigcap B(x_0, R_1)^c,$$

显然

$$\Omega = \left(\Omega \bigcap B(x_0, R_1)\right) \uplus \left(\Omega \bigcap B(x_0, R_1)^c\right).$$

考察集合Ω上的函数

$$\|x - x_0\|,$$

根据定义，显然有

$$\|x - x_0\| \leqslant \|y - x_0\|, \forall x \in \left(\Omega \bigcap B(x_0, R_1)\right), y \in \left(\Omega \bigcap B(x_0, R_1)^c\right).$$

所以一定有

$$\inf_{x \in (\Omega \cap B(x_0, R_1))} \|x - x_0\| \leqslant \inf_{y \in (\Omega \cap B(x_0, R_1)^c)} \|y - x_0\|.$$

因此

$$\inf_{x \in \Omega} \|x - x_0\| = \inf_{x \in (\Omega \cap B(x_0, R_1))} \|x - x_0\|.$$

定义函数

$$\phi\text{：} \Omega \bigcap B(x_0, R_1) \to \mathbf{R}^1, \text{ s.t.}, \phi(x) = \|x_0 - x\|.$$

显然ϕ是连续函数，所以一定存在最小值点x^*，使得

$$\phi(x^*) = \inf_{x \in \Omega \cap B(x_0, R_1)} \|x_0 - x\|.$$

即

$$\exists x^* \in \Omega, \text{ s.t.}, \|x^* - x_0\| = \text{dist}(x_0, \Omega).$$

□

由上面的定理可知，如果集合Ω是闭集，那么

$$\forall x \in \mathbf{R}^n, \ P_\Omega(x) = \text{Argmin}_{y \in \Omega} \|y - x\| \neq \varnothing,$$

如果投影集合中的元素不是唯一的，那么$P_\Omega(x)$就不是正常意义下的映射，而是集值映射，所以我们需要研究什么时候，$P_\Omega(x)$只包含唯一的元素，为此需要对$\mathbf{R}^n$上的范数做一种界定。

定义10.2 $\|\cdot\|$是$\mathbf{R}^n$上的范数，称之为严格凸的，如果满足

$$\forall x, y \in \mathbf{R}^n, \ x \neq y, \|x\| = \|y\| = 1 \Longrightarrow \|\alpha x + \beta y\| < 1, \forall \alpha, \beta \in (0,1), \alpha + \beta = 1.$$

在几何上，严格凸的意义就是单位范数球面上的两个不同的点的凸组合在单位球的内部，例如L_2范数是严格凸范数，但是L_1范数和L_∞范数都不是严格凸范数。

定理10.2 假设$\Omega \subseteq \mathbf{R}^n$是一个非空闭集合，$\|\cdot\|$是$\mathbf{R}^n$上的严格凸范数，那么

$$\forall x \in \mathbf{R}^n, \ \#P_\Omega(x) = 1.$$

即，任意一点的投影都存在唯一。

证明 存在性已经由上面的定理得以证明，下面证明唯一性。取定$x \in \mathbf{R}^n$，分两种情形讨论。第一种情形，若$x \in \Omega$，那么

$$P_\Omega(x) = \{x\},$$

自然是唯一的。第二种情形，若$x \notin \Omega$，那么

$$d =: \operatorname{dist}(x, \Omega) > 0,$$

假设有两个不同的点$y, z \in \Omega$满足

$$d = \|y - x\| = \|z - x\| > 0.$$

此时

$$\forall \alpha, \beta > 0, \alpha + \beta = 1,$$

有

$$\begin{aligned}\frac{1}{d}\|x - (\alpha z + \beta y)\| &= \frac{1}{d}\|\alpha x - \alpha z + \beta x - \beta y\| \\ &= \left\|\alpha \frac{x - z}{d} + \beta \frac{x - y}{d}\right\| \\ &< 1,\end{aligned}$$

最后一个严格小于号利用了

$$\left\|\frac{x - z}{d}\right\| = 1, \ \left\|\frac{x - y}{d}\right\| = 1, \ \frac{x - z}{d} \neq \frac{x - y}{d},$$

和范数严格凸的性质。综上可得

$$\|x - (\alpha z + \beta y)\| < d.$$

这与y, z是x的投影是矛盾的，因此必定有

$$y = z.$$ □

上面的唯一性定理在某种意义下有逆命题，此时的范数必须是L_2范数，我们有如下定理。

定理10.3 假设$\Omega \subseteq \mathbf{R}^n$是一个非空集合，$\|\cdot\|_2$是$\mathbf{R}^n$上的$L_2$范数，如果

$$\forall x \in \mathbf{R}^n, \ \# P_\Omega(x) = 1,$$

那么Ω是闭集并且是凸集。

例10.1 向$\mathbf{R}^2$中的单位矩阵的投影。考虑$\mathbf{R}^2$中的单位矩阵的边界，即

$$\Omega = \{x \mid x \in \mathbf{R}^2, \|x\|_\infty = 1\}.$$

取定$x_0 = 0$。 在L_1范数意义下，投影为

$$P_\Omega(0) = \operatorname{Argmin}_{x \in \Omega} \|x - 0\|_1 = \{(1, 0), (-1, 0), (0, 1), (0, -1)\},$$

并且

$$\operatorname{dist}(0, \Omega) = 1.$$

在L_∞范数意义下，投影为

$$P_\Omega(0) = \operatorname{Argmin}_{x \in \Omega} \|x - 0\|_\infty = \Omega,$$

并且

$$\operatorname{dist}(0, \Omega) = 1.$$

例10.2 向秩小于等于k的矩阵的投影。考虑秩小于或者等于k的矩阵的集合

$$\Omega = \{X \mid X \in M_{m \times n}(\mathbf{R}), \operatorname{rank}(X) \leqslant k\},$$

显然$k \leqslant \min\{m, n\}$。令$X_0 \in M_{m \times n}(\mathbf{R})$并选用$\|\cdot\|_{sv}$范数，考察

$$P_\Omega(X_0) = \operatorname{Argmin}_{X \in \Omega} \|X - X_0\|_{sv}.$$

首先假设X_0的奇异值分解为

$$X_0 = \sum_{i=1}^{r} \sigma_i u_i v_i^{\mathrm{T}}, r = \mathrm{rank}(X_0),$$

那么投影为

$$P_\Omega(X_0) = \sum_{i=1}^{\min\{k,r\}} \sigma_i u_i v_i^{\mathrm{T}}.$$

我们感兴趣的情形是Ω是闭的凸集，此时点到集合的距离问题可以转化为凸优化问题。

假设$A \in M_{p\times n}(\mathbf{R}), b \in \mathbf{R}^p$，$m$个函数$f_i(x)$：$\mathbf{R}^n \to \mathbf{R}^1, = 1, \cdots, m$是凸函数，那么集合

$$\Omega = \{x \mid x \in \mathbf{R}^n; Ax = b; f_i(x) \leqslant 0, i = 1, \cdots, m\}$$

是一个凸集合，并且$\|\cdot\|$是$\mathbf{R}^n$上的范数，那么任意一点x_0到Ω的距离问题可以转化为如下的凸优化问题

$$\begin{aligned} &\min\ \|x - x_0\| \\ &\text{s.t.}\ \ f_i(x) \leqslant 0, i = 1, \cdots, m, \\ &\qquad Ax = b. \end{aligned}$$

此时如果$\Omega \neq \varnothing$，那么问题是可行的；当问题可行时，最优值为距离$\mathrm{dist}(x_0, \Omega)$，并且任意的最优解都是点$x_0$向$\Omega$的投影 $P_\Omega(x_0)$.

例10.3 假设$A \in M_{m\times n}(\mathbf{R}), b \in \mathbf{R}^m$，点$x_0 \in \mathbf{R}^n$，$\|\cdot\|_2$是$\mathbf{R}^n$上的$L_2$范数，那么点$x_0$向多面体

$$\Omega = \{x \mid x \in \mathbf{R}^n; Ax \leqslant b\}$$

的投影可以转化为二次优化问题

$$\begin{aligned} &\min\ \|x - x_0\|_2^2 \\ &\text{s.t.}\ \ Ax \leqslant b. \end{aligned}$$

例10.4 假设$a \in \mathbf{R}^n, b \in \mathbf{R}^1$，点$x_0 \in \mathbf{R}^n$，$\|\cdot\|_2$是$\mathbf{R}^n$上的$L_2$范数，那么点$x_0$向超平面

$$\Omega = \{x \mid x \in \mathbf{R}^n; a^{\mathrm{T}} x = b\}$$

的投影必须满足几个很直观的几何条件

$$\begin{aligned} &a^{\mathrm{T}} P_\Omega(x_0) = b, \\ &P_\Omega(x_0) - x_0 = \lambda a. \end{aligned}$$

直接计算可得

$$\lambda = \frac{b - a^{\mathrm{T}} x_0}{\|a\|_2^2},\ \ P_\Omega(x_0) = x_0 + \frac{b - a^{\mathrm{T}} x_0}{\|a\|_2^2} a.$$

例10.5 假设$a \in \mathbf{R}^n, b \in \mathbf{R}^1$，点$x_0 \in \mathbf{R}^n$，$\|\cdot\|_2$是$\mathbf{R}^n$上的$L_2$范数，那么点$x_0$向半平面

$$\Omega = \{x \mid x \in \mathbf{R}^n; a^{\mathrm{T}} x \leqslant b\}$$

的投影需要分情况讨论。

(1) 如果$x_0 \in \Omega$，即

$$a^{\mathrm{T}} x_0 \leqslant b,$$

那么可得

$$P_\Omega(x_0) = x_0.$$

(2) 如果$x_0 \notin \Omega$，即

$$a^{\mathrm{T}} x_0 > b,$$

那么根据上面的例子可得

$$P_\Omega(x_0) = x_0 + \frac{b - a^{\mathrm{T}} x_0}{\|a\|_2^2} a.$$

综上可得

$$P_\Omega(x_0) = \begin{cases} x_0 + \dfrac{b - a^{\mathrm{T}} x_0}{\|a\|_2^2} a, & \text{如果} a^{\mathrm{T}} x_0 > b, \\ x_0, & \text{如果} a^{\mathrm{T}} x_0 \leqslant b. \end{cases}$$

例10.6 假设$l, u \in \mathbf{R}^n$，并且满足$l \leqslant u$，点$x_0 \in \mathbf{R}^n$，$\|\cdot\|_2$是$\mathbf{R}^n$上的L_2范数，那么点x_0向矩形集合

$$\Omega = \{x \mid x \in \mathbf{R}^n; l \leqslant x \leqslant u\}$$

的投影由公式

$$\left(P_\Omega(x_0)\right)_k = \begin{cases} l_k, & \text{如果} x_{0k} \leqslant l_k, \\ x_{0k}, & \text{如果} l_k \leqslant x_{0k} \leqslant u_k, \\ u_k, & \text{如果} x_{0k} \geqslant u_k \end{cases}$$

给出。

例10.7 假设$K \subseteq \mathbf{R}^n$是一个正常锥，点$x_0 \in \mathbf{R}^n$，$\|\cdot\|_2$是$\mathbf{R}^n$上的L_2范数，用$x = P_K(x_0)$表示x_0向K的投影，那么问题可以转化为如下的广义的凸优化问题

$$\begin{aligned} &\min \ \|x - x_0\|_2^2 \\ &\text{s.t.} \ \ x \geqslant_K 0, \end{aligned}$$

上面问题的KKT条件为

$$x \geqslant_K 0, z \geqslant_{K^*} 0, z^{\mathrm{T}} x = 0, x - x_0 = z.$$

引入记号$x_+ = x, x_- = z$，可得

$$x_+ \geqslant_K 0, x_- \geqslant_{K^*} 0, x_+^{\mathrm{T}} x_- = 0, x_0 = x_+ - x_-.$$

换言之，通过x_0向K投影，可以将其分解为正交的两个元素之差：一个关于K非负；一个关于K^*非负。例如，当$K = \mathbf{R}_+^n$时，有

$$P_K(x_0) = \max\{x_{0k}, 0\}.$$

通过将每个负分量替换为0，可以找到点x_0向非负象限的L_2范数投影。例如，当$K = SM_{n,+}(\mathbf{R})$时，取定矩阵的$\|\cdot\|_F$范数，分解X_0为

$$X_0 = \sum_{i=1}^{n} \lambda_i v_i v_i^{\mathrm{T}}.$$

为了将一个对称矩阵向半正定锥投影，将其进行特征值展开，然后舍弃与负特征值相关的项，得到

$$P_K(X_0) = \sum_{i=1}^{n} \max\{\lambda_i, 0\} v_i v_i^{\mathrm{T}}.$$

假设Ω是如上的闭凸集。如果$x_0 \in \Omega$，那么可得

$$\mathrm{dist}(x_0, \Omega) = 0;$$

如果$x_0 \notin \Omega$，那么可得

$$\mathrm{dist}(x_0, \Omega) > 0.$$

在后一种情形，我们知道点和凸集可以分离，自然要问：分离超平面如何选取？假设$P_\Omega(x_0)$是点x_0向集合Ω的L_2投影，那么显然超平面

$$(P_\Omega(x_0) - x_0)^{\mathrm{T}}\Big(x - \frac{1}{2}(x_0 + P_\Omega(x_0))\Big) = 0$$

分离了点x_0和集合Ω。这是L_2范数，如果是其他范数，如何推导呢？此时必须用到Lagrange对偶。

假设$A \in M_{p\times n}(\mathbf{R}), b \in \mathbf{R}^p$，$m$个函数$f_i(x)$：$\mathbf{R}^n \to \mathbf{R}^1, = 1, \cdots, m$是凸函数，凸集合定义为

$$\Omega = \{x \mid x \in \mathbf{R}^n; Ax = b; f_i(x) \leqslant 0, i = 1, \cdots, m\}.$$

假设$\|\cdot\|$是$\mathbf{R}^n$上的任意范数，那么任意一点$x_0 \in \mathbf{R}^n$到Ω的距离问题可以转化为如下的凸优化问题

$$\begin{aligned} \min\ & \|x - x_0\| \\ \text{s.t.}\ & f_i(x) \leqslant 0, i = 1, \cdots, m, \\ & Ax = b. \end{aligned}$$

进一步上面的问题可以转化为

$$\begin{aligned} \min\ & \|y\| \\ \text{s.t.}\ & f_i(x) \leqslant 0, i = 1, \cdots, m, \\ & Ax = b, \\ & x_0 - x = y. \end{aligned}$$

此时模型的决策变量为x, y。我们需要计算这个模型的对偶模型，首先选定对偶系数为

$$\alpha \in \mathbf{R}^m, \alpha \geqslant 0; \beta \in \mathbf{R}^p, \gamma \in \mathbf{R}^n;$$

其次模型的Lagrange函数为

$$L(x, y, \alpha, \beta, \gamma) = \|y\| + a^{\mathrm{T}} f(x) + \beta^{\mathrm{T}}(Ax - b) + \gamma^{\mathrm{T}}(x_0 - x - y).$$

对偶函数要分情况讨论：

(1) 如果$\|\gamma\|_* \leqslant 1$，对偶函数为

$$\begin{aligned} r(\alpha, \beta, \gamma) &= \inf_{x,y} L(x, y, \alpha, \beta, \gamma) \\ &= \inf_{x} (\alpha^{\mathrm{T}} f(x) + \beta^{\mathrm{T}}(Ax - b) + \gamma^{\mathrm{T}}(x_0 - x)). \end{aligned}$$

(2) 其他情形，对偶函数为

$$r(\alpha, \beta, \gamma) = -\infty.$$

综上，可以得到对偶模型为

$$\begin{aligned} \max\ & \gamma^{\mathrm{T}} x_0 + \inf_{x} (\alpha^{\mathrm{T}} f(x) + \beta^{\mathrm{T}}(Ax - b) - \gamma^{\mathrm{T}} x) \\ \text{s.t.}\ & \alpha \geqslant 0, \|\gamma\|_* \leqslant 1. \end{aligned}$$

对偶模型的变量为α,β,γ。对于对偶模型，我们可以解释如下：假设α,β,γ对偶可行并且具有正的对偶目标值，即

$$\alpha \geqslant 0, \|\gamma\|_* \leqslant 1,$$

并且

$$\forall x, \gamma^{\mathrm{T}} x_0 - \gamma^{\mathrm{T}} x + (\alpha^{\mathrm{T}} f(x) + \beta^{\mathrm{T}}(Ax - b)) > 0,$$

这表明对于$x \in \Omega$，都有

$$\forall x \in \Omega, \gamma^{\mathrm{T}} x_0 > \gamma^{\mathrm{T}} x,$$

因此γ定义了一个严格分离的超平面。特别地，如果模型

$$\begin{aligned} \min\ & \|x - x_0\| \\ \text{s.t.}\ & f_i(x) \leqslant 0, i = 1, \cdots, m, \\ & Ax = b \end{aligned}$$

严格可行，那么强对偶性成立，此时若是$x_0 \notin \Omega$，那么原始模型的最优值为正，对偶模型的最优值也为正，任意最优解定义了一个严格分离的超平面。

例10.8 假设$A \in M_{m\times n}(\mathbf{R}), b \in \mathbf{R}^m$，多面体定义为

$$\Omega = \{x \mid x \in \mathbf{R}^n; Ax \leqslant b\}.$$

假设$\|\cdot\|$是$\mathbf{R}^n$上的任意范数，那么任意一点$x_0 \in \mathbf{R}^n$到Ω的距离问题可以转化为如下的凸优化问题

$$\begin{aligned} \min\ & \|x - x_0\| \\ \text{s.t.}\ & Ax \leqslant b. \end{aligned}$$

进一步上面的问题可以转化为

$$\begin{aligned} \min\ & \|y\| \\ \text{s.t.}\ & Ax = b, \\ & x_0 - x = y. \end{aligned}$$

此时模型的决策变量为x, y。我们可以得到对偶模型为

$$\begin{aligned} \max\ & \gamma^{\mathrm{T}} x_0 + \inf_x (\alpha^{\mathrm{T}}(Ax - b) - \gamma^{\mathrm{T}} x) \\ \text{s.t.}\ & \alpha \geqslant 0, \|\gamma\|_* \leqslant 1. \end{aligned}$$

可以转化为

$$\begin{aligned} \max\ & \gamma^{\mathrm{T}} x_0 + \alpha^{\mathrm{T}} b \\ \text{s.t.}\ & \alpha \geqslant 0, \\ & A^{\mathrm{T}} \alpha = \gamma, \\ & \|\gamma\|_* \leqslant 1. \end{aligned}$$

还可以进一步简化为

$$\begin{aligned} \max\ & \alpha^{\mathrm{T}}(Ax_0 - b) \\ \text{s.t.}\ & \alpha \geqslant 0, \\ & \|A^{\mathrm{T}} \alpha\|_* \leqslant 1. \end{aligned}$$

对偶模型的变量为α。对于对偶模型，我们可以解释如下：假设α对偶可行并且具有正的对偶目标值，即

$$\alpha \geqslant 0, \|A^{\mathrm{T}}\alpha\|_* \leqslant 1,$$

并且

$$(A^{\mathrm{T}}\alpha)^{\mathrm{T}}x_0 > \alpha^{\mathrm{T}}b,$$

这表明对于$x \in \Omega$，都有

$$\forall x \in \Omega, \alpha^{\mathrm{T}}Ax = (A^{\mathrm{T}}\alpha)^{\mathrm{T}}x \leqslant \alpha^{\mathrm{T}}b < (A^{\mathrm{T}}\alpha)^{\mathrm{T}}x_0,$$

因此$A^{\mathrm{T}}\alpha$定义了一个严格分离的超平面。特别地，如果模型

$$\begin{aligned} &\min\ \|x - x_0\| \\ &\text{s.t.}\ \ Ax \leqslant b \end{aligned}$$

严格可行，那么强对偶性成立，此时若是$x_0 \notin \Omega$，那么原始模型的最优值为正，对偶模型的最优值也为正，任意最优解计算后的$A^{\mathrm{T}}\alpha$定义了一个严格分离的超平面。

上面所涉及的凸集都有具体的表达形式，如果是一般抽象的凸集呢？如何推导点与凸集的分离超平面呢？仍然采用上面的思路。首先我们定义两个函数。

定义10.3 假设$A \subseteq \mathbf{R}^n$是非空集合，其上的示性函数定义为

$$I_\Omega(x) = \begin{cases} 0, & \text{如果} x \in \Omega, \\ +\infty, & \text{如果} x \notin \Omega. \end{cases}$$

定义10.4 假设$A \subseteq \mathbf{R}^n$是非空集合，其上的支撑函数定义为

$$S_\Omega\text{：}\mathbf{R}^n \to \mathbf{R}^1,\ \text{s.t.},\ S_\Omega(x) = \sup_{y\in\Omega}\ x^{\mathrm{T}}y.$$

假设$\Omega \subseteq \mathbf{R}^n$是一个凸集，$\|\cdot\|$是$\mathbf{R}^n$上的范数，点$x_0 \in \mathbf{R}^n$，那么点$x_0$到$\Omega$的距离可以转化为优化问题

$$\begin{aligned} &\min\ \|x - x_0\| \\ &\text{s.t.}\ \ I_\Omega(x) \leqslant 0. \end{aligned}$$

或者等价地

$$\begin{aligned} &\min\ \|y\| \\ &\text{s.t.}\ \ I_\Omega(x) \leqslant 0, \\ &\qquad x_0 - x = y. \end{aligned}$$

此模型中变量为x, y。我们需要计算上面这个模型的对偶模型。首先选定对偶变量

$$\alpha \in \mathbf{R}^1, \alpha \geqslant 0; \beta \in \mathbf{R}^n,$$

其次定义Lagrange函数为

$$L(x, y, \alpha, \beta) = \|y\| + \alpha I_\Omega(x) + \beta^{\mathrm{T}}(x_0 - x - y).$$

然后计算对偶函数，需要分情况讨论：

(1) 如果满足条件

$$\|\beta\|_* \leqslant 1,$$

那么对偶函数

$$\begin{aligned} r(\alpha,\beta) &= \inf_{x,y} L(x,y,\alpha,\beta) \\ &=\beta^{\mathrm{T}} x_0 - \sup_{x\in\Omega} \beta^{\mathrm{T}} x \\ &=\beta^{\mathrm{T}} x_0 - S_{\Omega}(\beta). \end{aligned}$$

(2) 对于其他情形，对偶函数为

$$r(\alpha,\beta) = -\infty.$$

综上，可以得到对偶模型为

$$\begin{aligned} \max\ & \beta^{\mathrm{T}} x_0 - S_{\Omega}(\beta) \\ \text{s.t.}\ & \|\beta\|_* \leqslant 1. \end{aligned}$$

如果β^*是对偶最优解并且具有正的最优值，那么显然有

$$S_{\Omega}(\beta^*) < \beta^{*T} x_0,$$

即

$$\forall x \in \Omega, \beta^{*T} x < \beta^{*T} x_0,$$

因此β^*定义了一个严格分离的超平面。

10.2 集合之间的距离

上一节讨论了点和集合之间的距离，这一节讨论集合与集合之间的距离。

定义10.5 假设$\Omega_1, \Omega_2 \subseteq \mathbf{R}^n$是两个非空集合，$\|\cdot\|$是$\mathbf{R}^n$上的范数，集合之间的距离定义为

$$\operatorname{dist}(\Omega_1,\Omega_2) = \inf_{x\in\Omega_1, y\in\Omega_2} \|x-y\|.$$

如果$\operatorname{dist}(\Omega_1,\Omega_2) > 0$，那么$\Omega_1 \bigcap \Omega_2 = \varnothing$；如果$\operatorname{dist}(\Omega_1,\Omega_2) = 0$，此时要么$\Omega_1 \bigcap \Omega_2 \neq \varnothing$，要么$\Omega_1 \bigcap \Omega_2 = \varnothing$，前一种情形好理解，后一种情形虽然$\Omega_1 \bigcap \Omega_2 = \varnothing$，但是它们的闭包$\operatorname{cl}(\Omega_1) \bigcap \operatorname{cl}(\Omega_2) \neq \varnothing$.

通过集合之间的减法运算

$$\Omega_1 - \Omega_2 = \{x - y \mid x \in \Omega_1, y \in \Omega_2\}$$

可以将集合之间的距离问题转化为点与集合之间的距离问题，即

$$\begin{aligned} \operatorname{dist}(\Omega_1,\Omega_2) &= \inf_{x\in\Omega_1, y\in\Omega_2} \|x-y\| \\ &= \inf_{x\in\Omega_1, y\in\Omega_2} \|0-(x-y)\| \\ &= \inf_{z\in\Omega_1-\Omega_2} \|0-z\| \\ &=\operatorname{dist}(0,\Omega_1-\Omega_2) \\ &=\operatorname{dist}(0,\Omega_2-\Omega_1). \end{aligned}$$

因此，利用上面的重要关系，我们有如下的性质。

定理10.4 假设$\Omega_1, \Omega_2 \subseteq \mathbf{R}^n$是两个非空闭的集合，$\|\cdot\|$是$\mathbf{R}^n$上的范数，集合之间的距离

$$\text{dist}(\Omega_1, \Omega_2) = \inf_{x\in\Omega_1, y\in\Omega_2} \|x - y\|$$

一定是可达的，即

$$\exists x^* \in \Omega_1, y^* \in \Omega_2, \text{ s.t., } \text{dist}(\Omega_1, \Omega_2) = \|x^* - y^*\|.$$

定理10.5 假设$\Omega_1, \Omega_2 \subseteq \mathbf{R}^n$是两个非空闭的集合，$\|\cdot\|$是$\mathbf{R}^n$上的严格凸范数，集合之间的距离

$$\text{dist}(\Omega_1, \Omega_2) = \inf_{x\in\Omega_1, y\in\Omega_2} \|x - y\|$$

的最优解集合假设为

$$\text{Argmin}_{x\in\Omega_1, y\in\Omega_2} \|x - y\|,$$

那么必定满足如下性质

$$\forall (x^*, y^*), (x^{**}, y^{**}) \in \text{Argmin}_{x\in\Omega_1, y\in\Omega_2} \|x - y\| \Longrightarrow y^* - x^* = y^{**} - x^{**}.$$

由前一节可知，点与集合之间的距离问题可以用来计算点与凸集合的分离超平面，同样的思想可用于两个凸集合之间的分离。

假设$\|\cdot\|$是$\mathbf{R}^n$上的范数，函数$f_i(x)$：$\mathbf{R}^n \to \mathbf{R}^1, i = 1, \cdots, m$是凸函数，函数$g_j(x)$：$\mathbf{R}^n \to \mathbf{R}^1, j = 1, \cdots, k$ 是凸函数，矩阵向量$A \in M_{p\times n}(\mathbf{R}), b \in \mathbf{R}^p, B \in M_{q\times n}(\mathbf{R}), d \in \mathbf{R}^q$，两个集合$\Omega_1$和$\Omega_2$分别被定义为

$$\Omega_1 = \{x \mid x \in \mathbf{R}^n; f_i(x) \leqslant 0, i = 1, \cdots, m; Ax = b\};$$
$$\Omega_2 = \{x \mid x \in \mathbf{R}^n; g_j(x) \leqslant 0, j = 1, \cdots, k; Bx = d\}.$$

那么此两集合之间的距离可以建立模型为

$$\begin{aligned} \min\ & \|x - y\| \\ \text{s.t.}\ & f_i(x) \leqslant 0, i = 1, \cdots, m, \\ & Ax = b, \\ & g_j(y) \leqslant 0, j = 1, \cdots, k, \\ & By = d. \end{aligned}$$

进一步，这个模型可以转化为

$$\begin{aligned} \min\ & \|w\| \\ \text{s.t.}\ & f_i(x) \leqslant 0, i = 1, \cdots, m, \\ & Ax = b, \\ & g_j(y) \leqslant 0, j = 1, \cdots, k, \\ & By = d, \\ & x - y = w. \end{aligned}$$

这个模型的变量是x, y, w.

例10.9 假设矩阵向量$A \in M_{p\times n}(\mathbf{R}), b \in \mathbf{R}^p, B \in M_{q\times n}(\mathbf{R}), d \in \mathbf{R}^q$，定义两个多面体

$$\Omega_1 = \{x \mid x \in \mathbf{R}^n; Ax \leqslant b\}; \Omega_2 = \{y \mid y \in \mathbf{R}^n; By \leqslant d\}.$$

那么这两个多面体之间的L_2范数距离可以建立模型为

$$\begin{aligned} \min\ & \|x-y\|_2^2 \\ \text{s.t.}\ & Ax \leqslant b, \\ & By \leqslant d. \end{aligned}$$

进一步，这个模型可以转化为

$$\begin{aligned} \min\ & \|w\|_2^2 \\ \text{s.t.}\ & Ax \leqslant b, \\ & By \leqslant d, \\ & x-y=w. \end{aligned}$$

回到凸集之间的模型

$$\begin{aligned} \min\ & \|w\| \\ \text{s.t.}\ & f_i(x) \leqslant 0, i=1,\cdots,m, \\ & Ax=b, \\ & g_j(y) \leqslant 0, j=1,\cdots,k, \\ & By=d, \\ & x-y=w. \end{aligned}$$

我们期待计算这个模型的对偶模型。首先需要确定对偶变量为

$$\alpha \in \mathbf{R}^m, \alpha \geqslant 0; \beta \in \mathbf{R}^p; \gamma \in \mathbf{R}^k, \gamma \geqslant 0; \delta \in \mathbf{R}^q; \rho \in \mathbf{R}^n;$$

其次定义Lagrange函数为

$$\begin{aligned} L(x,y,w,\alpha,\beta,\gamma,\delta,\rho) &= \|w\| + \alpha^{\mathrm{T}} f(x) + \beta^{\mathrm{T}}(Ax-b) + \gamma^{\mathrm{T}} g(y) + \delta^{\mathrm{T}}(By-d) + \rho^{\mathrm{T}}(x-y-w) \\ &= \|w\| - \rho^{\mathrm{T}} w + \alpha^{\mathrm{T}} f(x) + \beta^{\mathrm{T}}(Ax-b) + \rho^{\mathrm{T}} x + \gamma^{\mathrm{T}} g(y) + \delta^{\mathrm{T}}(By-d) - \rho^{\mathrm{T}} y. \end{aligned}$$

分情况讨论对偶函数的计算可得：

(1) 如果满足条件

$$\|\rho\|_* \leqslant 1,$$

那么对偶函数

$$\begin{aligned} r(\alpha,\beta,\gamma,\delta,\rho) &= \inf_{x,y,w} L(x,y,w,\alpha,\beta,\gamma,\delta,\rho) \\ &= \inf_x \left(\alpha^{\mathrm{T}} f(x) + \beta^{\mathrm{T}}(Ax-b) + \rho^{\mathrm{T}} x\right) \\ &\quad + \inf_y \left(\gamma^{\mathrm{T}} g(y) + \delta^{\mathrm{T}}(By-d) - \rho^{\mathrm{T}} y\right). \end{aligned}$$

(2) 对于其他情形，对偶函数为

$$r(\alpha,\beta,\gamma,\delta,\rho) = -\infty.$$

综上可得对偶模型为

$$\begin{aligned} \max\ & \inf_x \left(\alpha^{\mathrm{T}} f(x) + \beta^{\mathrm{T}}(Ax-b) + \rho^{\mathrm{T}} x\right) + \inf_y \left(\gamma^{\mathrm{T}} g(y) + \delta^{\mathrm{T}}(By-d) - \rho^{\mathrm{T}} y\right) \\ \text{s.t.}\ & \|\rho\|_* \leqslant 1, \\ & \alpha \geqslant 0, \gamma \geqslant 0. \end{aligned}$$

如果$\alpha^*,\beta^*,\gamma^*,\delta^*,\rho^*$是如上的对偶模型的可行解，并且对应有正的目标值，那么一定有

$$\forall x \in \Omega_1, \forall y \in \Omega_2$$

$$\rho^{*T} x - \rho^{*T} y > 0,$$

即ρ^*给出了两个凸集Ω_1和Ω_2之间的分离超平面。如果原始模型

$$\begin{aligned} \min\ & \|w\| \\ \text{s.t.}\ & f_i(x) \leqslant 0, i = 1, \cdots, m, \\ & Ax = b, \\ & g_j(y) \leqslant 0, j = 1, \cdots, k, \\ & By = d, \\ & x - y = w \end{aligned}$$

的可行域满足Slater条件，那么原始模型和对偶模型满足强对偶性，此时只要两个凸集合之间的距离是正的，对于任何范数，都可以通过对偶模型的求解得到两个凸集合之间的分离超平面。

例10.10 假设矩阵向量$A \in M_{p\times n}(\mathbf{R}), b \in \mathbf{R}^p, B \in M_{q\times n}(\mathbf{R}), d \in \mathbf{R}^q$，定义两个多面体

$$\Omega_1 = \{x \mid x \in \mathbf{R}^n; Ax \leqslant b\}; \Omega_2 = \{y \mid y \in \mathbf{R}^n; By \leqslant d\}.$$

那么这两个多面体之间的任意范数距离可以建立模型为

$$\begin{aligned} \min\ & \|x - y\| \\ \text{s.t.}\ & Ax \leqslant b, \\ & By \leqslant d. \end{aligned}$$

进一步，这个模型可以转化为

$$\begin{aligned} \min\ & \|w\| \\ \text{s.t.}\ & Ax \leqslant b, \\ & By \leqslant d, \\ & x - y = w. \end{aligned}$$

直接计算模型的对偶模型为

$$\begin{aligned} \max\ & -\beta^{\mathrm{T}} b - \gamma^{\mathrm{T}} d \\ \text{s.t.}\ & \|\rho\|_* \leqslant 1, \\ & A^{\mathrm{T}}\beta + \rho = 0, \\ & B^{\mathrm{T}}\gamma - \rho = 0, \\ & \beta \geqslant 0, \gamma \geqslant 0. \end{aligned}$$

如果β^*,γ^*,ρ^*是对偶可行点，那么

$$\forall x \in \Omega_1, \forall y \in \Omega_2$$

可得

$$\rho^{*T} x = -\beta^{*T} A x \geqslant -\beta^{*T} b; \rho^{*T} y = \gamma^{*T} B y \leqslant \gamma^{*T} d,$$

如果可行解β^*,γ^*,ρ^*对应的目标函数值是正的，那么有

$$\rho^{*T}x-\rho^{*T}y\geqslant-\beta^*b-\gamma^{*T}d>0,$$

即ρ^*决定了两个多面体的分离超平面。

前文中所涉及的凸集有明确的表达形式，所以一个自然的问题：如果是两个抽象的凸集，怎么计算它们之间的距离呢？

假设$\Omega_1,\Omega_2\subseteq\mathbf{R}^n$是两个凸集，$\|\cdot\|$是$\mathbf{R}^n$上的任意范数，那么两个凸集之间的距离可以表示为优化模型

$$\begin{aligned}&\min\ \|x-y\|\\&\text{s.t.}\ \ I_{\Omega_1}(x)\leqslant 0,\\&\qquad I_{\Omega_2}(y)\leqslant 0.\end{aligned}$$

或者等价地转化为

$$\begin{aligned}&\min\ \|w\|\\&\text{s.t.}\ \ I_{\Omega_1}(x)\leqslant 0,\\&\qquad I_{\Omega_2}(y)\leqslant 0,\\&\qquad x-y=w.\end{aligned}$$

我们需要计算这个模型的对偶模型。首先确定对偶变量为

$$\alpha\in\mathbf{R}^1,\alpha\geqslant 0;\beta\in\mathbf{R}^1,\beta\geqslant 0;\gamma\in\mathbf{R}^n;$$

其次定义Lagrange函数为

$$\begin{aligned}L(x,,y,w,\alpha,\beta,\gamma)&=\|w\|+\alpha I_{\Omega_1}(x)+\beta I_{\Omega_2}(y)+\gamma^{\mathrm{T}}(x-y-w)\\&=\|w\|-\gamma^{\mathrm{T}}w+\alpha I_{\Omega_1}(x)+\gamma^{\mathrm{T}}x+\beta I_{\Omega_2}(y)-\gamma^{\mathrm{T}}y.\end{aligned}$$

分情况来计算对偶函数：

(1) 如果满足条件

$$\|\gamma\|_*\leqslant 1,$$

那么对偶函数为

$$\begin{aligned}r(\alpha,\beta,\gamma)&=\inf_{x,y,w}\ L(x,,y,w,\alpha,\beta,\gamma)\\&=\inf_w(\|w\|-\gamma^{\mathrm{T}}w)+\inf_x(\alpha I_{\Omega_1}(x)+\gamma^{\mathrm{T}}x)+\inf_y(\beta I_{\Omega_2}(y)-\gamma^{\mathrm{T}}y)\\&=\inf_x(\alpha I_{\Omega_1}(x)+\gamma^{\mathrm{T}}x)+\inf_y(\beta I_{\Omega_2}(y)-\gamma^{\mathrm{T}}y)\\&=\inf_{x\in\Omega_1}(\gamma^{\mathrm{T}}x)+\inf_{y\in\Omega_2}(-\gamma^{\mathrm{T}}y)\\&=-\sup_{x\in\Omega_1}((-\gamma)^{\mathrm{T}}x)-\sup_{y\in\Omega_2}(\gamma^{\mathrm{T}}y)\\&=-S_{\Omega_1}(-\gamma)-S_{\Omega_2}(\gamma).\end{aligned}$$

(2) 对于其他情形，对偶函数为

$$r(\alpha,\beta,\gamma)=-\infty.$$

综上可得，对偶模型为

$$\begin{aligned} \max \quad & -S_{\Omega_1}(-\gamma) - S_{\Omega_2}(\gamma) \\ \text{s.t.} \quad & \|\gamma\|_* \leqslant 1. \end{aligned}$$

如果γ^*是对偶问题的可行解，并且对应的目标函数值为正，那么一定有

$$\sup_{y\in\Omega_2} \gamma^{*T} y < \inf_{x\in\Omega_1} \gamma^{*T} x,$$

换言之，γ^*严格定义了集合Ω_1和Ω_2的严格分离超平面。如果原始模型

$$\begin{aligned} \min \quad & \|x - y\| \\ \text{s.t.} \quad & I_{\Omega_1}(x) \leqslant 0, \\ & I_{\Omega_2}(y) \leqslant 0 \end{aligned}$$

的可行域满足Slater条件，那么原始模型和对偶模型满足强对偶性，此时若集合Ω_1和Ω_2具有正的距离，那么对偶模型一定具有正的最优值，此时最优解就定义了严格分离超平面。

10.3 欧式距离与角度

本节我们讨论欧式距离与角度问题。

定义10.6 假设

$$\{a_1, \cdots, a_n\} \subseteq \mathbf{R}^n$$

是一个向量集合，假设它们的长度已知

$$l_1 = \|a_1\|_2, \cdots, l_n = \|a_n\|_2;\ l = (l_1, \cdots, l_n).$$

此时称矩阵

$$A = (a_1, \cdots, a_n) \in M_n(\mathbf{R})$$

为一个配置，若矩阵A非奇异，称为一个基。矩阵

$$\operatorname{diag}(l) = \begin{pmatrix} l_1 & \cdots & 0 \\ 0 & \ddots & 0 \\ 0 & \cdots & l_n \end{pmatrix}$$

称为配置A的长度矩阵。

定义10.7 假设矩阵

$$A = (a_1, \cdots, a_n) \in M_n(\mathbf{R})$$

是一个配置，对应的长度矩阵为

$$\operatorname{diag}(l).$$

定义配置A的Gram矩阵为

$$G = (g_{ij}) = A^{\mathrm{T}}A, g_{ij} = a_i^{\mathrm{T}} a_j.$$

Gram矩阵给出了配置集合之间的长度、距离和角度，特别地，我们考察Gram矩阵的

对角元素为

$$g_{ii}=a_i^{\mathrm{T}}a_i=l_i^2, i=1,\cdots,n.$$

根据配置的定义，假设所有的长度是确定的、已知的。点a_i和a_j之间的距离d_{ij}是

$$\begin{aligned}d_{ij}=&\|a_i-a_j\|_2\\=&(\|a_i-a_j\|_2^2)^{\frac{1}{2}}\\=&(l_i^2+l_j^2-2g_{ij})^{\frac{1}{2}}.\end{aligned}$$

反之，也可将g_{ij}用d_{ij}和l_i, l_j表示出来，即

$$g_{ij}=\frac{l_i^2+l_j^2-d_{ij}^2}{2}.$$

显然g_{ij}是d_{ij}^2的仿射函数。我们还可以定义a_i和a_j之间的相关系数

$$\rho_{ij}=\frac{a_i^{\mathrm{T}}a_j}{\|a_i\|_2\|a_j\|_2}=\frac{g_{ij}}{l_il_j}.$$

因此$g_{ij}=\rho_{ij}l_il_j$是ρ_{ij}的线性函数。向量a_i和a_j之间的角度由

$$\theta_{ij}=\arccos\rho_{ij}=\arccos\frac{g_{ij}}{l_il_j}$$

给出，其中取$\arccos\rho\in[0,\pi]$. 所以有$g_{ij}=l_il_j\cos\theta_{ij}$.

我们知道，长度、距离和角度在正交变换下不变：如果$Q\in O_n(\mathbf{R})$是正交矩阵，那么新配置

$$\tilde{A}=QA$$

的Gram矩阵为

$$G_{\tilde{A}}=(QA)^{\mathrm{T}}QA=A^{\mathrm{T}}A=G_A,$$

因此配置QA具有与配置A一样的长度、距离和角度。

假设矩阵

$$A=(a_1,\cdots,a_n)\in M_n(\mathbf{R})$$

是一个配置，对应的长度矩阵为

$$\mathrm{diag}(l).$$

显然A对应的Gram矩阵满足性质

$$G\in SM_{n,+}(\mathbf{R}), g_{ii}=l_i^2.$$

一个自然的问题是：G需要满足什么条件，才能是某个配置的Gram矩阵呢？线性代数告诉我们：当$G\in SM_{n,+}(\mathbf{R})$时，它是配置

$$A=G^{\frac{1}{2}}$$

的Gram矩阵。进一步，当$G\in SM_{n,++}(\mathbf{R})$时，可以通过Cholesky分解找到这样的解，即，如果$LL^{\mathrm{T}}=G$，那么可以取配置为$A=L^{\mathrm{T}}$，而且通过正交变换，可以从一个已知的解A构造出Gram 矩阵G 的所有配置：对于任意满足$\tilde{A}^{\mathrm{T}}\tilde{A}=G$的解，都有正交矩阵$Q$，使得$\tilde{A}=QA$。

所以，一个长度、距离、角度或者相关系数的集合可实现，即它们是某些配置的长

度、距离、角度或者相关系数的充要条件是：相关的Gram矩阵半正定并且具有

$$g_{ii} = l_i^2, i = 1, \cdots, n.$$

我们可以利用这一事实将一些几何问题表示为以$G \in SM_n(\mathbf{R})$为优化变量的凸优化问题。可实现性要求

$$G \in SM_{n,+}(\mathbf{R}), g_{ii} = l_i^2, i = 1, \cdots, n.$$

例10.11 角度约束。可以通过如下的关系

$$g_{ij} = l_i l_j \cos\theta_{ij}, i, j = 1, \cdots, m$$

来确定配置的角度约束。例如，约束$\theta_{ij} = \alpha$可以表示为

$$g_{ij} \equiv l_i l_j \cos\alpha.$$

例如，约束$\alpha \leqslant \theta_{ij} \leqslant \beta$可以表示为

$$l_i l_j \cos\beta \leqslant g_{ij} \leqslant l_i l_j \cos\alpha.$$

总之，可以通过g_{ij}的线性不等式实现对角度的约束，因为函数arccos是单调减函数，因此可以通过极小或者极大化g_{ij}来极大化或者极小化特定的角度θ_{ij}。

例10.12 距离约束。可以通过如下的关系

$$d_{ij}^2 = l_i^2 + l_j^2 - 2g_{ij}$$

来确定配置的距离约束。例如，要求d_{ij}在一个区间$[d_{\min}, d_{\max}]$之中，我们推导得到

$$\begin{aligned} & d_{\min} \leqslant d_{ij} \leqslant d_{\max} \\ \Longleftrightarrow\ & d_{\min}^2 \leqslant d_{ij}^2 \leqslant d_{\max}^2 \\ \Longleftrightarrow\ & d_{\min}^2 \leqslant l_i^2 + l_j^2 - 2g_{ij} \leqslant d_{\max}^2. \end{aligned}$$

显然，上面的式子是关于g_{ij}的线性不等式，极小化或者极大化一个距离，可以极小化或者极大化其平方，那是G的一个仿射函数。

例10.13 奇异值和特征值约束。一个配置A的奇异值

$$\sigma_1 \geqslant \sigma_2 \geqslant \cdots \geqslant \sigma_n \geqslant 0$$

是其Gram矩阵G的特征值

$$\lambda_1 \geqslant \lambda_2 \geqslant \cdots \geqslant \lambda_n \geqslant 0$$

的平方根。因此σ_1^2是G的凸函数，而σ_n^2是G的凹函数。因此我们可以规定A的最大奇异值的上界，或者极小化它；也可以规定最小奇异值的下界，或者极大化它。矩阵A的条件数是

$$\mathrm{Cond}(A) = \frac{\sigma_1}{\sigma_n},$$

它是G的拟凸函数，因此可以规定它的最大值，或者通过拟凸优化，在满足其他几何约束的所有配置中极小化它。

例10.14 对偶约束。假设A是一个配置，Gram矩阵为G_A，并且$G_A > 0$，显然此时A是非奇异的，那么A是一个基，与其对应的对偶基为

$$B = (b_1, \cdots, b_n)$$

要求满足

$$B^{\mathrm{T}} A = I,$$

显然

$$B = A^{-T}.$$

此时B对应的Gram矩阵为

$$G_B = B^{\mathrm{T}}B = A^{-1}A^{-T} = (A^{\mathrm{T}}A)^{-1} = (G_A)^{-1}.$$

我们可以将对偶基的一些几何条件表示为G_A的凸约束。比如，对偶基的长度的平方

$$\|b_i\|_2^2 = e_i^{\mathrm{T}}G_A^{-1}e_i,$$

这是G_A的凸函数，因此可以极小化。G_A的另一个凸函数G_A^{-1}的迹给出了对偶基向量的平方和。

例10.15 椭球约束。椭球

$$\{Au|\ \|u\|_2 \leqslant 1\}$$

的体积为

$$\alpha_n \det(G_A)^{\frac{1}{2}},\ \alpha_n = \mathrm{Vol}(B_n(0,1)),$$

给出了配置良好程度的一种度量，因此体积的对数为

$$\log(\alpha_n) + \frac{1}{2}\log(\det(G)),$$

这是G的凹函数，因此可以通过极大化$\log(\det(G))$，即在配置的凸集中极大化这个镜像椭球的体积。对于$\mathbf{R}^n$中的任意集合有类似的结论，在A的镜像下的体积是其体积乘以系数$(\det(G))^{\frac{1}{2}}$。

例10.16 单纯的角度问题。仅仅关注配置向量之间的角度或者相关系数，而不在意它们的长度或者它们之间的距离。假设A是一个配置，对应的长度矩阵、相关矩阵为

$$\mathrm{diag}(l), C = (c_{ij}), c_{ij} = \cos\theta_{ij},$$

那么此时A的Gram矩阵为

$$G = \mathrm{diag}(l)C\mathrm{diag}(l).$$

可知，如果对于某一正长度集合有$G \geqslant 0$，那么对于任意的正长度集合均有$G \geqslant 0$，此时当且仅当$C \geqslant 0$。因此角度$\theta_{ij} \in [0, \pi], i, j = 1, \cdots, n$是可实现的，当且仅当$C \geqslant 0$。这是一个关于相关系数的线性矩阵不等式。

例10.17 单纯的距离问题。仅仅关心向量之间的距离d_{ij}，而忽略向量的长度和它们之间的角度。当然，这些距离在如下的变换之下不变：取定$b \in \mathbf{R}^n$，配置

$$\hat{a}_1 = a_1 + b, \cdots, \hat{a}_n = a_n + b$$

与原来的配置

$$a_1, \cdots, a_n$$

之间有相同的距离。我们特别选择

$$b = -\frac{1}{n}\sum_{i=1}^{n} a_i = -\frac{1}{n}A\mathbf{1}_n,$$

可以看出

$$\sum_{i=1}^{n} \hat{a}_i = \sum_{i=1}^{n} a_i - A\mathbf{1}_n = 0,$$

因此在单纯的距离问题中，可以假设配置A满足如下条件

$$A\mathbf{1}_n = 0.$$

单纯的距离问题需要通过如下转化：存在距离为$d_{ij} \geqslant 0$的配置的充要条件是存在长度$l_1, \cdots, l_n$使得$G \geqslant 0$，其中

$$G = (g_{ij}), g_{ij} = \frac{l_i^2 + l_j^2 - d_{ij}^2}{2}.$$

定义一些向量和矩阵为

$$z = (l_1^2, \cdots, l_n^2)^{\mathrm{T}}, D = (d_{ij}^2),$$

那么单纯距离问题转化为

$$\begin{aligned} &\text{Find } D, z \\ &\text{s.t.} \quad z \in \mathbf{R}^n, \quad z \geqslant 0, \\ &\qquad D \in SM_n(\mathbf{R}), D_{ij} \geqslant 0, D_{ii} = 0, \\ &\qquad G =: \frac{z\mathbf{1}^{\mathrm{T}} + 1z^{\mathrm{T}} - D}{2} \geqslant 0. \end{aligned}$$

定义欧式距离矩阵为：$D \in SM_n(\mathbf{R})$满足如下条件

$$D_{ij} \geqslant 0, D_{ii} = 0, \exists z \in \mathbf{R}^n, \quad z \geqslant 0, \text{ s.t.}, \frac{z\mathbf{1}^{\mathrm{T}} + 1z^{\mathrm{T}} - D}{2} \geqslant 0.$$

所以本质上单纯的距离问题就是寻找欧式距离矩阵的问题。下面解析上文中的一个重要条件

$$\exists z \in \mathbf{R}^n, \quad z \geqslant 0, \text{ s.t.}, \frac{z\mathbf{1}^{\mathrm{T}} + 1z^{\mathrm{T}} - D}{2} \geqslant 0.$$

线性代数表明，它等价于

$$\forall u \in \mathbf{1}_n^{\perp}, u^{\mathrm{T}}Du \leqslant 0.$$

又等价于

$$(I - \frac{1}{n}\mathbf{1}_n\mathbf{1}_n^{\mathrm{T}})D(I - \frac{1}{n}\mathbf{1}_n\mathbf{1}_n^{\mathrm{T}}) \leqslant 0.$$

这个矩阵不等式和$D_{ij} \geqslant 0, D_{ii} = 0$是欧式距离矩阵的经典特征。总结起来，单纯的距离问题可以转化为如下的问题

$$\begin{aligned} &\text{Find } D \\ &\text{s.t.} \quad D \in SM_n(\mathbf{R}), D_{ij} \geqslant 0, D_{ii} = 0, \\ &\qquad (I - \frac{1}{n}\mathbf{1}_n\mathbf{1}_n^{\mathrm{T}})D(I - \frac{1}{n}\mathbf{1}_n\mathbf{1}_n^{\mathrm{T}}) \leqslant 0. \end{aligned}$$

第 11 章

极值椭球问题

本章首先定义什么是极值椭球问题，然后在一定意义下将极值椭球问题构建为凸优化模型，并探索其性质，再给出一些特殊情形下的应用。

11.1 最小体积覆盖椭球

椭球是一个刚体几何概念，涉及L_2范数，为了应用的方便，我们给出椭球的两个刻画。

定义11.1 假设$A \in SM_{n,++}(\mathbf{R})$是正定对称矩阵，$b \in \mathbf{R}^n$是向量，$\|\cdot\|$表示$\mathbf{R}^n$上的$L_2$范数，定义椭球

$$E = \{Au + b \mid u \in \mathbf{R}^n,\ \|u\|_2 \leqslant 1\}.$$

定义11.2 假设$A \in SM_{n,++}(\mathbf{R})$是正定对称矩阵，$b \in \mathbf{R}^n$是向量，$\|\cdot\|$表示$\mathbf{R}^n$上的$L_2$范数，定义椭球

$$E = \{u \mid u \in \mathbf{R}^n,\ \|Au + b\|_2 \leqslant 1\}.$$

椭球的这两种定义是等价的，例如，已知第一种定义

$$E = \{Au + b \mid u \in \mathbf{R}^n,\ \|u\|_2 \leqslant 1\},$$

可以转化为第二种定义

$$E = \{y \mid y \in \mathbf{R}^n,\ \|A^{-1}y - A^{-1}b\| \leqslant 1\}.$$

例如，已知第二种定义

$$E = \{u \mid u \in \mathbf{R}^n,\ \|Au + b\|_2 \leqslant 1\},$$

可以转化为第一种定义

$$E = \{A^{-1}y - A^{-1}b \mid y \in \mathbf{R}^n,\ \|y\|_2 \leqslant 1\}.$$

在应用的过程中，可以灵活选用椭球的定义。

定义11.3 假设$\Omega \subseteq \mathbf{R}^n$是一个有界的非空集合，包含$\Omega$的最小体积覆盖椭球称为集合$\Omega$的Löwer-John椭球，记为$E_{\mathrm{LJ}}$.

选用椭球的第二种定义，参数化E_{LJ}为

$$E_{\mathrm{LJ}} = \{u \mid u \in \mathbf{R}^n,\ \|Au + b\|_2 \leqslant 1\}.$$

其中$A \in SM_{n,++}(\mathbf{R})$并且$b \in \mathbf{R}^n$，此时$E_{\mathrm{LJ}}$的体积为

$$\begin{aligned}\int_{\|Au+b\|_2 \leqslant 1} \mathrm{d}u &= \int_{\|y\|_2 \leqslant 1} \det(A^{-1})\mathrm{d}y \\ &= \alpha_n \det(A^{-1}),\end{aligned}$$

其中$\alpha_n = \text{Vol}(B_n(0,1))$表示单位球的体积。椭球$E_{\text{LJ}}$覆盖集合$\Omega$的约束可以表示为

$$\sup_{u\in\Omega} \|Au + b\|_2 \leqslant 1,$$

综上，覆盖Ω的最小体积椭球问题可以建模为

$$\begin{aligned} \min\ & \log(\det(A^{-1})) \\ \text{s.t.}\ & \sup_{u\in\Omega} \|Au + b\|_2 \leqslant 1. \end{aligned}$$

其中模型的变量为$A \in SM_{n,++}(\mathbf{R})$和$b \in \mathbf{R}^n$，目标函数和约束都是$A, b$的凸函数，因此最小体积覆盖问题是凸优化问题。

例11.1 覆盖有限集合的最小体积椭球。假设$\Omega \subseteq \mathbf{R}^n$是有限集合，即

$$\Omega = \{x_1, \cdots, x_m\},$$

此时最小体积覆盖椭球模型为

$$\begin{aligned} \min\ & \log(\det(A^{-1})) \\ \text{s.t.}\ & \|Ax_i + b\|_2 \leqslant 1, i = 1, \cdots, m. \end{aligned}$$

显然范数约束$\|Ax_i + b\|_2 \leqslant 1,\ \ i = 1, \cdots, m$是变量$A, b$的凸不等式，它们可以被替换为$\|Ax_i + b\|_2^2 \leqslant 1$，$i = 1, \cdots, m$的形式，这是关于变量$A, b$的凸二次不等式。

例11.2 覆盖多个椭球并集的最小体积椭球。现在假设有m个椭球

$$E_i = \{x \mid x^{\mathrm{T}} A_i x + 2b_i^{\mathrm{T}} x + c_i \leqslant 0\}, A_i \in SM_{n,++}(\mathbf{R}), b_i \in \mathbf{R}^n,\ \ c_i \in \mathbf{R}^1, i = 1, \cdots, m.$$

参数化E_{LJ}为

$$E_{\text{LJ}} = \{x \mid x^{\mathrm{T}} A^{\mathrm{T}} A x + 2(A^{\mathrm{T}} b)^{\mathrm{T}} x + b^{\mathrm{T}} b - 1 \leqslant 0\}, A \in SM_{n,++}(\mathbf{R}), b \in \mathbf{R}^n.$$

根据第一章二次结构中的S-程序定理，可知$E_i \subseteq E_{\text{LJ}}$的充要条件是

$$\exists \alpha_i \geqslant 0,\ \text{s.t.}, \begin{pmatrix} A^2 - \alpha_i A_i & Ab - \alpha_i b_i \\ (Ab - \alpha_i b_i)^{\mathrm{T}} & b^{\mathrm{T}} b - 1 - \alpha_i c_i \end{pmatrix} \leqslant 0, i = 1, \cdots, m.$$

综上，覆盖$\bigcup_{i=1}^m E_i$的最小体积椭球模型为

$$\begin{aligned} \min\ & \log(\det A^{-1}) \\ \text{s.t.}\ & \alpha_1 \geqslant 0, \cdots, \alpha_m \geqslant 0, \\ & \begin{pmatrix} A^2 - \alpha_i A_i & Ab - \alpha_i b_i \\ (Ab - \alpha_i b_i)^{\mathrm{T}} & b^{\mathrm{T}} b - 1 - \alpha_i c_i \end{pmatrix} \leqslant 0, i = 1, \cdots, m. \end{aligned}$$

或者将变量b替换为$\tilde{b} = Ab$，转化为

$$\begin{aligned} \min\ & \log(\det A^{-1}) \\ \text{s.t.}\ & \alpha_1 \geqslant 0, \cdots, \alpha_m \geqslant 0, \\ & \begin{pmatrix} A^2 - \alpha_i A_i & \tilde{b} - \alpha_i b_i & 0 \\ (\tilde{b} - \alpha_i b_i)^{\mathrm{T}} & -1 - \alpha_i c_i & \tilde{b}^{\mathrm{T}} \\ 0 & \tilde{b} & -A^2 \end{pmatrix} \leqslant 0, i = 1, \cdots, m. \end{aligned}$$

上面的模型关于$A^2, \tilde{b}, \alpha_1, \cdots, \alpha_m$是凸的。

关于最小体积覆盖椭球的逼近效率问题，有如下的重要定理。

定理11.1 假设$\Omega \subseteq \mathbf{R}^n$是有界并且内部非空的凸集合，$E_{\text{LJ}}$是覆盖$\Omega$的最小体积椭球，

x_0是E_{LJ}的中心，那么一定有

$$x_0 + \frac{1}{n}(E_{LJ} - x_0) \subseteq \Omega \subseteq E_{LJ}.$$

换言之，最小体积覆盖椭球用仅仅与n相关的比例逼近了任意一个凸集合。

一般情况，如果没有对凸集Ω增加附加条件，那么上面定理中的比例$1/n$无法进一步改进。现在假设

$$\Omega = \mathrm{Conv}\{x_1, \cdots, x_m\}, x_i \in \mathbf{R}^n,\ \ i = 1, \cdots, m.$$

对这种特殊的Ω来验证上面定理。有模型

$$\begin{aligned} &\min\ \ \log(\det(A^{-1})) \\ &\text{s.t.}\ \ \|Ax_i + b\|_2 \leqslant 1, i = 1, \cdots, m, \end{aligned}$$

令$\hat{A} = A^2, \hat{b} = Ab$，那么模型转化为

$$\begin{aligned} &\min\ \ \log(\det(\hat{A}^{-1})) \\ &\text{s.t.}\ \ x_i^{\mathrm{T}}\hat{A}x_i + 2\hat{b}^{\mathrm{T}}x_i + \hat{b}^{\mathrm{T}}\hat{A}^{-1}\hat{b} \leqslant 1, i = 1, \cdots, m, \end{aligned}$$

选定对偶变量

$$\alpha = (\alpha_1, \cdots, \alpha_m)^{\mathrm{T}}, \alpha_i \geqslant 0, i = 1, \cdots, m.$$

模型的Lagrange函数为

$$L(\hat{A}, \hat{b}, \alpha) = \log(\det \hat{A}^{-1}) + \sum_{i=1}^{m} \alpha_i\Big(x_i^{\mathrm{T}}\hat{A}x_i + 2\hat{b}^{\mathrm{T}}x_i + \hat{b}^{\mathrm{T}}\hat{A}^{-1}\hat{b} - 1\Big),$$

计算Lagrange函数的各阶导数，可得

$$\begin{aligned} \nabla_{\hat{A}} L(\hat{A}, \hat{b}, \alpha) &= -\hat{A}^{-1} + \sum_{i=1}^{m} \alpha_i\Big(x_i x_i^{\mathrm{T}} - \hat{A}^{-1}\hat{b}\hat{b}^{\mathrm{T}}\hat{A}^{-1}\Big); \\ \nabla_{\hat{b}} L(\hat{A}, \hat{b}, \alpha) &= \sum_{i=1}^{m} \alpha_i\Big(2x_i + 2\hat{A}^{-1}\hat{b}\Big). \end{aligned}$$

综上，可得模型的KKT条件为

$$\begin{aligned} &\sum_{i=1}^{m} \alpha_i\Big(x_i x_i^{\mathrm{T}} - \hat{A}^{-1}\hat{b}\hat{b}^{\mathrm{T}}\hat{A}^{-1}\Big) = \hat{A}^{-1}; \\ &\sum_{i=1}^{m} \alpha_i\Big(x_i + \hat{A}^{-1}\hat{b}\Big) = 0; \\ &\alpha_i \geqslant 0, i = 1, \cdots, m; \\ &x_i^{\mathrm{T}}\hat{A}x_i + 2\hat{b}^{\mathrm{T}}x_i + \hat{b}^{\mathrm{T}}\hat{A}^{-1}\hat{b} \leqslant 1, i = 1, \cdots, m; \\ &\alpha_i\Big(1 - x_i^{\mathrm{T}}\hat{A}x_i - 2\hat{b}^{\mathrm{T}}x_i - \hat{b}^{\mathrm{T}}\hat{A}^{-1}\hat{b}\Big) = 0, i = 1, \cdots, m. \end{aligned}$$

通过坐标变换，可以假设

$$\hat{A} = I, \hat{b} = 0,$$

此时，最小体积覆盖椭球是以原点为中心的单位球，上面的KKT条件可以转化为

$$\begin{aligned} &\sum_{i=1}^{m} \alpha_i x_i x_i^{\mathrm{T}} = I; \\ &\sum_{i=1}^{m} \alpha_i x_i = 0; \\ &\alpha_i \geqslant 0, i = 1, \cdots, m; \end{aligned}$$

$$x_i^{\mathrm{T}}x_i \leqslant 1, i = 1,\cdots,m;$$
$$\alpha_i\left(1 - x_i^{\mathrm{T}}x_i\right) = 0, i = 1,\cdots,m.$$

由第一个条件和最后一个条件可得

$$\sum_{i=1}^{m}\alpha_i = n.$$

在新的坐标系下，收缩后的椭球是以原点为中心，以$1/n$为半径的球。为了验证上面的定理，只需要证明

$$\|x\|_2 \leqslant \frac{1}{n} \Longrightarrow x \in \Omega = \mathrm{Conv}\{x_1,\cdots,x_m\}.$$

假设x满足$\|x\|_2 \leqslant 1/n$，根据KKT条件，可得

$$x = \sum_{i=1}^{m}\alpha_i(x^{\mathrm{T}}x_i)x_i = \sum_{i=1}^{m}\alpha_i(x^{\mathrm{T}}x_i + \frac{1}{n})x_i = \sum_{i=1}^{m}\beta_i x_i,$$

其中

$$\beta_i = \alpha_i(x^{\mathrm{T}}x_i + \frac{1}{n}), i = 1,\cdots,m.$$

由Cauchy-Schwartz不等式，可得

$$\beta_i = \alpha_i(x^{\mathrm{T}}x_i + \frac{1}{n}) \geqslant \alpha_i(-\|x\|_2\|x_i\|_2 + \frac{1}{n}) \geqslant \alpha_i(-\frac{1}{n} + \frac{1}{n}) = 0.$$

进一步

$$\sum_{i=1}^{m}\beta_i = \sum_{i=1}^{m}\alpha_i(x^{\mathrm{T}}x_i + \frac{1}{n}) = \sum_{i=1}^{m}\frac{\alpha_i}{n} = 1.$$

这说明x是$x_1,\cdots,x_m$的凸组合，因此$x \in \Omega$。

如果对凸集Ω增加附加条件，那么上文中的逼近效率定理中的比例$1/n$可以进一步得到改进。

定理11.2 假设$\Omega \subseteq \mathbf{R}^n$是有界并且内部非空的凸集合，$E_{\mathrm{LJ}}$是覆盖$\Omega$的最小体积椭球，$x_0$是$E_{\mathrm{LJ}}$的中心，并且集合$\Omega$关于$x_0$是中心对称的，那么一定有

$$x_0 + \frac{1}{\sqrt{n}}(E_{\mathrm{LJ}} - x_0) \subseteq \Omega \subseteq E_{\mathrm{LJ}}.$$

对于上面的这一类集合Ω，比例$1/\sqrt{n}$是最优的。

利用上面这个定理，可以得出一个有趣的结论。假设$\|\cdot\|$是$\mathbf{R}^n$上的任意一个范数，$\Omega = \{x \mid \|x\| \leqslant 1\}$是一个范数球，令

$$E_{\mathrm{LJ}} = \{x \mid x^{\mathrm{T}}Ax \leqslant 1\}, A \in SM_{n,++}(\mathbf{R})$$

是覆盖Ω的最小体积椭球。因为Ω关于0点对称，应用上面的定理可得

$$\frac{1}{\sqrt{n}}E_{\mathrm{LJ}} \subseteq \Omega \subseteq E_{\mathrm{LJ}}.$$

定义范数

$$\|\cdot\|_{\mathrm{LJ}},\ \mathrm{s.t.},\ \|x\|_{\mathrm{LJ}} = (x^{\mathrm{T}}Az)^{\frac{1}{2}}.$$

因此

$$E_{\mathrm{LJ}} = \{x \mid \|x\|_{\mathrm{LJ}} \leqslant 1\},$$

那么包含关系

$$\frac{1}{\sqrt{n}}E_{\mathrm{LJ}} \subseteq \Omega \subseteq E_{\mathrm{LJ}}$$

翻译为

$$\forall x \in \mathbf{R}^n,\ \|x\|_{\mathrm{LJ}} \leqslant \|x\| \leqslant \sqrt{n}\|x\|_{\mathrm{LJ}}.$$

换言之，二次范数$\|\cdot\|_{\mathrm{LJ}}$以$\sqrt{n}$的比例逼近了范数$\|\cdot\|$.

11.2　最大体积内接椭球

假设$\Omega \subseteq \mathbf{R}^n$是非空集合，有界并且具有非空的内部，我们要寻找内接于Ω之中的最大体积椭球，此椭球记为

$$E_{\mathrm{IL}} = \{Bu + d \mid \|u\|_2 \leqslant 1\}, B \in SM_{n,++}(\mathbf{R}), d \in \mathbf{R}^n.$$

定义集合Ω的示性函数

$$I_\Omega(x) = \begin{cases} 0, & \text{如果}x \in \Omega, \\ +\infty, & \text{如果}x \notin \Omega. \end{cases}$$

综上，Ω的最大内接椭球模型为

$$\begin{aligned} \max\ & \log(\det B) \\ \text{s.t.}\ & \sup_{\|u\|_2 \leqslant 1} I_\Omega(Bu + d) \leqslant 0. \end{aligned}$$

此模型的变量为B, d，并且是关于B, d的凸优化问题。

例11.3 假设矩阵和向量

$$A = (a_1, \cdots, a_m)^{\mathrm{T}} \in M_{m\times n}(\mathbf{R}), b \in \mathbf{R}^m.$$

定义多面体为

$$\Omega = \{x \mid x \in \mathbf{R}^n,\ Ax \leqslant b\}.$$

推导Ω的最大内接椭球

$$E_{\mathrm{IL}} = \{Bu + d \mid \|u\|_2 \leqslant 1\}, B \in SM_{n,++}(\mathbf{R}), d \in \mathbf{R}^n.$$

计算约束

$$\begin{aligned} & \sup_{\|u\|_2 \leqslant 1} I_\Omega(Bu + d) \leqslant 0 \\ \iff & \sup_{\|u\|_2 \leqslant 1} a_i^{\mathrm{T}}(Bu + d) \leqslant b_i, i = 1, \cdots, m \\ \iff & \|Ba_i\|_2 + a_i^{\mathrm{T}} d \leqslant b_i, i = 1, \cdots, m. \end{aligned}$$

于是可以将最大内接椭球模型构建为

$$\begin{aligned} \min\ & \log(\det B^{-1}) \\ \text{s.t.}\ & \|Ba_i\|_2 + a_i^{\mathrm{T}} d \leqslant b_i, i = 1, \cdots, m. \end{aligned}$$

例11.4 内接多个椭球交集的最大体积椭球。现在假设有m个椭球

$$E_i = \{x \mid x^{\mathrm{T}} A_i x + 2b_i^{\mathrm{T}} x + c_i \leqslant 0\}, A_i \in SM_{n,++}(\mathbf{R}), b_i \in \mathbf{R}^n,\ c_i \in \mathbf{R}^1, i = 1, \cdots, m.$$

参数化E_{IL}为

$$E_{\mathrm{IL}} = \{Bx + d \mid x \in \mathbf{R}^n,\ \|x\|_2 \leqslant 1\}, B \in SM_{n,++}(R), d \in \mathbf{R}^n.$$

首先可知$E_{\rm IL}\subseteq E_i$的条件是

$$\begin{aligned}&\sup_{\|u\|_2\leqslant 1}((Bu+d)^{\rm T}A_i(Bu+d)+2b_i^{\rm T}(Bu+d)+c_i)\\=&d^{\rm T}A_id_i+2b_i^{\rm T}d+c_i+\sup_{\|u\|_2\leqslant 1}(u^{\rm T}BA_iBu+2(A_id+b_i)^{\rm T}Bu)\\\leqslant&0.\end{aligned}$$

即

$$\sup_{\|u\|_2\leqslant 1}(u^{\rm T}BA_iBu+2(A_id+b_i)^{\rm T}Bu)\leqslant-(d^{\rm T}A_id_i+2b_i^{\rm T}d+c_i).$$

利用线性代数的基本知识可得，上面的约束等价于

$$\exists\alpha_i\geqslant 0,\ \text{s.t.},\ \begin{pmatrix}-\alpha_i-(d^{\rm T}A_id_i+2b_i^{\rm T}d+c_i) & (A_id+b_i)^{\rm T}B\\ B(A_id+b_i) & \alpha_iI-BA_iB\end{pmatrix}\geqslant 0.$$

综上，内接$\bigcap\limits_{i=1}^m E_i$的最大体积椭球模型为

$$\begin{aligned}\min\ &\log(\det B^{-1})\\ \text{s.t.}\ &\alpha_1\geqslant 0,\cdots,\alpha_m\geqslant 0,\\ &\begin{pmatrix}-\alpha_i-(d^{\rm T}A_id_i+2b_i^{\rm T}d+c_i) & (A_id+b_i)^{\rm T}B\\ B(A_id+b_i) & \alpha_iI-BA_iB\end{pmatrix}\geqslant 0, i=1,\cdots,m.\end{aligned}$$

或者等价于

$$\begin{aligned}\min\ &\log(\det B^{-1})\\ \text{s.t.}\ &\alpha_1\geqslant 0,\cdots,\alpha_m\geqslant 0,\\ &\begin{pmatrix}\alpha_i-c_i+b_i^{\rm T}A_i^{-1}b_i & 0 & (d+A_i^{-1}b_i)^{\rm T}\\ 0 & \alpha_iI & B\\ d+A_i^{-1}b_i & B & A_i^{-1}\end{pmatrix}\geqslant 0, i=1,\cdots,m.\end{aligned}$$

上面的模型关于$B,d,\alpha_1,\cdots,\alpha_m$是凸的。

关于最大内接椭球的效率问题，与最小覆盖椭球类似，有如下的结论。

定理11.3 假设$\Omega\subseteq\mathbf{R}^n$是有界并且内部非空的凸集合，$E_{\rm IL}$是内接$\Omega$的最大体积椭球，$x_0$是$E_{\rm IL}$的中心，那么一定有

$$E_{\rm IL}\subseteq\Omega\subseteq x_0+n(E_{\rm IL}-x_0).$$

换言之，最大体积内接椭球用仅仅与n相关的比例逼近了任意一个凸集合。

定理11.4 假设$\Omega\subseteq\mathbf{R}^n$是有界并且内部非空的凸集合，$E_{\rm IL}$是内接$\Omega$的最大体积椭球，$x_0$是$E_{\rm IL}$的中心，并且集合$\Omega$关于$x_0$是中心对称的，那么一定有

$$E_{\rm IL}\subseteq\Omega\subseteq x_0+\sqrt{n}(E_{\rm IL}-x_0).$$

对于上面的这一类集合Ω，比例$\sqrt{n}$是最优的。

11.3 极值椭球仿射不变

假设$\Omega\subseteq\mathbf{R}^n$是非空集合，有界并且具有非空内部，$\Omega$的最小体积覆盖椭球$E_{\rm LJ}(\Omega)$和

最大体积内接椭球$E_{\mathrm{IL}}(\Omega)$统称为Ω的极值体积椭球。假设$T \in GL_n(\mathbf{R})$ 是一个非奇异矩阵，那么一个自然的问题是：$T\Omega$的极值椭球与Ω的极值体积椭球有什么关系呢？

我们知道，覆盖Ω的最小体积椭球问题可以建模为

$$\begin{aligned} \min\ & \log(\det(A^{-1})) \\ \text{s.t.}\ & \sup_{u\in\Omega} \|Au+b\|_2 \leqslant 1. \end{aligned}$$

同理，覆盖$T\Omega$的最小体积椭球问题可以建模为

$$\begin{aligned} \min\ & \log(\det(A^{-1})) \\ \text{s.t.}\ & \sup_{u\in T\Omega} \|Au+b\|_2 \leqslant 1. \end{aligned}$$

转化为

$$\begin{aligned} \min\ & \log(\det(T(AT)^{-1})) \\ \text{s.t.}\ & \sup_{u\in\Omega} \|(AT)u+b\|_2 \leqslant 1. \end{aligned}$$

进一步转化为

$$\begin{aligned} \min\ & \log(\det T) + \log(\det((AT)^{-1})) \\ \text{s.t.}\ & \sup_{u\in\Omega} \|(AT)u+b\|_2 \leqslant 1. \end{aligned}$$

因为T是固定的，模型进一步转化为

$$\begin{aligned} \min\ & \log(\det((AT)^{-1})) \\ \text{s.t.}\ & \sup_{u\in\Omega} \|(AT)u+b\|_2 \leqslant 1. \end{aligned}$$

最终转化为

$$\begin{aligned} \min\ & \log(\det(\hat{A}^{-1})) \\ \text{s.t.}\ & \sup_{u\in\Omega} \|\hat{A}u+b\|_2 \leqslant 1, \\ & \hat{A} = AT. \end{aligned}$$

因此，如果A^*, b^*是模型

$$\begin{aligned} \min\ & \log(\det(A^{-1})) \\ \text{s.t.}\ & \sup_{u\in\Omega} \|Au+b\|_2 \leqslant 1, \end{aligned}$$

的最优解，那么$T^{-1}A^*, b^*$是模型

$$\begin{aligned} \min\ & \log(\det(\hat{A}^{-1})) \\ \text{s.t.}\ & \sup_{u\in\Omega} \|\hat{A}u+b\|_2 \leqslant 1 \\ & \hat{A} = AT \end{aligned}$$

的最优解。换言之，如果$E_{\mathrm{LJ}}(\Omega)$是Ω的最小体积覆盖椭球，那么

$$TE_{\mathrm{LJ}}(\Omega) = E_{\mathrm{LJ}}(T\Omega),$$

因此映射T给出了Ω与$T\Omega$最小体积覆盖椭球之间的一一对应。

我们知道，内接Ω的最大椭球模型为

$$\begin{aligned}\max\ & \log(\det B)\\ \text{s.t.}\ & \sup_{\|u\|_2\leqslant 1} I_\Omega(Bu+d)\leqslant 0.\end{aligned}$$

同理，内接$T\Omega$的最大体积椭球问题可以建模为

$$\begin{aligned}\max\ & \log(\det B)\\ \text{s.t.}\ & \sup_{\|u\|_2\leqslant 1} I_{T\Omega}(Bu+d)\leqslant 0,\end{aligned}$$

转化为

$$\begin{aligned}\max\ & \log(\det B)\\ \text{s.t.}\ & \sup_{\|u\|_2\leqslant 1} I_\Omega((T^{-1}B)u+T^{-1}d)\leqslant 0.\end{aligned}$$

转化为

$$\begin{aligned}\max\ & \log(\det(T)\det T^{-1}B)\\ \text{s.t.}\ & \sup_{\|u\|_2\leqslant 1} I_\Omega((T^{-1}B)u+T^{-1}d)\leqslant 0.\end{aligned}$$

因为T是固定的，因此上面的模型可以转化为

$$\begin{aligned}\max\ & \log(\det T^{-1}B)\\ \text{s.t.}\ & \sup_{\|u\|_2\leqslant 1} I_\Omega((T^{-1}B)u+T^{-1}d)\leqslant 0.\end{aligned}$$

进一步转化为

$$\begin{aligned}\max\ & \log(\det \hat{B})\\ \text{s.t.}\ & \sup_{\|u\|_2\leqslant 1} I_\Omega(\hat{B}u+\hat{d})\leqslant 0,\\ & \hat{B}=T^{-1}B, \hat{d}=T^{-1}d.\end{aligned}$$

因此，如果B^*, d^*是模型

$$\begin{aligned}\max\ & \log(\det B)\\ \text{s.t.}\ & \sup_{\|u\|_2\leqslant 1} I_\Omega(Bu+d)\leqslant 0\end{aligned}$$

的最优解，那么TB^*, Td^*是

$$\begin{aligned}\max\ & \log(\det B)\\ \text{s.t.}\ & \sup_{\|u\|_2\leqslant 1} I_{T\Omega}(Bu+d)\leqslant 0\end{aligned}$$

的最优解。换言之，如果$E_{\mathrm{IL}}(\Omega)$是Ω的最大内接椭球，那么

$$E_{\mathrm{LJ}}(T\Omega)=TE_{\mathrm{LJ}}(\Omega).$$

因此映射T给出了Ω与$T\Omega$最大体积内接椭球之间的一一对应。

第 12 章

几何中心问题

本章首先定义什么是几何中心问题，然后在一定意义下将几何中心问题构建为凸优化模型，并探索其性质，再给出一些特殊情形下的应用。

12.1　Chebyshev中心

定义12.1 假设$\Omega \subseteq \mathbf{R}^n$是一个非空集合，有界并且具有非空内部，$\|\cdot\|$是$\mathbf{R}^n$上的范数，深度函数定义为

$$\text{depth}: \Omega \to R,\ \text{s.t.},\ \text{depth}(x, \Omega) = \text{dist}(x, \mathbf{R}^n \setminus \Omega),$$

在几何上，深度函数给出了以x为中心、位于Ω中的最大球的半径。

定义12.2 假设$\Omega \subseteq \mathbf{R}^n$是一个非空集合，有界并且具有非空内部，$\|\cdot\|$是$\mathbf{R}^n$上的范数，深度函数为

$$\text{depth}: \Omega \to R,\ \text{s.t.},\ \text{depth}(x, \Omega) = \text{dist}(x, \mathbf{R}^n \setminus \Omega),$$

集合Ω的Chebyshev中心定义为Ω中具有最大深度的点：

$$x_{\text{cheb}}(\Omega) \in \text{Argmax}_{x \in \Omega}\ \text{depth}(x, \Omega) = \text{Argmin}_{x \in \Omega} \text{dist}(x, \mathbf{R}^n \setminus \Omega).$$

在几何上，Chebyshev中心是Ω中距离Ω的外部最远的点；它也是位于Ω中的最大球的中心。下面对于具体的集合Ω和具体的范数$\|\cdot\|$计算它们的Chebyshev中心。

例12.1 凸集的Chebyshev中心。当$\Omega \subseteq \mathbf{R}^n$是一个凸集合时，深度函数是$x \in \Omega$的凹函数，因此计算其Chebyshev中心是一个凸优化问题。更具体地说，假设

$$f_i:\ \mathbf{R}^n \to \mathbf{R}^1, i = 1, \cdots, m$$

是m个凸函数，定义集合

$$\Omega = \{x \mid f_i(x) \leqslant 0, i = 1, \cdots, m\}.$$

我们可以通过求解下面的问题找到Chebyshev中心

$$\begin{aligned} &\max\ R \\ &\text{s.t.}\quad g_i(x, R) \leqslant 0, i = 1, \cdots, m, \end{aligned}$$

其中函数g_i定义为

$$g_i(x, R) = \sup_{\|u\| \leqslant 1} f_i(x + Ru).$$

上面的模型是凸优化问题，因为每个函数g_i是一关于x和R的凸函数且逐点最大，因此也是凸函数。

例12.2 多面体的Chebyshev中心。假设矩阵和向量

$$A = (a_1, \cdots, a_m)^{\mathrm{T}} \in M_{m\times n}(\mathbf{R}), b \in \mathbf{R}^m,$$

定义多面体集合

$$\Omega = \{x \mid Ax \leqslant b\} = \{x \mid a_i^{\mathrm{T}} x \leqslant b_i, i = 1, \cdots, m\}.$$

利用上面的例子，计算函数

$$g_i(x, R) = \sup_{\|u\|\leqslant 1} (a_i^{\mathrm{T}}(x + Ru) - b_i) = a_i^{\mathrm{T}} x + R\|a_i\|_* - b_i,$$

多面体集合的Chebyshev中心可以通过求解如下的线性规划得到

$$\begin{aligned} &\max\ R \\ &\text{s.t.}\quad a_i^{\mathrm{T}} x + R\|a_i\|_* \leqslant b_i, i = 1, \cdots, m, \\ &\qquad\ R \geqslant 0, \end{aligned}$$

其中问题的变量是x和R.

例12.3 多个椭球交集的Chebyshev中心。现在假设有m个椭球

$$E_i = \{x \mid x^{\mathrm{T}} A_i x + 2b_i^{\mathrm{T}} x + c_i \leqslant 0\}, A_i \in SM_{n,++}(\mathbf{R}), b_i \in \mathbf{R}^n,\ \ c_i \in \mathbf{R}^1, i = 1, \cdots, m.$$

计算函数$g_i(x, R)$可得

$$\begin{aligned} g_i(x, R) = &\sup_{\|u\|_2\leqslant 1} ((x + Ru)^{\mathrm{T}} A_i (x + Ru) + 2b_i^{\mathrm{T}}(x + Ru) + c_i) \\ = &x^{\mathrm{T}} A_i x_i + 2b_i^{\mathrm{T}} x + c_i + \sup_{\|u\|_2\leqslant 1} (R^2 u^{\mathrm{T}} A_i u + 2R(A_i x + b_i)^{\mathrm{T}} u). \end{aligned}$$

条件

$$g_i(x, R) \leqslant 0, i = 1, \cdots, m,$$

可以转化为

$$\sup_{\|u\|_2\leqslant 1} (R^2 u^{\mathrm{T}} A_i u + 2R(A_i x + b_i)^{\mathrm{T}} u) \leqslant -(x^{\mathrm{T}} A_i x + 2b_i^{\mathrm{T}} x + c_i).$$

利用线性代数的基本知识可得，上面的约束等价于

$$\exists \alpha_i \geqslant 0,\ \text{s.t.},\ \begin{pmatrix} -\alpha_i - (x^{\mathrm{T}} A_i x + 2b_i^{\mathrm{T}} x + c_i) & R(A_i x + b_i)^{\mathrm{T}} \\ R(A_i d + b_i) & \alpha_i I - R^2 A_i \end{pmatrix} \geqslant 0.$$

综上，多个椭球交集$\bigcap\limits_{i=1}^{m} E_i$的Chebyshev中心为如下模型

$$\begin{aligned} &\max\ R \\ &\text{s.t.}\quad \alpha_1 \geqslant 0, \cdots, \alpha_m \geqslant 0, \\ &\qquad \begin{pmatrix} -\alpha_i - (x^{\mathrm{T}} A_i x + 2b_i^{\mathrm{T}} x + c_i) & R(A_i x + b_i)^{\mathrm{T}} \\ R(A_i d + b_i) & \alpha_i I - R^2 A_i \end{pmatrix} \geqslant 0, i = 1, \cdots, m. \end{aligned}$$

或者等价于

$$\begin{aligned} &\max\ R \\ &\text{s.t.}\quad \alpha_1 \geqslant 0, \cdots, \alpha_m \geqslant 0, \end{aligned}$$

$$\begin{pmatrix} -\alpha_i - c_i + b_i^{\mathrm{T}} A_i^{-1} b_i & 0 & (x + A_i^{-1} b_i)^{\mathrm{T}} \\ 0 & \alpha_i I & RI \\ x + A_i^{-1} b_i & RI & A_i^{-1} \end{pmatrix} \geqslant 0, i = 1, \cdots, m.$$

上面的模型关于$R, x, \alpha_1, \cdots, \alpha_m$是凸的。

12.2 极值椭球中心

定义12.3 假设$A \in SM_{n,++}(\mathbf{R})$是正定对称矩阵，$b \in \mathbf{R}^n$是向量，$\|\cdot\|$表示$\mathbf{R}^n$上的$L_2$范数，定义椭球

$$E = \{Au + b |\ u \in \mathbf{R}^n,\ \ \|u\|_2 \leqslant 1\}.$$

定义12.4 假设$A \in SM_{n,++}(\mathbf{R})$是正定对称矩阵，$b \in \mathbf{R}^n$是向量，$\|\cdot\|$表示$\mathbf{R}^n$上的$L_2$范数，定义椭球

$$E = \{u \mid u \in \mathbf{R}^n,\ \ \|Au + b\|_2 \leqslant 1\}.$$

定义12.5 假设$\Omega \subseteq \mathbf{R}^n$是一个有界的非空集合，具有非空内部，包含$\Omega$的最小体积覆盖椭球称为集合$\Omega$的Löwer-John椭球，记为$E_{\mathrm{LJ}}$，$E_{\mathrm{LJ}}$的中心称为$\Omega$ 的最小体积覆盖椭球中心。

选用椭球的第二种定义，参数化E_{LJ}为

$$E_{\mathrm{LJ}} = \{u \mid u \in \mathbf{R}^n,\ \ \|Au + b\|_2 \leqslant 1\}.$$

其中$A \in SM_{n,++}(\mathbf{R})$并且$b \in \mathbf{R}^n$，此时$E_{\mathrm{LJ}}$的体积为

$$\begin{aligned} \int_{\|Au+b\|_2 \leqslant 1} \mathrm{d}u = & \int_{\|y\|_2 \leqslant 1} \det(A^{-1}) \mathrm{d}y \\ = & \alpha_n \det(A^{-1}), \end{aligned}$$

其中$\alpha_n = \mathrm{Vol}(B_n(0, 1))$表示单位球的体积。椭球$E_{\mathrm{LJ}}$覆盖集合$\Omega$的约束可以表示为

$$\sup_{u \in \Omega} \|Au + b\|_2 \leqslant 1.$$

综上，覆盖Ω的最小体积椭球问题可以建模为

$$\begin{aligned} \min\ \ & \log(\det(A^{-1})) \\ \text{s.t.}\ \ & \sup_{u \in \Omega} \|Au + b\|_2 \leqslant 1, \end{aligned}$$

其中模型的变量为$A \in SM_{n,++}(\mathbf{R})$和$b \in \mathbf{R}^n$，目标函数和约束都是$A, b$的凸函数，因此最小体积覆盖问题是凸优化问题。求解上面问题以后，$-A^{-1}b$即最小体积覆盖椭球的中心。

例12.4 覆盖有限集合的最小体积椭球中心。假设$\Omega \subseteq \mathbf{R}^n$是有限集合，即

$$\Omega = \{x_1, \cdots, x_m\},$$

此时最小体积覆盖椭球模型为

$$\begin{aligned} \min\ \ & \log(\det(A^{-1})) \\ \text{s.t.}\ \ & \|Ax_i + b\|_2 \leqslant 1, i = 1, \cdots, m. \end{aligned}$$

显然范数约束$\|Ax_i + b\|_2 \leqslant 1,\ \ i = 1, \cdots, m$是变量$A, b$的凸不等式，它们可以被替换为$\|Ax_i + b\|_2^2 \leqslant 1,\ i = 1, \cdots, m$的形式，这是关于变量$A, b$的凸二次不等式。求解上面问题以后，$-A^{-1}b$即最小体积覆盖椭球的中心。

例12.5 覆盖多个椭球并集的最小体积椭球中心。现在假设有m个椭球

$$E_i = \{x \mid x^{\mathrm{T}}A_i x + 2b_i^{\mathrm{T}}x + c_i \leqslant 0\}, A_i \in SM_{n,++}(\mathbf{R}), b_i \in \mathbf{R}^n,\ \ c_i \in \mathbf{R}^1, i = 1, \cdots, m.$$

我们参数化E_{LJ}为

$$E_{\mathrm{LJ}} = \{x \mid x^{\mathrm{T}}A^{\mathrm{T}}Ax + 2(A^{\mathrm{T}}b)^{\mathrm{T}}x + b^{\mathrm{T}}b - 1 \leqslant 0\}, A \in SM_{n,++}(\mathbf{R}), b \in \mathbf{R}^n.$$

根据第一章二次结构中的S-程序定理，可知$E_i \subseteq E_{\mathrm{LJ}}$的充要条件是

$$\exists \alpha_i \geqslant 0,\ \text{s.t.},\ \begin{pmatrix} A^2 - \alpha_i A_i & Ab - \alpha_i b_i \\ (Ab - \alpha_i b_i)^{\mathrm{T}} & b^{\mathrm{T}}b - 1 - \alpha_i c_i \end{pmatrix} \leqslant 0, i = 1, \cdots, m.$$

综上，覆盖$\bigcup_{i=1}^{m} E_i$的最小体积椭球模型为

$$\begin{aligned} &\min\ \ \log(\det A^{-1}) \\ &\text{s.t.}\ \ \alpha_1 \geqslant 0, \cdots, \alpha_m \geqslant 0, \\ &\qquad \begin{pmatrix} A^2 - \alpha_i A_i & Ab - \alpha_i b_i \\ (Ab - \alpha_i b_i)^{\mathrm{T}} & b^{\mathrm{T}}b - 1 - \alpha_i c_i \end{pmatrix} \leqslant 0, i = 1, \cdots, m. \end{aligned}$$

或者将变量b替换为$\tilde{b} = Ab$，转化为

$$\begin{aligned} &\min\ \ \log(\det A^{-1}) \\ &\text{s.t.}\ \ \alpha_1 \geqslant 0, \cdots, \alpha_m \geqslant 0, \\ &\qquad \begin{pmatrix} A^2 - \alpha_i A_i & \tilde{b} - \alpha_i b_i & 0 \\ (\tilde{b} - \alpha_i b_i)^{\mathrm{T}} & -1 - \alpha_i c_i & \tilde{b}^{\mathrm{T}} \\ 0 & \tilde{b} & -A^2 \end{pmatrix} \leqslant 0, i = 1, \cdots, m. \end{aligned}$$

上面的模型关于$A^2, \tilde{b}, \alpha_1, \cdots, \alpha_m$是凸的。求解上面问题以后，$-A^{-1}b$即最小体积覆盖椭球的中心。

定义12.6 假设$\Omega \subseteq \mathbf{R}^n$是一个有界的非空集合，具有非空内部，内接$\Omega$的最大体积覆盖椭球记为$E_{\mathrm{IL}}$，$E_{\mathrm{IL}}$的中心称为$\Omega$的最大体积内接椭球中心。

假设$\Omega \subseteq \mathbf{R}^n$是非空集合，有界并且具有非空的内部，我们要寻找内接于Ω之中的最大体积椭球，选用椭球的第一种定义，参数化此椭球为

$$E_{\mathrm{IL}} = \{Bu + d \mid \|u\|_2 \leqslant 1\}, B \in SM_{n,++}(\mathbf{R}), d \in \mathbf{R}^n.$$

定义集合Ω的示性函数

$$I_{\Omega}(x) = \begin{cases} 0, & \text{如果} x \in \Omega, \\ +\infty, & \text{如果} x \notin \Omega. \end{cases}$$

综上，Ω的最大内接椭球模型为

$$\begin{aligned} &\max\ \ \log(\det B) \\ &\text{s.t.}\ \ \sup_{\|u\|_2 \leqslant 1} I_{\Omega}(Bu + d) \leqslant 0. \end{aligned}$$

此模型的变量为B,d，并且是关于B,d的凸优化问题。求解上面问题以后，d即最大体积内接椭球的中心。

例12.6 多面体的最大内接椭球中心。假设矩阵和向量

$$A=(a_1,\cdots,a_m)^{\mathrm{T}}\in M_{m\times n}(\mathbf{R}),b\in\mathbf{R}^m.$$

定义多面体为

$$\Omega=\{x\mid x\in\mathbf{R}^n,\ \ Ax\leqslant b\}.$$

推导Ω的最大内接椭球

$$E_{\mathrm{IL}}=\{Bu+d|\ \|u\|_2\leqslant 1\},B\in SM_{n,++}(\mathbf{R}),d\in\mathbf{R}^n.$$

计算约束

$$\begin{aligned}&\sup_{\|u\|_2\leqslant 1} I_\Omega(Bu+d)\leqslant 0\\ \Longleftrightarrow&\sup_{\|u\|_2\leqslant 1} a_i^{\mathrm{T}}(Bu+d)\leqslant b_i,i=1,\cdots,m\\ \Longleftrightarrow&\|Ba_i\|_2+a_i^{\mathrm{T}}d\leqslant b_i,i=1,\cdots,m.\end{aligned}$$

于是可以将最大内接椭球模型构建为

$$\begin{aligned}\min\ \ &\log(\det B^{-1})\\ \text{s.t.}\ \ &\|Ba_i\|_2+a_i^{\mathrm{T}}d\leqslant b_i,i=1,\cdots,m.\end{aligned}$$

求解上面问题以后，d即最大体积内接椭球的中心。

例12.7 多个椭球交集的最大体积内接椭球中心。现在假设有m个椭球

$$E_i=\{x\mid x^{\mathrm{T}}A_ix+2b_i^{\mathrm{T}}x+c_i\leqslant 0\},A_i\in SM_{n,++}(\mathbf{R}),b_i\in\mathbf{R}^n,\ \ c_i\in\mathbf{R}^1,i=1,\cdots,m.$$

参数化E_{IL}为

$$E_{\mathrm{IL}}=\{Bx+d|\ x\in\mathbf{R}^n,\ \ \|x\|_2\leqslant 1\},B\in SM_{n,++}(\mathbf{R}),d\in\mathbf{R}^n.$$

首先可知$E_{\mathrm{IL}}\subseteq E_i$的条件是

$$\begin{aligned}&\sup\nolimits_{\|u\|_2\leqslant 1}((Bu+d)^{\mathrm{T}}A_i(Bu+d)+2b_i^{\mathrm{T}}(Bu+d)+c_i)\\ =&d^{\mathrm{T}}A_id_i+2b_i^{\mathrm{T}}d+c_i+\sup_{\|u\|_2\leqslant 1}(u^{\mathrm{T}}BA_iBu+2(A_id+b_i)^{\mathrm{T}}Bu)\\ \leqslant&0.\end{aligned}$$

即

$$\sup_{\|u\|_2\leqslant 1}(u^{\mathrm{T}}BA_iBu+2(A_id+b_i)^{\mathrm{T}}Bu)\leqslant-(d^{\mathrm{T}}A_id_i+2b_i^{\mathrm{T}}d+c_i).$$

利用线性代数的基本知识可得，上面的约束等价于

$$\exists\alpha_i\geqslant 0,\ \text{s.t.},\ \begin{pmatrix}-\alpha_i-(d^{\mathrm{T}}A_id_i+2b_i^{\mathrm{T}}d+c_i) & (A_id+b_i)^{\mathrm{T}}B\\ B(A_id+b_i) & \alpha_iI-BA_iB\end{pmatrix}\geqslant 0.$$

综上，内接$\bigcap\limits_{i=1}^{m}E_i$的最大体积椭球模型为

$$\begin{aligned}\min\ \ &\log(\det B^{-1})\\ \text{s.t.}\ \ &\alpha_1\geqslant 0,\cdots,\alpha_m\geqslant 0,\end{aligned}$$

$$\begin{pmatrix} -\alpha_i - (d^{\mathrm{T}}A_i d_i + 2b_i^{\mathrm{T}}d + c_i) & (A_i d + b_i)^{\mathrm{T}}B \\ B(A_i d + b_i) & \alpha_i I - BA_i B \end{pmatrix} \geqslant 0, i = 1, \cdots, m.$$

或者等价于

$$\begin{aligned} &\min \ \log(\det B^{-1}) \\ &\text{s.t.} \ \ \alpha_1 \geqslant 0, \cdots, \alpha_m \geqslant 0, \\ &\qquad \begin{pmatrix} \alpha_i - c_i + b_i^{\mathrm{T}}A_i^{-1}b_i & 0 & (d + A_i^{-1}b_i)^{\mathrm{T}} \\ 0 & \alpha_i I & B \\ d + A_i^{-1}b_i & B & A_i^{-1} \end{pmatrix} \geqslant 0, i = 1, \cdots, m. \end{aligned}$$

上面的模型关于$B, d, \alpha_1, \cdots, \alpha_m$是凸的。求解上面问题以后，$d$即最大体积内接椭球的中心。

12.3 集合解析中心

定义12.7 假设有m个凸函数

$$f_i\text{：} \mathbf{R}^n \to \mathbf{R}^1, i = 1, \cdots, m$$

以及矩阵向量

$$A = (a_1, \cdots, a_k)^{\mathrm{T}} \in M_{k\times n}(\mathbf{R}), b \in \mathbf{R}^k$$

决定的线性等式

$$Ax = b.$$

集合为

$$\Omega = \{x \mid x \in \mathbf{R}^n; f_i(x) \leqslant 0, i = 1, \cdots, m; Ax = b\}.$$

定义如上集合的解析中心x_{ac}为如下模型的最优解

$$\begin{aligned} &\min \ -\sum_{i=1}^{m} \log(-f_i(x)) \\ &\text{s.t.} \ \ Ax = b. \end{aligned}$$

这个模型的优化变量是$x \in \mathbf{R}^n$，并且隐含有约束

$$f_i(x) < 0, i = 1, \cdots, m.$$

称模型中的目标函数为与不等式相关的对数障碍。

如果集合

$$\hat{\Omega} = \{x \mid x \in \mathbf{R}^n; f_i(x) < 0, i = 1, \cdots, m; Ax = b\}$$

有界，那么模型的目标函数在集合$\hat{\Omega}$上有下界。显然解析中心关于坐标系的仿射变换是不变的，即假设

$$\alpha \in \mathbf{R}^m, \alpha > 0$$

是正的系数，并且矩阵向量

$$A \in M_{k\times n}(\mathbf{R}), b \in \mathbf{R}^k; \tilde{A} \in M_{p\times n}(\mathbf{R}), \tilde{b} \in \mathbf{R}^p$$

满足

$$\{x \mid Ax = b\} = \{x \mid \tilde{A}x = \tilde{b}\}.$$

那么我们断言如下两个集合

$$\Omega_1 = \{x \mid f_i(x) \leqslant 0, i = 1, \cdots, m; Ax = b\},$$
$$\Omega_2 = \{x \mid \alpha_i f_i(x) \leqslant 0, i = 1, \cdots, m; \tilde{A}x = \tilde{b}\}$$

的解析中心相同。实际上Ω_1的解析中心是如下模型的最优解

$$\begin{aligned} \min \quad & -\sum_{i=1}^{m} \log(-f_i(x)) \\ \text{s.t.} \quad & Ax = b. \end{aligned}$$

Ω_2的解析中心是如下模型的最优解

$$\begin{aligned} \min \quad & -\sum_{i=1}^{m} \log(-\alpha_i f_i(x)) \\ \text{s.t.} \quad & \tilde{A}x = \tilde{b}. \end{aligned}$$

上面的模型可以转化为

$$\begin{aligned} \min \quad & -\sum_{i=1}^{m} \log(\alpha_i) - \sum_{i=1}^{m} \log(-f_i(x)) \\ \text{s.t.} \quad & \tilde{A}x = \tilde{b}. \end{aligned}$$

进一步可以转化为

$$\begin{aligned} \min \quad & -\sum_{i=1}^{m} \log(-f_i(x)) \\ \text{s.t.} \quad & Ax = b. \end{aligned}$$

因此

$$x_{ac}(\Omega_1) = x_{ac}(\Omega_2).$$

例12.8 假设矩阵向量

$$A = (a_1, \cdots, a_m)^{\mathrm{T}} \in M_{m\times n}(\mathbf{R}), b = (b_1, \cdots, b_m)^{\mathrm{T}} \in \mathbf{R}^m,$$

多面体集合

$$\Omega = \{x \mid Ax \leqslant b\}$$

的解析中心是如下优化模型的最优解

$$\min \ \phi(x) = -\sum_{i=1}^{m} \log(b_i - a_i^{\mathrm{T}} x).$$

这是一个无约束优化问题，隐含有约束

$$b_i - a_i^{\mathrm{T}} x > 0, i = 1, \cdots, m.$$

如果集合

$$\hat{\Omega} = \{x \mid Ax < b\}$$

有界，那么目标函数

$$\phi(x) = -\sum_{i=1}^{m} \log(b_i - a_i^{\mathrm{T}} x)$$

有下界，则一定有解析中心。又因为目标函数是严格凸的，因此解析中心是唯一的，并且这个解析中心与多面体Ω的最大体积内接椭球和最小体积覆盖椭球有关系。在解析中心x_{ac}计算目标函数的各阶导数可得

$$\nabla_x \phi(x_{ac}) = \sum_{i=1}^{m} d_i a_i,$$
$$\nabla_x^2 \phi(x_{ac}) = \sum_{i=1}^{m} d_i^2 a_i a_i^{\mathrm{T}} =: H,$$
$$d_i =: \frac{1}{b_i - a_i^{\mathrm{T}} x_{ac}}, i = 1, \cdots, m.$$

利用解析中心的Hessian矩阵H来定义两个椭球

$$E_{\text{inner}} = \{x \mid (x - x_{ac})^{\mathrm{T}} H (x - x_{ac}) \leqslant 1\},$$
$$E_{\text{outer}} = \{x \mid (x - x_{ac})^{\mathrm{T}} H (x - x_{ac}) \leqslant m(m-1)\}.$$

我们断言

$$E_{\text{inner}} \subseteq \Omega \subseteq E_{\text{outer}}.$$

第一步：证明$E_{\text{inner}} \subseteq \Omega$。假设$x \in E_{\text{inner}}$，根据定义可得

$$(x - x_{ac})^{\mathrm{T}} H (x - x_{ac}) = \sum_{i=1}^{m} (d_i a_i^{\mathrm{T}} (x - x_{ac}))^2 \leqslant 1.$$

这意味着

$$a_i^{\mathrm{T}} (x - x_{ac}) \frac{1}{d_i} = b_i - a_i^{\mathrm{T}} x_{ac}, i = 1, \cdots, m,$$

即

$$a_i^{\mathrm{T}} x \leqslant b_i, i = 1, \cdots, m,$$

根据定义可得

$$x \in \Omega.$$

第二步：证明$\Omega \subseteq E_{\text{outer}}$. 因为$x_{ac}$是解析中心，根据定义可得

$$\nabla_x \phi(x_{ac}) = \sum_{i=1}^{m} d_i a_i = 0.$$

现在假设$x \in \Omega$，验证

$$\begin{aligned}
(x - x_{ac})^{\mathrm{T}} H (x - x_{ac}) &= \sum_{i=1}^{m} (d_i a_i^{\mathrm{T}} (x - x_{ac}))^2 \\
&= \sum_{i=1}^{m} d_i^2 \Big(\frac{1}{d_i} - a_i^{\mathrm{T}} (x - x_{ac}) \Big)^2 - m \\
&= \sum_{i=1}^{m} d_i^2 (b_i - a_i^{\mathrm{T}} x)^2 - m \\
&\leqslant (d_i (b_i - a_i^{\mathrm{T}} x))^2 - m \\
&= \Big(\sum_{i=1}^{m} d_i (b_i - a_i^{\mathrm{T}} x_{ac}) + \sum_{i=1}^{m} d_i a_i^{\mathrm{T}} (x_{ac} - x) \Big)^2 - m \\
&= m^2 - m.
\end{aligned}$$

这表明

$$\Omega \subseteq E_{\text{outer}}.$$

例12.9 假设矩阵向量

$$A_i, B \in SM_n(\mathbf{R}), x \in \mathbf{R}^n,$$

定义集合

$$\Omega = \{x \mid x \in \mathbf{R}^n,\ \sum_{i=1}^{n} x_i A_i \leqslant B\}$$

的解析中心为如下模型的最优解

$$\min\ -\log\det(B - \sum_{i=1}^{n} x_i A_i),$$

隐含有约束

$$B - \sum_{i=1}^{n} x_i A_i > 0.$$

如果集合

$$\hat{\Omega} = \{x \mid x \in \mathbf{R}^n; \sum_{i=1}^{n} x_i A_i < B\}$$

有界，那么目标函数

$$-\log\det(B - \sum_{i=1}^{n} x_i A_i)$$

有下界。这个问题称为线性矩阵不等式的解析中心问题。

第 13 章

集合分类问题

本章首先定义什么是集合分类问题，然后在一定意义下将集合分类问题构建为凸优化模型，并探索其性质，再给出一些特殊情形下的应用。

13.1 线性分类模型

假设有$\mathbf{R}^n$中的两个数据集合

$$A = \{x_1, \cdots, x_N\}; B = \{y_1, \cdots, y_M\}.$$

问题是如何在给定的函数族中找到函数

$$f：\mathbf{R}^n \to \mathbf{R}^1,$$

使得

$$f(A) > 0, f(B) < 0.$$

即

$$f(x_i) > 0, i = 1, \cdots, N; f(y_j) < 0, j = 1, \cdots, M.$$

如果这些不等式成立，那么我们就说函数f分离、分类或者判别了这两个点集合。如果将函数族记为$\mathcal{F}$，那么分类问题可以转化为如下的问题

$$\begin{aligned} &\text{Find } f \\ &\text{s.t. } f(x_i) > 0, i = 1, \cdots, N, \\ &\qquad f(y_j) < 0, j = 1, \cdots, M, \\ &\qquad f \in \mathcal{F}. \end{aligned}$$

最简单的函数族自然是仿射函数族

$$\mathcal{F} = \{f = a^{\mathrm{T}}x - b |\, a \in \mathbf{R}^n,\ b \in \mathbf{R}^1\}.$$

所谓线性判别自然是寻找仿射函数$f(x) = a^{\mathrm{T}}x - b$使得

$$a^{\mathrm{T}}x_i - b > 0, i = 1, \cdots, N;\ a^{\mathrm{T}}y_j - b < 0, j = 1, \cdots, M.$$

观察上面的不等式，它们对于系数a, b是齐次的，所以线性判别问题可以转化为寻找仿射函数$f(x) = a^{\mathrm{T}}x - b$使得

$$a^{\mathrm{T}}x_i - b \geqslant 1, i = 1, \cdots, N;\ a^{\mathrm{T}}y_j - b \leqslant -1, j = 1, \cdots, M.$$

线性判别模型

$$a^{\mathrm{T}}x_i - b > 0, i = 1, \cdots, N; a^{\mathrm{T}}y_j - b < 0, j = 1, \cdots, M$$

的强择一是如下的关于$\alpha \in \mathbf{R}^N, \beta \in \mathbf{R}^M$的方程

$$\alpha \geqslant 0, \beta \geqslant 0, (\alpha, \beta) \neq 0, \sum_{i=1}^{N} \alpha_i x_i = \sum_{j=1}^{M} \beta_j y_j, \mathbf{1}^{\mathrm{T}}\alpha = \mathbf{1}^{\mathrm{T}}\beta.$$

可以转化为

$$\alpha \geqslant 0, \mathbf{1}^{\mathrm{T}}\alpha = 1, \beta \geqslant 0, \mathbf{1}^{\mathrm{T}}\beta = 1, \sum_{i=1}^{N} \alpha_i x_i = \sum_{j=1}^{M} \beta_j y_j.$$

这个条件有一个很简单的几何解释：它们表明存在集合

$$A = \{x_1, \cdots, x_N\}, B = \{y_1, \cdots, y_M\}$$

的凸包上面的点。换言之，两个点集合A, B可以被线性分类当且仅当它们的凸包不相交。

如果存在仿射函数$f(x) = a^{\mathrm{T}}x - b$使得

$$a^{\mathrm{T}}x_i - b > 0, i = 1, \cdots, N;\ a^{\mathrm{T}}y_j - b < 0, j = 1, \cdots, M.$$

我们自然会在其中选择在某些稳健度量下最优的一个。例如，我们可以寻找给出A上的正值和B上的负值之间的最大可能间距的函数，为此必须对系数a, b进行归一化处理，否则，由于a, b是齐次的，那么这个间距可能无穷大，我们提出鲁棒线性分类模型

$$\begin{aligned}
&\max\ t\\
&\text{s.t.}\ \ a^{\mathrm{T}}x_i - b \geqslant t, i = 1, \cdots, N,\\
&\qquad a^{\mathrm{T}}y_j - b \leqslant -t, j = 1, \cdots, M,\\
&\qquad \|a\|_2 \leqslant 1.
\end{aligned}$$

这个模型的变量是a, b, t. 这个模型有一个比较直观的几何解释：如果$\|a\|_2 = 1$，那么$a^{\mathrm{T}}x_i - b$是点x_i到平面

$$H = \{z \mid a^{\mathrm{T}}z = b\}$$

的距离。类似地，$b - a^{\mathrm{T}}y_j$是点y_j到这个超平面的距离。因此鲁棒线性分类模型是寻找一个分离两个集合A, B的超平面，并且具有到集合的最大距离。换言之，它寻找分类两个集合的最宽的带。我们需要计算鲁棒线性分类模型的对偶模型。首先将模型标准化得到

$$\begin{aligned}
&\min\ -t\\
&\text{s.t.}\ \ -a^{\mathrm{T}}x_i + b + t \leqslant 0, i = 1, \cdots, N,\\
&\qquad a^{\mathrm{T}}y_j - b + t \leqslant 0, j = 1, \cdots, M,\\
&\qquad \|a\|_2 - 1 \leqslant 0;
\end{aligned}$$

其次选择对偶变量

$$\alpha \in \mathbf{R}^N, \alpha \geqslant 0, \beta \in \mathbf{R}^M, \beta \geqslant 0, \gamma \in \mathbf{R}^1, \gamma \geqslant 0;$$

然后定义Lagrange函数得到

$$\begin{aligned}
L(a, b, t, \alpha, \beta, \gamma) =& -t + \sum_{i=1}^{N} \alpha_i(-a^{\mathrm{T}}x_i + b + t) + \sum_{j=1}^{M} \beta_j(a^{\mathrm{T}}y_j - b + t) + \gamma(\|a\|_2 - 1)\\
=& t\Big(\sum_{i=1}^{N} \alpha_i + \sum_{j=1}^{M} \beta_j - 1\Big) + a^{\mathrm{T}}\Big(-\sum_{i=1}^{N} \alpha_i x_i + \sum_{j=1}^{M} \beta_j y_j\Big) + \gamma\|a\|_2\\
&+ b\Big(\sum_{i=1}^{N} \alpha_i - \sum_{j=1}^{M} \beta_j\Big) - \gamma.
\end{aligned}$$

分情况计算对偶函数：

(1) 如果满足条件

$$\mathbf{1}^{\mathrm{T}}\alpha = \mathbf{1}^{\mathrm{T}}\beta, \mathbf{1}^{\mathrm{T}}\alpha + \mathbf{1}^{\mathrm{T}}\beta - 1 = 0, \| -\sum_{i=1}^{N} \alpha_i x_i + \sum_{j=1}^{M} \beta_j y_j \|_2 \leqslant \gamma,$$

那么此时对偶函数可得

$$r(\alpha,\beta,\gamma) = \inf_{a,b,t} L(a,b,t,\alpha,\beta,\gamma) = -\gamma.$$

(2) 对于其他情形，都有

$$r(\alpha,\beta,\gamma) = -\infty.$$

综上，鲁棒线性分类模型的对偶模型为

$$\begin{aligned} \min\ & \| \sum_{j=1}^{M} \beta_j y_j - \sum_{i=1}^{N} \alpha_i x_i \|_2, \\ \text{s.t.}\ & \alpha \geqslant 0, \mathbf{1}^{\mathrm{T}}\alpha = 1/2; \\ & \beta \geqslant 0, \mathbf{1}^{\mathrm{T}}\beta = 1/2. \end{aligned}$$

我们可以将$\sum_{i=1}^{N} 2\alpha_i x_i$解释为集合

$$\{x_1, \cdots, x_N\}$$

上的凸包的一点；而$\sum_{j=1}^{M} 2\beta_j y_j$是集合

$$\{y_1, \cdots, y_M\}$$

上的凸包的一点。对偶目标是极小化这两个点之间的半距离，即寻找两个集合的凸包之间的距离的半距离。

当仿射函数无法分类集合

$$A = \{x_1, \cdots, x_N\}, B = \{y_1, \cdots, y_M\}$$

时，我们只能退而求其次寻找仿射函数对这些点进行分类并且使得错分点数最小，显然这是一个复杂的组合优化问题。我们这么考虑：引入非负变量

$$u \in \mathbf{R}^N, u \geqslant 0; v \in \mathbf{R}^M, v \geqslant 0$$

将不等式

$$a^{\mathrm{T}} x_i - b \geqslant 1, i = 1, \cdots, N; a^{\mathrm{T}} y_j - b \leqslant -1, j = 1, \cdots, M$$

松弛为

$$a^{\mathrm{T}} x_i - b \geqslant 1 - u_i, i = 1, \cdots, N; a^{\mathrm{T}} y_j - b \leqslant -(1 - v_j), j = 1, \cdots, M.$$

显然当$u = 0, v = 0$时，不等式恢复到原始约束；当u, v充分大的时候，总能使得这些不等式可行。将u_i视为约束$a_i^{\mathrm{T}} x - b \geqslant 1$违反程度的一种度量，同理$v_j$视为约束$a_j^{\mathrm{T}} x - b \leqslant -1$违反程度的一种度量。我们的目标是寻找$a, b$以及稀疏的$u, v$来满足

$$a^{\mathrm{T}} x_i - b \geqslant 1 - u_i, i = 1, \cdots, N; a^{\mathrm{T}} y_j - b \leqslant -(1 - v_j), j = 1, \cdots, M.$$

本质上可以转化为如下的优化问题

$$\begin{aligned}\min\ & (\|u\|_0, \|v\|_0)\\ \text{s.t.}\ & a^{\mathrm{T}}x_i - b \geqslant 1 - u_i, i = 1, \cdots, N,\\ & a^{\mathrm{T}}y_j - b \leqslant -(1 - v_j), j = 1, \cdots, M,\\ & u \geqslant 0, v \geqslant 0.\end{aligned}$$

这个优化问题是复杂的组合优化问题，我们用如下的支持向量分类器模型作为一个近似

$$\begin{aligned}\min\ & \mathbf{1}^{\mathrm{T}}u + \mathbf{1}^{\mathrm{T}}v\\ \text{s.t.}\ & a^{\mathrm{T}}x_i - b \geqslant 1 - u_i, i = 1, \cdots, N,\\ & a^{\mathrm{T}}y_j - b \leqslant -(1 - v_j), j = 1, \cdots, M,\\ & u \geqslant 0, v \geqslant 0.\end{aligned}$$

这个模型的变量是a, b, u, v，目标函数解释为错分点数，即落入条带

$$\{z \mid -1 < a^{\mathrm{T}}z - b < 1\}$$

的点数之和。有时候条带的宽度$2/\|a\|_2$和错分点的数量需要综合考虑，提出了如下的标准支持向量分类器

$$\begin{aligned}\min\ & \|a\|_2 + \gamma(\mathbf{1}^{\mathrm{T}}u + \mathbf{1}^{\mathrm{T}}v)\\ \text{s.t.}\ & a^{\mathrm{T}}x_i - b \geqslant 1 - u_i, i = 1, \cdots, N,\\ & a^{\mathrm{T}}y_j - b \leqslant -(1 - v_j), j = 1, \cdots, M,\\ & u \geqslant 0, v \geqslant 0.\end{aligned}$$

参数$\gamma \in [0, +\infty)$.

当仿射函数无法分类集合

$$A = \{x_1, \cdots, x_N\}, B = \{y_1, \cdots, y_M\}$$

时，我们也可以选用Logistic模型来拟合这两个集合。假设z是取值为0或者1的随机变量，即

$$\begin{aligned}Prob(z = 1) &= \frac{\mathrm{e}^{a^{\mathrm{T}}u - b}}{\mathrm{e}^{a^{\mathrm{T}}u - b} + 1},\\ Prob(z = 0) &= \frac{1}{\mathrm{e}^{a^{\mathrm{T}}u - b} + 1}.\end{aligned}$$

现在假设A和B都是从Logistic模型采样得到的，具体而言A是N个$z = 1$的样本值，而B是M个$z = 0$的样本值。

可以从观察样本中通过最大似然估计来确定a, b，这是通过求解如下的凸优化问题而得到的

$$\min\ -l(a, b)$$

其中对数似然函数为

$$l(a, b) = \sum_{i=1}^{N}(a^{\mathrm{T}}x_i - b) - \sum_{i=1}^{N}\log(1 + \mathrm{e}^{a^{\mathrm{T}}x_i - b}) - \sum_{j=1}^{M}\log(1 + \mathrm{e}^{a^{\mathrm{T}}y_j - b}).$$

一旦找到了最大似然估计的值a, b，那么可以构造出两个点集的线性分类器

$$f(x) = a^{\mathrm{T}}x - b.$$

这个分类器具有如下优点：假设两个集合的数据是从以a, b为参数的Logistic模型中获取的，那么它在所有的分类器中具有最小的错分概率。超平面$a^{\mathrm{T}}u = b$对应$Prob(z = 1) = 1/2$的点，即两种输出是等可能的。

13.2 用多项式分类

当仿射函数无法分类集合

$$A = \{x_1, \cdots, x_N\} \subseteq \mathbf{R}^n,\quad B = \{y_1, \cdots, y_M\} \subseteq \mathbf{R}^n$$

时，我们可以选用更加复杂的函数进行分类。比如二次多项式

$$f(x) = x^{\mathrm{T}}Px + q^{\mathrm{T}}x + r, P \in SM_n(\mathbf{R}), q \in \mathbf{R}^n,\quad r \in \mathbf{R}^1.$$

此时称为二次函数分类问题，必须满足

$$x_i^{\mathrm{T}}Px_i + q^{\mathrm{T}}x_i + r > 0, i = 1, \cdots, N;$$
$$y_j^{\mathrm{T}}Py_j + q^{\mathrm{T}}y_j + r < 0, j = 1, \cdots, M.$$

显然上面的不等式关于变量P, q, r是齐次的，因此可以假设

$$x_i^{\mathrm{T}}Px_i + q^{\mathrm{T}}x_i + r \geqslant 1, i = 1, \cdots, N;$$
$$y_j^{\mathrm{T}}Py_j + q^{\mathrm{T}}y_j + r \leqslant -1, j = 1, \cdots, M.$$

分离曲面

$$\{z \mid z^{\mathrm{T}}Pz + q^{\mathrm{T}}z + r = 0\}$$

是二次曲面，于是求解二次函数分类问题等同于确定两个点集合是否可以被二次曲面所分离。

可以通过对P, q, r来增加约束以对分离曲面的形状加以限制。例如，我们要求$P < 0$，那么分离曲面就是椭球面，此时二次函数分类问题可以构建为如下模型

$$\begin{aligned}
&\text{Find } P, q, r\\
&\text{s.t.}\quad x_i^{\mathrm{T}}Px_i + q^{\mathrm{T}}x_i + r \geqslant 1, i = 1, \cdots, N,\\
&\qquad\ \ y_j^{\mathrm{T}}Py_j + q^{\mathrm{T}}y_j + r \leqslant -1, j = 1, \cdots, M,\\
&\qquad\ \ P \leqslant -I.
\end{aligned}$$

除了二次函数以外，更一般的，我们可以考虑多项式函数，记$\mathbf{R}^n$上的阶次小于等于d的多项式集合为$\mathcal{FP}_d$，即

$$f \in \mathcal{FP}_d, f(x) = \sum_{i_1+\cdots+i_n \leqslant d} a_{i_1\cdots i_n} x_1^{i_1} \cdots x_n^{i_n}.$$

通过求解关于$a_{i_1\cdots i_n}$的线性不等式组，可以确定两个集合

$$A = \{x_1, \cdots, x_N\} \subseteq \mathbf{R}^n,\quad B = \{y_1, \cdots, y_M\} \subseteq \mathbf{R}^n$$

是否可以被这样的多项式所分离。

作为扩展，在$\mathbf{R}^n$上，确定能够区分两个点集合的多项式的最小阶次问题可以通过拟凸优化得到解决，因为多项式的阶次是系数的拟凸函数，这可以通过对d进行二分法得到求解，并在每一步中考虑线性可行性问题。

第 14 章

基本学习模型

本章首先介绍机器学习的基本概念，然后利用仿射函数、二次函数、多项式函数、凸函数以及抽象的函数空间来介绍机器学习的基本模型。

14.1 机器学习概念

机器学习是人工智能领域当前最为热门的研究，那么什么是机器学习呢？卡内基梅隆大学机器学习系的首任系主任Tom M.Mitchell给出了一个可以参考的定义。

定义14.1 给定一个任务集合T和一个性能度量P，如果一个计算机算法L在T上以P衡量的性能随着经验E而自我完善，那么我们称这个计算机算法L从E中学习。

上面的这个定义，欠缺形式化描述，下面进一步将其精确化。

定义14.2 为了描述一类对象，需要提取对象的特征属性，这些特征属性形成的空间称为样本空间，样本空间用抽象的集合$\mathcal{X}$表示；更具体的，如果对象的描述有d个属性$a_1, \cdots, a_d$，每个属性的取值全空间分别为$\mathcal{A}_1, \cdots, \mathcal{A}_d$，那么样本空间可以具体描述为

$$\mathcal{X} = \times_{i=1,\cdots,d}\mathcal{A}_i.$$

样本空间$\mathcal{X}$中的每一个具体的样本记为

$$x \in \mathcal{X}.$$

样本空间也称为输入空间、属性空间、特征空间、示例空间等。在下文中，我们统称样本空间或者输入空间。

定义14.3 在机器学习中，对于样本空间的每一个点$x \in \mathcal{X}$，一般而言都有一个特定的输出，穷尽所有的输出，得到一个集合$\mathcal{Y}$. 这个集合称为输出空间或者标记空间，相当于对每一个样本$x \in \mathcal{X}$给出了一个特定的标记$y \in \mathcal{Y}$. 标记空间可以为空集。

定义14.4 一般而言，在机器学习中，样本空间和标记空间是一体存在的，即集合

$$\mathcal{Z} = \mathcal{X} \times \mathcal{Y}.$$

机器学习中给定的数据$z_i = (x_i, y_i)$即对样本x_i给定了一个具体的标记y_i. 给定样本空间$\mathcal{X}$和标记空间$\mathcal{Y}$，一个理想化的关系一定存在一个映射

$$\phi\text{：} \mathcal{X} \to \mathcal{Y},$$

这是真实正确的，所有的这些映射构成的映射集合记为

$$\mathcal{Y}^{\mathcal{X}} = \{\phi \mid \phi\text{：} \mathcal{X} \to \mathcal{Y}\text{是映射}\}.$$

定义14.5 给定样本空间$\mathcal{X}$和标记空间$\mathcal{Y}$，映射集合

$$\mathcal{Y}^{\mathcal{X}} = \{\phi \mid \phi\text{：} \mathcal{X} \to \mathcal{Y}\text{是映射}\}$$

的维度是非常巨大的，现实中不会在这个巨大的集合中寻找一个映射，而是根据实际应用的需要、性能与复杂度的平衡而采用一个子集合

$$\mathcal{H} \subseteq \mathcal{Y}^{\mathcal{X}},$$

这个子集合称为假设空间，假设空间的选取和具体问题相关，也和当前的数学水平相关。一般而言，会选用仿射函数空间、二次函数空间、高次函数空间、凸函数空间以及一些特殊的函数空间。

定义14.6 给定样本空间$\mathcal{X}$和标记空间$\mathcal{Y}$，所谓全监督机器学习是首先取定一个子集

$$D \subseteq \mathcal{Z} = \mathcal{X} \times \mathcal{Y},$$

然后在假设空间

$$\mathcal{H} \subseteq \mathcal{Y}^{\mathcal{X}}$$

中寻找按照某种测度拟合得最好的函数或者映射。

定义14.7 给定样本空间$\mathcal{X}$和标记空间$\mathcal{Y}$，所谓半监督机器学习是首先取定两个子集

$$D \subseteq \mathcal{Z} = \mathcal{X} \times \mathcal{Y}, G \subseteq \mathcal{X},$$

然后在假设空间

$$\mathcal{H} \subseteq \mathcal{Y}^{\mathcal{X}}$$

中寻找按照某种测度拟合得最好的函数或者映射。注意在学习过程中，G是没有标记的，需要学习出标记。

定义14.8 给定样本空间$\mathcal{X}$和标记空间$\mathcal{Y}$，所谓无监督机器学习是首先取定一个子集

$$G \subseteq \mathcal{X},$$

然后在假设空间

$$\mathcal{H} \subseteq \mathcal{Y}^{\mathcal{X}}$$

中寻找按照某种测度拟合得最好的函数或者映射。注意在学习过程中，假设空间$\mathcal{H}$可能是不明确的，需要设计，G是没有标记的，需要学习和设计出标记。

14.2 线性函数学习

定义14.9 假设$\mathcal{X} = \mathbf{R}^1, \mathcal{Y} = \mathbf{R}^1$是样本空间和标记空间，给定数据集

$$D = \{(x_1, y_1), \cdots, (x_i, y_i), \cdots, (x_m, y_m) | \, x_i \in \mathbf{R}^1, y_i \in \mathbf{R}^1, i = 1, \cdots, m\},$$

以及假设空间

$$\mathcal{H} = \{f \mid f(x) = ax + b, a, b \in \mathbf{R}^1\},$$

假设$Loss$：$\mathbf{R}^1 \times \mathbf{R}^1 \to \mathbf{R}^1$是一个损失评估函数，此时线性函数学习模型定义为

$$\begin{aligned} \min \ & \sum_{i=1}^{m} Loss(f(x_i), y_i) \\ \text{s.t.} \ & f \in \mathcal{H}. \end{aligned}$$

定义14.10 假设$\mathcal{X} = \mathbf{R}^1, \mathcal{Y} = \mathbf{R}^1$是样本空间和标记空间，给定数据集

$$D = \{(x_1, y_1), \cdots, (x_i, y_i), \cdots, (x_m, y_m) | \, x_i \in \mathbf{R}^1, y_i \in \mathbf{R}^1, i = 1, \cdots, m\},$$

以及假设空间

$$\mathcal{H} = \{f \mid f(x) = ax + b, a, b \in \mathbf{R}^1\},$$

假设$Loss$：$\mathbf{R}^m \times \mathbf{R}^m \to \mathbf{R}^1$是一个损失评估函数，此时线性函数学习模型定义为

$$\begin{aligned} &\min\ Loss((f(x_i))_{i=1,\cdots,m}, (y_i)_{i=1,\cdots,m}) \\ &\text{s.t.}\quad f \in \mathcal{H}. \end{aligned}$$

定义14.11 假设$\mathcal{X} = \mathbf{R}^n$，$\mathcal{Y} = \mathbf{R}^1$是样本空间和标记空间，给定数据集

$$D = \{(x_1, y_1), \cdots, (x_i, y_i), \cdots, (x_m, y_m) \mid x_i \in \mathbf{R}^n,\ \ y_i \in \mathbf{R}^1, i = 1, \cdots, m\},$$

以及假设空间

$$\mathcal{H} = \{f \mid f(x) = a^{\mathrm{T}}x + b, a \in \mathbf{R}^n,\ \ b \in \mathbf{R}^1\},$$

假设$Loss$：$\mathbf{R}^1 \times \mathbf{R}^1 \to \mathbf{R}^1$是一个损失评估函数，此时线性函数学习模型定义为

$$\begin{aligned} &\min\ \sum_{i=1}^{m} Loss(f(x_i), y_i) \\ &\text{s.t.}\quad f \in \mathcal{H}. \end{aligned}$$

定义14.12 假设$\mathcal{X} = \mathbf{R}^n$，$\mathcal{Y} = \mathbf{R}^1$是样本空间和标记空间，给定数据集

$$D = \{(x_1, y_1), \cdots, (x_i, y_i), \cdots, (x_m, y_m) \mid x_i \in \mathbf{R}^n,\ \ y_i \in \mathbf{R}^1, i = 1, \cdots, m\},$$

以及假设空间

$$\mathcal{H} = \{f \mid f(x) = a^{\mathrm{T}}x + b, a \in \mathbf{R}^n,\ \ b \in \mathbf{R}^1\},$$

假设$Loss$：$\mathbf{R}^m \times \mathbf{R}^m \to \mathbf{R}^1$是一个损失评估函数，此时线性函数学习模型定义为

$$\begin{aligned} &\min\ Loss((f(x_i))_{i=1,\cdots,m}, (y_i)_{i=1,\cdots,m}) \\ &\text{s.t.}\quad f \in \mathcal{H}. \end{aligned}$$

定义14.13 假设$\mathcal{X} = \mathbf{R}^1, \mathcal{Y} = \mathbf{R}^m$是样本空间和标记空间，给定数据集

$$D = \{(x_1, y_1), \cdots, (x_i, y_i), \cdots, (x_k, y_k) \mid x_i \in \mathbf{R}^1, y_i \in \mathbf{R}^m, i = 1, \cdots, k\},$$

以及假设空间

$$\mathcal{H} = \{f \mid f(x) = ax + b, a, b \in \mathbf{R}^m\},$$

假设$Loss$：$\mathbf{R}^m \times \mathbf{R}^m \to \mathbf{R}^1$是一个损失评估函数，此时线性函数学习模型定义为

$$\begin{aligned} &\min\ \sum_{i=1}^{k} Loss(f(x_i), y_i) \\ &\text{s.t.}\quad f \in \mathcal{H}. \end{aligned}$$

定义14.14 假设$\mathcal{X} = \mathbf{R}^1, \mathcal{Y} = \mathbf{R}^m$是样本空间和标记空间，给定数据集

$$D = \{(x_1, y_1), \cdots, (x_i, y_i), \cdots, (x_k, y_k) \mid x_i \in \mathbf{R}^1, y_i \in \mathbf{R}^m, i = 1, \cdots, k\},$$

以及假设空间

$$\mathcal{H} = \{f \mid f(x) = ax + b, a, b \in \mathbf{R}^m\},$$

假设$Loss$：$\mathbf{R}^{km} \times \mathbf{R}^{km} \to \mathbf{R}^1$是一个损失评估函数，此时线性函数学习模型定义为

$$\begin{aligned} &\min\ Loss((f(x_i))_{i=1,\cdots,k}, (y_i)_{i=1,\cdots,k}) \\ &\text{s.t.}\quad f \in \mathcal{H}. \end{aligned}$$

定义14.15 假设$\mathcal{X} = \mathbf{R}^n$，$\mathcal{Y} = \mathbf{R}^m$是样本空间和标记空间，给定数据集

$$D = \{(x_1, y_1), \cdots, (x_i, y_i), \cdots, (x_k, y_k) |\ x_i \in \mathbf{R}^n,\ \ y_i \in \mathbf{R}^m, i = 1, \cdots, k\},$$

以及假设空间

$$\mathcal{H} = \{f \mid f(x) = Ax + b, A \in M_{m\times n}(\mathbf{R}), b \in \mathbf{R}^m\},$$

假设$Loss$：$\mathbf{R}^m \times \mathbf{R}^m \to \mathbf{R}^1$是一个损失评估函数，此时线性函数学习模型定义为

$$\begin{aligned} \min\ & \sum_{i=1}^{k} Loss(f(x_i), y_i) \\ \text{s.t.}\ & f \in \mathcal{H}. \end{aligned}$$

定义14.16 假设$\mathcal{X} = \mathbf{R}^n$，$\mathcal{Y} = \mathbf{R}^m$是样本空间和标记空间，给定数据集

$$D = \{(x_1, y_1), \cdots, (x_i, y_i), \cdots, (x_k, y_k) |\ x_i \in \mathbf{R}^n,\ \ y_i \in \mathbf{R}^m, i = 1, \cdots, k\},$$

以及假设空间

$$\mathcal{H} = \{f \mid f(x) = Ax + b, A \in M_{m\times n}(\mathbf{R}), b \in \mathbf{R}^m\},$$

假设$Loss$：$\mathbf{R}^{km} \times \mathbf{R}^{km} \to \mathbf{R}^1$是一个损失评估函数，此时线性函数学习模型定义为

$$\begin{aligned} \min\ & Loss((f(x_i))_{i=1,\cdots,k}, (y_i)_{i=1,\cdots,k}) \\ \text{s.t.}\ & f \in \mathcal{H}. \end{aligned}$$

14.3　二次函数学习

定义14.17 假设$\mathcal{X} = \mathbf{R}^1, \mathcal{Y} = \mathbf{R}^1$是样本空间和标记空间，给定数据集

$$D = \{(x_1, y_1), \cdots, (x_i, y_i), \cdots, (x_m, y_m) |\ x_i \in \mathbf{R}^1, y_i \in \mathbf{R}^1, i = 1, \cdots, m\},$$

以及假设空间

$$\mathcal{H} = \{f \mid f(x) = ax^2 + bx + c, a, b, c \in \mathbf{R}^1\},$$

假设$Loss$：$\mathbf{R}^1 \times \mathbf{R}^1 \to \mathbf{R}^1$是一个损失评估函数，此时二次函数学习模型定义为

$$\begin{aligned} \min\ & \sum_{i=1}^{m} Loss(f(x_i), y_i) \\ \text{s.t.}\ & f \in \mathcal{H}. \end{aligned}$$

定义14.18 假设$\mathcal{X} = \mathbf{R}^1, \mathcal{Y} = \mathbf{R}^1$是样本空间和标记空间，给定数据集

$$D = \{(x_1, y_1), \cdots, (x_i, y_i), \cdots, (x_m, y_m) |\ x_i \in \mathbf{R}^1, y_i \in \mathbf{R}^1, i = 1, \cdots, m\},$$

以及假设空间

$$\mathcal{H} = \{f \mid f(x) = ax^2 + bx + c, a, b, c \in \mathbf{R}^1\},$$

假设$Loss$：$\mathbf{R}^m \times \mathbf{R}^m \to \mathbf{R}^1$是一个损失评估函数，此时二次函数学习模型定义为

$$\begin{aligned} \min\ & Loss((f(x_i))_{i=1,\cdots,m}, (y_i)_{i=1,\cdots,m}) \\ \text{s.t.}\ & f \in \mathcal{H}. \end{aligned}$$

定义14.19 假设$\mathcal{X} = \mathbf{R}^n$，$\mathcal{Y} = \mathbf{R}^1$是样本空间和标记空间，给定数据集

$$D = \{(x_1, y_1), \cdots, (x_i, y_i), \cdots, (x_m, y_m) |\ x_i \in \mathbf{R}^n,\ \ y_i \in \mathbf{R}^1, i = 1, \cdots, m\},$$

以及假设空间

$$\mathcal{H}=\{f \mid f(x)=x^{\mathrm{T}}Ax+2b^{\mathrm{T}}x+c, A\in SM_n(\mathbf{R}), b\in\mathbf{R}^n,\ c\in\mathbf{R}^1\},$$

假设$Loss$：$\mathbf{R}^1\times\mathbf{R}^1\to\mathbf{R}^1$是一个损失评估函数，此时二次函数学习模型定义为

$$\begin{aligned}&\min\ \sum_{i=1}^{m} Loss(f(x_i),y_i)\\&\text{s.t.}\quad f\in\mathcal{H}.\end{aligned}$$

定义14.20 假设$\mathcal{X}=\mathbf{R}^n$，$\mathcal{Y}=\mathbf{R}^1$是样本空间和标记空间，给定数据集

$$D=\{(x_1,y_1),\cdots,(x_i,y_i),\cdots,(x_m,y_m)\mid x_i\in\mathbf{R}^n,\ y_i\in\mathbf{R}^1, i=1,\cdots,m\},$$

以及假设空间

$$\mathcal{H}=\{f \mid f(x)=x^{\mathrm{T}}Ax+2b^{\mathrm{T}}x+c, A\in SM_n(\mathbf{R}), b\in\mathbf{R}^n,\ c\in\mathbf{R}^1\},$$

假设$Loss$：$\mathbf{R}^m\times\mathbf{R}^m\to\mathbf{R}^1$是一个损失评估函数，此时二次函数学习模型定义为

$$\begin{aligned}&\min\ Loss((f(x_i))_{i=1,\cdots,m},(y_i)_{i=1,\cdots,m})\\&\text{s.t.}\quad f\in\mathcal{H}.\end{aligned}$$

定义14.21 假设$\mathcal{X}=\mathbf{R}^1,\mathcal{Y}=\mathbf{R}^m$是样本空间和标记空间，给定数据集

$$D=\{(x_1,y_1),\cdots,(x_i,y_i),\cdots,(x_k,y_k)\mid x_i\in\mathbf{R}^1, y_i\in\mathbf{R}^m, i=1,\cdots,k\},$$

以及假设空间

$$\begin{aligned}\mathcal{H}=\{f \mid f(x)&=(f_1(x),\cdots,f_m(x))^{\mathrm{T}}, f_i(x)=a_ix^2+b_ix+c_i,\\&a_i,b_i,c_i\in\mathbf{R}^1, i=1,\cdots,m\},\end{aligned}$$

假设$Loss$：$\mathbf{R}^m\times\mathbf{R}^m\to\mathbf{R}^1$是一个损失评估函数，此时二次函数学习模型定义为

$$\begin{aligned}&\min\ \sum_{i=1}^{k} Loss(f(x_i),y_i)\\&\text{s.t.}\quad f\in\mathcal{H}.\end{aligned}$$

定义14.22 假设$\mathcal{X}=\mathbf{R}^1,\mathcal{Y}=\mathbf{R}^m$是样本空间和标记空间，给定数据集

$$D=\{(x_1,y_1),\cdots,(x_i,y_i),\cdots,(x_k,y_k)\mid x_i\in\mathbf{R}^n,\ y_i\in\mathbf{R}^m, i=1,\cdots,k\},$$

以及假设空间

$$\begin{aligned}\mathcal{H}=\{f \mid f(x)&=(f_1(x),\cdots,f_m(x))^{\mathrm{T}}, f_i(x)=a_ix^2+b_ix+c_i,\\&a_i,b_i,c_i\in\mathbf{R}^1, i=1,\cdots,m\},\end{aligned}$$

假设$Loss$：$\mathbf{R}^{km}\times\mathbf{R}^{km}\to\mathbf{R}^1$是一个损失评估函数，此时二次函数学习模型定义为

$$\begin{aligned}&\min\ Loss((f(x_i))_{i=1,\cdots,k},(y_i)_{i=1,\cdots,k})\\&\text{s.t.}\quad f\in\mathcal{H}.\end{aligned}$$

定义14.23 假设$\mathcal{X}=\mathbf{R}^n$，$\mathcal{Y}=\mathbf{R}^m$是样本空间和标记空间，给定数据集

$$D=\{(x_1,y_1),\cdots,(x_i,y_i),\cdots,(x_k,y_k)\mid x_i\in\mathbf{R}^n,\ y_i\in\mathbf{R}^m, i=1,\cdots,k\},$$

以及假设空间

$$\begin{aligned}\mathcal{H}=\{f \mid f(x)&=(f_1(x),\cdots,f_m(x))^{\mathrm{T}}, f_i(x)=x^{\mathrm{T}}A_ix+2b_i^{\mathrm{T}}x+c_i,\\&A_i\in SM_n(\mathbf{R}), b_i\in\mathbf{R}^n,\ c_i\in\mathbf{R}^1, i=1,\cdots,m\},\end{aligned}$$

假设$Loss$：$\mathbf{R}^m \times \mathbf{R}^m \to \mathbf{R}^1$是一个损失评估函数，此时二次函数学习模型定义为

$$\begin{aligned} \min\ & \sum_{i=1}^{k} Loss(f(x_i), y_i) \\ \text{s.t.}\ & f \in \mathcal{H}. \end{aligned}$$

定义14.24 假设$\mathcal{X} = \mathbf{R}^n$，$\mathcal{Y} = \mathbf{R}^m$是样本空间和标记空间，给定数据集

$$D = \{(x_1, y_1), \cdots, (x_i, y_i), \cdots, (x_k, y_k) |\ x_i \in \mathbf{R}^n,\ \ y_i \in \mathbf{R}^m, i = 1, \cdots, k\},$$

以及假设空间

$$\begin{aligned} \mathcal{H} =& \{f \mid f(x) = (f_1(x), \cdots, f_m(x))^{\mathrm{T}}, f_i(x) = x^{\mathrm{T}} A_i x + 2b_i^{\mathrm{T}} x + c_i, \\ & A_i \in SM_n(\mathbf{R}), b_i \in \mathbf{R}^n,\ \ c_i \in \mathbf{R}^1, i = 1, \cdots, m\}, \end{aligned}$$

假设$Loss$：$\mathbf{R}^{km} \times \mathbf{R}^{km} \to \mathbf{R}^1$是一个损失评估函数，此时二次函数学习模型定义为

$$\begin{aligned} \min\ & Loss((f(x_i))_{i=1,\cdots,k}, (y_i)_{i=1,\cdots,k}) \\ \text{s.t.}\ & f \in \mathcal{H}. \end{aligned}$$

14.4 高次函数学习

定义14.25 假设N是非负自然数集合，n是一个正的自然数，n元非负整数指标集为

$$N^n = \{\alpha = (\alpha_1, \cdots, \alpha_n) |\ \alpha_i \in N, i = 1, \cdots, n\}.$$

某个指标$\alpha \in N^n$的长度定义为

$$|\alpha| = \sum_{i=1}^{n} \alpha_i.$$

定义集合

$$I(N, n, d) = \{\alpha |\ \alpha \in N^n, |\alpha| \leqslant d\}.$$

假设$x \in \mathbf{R}^n$，$\alpha \in N^n$，定义单项式

$$x^\alpha = x_1^{\alpha_1} \cdots x_i^{\alpha_i} \cdots x_n^{\alpha_n}.$$

定义14.26 假设$\mathcal{X} = \mathbf{R}^1, \mathcal{Y} = \mathbf{R}^1$是样本空间和标记空间，给定数据集

$$D = \{(x_1, y_1), \cdots, (x_i, y_i), \cdots, (x_m, y_m) |\ x_i \in \mathbf{R}^1, y_i \in \mathbf{R}^1, i = 1, \cdots, m\},$$

以及假设空间($d \in \mathrm{N}_+$)

$$\mathcal{H}_d = \{f \mid f(x) = \sum_{\alpha \in N, \alpha \leqslant d} a_\alpha x^\alpha, a_\alpha \in \mathbf{R}^1\},$$

假设$Loss$：$\mathbf{R}^1 \times \mathbf{R}^1 \to \mathbf{R}^1$是一个损失评估函数，此时高次函数学习模型定义为

$$\begin{aligned} \min\ & \sum_{i=1}^{m} Loss(f(x_i), y_i) \\ \text{s.t.}\ & f \in \mathcal{H}_d. \end{aligned}$$

定义14.27 假设$\mathcal{X} = \mathbf{R}^1, \mathcal{Y} = \mathbf{R}^1$是样本空间和标记空间，给定数据集

$$D = \{(x_1, y_1), \cdots, (x_i, y_i), \cdots, (x_m, y_m) |\ x_i \in \mathbf{R}^1, y_i \in \mathbf{R}^1, i = 1, \cdots, m\},$$

以及假设空间($d \in \mathrm{N}_+$)

$$\mathcal{H}_d = \{f \mid f(x) = \sum_{\alpha \in N, \alpha \leqslant d} a_\alpha x^\alpha, a_\alpha \in \mathbf{R}^1\},$$

假设$Loss$：$\mathbf{R}^m\times\mathbf{R}^m\to\mathbf{R}^1$是一个损失评估函数，此时高次函数学习模型定义为

$$\min\ Loss((f(x_i))_{i=1,\cdots,m},(y_i)_{i=1,\cdots,m})$$
$$\text{s.t.}\quad f\in\mathcal{H}_d.$$

定义14.28 假设$\mathcal{X}=\mathbf{R}^n$，$\mathcal{Y}=\mathbf{R}^1$是样本空间和标记空间，给定数据集

$$D=\{(x_1,y_1),\cdots,(x_i,y_i),\cdots,(x_m,y_m)|\ x_i\in\mathbf{R}^n,\ \ y_i\in\mathbf{R}^1,i=1,\cdots,m\},$$

以及假设空间($d\in\mathrm{N}_+$)

$$\mathcal{H}_d=\{f\mid f(x)=\sum_{\alpha\in N^n,|\alpha|\leqslant d}a_\alpha x^\alpha,a_\alpha\in\mathbf{R}^1\},$$

假设$Loss$：$\mathbf{R}^1\times\mathbf{R}^1\to\mathbf{R}^1$是一个损失评估函数，此时高次函数学习模型定义为

$$\min\ \sum_{i=1}^m Loss(f(x_i),y_i)$$
$$\text{s.t.}\quad f\in\mathcal{H}_d.$$

定义14.29 假设$\mathcal{X}=\mathbf{R}^n$，$\mathcal{Y}=\mathbf{R}^1$是样本空间和标记空间，给定数据集

$$D=\{(x_1,y_1),\cdots,(x_i,y_i),\cdots,(x_m,y_m)|\ x_i\in\mathbf{R}^n,\ \ y_i\in\mathbf{R}^1,i=1,\cdots,m\},$$

以及假设空间($d\in\mathrm{N}_+$)

$$\mathcal{H}_d=\{f\mid f(x)=\sum_{\alpha\in N^n,|\alpha|\leqslant d}a_\alpha x^\alpha,a_\alpha\in\mathbf{R}^1\},$$

假设$Loss$：$\mathbf{R}^m\times\mathbf{R}^m\to\mathbf{R}^1$是一个损失评估函数，此时高次函数学习模型定义为

$$\min\ Loss((f(x_i))_{i=1,\cdots,m},(y_i)_{i=1,\cdots,m})$$
$$\text{s.t.}\quad f\in\mathcal{H}_d.$$

定义14.30 假设$\mathcal{X}=\mathbf{R}^1,\mathcal{Y}=\mathbf{R}^m$是样本空间和标记空间，给定数据集

$$D=\{(x_1,y_1),\cdots,(x_i,y_i),\cdots,(x_k,y_k)|\ x_i\in\mathbf{R}^n,\ \ y_i\in\mathbf{R}^m,i=1,\cdots,k\},$$

以及假设空间($d\in\mathrm{N}_+$)

$$\mathcal{H}_d=\{f\mid f(x)=(f_1(x),\cdots,f_m(x))^{\mathrm{T}},f_i(x)=\sum_{\alpha\in N,\alpha\leqslant d}a_\alpha^{(i)}x^\alpha,a_\alpha^{(i)}\in\mathbf{R}^1,i=1,\cdots,m\},$$

假设$Loss$：$\mathbf{R}^m\times\mathbf{R}^m\to\mathbf{R}^1$是一个损失评估函数，此时高次函数学习模型定义为

$$\min\ \sum_{i=1}^k Loss(f(x_i),y_i)$$
$$\text{s.t.}\quad f\in\mathcal{H}_d.$$

定义14.31 假设$\mathcal{X}=\mathbf{R}^1,\mathcal{Y}=\mathbf{R}^m$是样本空间和标记空间，给定数据集

$$D=\{(x_1,y_1),\cdots,(x_i,y_i),\cdots,(x_k,y_k)|\ x_i\in\mathbf{R}^n,\ \ y_i\in\mathbf{R}^m,i=1,\cdots,k\},$$

以及假设空间($d\in\mathrm{N}_+$)

$$\mathcal{H}_d=\{f\mid f(x)=(f_1(x),\cdots,f_m(x))^{\mathrm{T}},f_i(x)=\sum_{\alpha\in N,\alpha\leqslant d}a_\alpha^{(i)}x^\alpha,a_\alpha^{(i)}\in\mathbf{R}^1,i=1,\cdots,m\},$$

假设$Loss$：$\mathbf{R}^{km}\times\mathbf{R}^{km}\to\mathbf{R}^1$是一个损失评估函数，此时高次函数学习模型定义为

$$\min\ Loss((f(x_i))_{i=1,\cdots,k},(y_i)_{i=1,\cdots,k})$$
$$\text{s.t.}\quad f\in\mathcal{H}_d.$$

定义14.32 假设$\mathcal{X}=\mathbf{R}^n$，$\mathcal{Y}=\mathbf{R}^m$是样本空间和标记空间，给定数据集

$$D=\{(x_1,y_1),\cdots,(x_i,y_i),\cdots,(x_k,y_k)|\ x_i\in\mathbf{R}^n,\ \ y_i\in\mathbf{R}^m,i=1,\cdots,k\},$$

以及假设空间($d \in N_+$)

$$\mathcal{H}_d = \{f \mid f(x) = (f_1(x), \cdots, f_m(x))^{\mathrm{T}}, f_i(x) = \sum_{\alpha \in N^n, |\alpha| \leqslant d} a_\alpha^{(i)} x^\alpha, a_\alpha^{(i)} \in \mathbf{R}^1, i = 1, \cdots, m\},$$

假设$Loss$：$\mathbf{R}^m \times \mathbf{R}^m \to \mathbf{R}^1$是一个损失评估函数，此时高次函数学习模型定义为

$$\begin{aligned} \min \ & \sum_{i=1}^{k} Loss(f(x_i), y_i) \\ \text{s.t.} \ & f \in \mathcal{H}_d. \end{aligned}$$

定义14.33 假设$\mathcal{X} = \mathbf{R}^n$，$\mathcal{Y} = \mathbf{R}^m$是样本空间和标记空间，给定数据集

$$D = \{(x_1, y_1), \cdots, (x_i, y_i), \cdots, (x_k, y_k) | \ x_i \in \mathbf{R}^n, \ \ y_i \in \mathbf{R}^m, i = 1, \cdots, k\},$$

以及假设空间($d \in N_+$)

$$\mathcal{H}_d = \{f \mid f(x) = (f_1(x), \cdots, f_m(x))^{\mathrm{T}}, f_i(x) = \sum_{\alpha \in N^n, |\alpha| \leqslant d} a_\alpha^{(i)} x^\alpha, a_\alpha^{(i)} \in \mathbf{R}^1, i = 1, \cdots, m\},$$

假设$Loss$：$\mathbf{R}^{km} \times \mathbf{R}^{km} \to \mathbf{R}^1$是一个损失评估函数，此时高次函数学习模型定义为

$$\begin{aligned} \min \ & Loss((f(x_i))_{i=1,\cdots,k}, (y_i)_{i=1,\cdots,k}) \\ \text{s.t.} \ & f \in \mathcal{H}_d. \end{aligned}$$

14.5 凸性函数学习

回顾正常锥、单调函数、凸函数、广义单调函数、广义凸函数的定义，可以定义新的函数空间。

定义14.34 非空集合$K \subseteq \mathbf{R}^n$称之为正常锥，如果满足

(1) K是锥的，即

$$\forall x \in K, \forall \alpha \geqslant 0 \Rightarrow \alpha x \in K.$$

(2) K是凸的，即

$$\forall x, y \in K \Rightarrow [x, y] \subseteq K.$$

(3) K是闭的，即

$$\forall \{x_n\}_{n=1}^{\infty} \subseteq \Omega, x_n \to x \Rightarrow x \in K.$$

(4) K是实的，即

$$\mathrm{int}(K) \neq \varnothing.$$

(5) K是尖的，即

$$x, -x \in K \Rightarrow x = 0.$$

定义14.35 假设$\Omega \subseteq \mathbf{R}^n$是正常锥，定义偏序关系($\mathbf{R}^n$，$\geqslant_K$)为

$$\begin{aligned} & x \geqslant_K y \Leftrightarrow x - y \in K; \\ & x \geqslant_K y, x \neq y \Leftrightarrow x - y \in K, x \neq y; \\ & x >_K y \Leftrightarrow x - y \in \mathrm{int}(K). \end{aligned}$$

定义14.36 假设$\Omega \subseteq \mathbf{R}^n$是凸集合，函数$f$：$\Omega \to \mathrm{R}$称为凸函数，如果满足

$$\forall x, y \in \Omega, \forall \alpha \in [0, 1] \Rightarrow f((1 - \alpha)x + \alpha y) \leqslant (1 - \alpha)f(x) + \alpha f(y).$$

Ω到$\mathbf{R}^1$上的所有凸函数记为

$$\mathcal{CF}(\Omega \to \mathbf{R}^1).$$

定义14.37 假设$\Omega \subseteq \mathbf{R}^n$是凸集，函数$f$：$\Omega \to$ R称为对数凸函数，如果满足

$$\forall x \in \Omega, f(x) > 0, \log(f)\text{是凸函数}.$$

Ω到$\mathbf{R}^1$上的所有对数凸函数记为

$$\mathcal{LOGCF}(\Omega \to \mathbf{R}^1).$$

定义14.38 假设($\mathbf{R}^n$, $\geqslant_K$)是广义不等式，$\Omega \subseteq \mathbf{R}^n$是非空集合，函数$f$：$\Omega \to$ R，称为K增的，如果

$$x \leqslant_K y \Rightarrow f(x) \leqslant f(y).$$

Ω到$\mathbf{R}^1$上的所有K增函数记为

$$\mathcal{MIF}(\geqslant_K, \Omega \to \mathbf{R}^1).$$

定义14.39 假设($\mathbf{R}^n$, $\geqslant_K$)是广义不等式，$\Omega \subseteq \mathbf{R}^n$是非空凸集合，函数$f$：$\Omega \to$ R，称为K增凸的，如果

$$x \leqslant_K y \Rightarrow f(x) \leqslant f(y),$$

并且

$$\forall x, y \in \Omega, \forall \alpha \in [0, 1] \Rightarrow f((1-\alpha)x + \alpha y) \leqslant (1-\alpha) f(x) + \alpha f(y).$$

Ω到$\mathbf{R}^1$上的所有K增凸函数记为

$$\mathcal{MICF}(\geqslant_K, \Omega \to \mathbf{R}^1).$$

定义14.40 假设($\mathbf{R}^n$, $\geqslant_K$)是广义不等式，$\Omega \subseteq \mathbf{R}^n$是非空凸集合，函数$f$：$\Omega \to$ R，称为K增对数凸的，如果

$$x \leqslant_K y \Rightarrow f(x) \leqslant f(y),$$

并且

$$\forall x \in \Omega, f(x) > 0, \log(f)\text{是凸函数}.$$

Ω到$\mathbf{R}^1$上的所有K增对数凸函数记为

$$\mathcal{MILOGCF}(\geqslant_K, \Omega \to \mathbf{R}^1).$$

定义14.41 假设($\mathbf{R}^n$, $\geqslant_K$), ($\mathbf{R}^m, \geqslant_L$)是广义不等式，$\Omega \subseteq \mathbf{R}^n$是非空集合，函数$f$：$\Omega \to \mathbf{R}^m$，称为$K-L$增的，如果

$$x \leqslant_K y \Rightarrow f(x) \leqslant_L f(y).$$

Ω到$\mathbf{R}^m$上的所有$K-L$增函数记为

$$\mathcal{MIF}(\geqslant_K, \Omega \to \mathbf{R}^m, \geqslant_L).$$

定义14.42 假设($\mathbf{R}^m, \geqslant_K$)是广义不等式，$\Omega \subseteq \mathbf{R}^n$是非空凸集合，函数$f$：$\Omega \to \mathbf{R}^m$，称为$K$凸的，如果

$$\forall x, y \in \Omega, \forall \alpha \in [0, 1] \Rightarrow f((1-\alpha)x + \alpha y) \leqslant_K (1-\alpha) f(x) + \alpha f(y).$$

Ω到$\mathbf{R}^m$上的所有K凸函数记为

$$\mathcal{CF}(\Omega \to \mathbf{R}^m, \geqslant_K).$$

定义14.43 假设$(\mathbf{R}^n, \geqslant_K), (\mathbf{R}^m, \geqslant_L)$是广义不等式，$\Omega \subseteq \mathbf{R}^n$是非空凸集合，函数$f$：$\Omega \to \mathbf{R}^m$，称为$K-L$增$L$凸的，如果

$$x \leqslant_K y \Rightarrow f(x) \leqslant_L f(y),$$

并且

$$\forall x, y \in \Omega, \forall \alpha \in [0,1] \Rightarrow f((1-\alpha)x + \alpha y) \leqslant_L (1-\alpha)f(x) + \alpha f(y).$$

Ω到$\mathbf{R}^m$上的所有$K-L$增L凸函数记为

$$\mathcal{MICF}(\geqslant_K, \Omega \to \mathbf{R}^m, \geqslant_L, \geqslant_L).$$

定义14.44 假设$\mathcal{X} = \mathbf{R}^1, \mathcal{Y} = \mathbf{R}^1$是样本空间和标记空间，给定数据集

$$D = \{(x_1, y_1), \cdots, (x_i, y_i), \cdots, (x_m, y_m) | \, x_i \in \mathbf{R}^1, y_i \in \mathbf{R}^1, i = 1, \cdots, m\},$$

以及假设空间

$$\mathcal{H} \in \Big\{\mathcal{CF}(\mathbf{R}^1 \to \mathbf{R}^1), \mathcal{LOGCF}(\mathbf{R}^1 \to \mathbf{R}^1), \\ \mathcal{MICF}(\mathbf{R}^1 \to \mathbf{R}^1), \mathcal{MILOGCF}(\mathbf{R}^1 \to \mathbf{R}^1)\Big\},$$

假设$Loss$：$\mathbf{R}^1 \times \mathbf{R}^1 \to \mathbf{R}^1$是一个损失评估函数，此时凸性函数学习模型定义为

$$\begin{aligned} \min \ & \sum_{i=1}^{m} Loss(f(x_i), y_i) \\ \text{s.t.} \ & f \in \mathcal{H}. \end{aligned}$$

定义14.45 假设$\mathcal{X} = \mathbf{R}^1, \mathcal{Y} = \mathbf{R}^1$是样本空间和标记空间，给定数据集

$$D = \{(x_1, y_1), \cdots, (x_i, y_i), \cdots, (x_m, y_m) | \, x_i \in \mathbf{R}^1, y_i \in \mathbf{R}^1, i = 1, \cdots, m\},$$

以及假设空间

$$\mathcal{H} \in \Big\{\mathcal{CF}(\mathbf{R}^1 \to \mathbf{R}^1), \mathcal{LOGCF}(\mathbf{R}^1 \to \mathbf{R}^1), \\ \mathcal{MICF}(\mathbf{R}^1 \to \mathbf{R}^1), \mathcal{MILOGCF}(\mathbf{R}^1 \to \mathbf{R}^1)\Big\},$$

假设$Loss$：$\mathbf{R}^m \times \mathbf{R}^m \to \mathbf{R}^1$是一个损失评估函数，此时凸性函数学习模型定义为

$$\begin{aligned} \min \ & Loss((f(x_i))_{i=1,\cdots,m}, (y_i)_{i=1,\cdots,m}) \\ \text{s.t.} \ & f \in \mathcal{H}. \end{aligned}$$

定义14.46 假设$\mathcal{X} = \mathbf{R}^n$，$\mathcal{Y} = \mathbf{R}^1$是样本空间和标记空间，给定数据集

$$D = \{(x_1, y_1), \cdots, (x_i, y_i), \cdots, (x_m, y_m) | \, x_i \in \mathbf{R}^n, \ y_i \in \mathbf{R}^1, i = 1, \cdots, m\},$$

以及假设空间(此时假定$K \subseteq \mathbf{R}^n$是一个正常锥)

$$\mathcal{H} \in \Big\{\mathcal{CF}(\mathbf{R}^n \to \mathbf{R}^1), \mathcal{LOGCF}(\mathbf{R}^n \to \mathbf{R}^1), \\ \mathcal{MICF}(\geqslant_K, \mathbf{R}^n \to \mathbf{R}^1), \mathcal{MILOGCF}(\geqslant_K, \mathbf{R}^n \to \mathbf{R}^1)\Big\},$$

假设$Loss$：$\mathbf{R}^1 \times \mathbf{R}^1 \to \mathbf{R}^1$是一个损失评估函数，此时凸性函数学习模型定义为

$$\begin{aligned} \min \ & \sum_{i=1}^{m} Loss(f(x_i), y_i) \\ \text{s.t.} \ & f \in \mathcal{H}. \end{aligned}$$

定义14.47 假设$\mathcal{X} = \mathbf{R}^n$，$\mathcal{Y} = \mathbf{R}^1$是样本空间和标记空间，给定数据集

$$D = \{(x_1, y_1), \cdots, (x_i, y_i), \cdots, (x_m, y_m) | \, x_i \in \mathbf{R}^n, \ y_i \in \mathbf{R}^1, i = 1, \cdots, m\},$$

以及假设空间(此时假定$K \subseteq \mathbf{R}^n$是一个正常锥)

$$\mathcal{H} \in \Big\{\mathcal{CF}(\mathbf{R}^n \to \mathbf{R}^1), \mathcal{LOGCF}(\mathbf{R}^n \to \mathbf{R}^1), \mathcal{MICF}(\geqslant_K, \mathbf{R}^n \to \mathbf{R}^1), \mathcal{MILOGCF}(\geqslant_K, \mathbf{R}^n \to \mathbf{R}^1)\Big\},$$

假设$Loss$：$\mathbf{R}^m \times \mathbf{R}^m \to \mathbf{R}^1$是一个损失评估函数，此时凸性学习模型定义为

$$\begin{aligned} &\min\ Loss((f(x_i))_{i=1,\cdots,m}, (y_i)_{i=1,\cdots,m}) \\ &\text{s.t.}\ \ f \in \mathcal{H}. \end{aligned}$$

定义14.48 假设$\mathcal{X} = \mathbf{R}^1, \mathcal{Y} = \mathbf{R}^m$是样本空间和标记空间，给定数据集

$$D = \{(x_1, y_1), \cdots, (x_i, y_i), \cdots, (x_k, y_k) |\ x_i \in \mathbf{R}^1, y_i \in \mathbf{R}^m, i = 1, \cdots, k\},$$

以及假设空间(此时假定$L \subseteq \mathbf{R}^m$是正常锥)

$$\mathcal{H} \in \Big\{\mathcal{CF}(\mathbf{R}^1 \to \mathbf{R}^m, \geqslant_L), \mathcal{MICF}(\mathbf{R}^1 \to \mathbf{R}^m, \geqslant_L, \geqslant_L)\Big\},$$

假设$Loss$：$\mathbf{R}^m \times \mathbf{R}^m \to \mathbf{R}^1$是一个损失评估函数，此时凸性函数学习模型定义为

$$\begin{aligned} &\min\ \sum_{i=1}^{k} Loss(f(x_i), y_i) \\ &\text{s.t.}\ \ f \in \mathcal{H}. \end{aligned}$$

定义14.49 假设$\mathcal{X} = \mathbf{R}^1, \mathcal{Y} = \mathbf{R}^m$是样本空间和标记空间，给定数据集

$$D = \{(x_1, y_1), \cdots, (x_i, y_i), \cdots, (x_k, y_k) |\ x_i \in \mathbf{R}^1, y_i \in \mathbf{R}^m, i = 1, \cdots, k\},$$

以及假设空间(此时假定$L \subseteq \mathbf{R}^m$是正常锥)

$$\mathcal{H} \in \Big\{\mathcal{CF}(\mathbf{R}^1 \to \mathbf{R}^m, \geqslant_L), \mathcal{MICF}(\mathbf{R}^1 \to \mathbf{R}^m, \geqslant_L, \geqslant_L)\Big\},$$

假设$Loss$：$\mathbf{R}^{km} \times \mathbf{R}^{km} \to \mathbf{R}^1$是一个损失评估函数，此时凸性函数学习模型定义为

$$\begin{aligned} &\min\ Loss((f(x_i))_{i=1,\cdots,k}, (y_i)_{i=1,\cdots,k}) \\ &\text{s.t.}\ \ f \in \mathcal{H}. \end{aligned}$$

定义14.50 假设$\mathcal{X} = \mathbf{R}^n$，$\mathcal{Y} = \mathbf{R}^m$是样本空间和标记空间，给定数据集

$$D = \{(x_1, y_1), \cdots, (x_i, y_i), \cdots, (x_k, y_k) |\ x_i \in \mathbf{R}^n,\ \ y_i \in \mathbf{R}^m, i = 1, \cdots, k\},$$

以及假设空间(此时假定$K \subseteq \mathbf{R}^n$，$L \subseteq \mathbf{R}^m$是正常锥)

$$\mathcal{H} \in \Big\{\mathcal{CF}(\mathbf{R}^n \to \mathbf{R}^m, \geqslant_L), \mathcal{MICF}(\geqslant_K, \mathbf{R}^n \to \mathbf{R}^m, \geqslant_L, \geqslant_L)\Big\},$$

假设$Loss$：$\mathbf{R}^m \times \mathbf{R}^m \to \mathbf{R}^1$是一个损失评估函数，此时凸性函数学习模型定义为

$$\begin{aligned} &\min\ \sum_{i=1}^{k} Loss(f(x_i), y_i) \\ &\text{s.t.}\ \ f \in \mathcal{H}. \end{aligned}$$

定义14.51 假设$\mathcal{X} = \mathbf{R}^n$，$\mathcal{Y} = \mathbf{R}^m$是样本空间和标记空间，给定数据集

$$D = \{(x_1, y_1), \cdots, (x_i, y_i), \cdots, (x_k, y_k) |\ x_i \in \mathbf{R}^n,\ \ y_i \in \mathbf{R}^m, i = 1, \cdots, k\},$$

以及假设空间(此时假定$K \subseteq \mathbf{R}^n$，$L \subseteq \mathbf{R}^m$是正常锥)

$$\mathcal{H} \in \Big\{\mathcal{CF}(\mathbf{R}^n \to \mathbf{R}^m, \geqslant_L), \mathcal{MICF}(\geqslant_K, \mathbf{R}^n \to \mathbf{R}^m, \geqslant_L, \geqslant_L)\Big\},$$

假设$Loss$：$\mathbf{R}^{km} \times \mathbf{R}^{km} \to \mathbf{R}^1$是一个损失评估函数，此时凸性函数学习模型定义为

$$\begin{aligned} &\min\ Loss((f(x_i))_{i=1,\cdots,k}, (y_i)_{i=1,\cdots,k}) \\ &\text{s.t.}\ \ f \in \mathcal{H}. \end{aligned}$$

14.6 抽象函数学习

除了上面的线性函数族、二次函数族、高次函数族以及凸性函数族，在现实应用中，还可以根据问题来设计具体的假设空间，记这些设计出来的函数空间为

$$\mathcal{F}(\mathbf{R}^1 \to \mathbf{R}^1), \mathcal{F}(\mathbf{R}^1 \to \mathbf{R}^m), \mathcal{F}(\mathbf{R}^n \to \mathbf{R}^1), \mathcal{F}(\mathbf{R}^n \to \mathbf{R}^m).$$

定义14.52 假设$\mathcal{X} = \mathbf{R}^1, \mathcal{Y} = \mathbf{R}^1$是样本空间和标记空间，给定数据集

$$D = \{(x_1, y_1), \cdots, (x_i, y_i), \cdots, (x_m, y_m) |\, x_i \in \mathbf{R}^1, y_i \in \mathbf{R}^1, i = 1, \cdots, m\},$$

以及假设空间

$$\mathcal{H} = \mathcal{F}(\mathbf{R}^1 \to \mathbf{R}^1),$$

假设$Loss$：$\mathbf{R}^1 \times \mathbf{R}^1 \to \mathbf{R}^1$是一个损失评估函数，此时抽象函数学习模型定义为

$$\min \sum_{i=1}^{m} Loss(f(x_i), y_i)$$
$$\text{s.t.} \quad f \in \mathcal{H}.$$

定义14.53 假设$\mathcal{X} = \mathbf{R}^1, \mathcal{Y} = \mathbf{R}^1$是样本空间和标记空间，给定数据集

$$D = \{(x_1, y_1), \cdots, (x_i, y_i), \cdots, (x_m, y_m) |\, x_i \in \mathbf{R}^1, y_i \in \mathbf{R}^1, i = 1, \cdots, m\},$$

以及假设空间

$$\mathcal{H} = \mathcal{F}(\mathbf{R}^1 \to \mathbf{R}^1),$$

假设$Loss$：$\mathbf{R}^m \times \mathbf{R}^m \to \mathbf{R}^1$是一个损失评估函数，此时抽象函数学习模型定义为

$$\min \ Loss((f(x_i))_{i=1,\cdots,m}, (y_i)_{i=1,\cdots,m})$$
$$\text{s.t.} \quad f \in \mathcal{H}.$$

定义14.54 假设$\mathcal{X} = \mathbf{R}^n$，$\mathcal{Y} = \mathbf{R}^1$是样本空间和标记空间，给定数据集

$$D = \{(x_1, y_1), \cdots, (x_i, y_i), \cdots, (x_m, y_m) |\, x_i \in \mathbf{R}^n,\ y_i \in \mathbf{R}^1, i = 1, \cdots, m\},$$

以及假设空间

$$\mathcal{H} = \mathcal{F}(\mathbf{R}^n \to \mathbf{R}^1),$$

假设$Loss$：$\mathbf{R}^1 \times \mathbf{R}^1 \to \mathbf{R}^1$是一个损失评估函数，此时抽象函数学习模型定义为

$$\min \sum_{i=1}^{m} Loss(f(x_i), y_i)$$
$$\text{s.t.} \quad f \in \mathcal{H}.$$

定义14.55 假设$\mathcal{X} = \mathbf{R}^n$，$\mathcal{Y} = \mathbf{R}^1$是样本空间和标记空间，给定数据集

$$D = \{(x_1, y_1), \cdots, (x_i, y_i), \cdots, (x_m, y_m) |\, x_i \in \mathbf{R}^n,\ y_i \in \mathbf{R}^1, i = 1, \cdots, m\},$$

以及假设空间

$$\mathcal{H} = \mathcal{F}(\mathbf{R}^n \to \mathbf{R}^1),$$

假设$Loss$：$\mathbf{R}^m \times \mathbf{R}^m \to \mathbf{R}^1$是一个损失评估函数，此时抽象函数学习模型定义为

$$\min \ Loss((f(x_i))_{i=1,\cdots,m}, (y_i)_{i=1,\cdots,m})$$
$$\text{s.t.} \quad f \in \mathcal{H}.$$

定义14.56 假设$\mathcal{X}=\mathbf{R}^1,\mathcal{Y}=\mathbf{R}^m$是样本空间和标记空间，给定数据集

$$D=\{(x_1,y_1),\cdots,(x_i,y_i),\cdots,(x_k,y_k)|\ x_i\in\mathbf{R}^1,y_i\in\mathbf{R}^m,i=1,\cdots,k\},$$

以及假设空间

$$\mathcal{H}=\mathcal{F}(\mathbf{R}^1\to\mathbf{R}^m),$$

假设$Loss$：$\mathbf{R}^{km}\times\mathbf{R}^{km}\to\mathbf{R}^1$是一个损失评估函数，此时抽象函数学习模型定义为

$$\begin{aligned}&\min\ Loss((f(x_i))_{i=1,\cdots,k},(y_i)_{i=1,\cdots,k})\\&\text{s.t.}\quad f\in\mathcal{H}.\end{aligned}$$

定义14.57 假设$\mathcal{X}=\mathbf{R}^1,\mathcal{Y}=\mathbf{R}^m$是样本空间和标记空间，给定数据集

$$D=\{(x_1,y_1),\cdots,(x_i,y_i),\cdots,(x_k,y_k)|\ x_i\in\mathbf{R}^1,y_i\in\mathbf{R}^m,i=1,\cdots,k\},$$

以及假设空间

$$\mathcal{H}=\mathcal{F}(\mathbf{R}^1\to\mathbf{R}^m),$$

假设$Loss$：$\mathbf{R}^{m}\times\mathbf{R}^{m}\to\mathbf{R}^1$是一个损失评估函数，此时抽象函数学习模型定义为

$$\begin{aligned}&\min\ \sum_{i=1}^{k}Loss(f(x_i),y_i)\\&\text{s.t.}\quad f\in\mathcal{H}.\end{aligned}$$

定义14.58 假设$\mathcal{X}=\mathbf{R}^n$，$\mathcal{Y}=\mathbf{R}^m$是样本空间和标记空间，给定数据集

$$D=\{(x_1,y_1),\cdots,(x_i,y_i),\cdots,(x_k,y_k)|\ x_i\in\mathbf{R}^n,\ \ y_i\in\mathbf{R}^m,i=1,\cdots,k\},$$

以及假设空间

$$\mathcal{H}=\mathcal{F}(\mathbf{R}^n\to\mathbf{R}^m),$$

假设$Loss$：$\mathbf{R}^{m}\times\mathbf{R}^{m}\to\mathbf{R}^1$是一个损失评估函数，此时抽象函数学习模型定义为

$$\begin{aligned}&\min\ \sum_{i=1}^{k}Loss(f(x_i),y_i)\\&\text{s.t.}\quad f\in\mathcal{H}.\end{aligned}$$

定义14.59 假设$\mathcal{X}=\mathbf{R}^n$，$\mathcal{Y}=\mathbf{R}^m$是样本空间和标记空间，给定数据集

$$D=\{(x_1,y_1),\cdots,(x_i,y_i),\cdots,(x_k,y_k)|\ x_i\in\mathbf{R}^n,\ \ y_i\in\mathbf{R}^m,i=1,\cdots,k\},$$

以及假设空间

$$\mathcal{H}=\mathcal{F}(\mathbf{R}^n\to\mathbf{R}^m),$$

假设$Loss$：$\mathbf{R}^{km}\times\mathbf{R}^{km}\to\mathbf{R}^1$是一个损失评估函数，此时抽象函数学习模型定义为

$$\begin{aligned}&\min\ Loss((f(x_i))_{i=1,\cdots,k},(y_i)_{i=1,\cdots,k})\\&\text{s.t.}\quad f\in\mathcal{H}.\end{aligned}$$

第 15 章

线性函数学习

本章具体研究特殊的线性函数学习理论，它们的模型、性质、计算、应用以及理论解释。

15.1 样本一维标记一维

定义15.1 假设$\mathcal{X} = \mathbf{R}^1, \mathcal{Y} = \mathbf{R}^1$是样本空间和标记空间，给定数据集

$$D = \{(x_1, y_1), \cdots, (x_i, y_i), \cdots, (x_m, y_m) | \ x_i \in \mathbf{R}^1, y_i \in \mathbf{R}^1, i = 1, \cdots, m\},$$

以及假设空间

$$\mathcal{H} = \{f \mid f(x) = ax + b, a, b \in \mathbf{R}^1\},$$

假设$Loss$：$\mathbf{R}^1 \times \mathbf{R}^1 \to \mathbf{R}^1$是一个损失评估函数，此时线性函数学习模型定义为

$$\begin{aligned} \min \ & \sum_{i=1}^{m} Loss(f(x_i), y_i) \\ \text{s.t.} \ & f \in \mathcal{H}. \end{aligned}$$

定义15.2 假设$\mathcal{X} = \mathbf{R}^1, \mathcal{Y} = \mathbf{R}^1$是样本空间和标记空间，给定数据集

$$D = \{(x_1, y_1), \cdots, (x_i, y_i), \cdots, (x_m, y_m) | \ x_i \in \mathbf{R}^1, y_i \in \mathbf{R}^1, i = 1, \cdots, m\},$$

以及假设空间

$$\mathcal{H} = \{f \mid f(x) = ax + b, a, b \in \mathbf{R}^1\},$$

假设损失函数$Loss$：$\mathbf{R}^1 \times \mathbf{R}^1 \to \mathbf{R}^1$为$\mathbf{R}^1$上的范数$\|\cdot\|$的某种恰当函数$\phi$，此时范数线性函数学习模型定义为

$$\min \ \sum_{i=1}^{m} \phi(\|ax_i + b - y_i\|).$$

例15.1 假设$\mathcal{X} = \mathbf{R}^1, \mathcal{Y} = \mathbf{R}^1$是样本空间和标记空间，给定数据集

$$D = \{(x_1, y_1), \cdots, (x_i, y_i), \cdots, (x_m, y_m) | \ x_i \in \mathbf{R}^1, y_i \in \mathbf{R}^1, i = 1, \cdots, m\},$$

以及假设空间

$$\mathcal{H} = \{f \mid f(x) = ax + b, a, b \in \mathbf{R}^1\},$$

假设损失函数$Loss$：$\mathbf{R}^1 \times \mathbf{R}^1 \to \mathbf{R}^1$为$\mathbf{R}^1$上的$L_2$范数$\|\cdot\|_2$的恰当函数$\phi$，取定$\phi(u) = u^2$，此时学习模型为

$$\min \ \sum_{i=1}^{m} \|ax_i + b - y_i\|_2^2.$$

定义函数

$$\phi(a,b)=\sum_{i=1}^{m}(ax_i+b-y_i)^2,$$

整理为

$$\phi(a,b)=(\sum_i x_i^2)a^2+(2\sum_i x_i)ab-(2\sum_i x_iy_i)a-(2\sum_i y_i)b+mb^2+\sum_i y_i^2,$$

计算函数的各阶导数可得

$$\begin{aligned}
&\nabla_a\phi(a,b)=(2\sum_i x_i^2)a+(2\sum_i x_i)b-2\sum_i x_iy_i,\\
&\nabla_b\phi(a,b)=(2\sum_i x_i)a-2\sum_i y_i+2mb,\\
&\nabla_a^2\phi(a,b)=2\sum_i x_i^2,\\
&\nabla_b^2\phi(a,b)=2m,\\
&\nabla_{ab}^2\phi(a,b)=2\sum_i x_i.
\end{aligned}$$

显然有

$$\nabla^2\phi(a,b)=\begin{pmatrix} 2\sum_i x_i^2 & 2\sum_i x_i \\ 2\sum_i x_i & 2m \end{pmatrix}\geqslant 0,$$

因此函数$\phi(a,b)$的最优解是如下方程的解

$$\begin{aligned}
&\nabla_a\phi(a,b)=(2\sum_i x_i^2)a+(2\sum_i x_i)b-2\sum_i x_iy_i=0,\\
&\nabla_b\phi(a,b)=(2\sum_i x_i)a-2\sum_i y_i+2mb=0.
\end{aligned}$$

直接计算可得

$$a^*=\frac{m(\sum_i x_iy_i)-(\sum_i x_i)(\sum_i y_i)}{m(\sum_i x_i^2)-(\sum_i x_i)^2},\quad b^*=\frac{(\sum_i x_i^2)(\sum_i y_i)-(\sum_i x_i)(\sum_i x_iy_i)}{m(\sum_i x_i^2)-(\sum_i x_i)^2}.$$

例15.2 假设$\mathcal{X}=\mathbf{R}^1,\mathcal{Y}=\mathbf{R}^1$是样本空间和标记空间，给定数据集

$$D=\{(x_1,y_1),\cdots,(x_i,y_i),\cdots,(x_m,y_m)|\ x_i\in\mathbf{R}^1,y_i\in\mathbf{R}^1,i=1,\cdots,m\},$$

以及假设空间

$$\mathcal{H}=\{f\mid f(x)=ax+b,a,b\in\mathbf{R}^1\},$$

假设损失函数$Loss$：$\mathbf{R}^1\times\mathbf{R}^1\to\mathbf{R}^1$为$\mathbf{R}^1$上的$L_1$范数$\|\cdot\|_1$的恰当函数$\phi$，取定$\phi(u)=u$，此时学习模型为

$$\min\ \sum_{i=1}^{m}\|ax_i+b-y_i\|_1=\sum_{i=1}^{m}|ax_i+b-y_i|.$$

可以将此模型转化为

$$\begin{aligned}
&\min\ \mathbf{1}^{\mathrm{T}}t\\
&\text{s.t.}\ \ -t_i\leqslant ax_i+b-y_i\leqslant t_i,i=1,\cdots,m,
\end{aligned}$$

模型的变量为$a,b\in\mathbf{R}^1,t\in\mathbf{R}^m$.

例15.3 假设$\mathcal{X}=\mathbf{R}^1,\mathcal{Y}=\mathbf{R}^1$是样本空间和标记空间，给定数据集

$$D=\{(x_1,y_1),\cdots,(x_i,y_i),\cdots,(x_m,y_m)|\ x_i\in\mathbf{R}^1,y_i\in\mathbf{R}^1,i=1,\cdots,m\},$$

以及假设空间

$$\mathcal{H} = \{f \mid f(x) = ax + b, a, b \in \mathbf{R}^1\},$$

假设损失函数$Loss$：$\mathbf{R}^1 \times \mathbf{R}^1 \to \mathbf{R}^1$为$\mathbf{R}^1$上的$L_\infty$范数$\|\cdot\|_\infty$的恰当函数$\phi$，取定$\phi(u) = u$，此时学习模型为

$$\min \sum_{i=1}^{m} \|ax_i + b - y_i\|_\infty = \sum_{i=1}^{m} |ax_i + b - y_i|.$$

可以将此模型转化为

$$\begin{aligned} &\min \ \mathbf{1}^{\mathrm{T}} t \\ &\text{s.t.} \quad -t_i \leqslant ax_i + b - y_i \leqslant t_i, i = 1, \cdots, m, \end{aligned}$$

模型的变量为$a, b \in \mathbf{R}^1, t \in \mathbf{R}^m$.

定义15.3 假设$\mathcal{X} = \mathbf{R}^1, \mathcal{Y} = \mathbf{R}^1$是样本空间和标记空间，给定数据集

$$D = \{(x_1, y_1), \cdots, (x_i, y_i), \cdots, (x_m, y_m) | \ x_i \in \mathbf{R}^1, y_i \in \mathbf{R}^1, i = 1, \cdots, m\},$$

以及假设空间

$$\mathcal{H} = \{f \mid f(x) = ax + b, a, b \in \mathbf{R}^1\},$$

假设$Loss$：$\mathbf{R}^m \times \mathbf{R}^m \to \mathbf{R}^1$是一个损失评估函数，此时线性函数学习模型定义为

$$\begin{aligned} &\min \ Loss((f(x_i))_{i=1}^m, (y_i)_{i=1}^m) \\ &\text{s.t.} \quad f \in \mathcal{H}. \end{aligned}$$

定义15.4 假设$\mathcal{X} = \mathbf{R}^1, \mathcal{Y} = \mathbf{R}^1$是样本空间和标记空间，给定数据集

$$D = \{(x_1, y_1), \cdots, (x_i, y_i), \cdots, (x_m, y_m) | \ x_i \in \mathbf{R}^1, y_i \in \mathbf{R}^1, i = 1, \cdots, m\},$$

以及假设空间

$$\mathcal{H} = \{f \mid f(x) = ax + b, a, b \in \mathbf{R}^1\},$$

假设损失函数$Loss$：$\mathbf{R}^m \times \mathbf{R}^m \to \mathbf{R}^1$为$\mathbf{R}^m$上的范数$\|\cdot\|$的某种恰当函数$\phi$，此时范数线性函数学习模型定义为

$$\min \ \phi(\|(ax_i + b)_{i=1}^m - (y_i)_{i=1}^m\|).$$

例15.4 假设$\mathcal{X} = \mathbf{R}^1, \mathcal{Y} = \mathbf{R}^1$是样本空间和标记空间，给定数据集

$$D = \{(x_1, y_1), \cdots, (x_i, y_i), \cdots, (x_m, y_m) | \ x_i \in \mathbf{R}^1, y_i \in \mathbf{R}^1, i = 1, \cdots, m\},$$

以及假设空间

$$\mathcal{H} = \{f \mid f(x) = ax + b, a, b \in \mathbf{R}^1\},$$

假设损失函数$Loss$：$\mathbf{R}^m \times \mathbf{R}^m \to \mathbf{R}^1$分别取定如下三种情形：(1) 范数为$\mathbf{R}^m$上的$L_2$范数，取定$\phi(u) = u^2$；(2)范数为$\mathbf{R}^m$ 上的L_1范数，取定$\phi(u) = u$；(3)范数为$\mathbf{R}^m$上的L_∞范数，取定$\phi(u) = u$. 此时范数线性函数学习模型为

$$\min \ \phi(\|(ax_i + b)_{i=1}^m - (y_i)_{i=1}^m\|).$$

可以得到的例子和此节前文中的例子相差无几。读者可以自行推导。

15.2 样本高维标记一维

定义15.5 假设$\mathcal{X} = \mathbf{R}^n$，$\mathcal{Y} = \mathbf{R}^1$是样本空间和标记空间，给定数据集

$$D = \{(x_1, y_1), \cdots, (x_i, y_i), \cdots, (x_m, y_m) |\ x_i \in \mathbf{R}^n,\ \ y_i \in \mathbf{R}^1, i = 1, \cdots, m\},$$

以及假设空间

$$\mathcal{H} = \{f \mid f(x) = a^{\mathrm{T}} x + b, a \in \mathbf{R}^n,\ \ b \in \mathbf{R}^1\},$$

假设$Loss$：$\mathbf{R}^1 \times \mathbf{R}^1 \to \mathbf{R}^1$是一个损失评估函数，此时线性函数学习模型定义为

$$\begin{aligned} \min\ & \sum_{i=1}^{m} Loss(f(x_i), y_i) \\ \text{s.t.}\ & f \in \mathcal{H}. \end{aligned}$$

定义15.6 假设$\mathcal{X} = \mathbf{R}^n$，$\mathcal{Y} = \mathbf{R}^1$是样本空间和标记空间，给定数据集

$$D = \{(x_1, y_1), \cdots, (x_i, y_i), \cdots, (x_m, y_m) |\ x_i \in \mathbf{R}^n,\ \ y_i \in \mathbf{R}^1, i = 1, \cdots, m\},$$

以及假设空间

$$\mathcal{H} = \{f \mid f(x) = a^{\mathrm{T}} x + b, a \in \mathbf{R}^n,\ \ b \in \mathbf{R}^1\},$$

假设损失函数$Loss$：$\mathbf{R}^1 \times \mathbf{R}^1 \to \mathbf{R}^1$是$\mathbf{R}^1$上的范数$\|\cdot\|$的恰当函数$\phi$，此时范数线性函数学习模型定义为

$$\min \sum_{i=1}^{m} \phi(\|a^{\mathrm{T}} x_i + b - y_i\|).$$

例15.5 假设$\mathcal{X} = \mathbf{R}^n$，$\mathcal{Y} = \mathbf{R}^1$是样本空间和标记空间，给定数据集

$$D = \{(x_1, y_1), \cdots, (x_i, y_i), \cdots, (x_m, y_m) |\ x_i \in \mathbf{R}^n,\ \ y_i \in \mathbf{R}^1, i = 1, \cdots, m\},$$

以及假设空间

$$\mathcal{H} = \{f \mid f(x) = a^{\mathrm{T}} x + b, a \in \mathbf{R}^n,\ \ b \in \mathbf{R}^1\},$$

假设损失函数$Loss$：$\mathbf{R}^1 \times \mathbf{R}^1 \to \mathbf{R}^1$为$\mathbf{R}^1$上的$L_2$范数$\|\cdot\|_2$的恰当函数$\phi$，取定$\phi(u) = u^2$，此时学习模型为

$$\min \sum_{i=1}^{m} \|a^{\mathrm{T}} x_i + b - y_i\|_2^2.$$

定义函数

$$\phi(a, b) = \sum_{i=1}^{m} (a^{\mathrm{T}} x_i + b - y_i)^2,$$

计算函数的各阶导数可得

$$\begin{aligned} \nabla_a \phi(a, b) &= 2 \sum_{i=1}^{m} (a^{\mathrm{T}} x_i + b - y_i) x_i, \\ \nabla_b \phi(a, b) &= 2 \sum_{i=1}^{m} (a^{\mathrm{T}} x_i + b - y_i), \\ \nabla_a^2 \phi(a, b) &= 2 \sum_{i} x_i x_i^{\mathrm{T}}, \\ \nabla_b^2 \phi(a, b) &= 2m, \\ \nabla_{ab}^2 \phi(a, b) &= 2 \sum_{i=1}^{m} x_i. \end{aligned}$$

显然有

$$\nabla^2\phi(a,b)=\begin{pmatrix} 2\sum_i x_i x_i^{\mathrm{T}} & 2\sum_i x_i \\ (2\sum_i x_i)^{\mathrm{T}} & 2m \end{pmatrix}\geqslant 0,$$

因此函数$\phi(a,b)$的最优解是如下方程的解

$$\nabla_a\phi(a,b)=2\sum_{i=1}^{m}(a^{\mathrm{T}}x_i+b-y_i)x_i=0,$$
$$\nabla_b\phi(a,b)=2\sum_{i=1}^{m}(a^{\mathrm{T}}x_i+b-y_i)=0.$$

直接计算可得

$$a^*=\frac{m(\sum_i x_i y_i)-(\sum_i x_i)(\sum_i y_i)}{m(\sum_i x_i^{\mathrm{T}}x_i)-(\sum_i \mathbf{1}_n^{\mathrm{T}}x_i)^2},\quad b^*=\frac{(\sum_i x_i^{\mathrm{T}}x_i)(\sum_i y_i)-(\sum_i x_i)^{\mathrm{T}}(\sum_i x_i y_i)}{m(\sum_i x_i^{\mathrm{T}}x_i)-(\sum_i \mathbf{1}_n^{\mathrm{T}}x_i)^2}.$$

例15.6 假设$\mathcal{X}=\mathbf{R}^n$，$\mathcal{Y}=\mathbf{R}^1$是样本空间和标记空间，给定数据集

$$D=\{(x_1,y_1),\cdots,(x_i,y_i),\cdots,(x_m,y_m)|\ x_i\in\mathbf{R}^n,\ \ y_i\in\mathbf{R}^1,i=1,\cdots,m\},$$

以及假设空间

$$\mathcal{H}=\{f\mid f(x)=a^{\mathrm{T}}x+b,a\in\mathbf{R}^n,\ \ b\in\mathbf{R}^1\},$$

假设损失函数$Loss$：$\mathbf{R}^1\times\mathbf{R}^1\to\mathbf{R}^1$为$\mathbf{R}^1$上的$L_1$范数$\|\cdot\|_1$的恰当函数$\phi$，取定$\phi(u)=u$，此时学习模型为

$$\min\ \sum_{i=1}^{m}\|a^{\mathrm{T}}x_i+b-y_i\|_1=\sum_{i=1}^{m}|a^{\mathrm{T}}x_i+b-y_i|.$$

可以将此模型转化为

$$\begin{aligned}&\min\ \sum_{i=1}^{m}t_i\\&\text{s.t.}\quad -t_i\leqslant a^{\mathrm{T}}x_i+b-y_i\leqslant t_i,i=1,\cdots,m,\end{aligned}$$

模型的变量为$a\in\mathbf{R}^n$，$b\in\mathbf{R}^1,t_i\in\mathbf{R}^1,i=1,\cdots,m$.

例15.7 假设$\mathcal{X}=\mathbf{R}^n$，$\mathcal{Y}=\mathbf{R}^1$是样本空间和标记空间，给定数据集

$$D=\{(x_1,y_1),\cdots,(x_i,y_i),\cdots,(x_m,y_m)|\ x_i\in\mathbf{R}^n,\ \ y_i\in\mathbf{R}^1,i=1,\cdots,m\},$$

以及假设空间

$$\mathcal{H}=\{f\mid f(x)=a^{\mathrm{T}}x+b,a\in\mathbf{R}^n,\ \ b\in\mathbf{R}^1\},$$

假设损失函数$Loss$：$\mathbf{R}^1\times\mathbf{R}^1\to\mathbf{R}^1$为$\mathbf{R}^1$上的$L_\infty$范数$\|\cdot\|_\infty$的恰当函数$\phi$，取定$\phi(u)=u$，此时学习模型为

$$\min\ \sum_{i=1}^{m}\|a^{\mathrm{T}}x_i+b-y_i\|_\infty=\sum_{i=1}^{m}|ax_i+b-y_i|.$$

可以将此模型转化为

$$\begin{aligned}&\min\ \sum_{i=1}^{m}t_i\\&\text{s.t.}\quad -t_i\leqslant a^{\mathrm{T}}x_i+b-y_i\leqslant t_i,i=1,\cdots,m,\end{aligned}$$

模型的变量为$a\in\mathbf{R}^n$，$b\in\mathbf{R}^1,t_i\in\mathbf{R}^1,i=1,\cdots,m$.

定义15.7 假设$\mathcal{X}=\mathbf{R}^n$，$\mathcal{Y}=\mathbf{R}^1$是样本空间和标记空间，给定数据集

$$D=\{(x_1,y_1),\cdots,(x_i,y_i),\cdots,(x_m,y_m)|\ x_i\in\mathbf{R}^n,\ \ y_i\in\mathbf{R}^1,i=1,\cdots,m\},$$

以及假设空间

$$\mathcal{H} = \{f \mid f(x) = a^{\mathrm{T}}x + b, a \in \mathbf{R}^n,\ b \in \mathbf{R}^1\},$$

假设$Loss$：$\mathbf{R}^m \times \mathbf{R}^m \to \mathbf{R}^1$是一个损失评估函数，此时线性函数学习模型定义为

$$\begin{aligned} &\min\ Loss((f(x_i))_{i=1}^m, (y_i)_{i=1}^m) \\ &\text{s.t.}\ \ f \in \mathcal{H}. \end{aligned}$$

定义15.8 假设$\mathcal{X} = \mathbf{R}^n$，$\mathcal{Y} = \mathbf{R}^1$是样本空间和标记空间，给定数据集

$$D = \{(x_1, y_1), \cdots, (x_i, y_i), \cdots, (x_m, y_m) \mid x_i \in \mathbf{R}^n,\ y_i \in \mathbf{R}^1, i = 1, \cdots, m\},$$

以及假设空间

$$\mathcal{H} = \{f \mid f(x) = a^{\mathrm{T}}x + b, a \in \mathbf{R}^n,\ b \in \mathbf{R}^1\},$$

假设损失函数$Loss$：$\mathbf{R}^m \times \mathbf{R}^m \to \mathbf{R}^1$是$\mathbf{R}^m$上的范数$\|\cdot\|$的恰当函数$\phi$，此时范数线性函数学习模型定义为

$$\min\ \phi(\|(a^{\mathrm{T}}x_i + b)_{i=1}^m - (y_i)_{i=1}^m\|).$$

例15.8 假设$\mathcal{X} = \mathbf{R}^n$，$\mathcal{Y} = \mathbf{R}^1$是样本空间和标记空间，给定数据集

$$D = \{(x_1, y_1), \cdots, (x_i, y_i), \cdots, (x_m, y_m) \mid x_i \in \mathbf{R}^n,\ y_i \in \mathbf{R}^1, i = 1, \cdots, m\},$$

以及假设空间

$$\mathcal{H} = \{f \mid f(x) = a^{\mathrm{T}}x + b, a \in \mathbf{R}^n,\ b \in \mathbf{R}^1\},$$

假设损失函数$Loss$：$\mathbf{R}^m \times \mathbf{R}^m \to \mathbf{R}^1$分别取定如下三种情形：(1)范数为$\mathbf{R}^m$上的$L_2$范数，取定$\phi(u) = u^2$；(2)范数为$\mathbf{R}^m$上的$L_1$范数，取定$\phi(u) = u$；(3)范数为$\mathbf{R}^m$上的$L_\infty$范数，取定$\phi(u) = u$. 此时范数线性函数学习模型为

$$\min\ \phi(\|(a^{\mathrm{T}}x_i + b)_{i=1}^m - (y_i)_{i=1}^m\|).$$

可以得到的例子和此节前文中的例子相差无几。读者可以自行推导。

15.3 样本一维标记高维

定义15.9 假设$\mathcal{X} = \mathbf{R}^1, \mathcal{Y} = \mathbf{R}^m$是样本空间和标记空间，给定数据集

$$D = \{(x_1, y_1), \cdots, (x_i, y_i), \cdots, (x_k, y_k) \mid x_i \in \mathbf{R}^1, y_i \in \mathbf{R}^m, i = 1, \cdots, k\},$$

以及假设空间

$$\mathcal{H} = \{f \mid f(x) = ax + b, a, b \in \mathbf{R}^m\},$$

假设$Loss$：$\mathbf{R}^m \times \mathbf{R}^m \to \mathbf{R}^1$是一个损失评估函数，此时线性函数学习模型定义为

$$\begin{aligned} &\min\ \sum_{i=1}^k Loss(f(x_i), y_i) \\ &\text{s.t.}\ \ f \in \mathcal{H}. \end{aligned}$$

定义15.10 假设$\mathcal{X} = \mathbf{R}^1, \mathcal{Y} = \mathbf{R}^m$是样本空间和标记空间，给定数据集

$$D = \{(x_1, y_1), \cdots, (x_i, y_i), \cdots, (x_k, y_k) \mid x_i \in \mathbf{R}^1, y_i \in \mathbf{R}^m, i = 1, \cdots, k\},$$

以及假设空间

$$\mathcal{H} = \{f \mid f(x) = ax + b, a, b \in \mathbf{R}^m\},$$

假设损失函数$Loss$：$\mathbf{R}^m \times \mathbf{R}^m \to \mathbf{R}^1$是$\mathbf{R}^m$上的范数$\|\cdot\|$的一个恰当函数$\phi$，此时范数线性函数学习模型定义为

$$\min \sum_{i=1}^{k} \phi(\|ax_i + b - y_i\|).$$

例15.9 假设$\mathcal{X} = \mathbf{R}^1, \mathcal{Y} = \mathbf{R}^m$是样本空间和标记空间，给定数据集

$$D = \{(x_1, y_1), \cdots, (x_i, y_i), \cdots, (x_k, y_k) \mid x_i \in \mathbf{R}^1, y_i \in \mathbf{R}^m, i = 1, \cdots, k\},$$

以及假设空间

$$\mathcal{H} = \{f \mid f(x) = ax + b, a, b \in \mathbf{R}^m\},$$

假设损失函数$Loss$：$\mathbf{R}^m \times \mathbf{R}^m \to \mathbf{R}^1$是$\mathbf{R}^m$上的$L_2$范数$\|\cdot\|_2$的一个恰当函数$\phi$，取定函数$\phi(u) = u^2$，此时学习模型为

$$\min \sum_{i=1}^{k} \|ax_i + b - y_i\|_2^2.$$

目标函数为

$$\phi(a, b) = \sum_{i=1}^{k} (ax_i + b - y_i)^{\mathrm{T}} (ax_i + b - y_i),$$

计算函数的各阶导数可得

$$\begin{aligned}
\nabla_a \phi(a, b) &= 2 \sum_{i=1}^{k} (ax_i + b - y_i) x_i, \\
\nabla_b \phi(a, b) &= 2 \sum_{i=1}^{k} (ax_i + b - y_i), \\
\nabla_a^2 \phi(a, b) &= 2x^{\mathrm{T}} x I_m, x = (x_1, \cdots, x_k)^{\mathrm{T}}, \\
\nabla_b^2 \phi(a, b) &= 2k I_m, \\
\nabla_{ab}^2 \phi(a, b) &= 2(\sum_i x_i) I_m.
\end{aligned}$$

显然有

$$\nabla^2 \phi(a, b) = \begin{pmatrix} 2x^{\mathrm{T}} x I_m & 2I_m \\ 2I_m & 2k I_m \end{pmatrix} \geqslant 0,$$

因此函数$\phi(a, b)$的最优解是如下方程的解

$$\begin{aligned}
\nabla_a \phi(a, b) &= 2 \sum_{i=1}^{k} (ax_i + b - y_i) x_i = 0, \\
\nabla_b \phi(a, b) &= 2 \sum_{i=1}^{k} (ax_i + b - y_i) = 0.
\end{aligned}$$

直接计算可得

$$a^* = \frac{k \sum_i x_i y_i - (\sum_i x_i)(\sum_i y_i)}{k(\sum_i x_i^2) - (\sum_i x_i)^2}, \quad b^* = \frac{(\sum_i x_i^2)(\sum_i y_i) - (\sum_i x_i)(\sum_i x_i y_i)}{k(\sum_i x_i^2) - (\sum_i x_i)^2}.$$

例15.10 假设$\mathcal{X} = \mathbf{R}^1, \mathcal{Y} = \mathbf{R}^m$是样本空间和标记空间，给定数据集

$$D = \{(x_1, y_1), \cdots, (x_i, y_i), \cdots, (x_k, y_k) \mid x_i \in \mathbf{R}^1, y_i \in \mathbf{R}^m, i = 1, \cdots, k\},$$

以及假设空间

$$\mathcal{H} = \{f \mid f(x) = ax + b, a, b \in \mathbf{R}^m\},$$

假设损失函数$Loss$：$\mathbf{R}^m \times \mathbf{R}^m \to \mathbf{R}^1$是$\mathbf{R}^m$上的$L_1$范数$\|\cdot\|_1$的一个恰当函数$\phi$，取定函数$\phi(u) = u$，此时学习模型为

$$\min \sum_{i=1}^{k} \|ax_i + b - y_i\|_1.$$

可以将此模型转化为

$$\begin{aligned} \min\ & \sum_{i=1}^{k} \mathbf{1}_m^{\mathrm{T}} t_i \\ \text{s.t.}\ & -t_i \leqslant ax_i + b - y_i \leqslant t_i, i = 1, \cdots, k, \end{aligned}$$

模型的变量为$a, b \in \mathbf{R}^m, t_i \in \mathbf{R}^m, i = 1, \cdots, k$.

例15.11 假设$\mathcal{X} = \mathbf{R}^1, \mathcal{Y} = \mathbf{R}^m$是样本空间和标记空间，给定数据集

$$D = \{(x_1, y_1), \cdots, (x_i, y_i), \cdots, (x_k, y_k) |\ x_i \in \mathbf{R}^1, y_i \in \mathbf{R}^m, i = 1, \cdots, k\},$$

以及假设空间

$$\mathcal{H} = \{f \mid f(x) = ax + b, a, b \in \mathbf{R}^m\},$$

假设损失函数$Loss$：$\mathbf{R}^m \times \mathbf{R}^m \to \mathbf{R}^1$是$\mathbf{R}^m$上的$L_\infty$范数$\|\cdot\|_\infty$的一个恰当函数$\phi$，取定函数$\phi(u) = u$，此时学习模型为

$$\min \sum_{i=1}^{k} \|ax_i + b - y_i\|_\infty.$$

可以将此模型转化为

$$\begin{aligned} \min\ & \sum_{i=1}^{k} t_i \\ \text{s.t.}\ & -t_i \mathbf{1}_m \leqslant ax_i + b - y_i \leqslant t_i \mathbf{1}_m, i = 1, \cdots, k, \end{aligned}$$

模型的变量为$a, b \in \mathbf{R}^m, t_i \in \mathbf{R}^1, i = 1, \cdots, k$.

定义15.11 假设$\mathcal{X} = \mathbf{R}^1, \mathcal{Y} = \mathbf{R}^m$是样本空间和标记空间，给定数据集

$$D = \{(x_1, y_1), \cdots, (x_i, y_i), \cdots, (x_k, y_k) |\ x_i \in \mathbf{R}^1, y_i \in \mathbf{R}^m, i = 1, \cdots, k\},$$

以及假设空间

$$\mathcal{H} = \{f \mid f(x) = ax + b, a, b \in \mathbf{R}^m\},$$

假设$Loss$：$\mathbf{R}^{km} \times \mathbf{R}^{km} \to \mathbf{R}^1$是一个损失评估函数，此时线性函数学习模型定义为

$$\begin{aligned} \min\ & Loss((f(x_i))_{i=1}^k, (y_i)_{i=1}^k) \\ \text{s.t.}\ & f \in \mathcal{H}. \end{aligned}$$

定义15.12 假设$\mathcal{X} = \mathbf{R}^1, \mathcal{Y} = \mathbf{R}^m$是样本空间和标记空间，给定数据集

$$D = \{(x_1, y_1), \cdots, (x_i, y_i), \cdots, (x_k, y_k) |\ x_i \in \mathbf{R}^1, y_i \in \mathbf{R}^m, i = 1, \cdots, k\},$$

以及假设空间

$$\mathcal{H} = \{f \mid f(x) = ax + b, a, b \in \mathbf{R}^m\},$$

假设损失函数$Loss$：$\mathbf{R}^{km} \times \mathbf{R}^{km} \to \mathbf{R}^1$是$\mathbf{R}^{km}$上的范数$\|\cdot\|$的一个恰当函数$\phi$，此时范数线性

函数学习模型定义为

$$\min\ \phi(\|(ax_i+b)_{i=1}^k-(y_i)_{i=1}^k\|).$$

例15.12 假设$\mathcal{X}=\mathbf{R}^1,\mathcal{Y}=\mathbf{R}^m$是样本空间和标记空间，给定数据集

$$D=\{(x_1,y_1),\cdots,(x_i,y_i),\cdots,(x_k,y_k)|\ x_i\in\mathbf{R}^1,y_i\in\mathbf{R}^m,i=1,\cdots,k\},$$

以及假设空间

$$\mathcal{H}=\{f\mid f(x)=ax+b,a,b\in\mathbf{R}^m\},$$

假设损失函数$Loss$：$\mathbf{R}^{km}\times\mathbf{R}^{km}\to\mathbf{R}^1$分别取定如下三种情形：(1) 范数为$\mathbf{R}^{km}$上的$L_2$范数，取定$\phi(u)=u^2$；(2) 范数为$\mathbf{R}^{km}$上的$L_1$范数，取定$\phi(u)=u$；(3) 范数为$\mathbf{R}^{km}$上的$L_\infty$范数，取定$\phi(u)=u$. 此时范数线性函数学习模型为

$$\min\ \phi(\|(ax_i+b)_{i=1}^k-(y_i)_{i=1}^k\|).$$

可以得到的例子和此节上文中的例子相差无几。读者可以自行推导。

15.4　样本高维标记高维

定义15.13 假设$\mathcal{X}=\mathbf{R}^n$，$\mathcal{Y}=\mathbf{R}^m$是样本空间和标记空间，给定数据集

$$D=\{(x_1,y_1),\cdots,(x_i,y_i),\cdots,(x_k,y_k)|\ x_i\in\mathbf{R}^n,\ \ y_i\in\mathbf{R}^m,i=1,\cdots,k\},$$

以及假设空间

$$\mathcal{H}=\{f\mid f(x)=Ax+b,A\in M_{m\times n}(\mathbf{R}),b\in\mathbf{R}^m\},$$

假设$Loss$：$\mathbf{R}^m\times\mathbf{R}^m\to\mathbf{R}^1$是一个损失评估函数，此时线性函数学习模型定义为

$$\begin{aligned}\min\ &\sum_{i=1}^k Loss(f(x_i),y_i)\\ \text{s.t.}\ \ &f\in\mathcal{H}.\end{aligned}$$

定义15.14 假设$\mathcal{X}=\mathbf{R}^n$，$\mathcal{Y}=\mathbf{R}^m$是样本空间和标记空间，给定数据集

$$D=\{(x_1,y_1),\cdots,(x_i,y_i),\cdots,(x_k,y_k)|\ x_i\in\mathbf{R}^n,\ \ y_i\in\mathbf{R}^m,i=1,\cdots,k\},$$

以及假设空间

$$\mathcal{H}=\{f\mid f(x)=Ax+b,A\in M_{m\times n}(\mathbf{R}),b\in\mathbf{R}^m\},$$

假设损失函数$Loss$：$\mathbf{R}^m\times\mathbf{R}^m\to\mathbf{R}^1$是$\mathbf{R}^m$上的范数$\|\cdot\|$的恰当函数$\phi$，此时线性函数学习模型定义为

$$\min\ \sum_{i=1}^k\phi(\|Ax_i+b-y_i\|).$$

例15.13 假设$\mathcal{X}=\mathbf{R}^n$，$\mathcal{Y}=\mathbf{R}^m$是样本空间和标记空间，给定数据集

$$D=\{(x_1,y_1),\cdots,(x_i,y_i),\cdots,(x_k,y_k)|\ x_i\in\mathbf{R}^n,\ \ y_i\in\mathbf{R}^m,i=1,\cdots,k\},$$

以及假设空间

$$\mathcal{H}=\{f\mid f(x)=Ax+b,A\in M_{m\times n}(\mathbf{R}),b\in\mathbf{R}^m\},$$

假设损失函数$Loss$：$\mathbf{R}^m \times \mathbf{R}^m \to \mathbf{R}^1$是$\mathbf{R}^m$上的$L_2$范数$\|\cdot\|_2$的恰当函数$\phi$，取定$\phi(u) = u^2$，此时学习模型为

$$\min \sum_{i=1}^{k} \|Ax_i + b - y_i\|_2^2.$$

目标函数为

$$\phi(A, b) = \sum_{i=1}^{k}(Ax_i + b - y_i)^{\mathrm{T}}(Ax_i + b - y_i),$$

计算函数的各阶导数可得

$$\begin{aligned}
\nabla_A \phi(A, b) &= 2\sum_{i=1}^{k}(Ax_i + b - y_i)x_i^{\mathrm{T}},\\
\nabla_b \phi(A, b) &= 2\sum_{i=1}^{k}(Ax_i + b - y_i),\\
\nabla_A^2 \phi(A, b) &= 2I_m \otimes (\sum_{i=1}^{k} x_i x_i^{\mathrm{T}}),\\
\nabla_b^2 \phi(A, b) &= 2kI_m,\\
\nabla_{Ab}^2 \phi(A, b) &= 2I_m \otimes (\sum_{i}^{k} x_i).
\end{aligned}$$

显然有

$$\nabla^2 \phi(A, b) = \begin{pmatrix} 2I_m \otimes (\sum_{i=1}^{k} x_i x_i^{\mathrm{T}}) & 2I_m \otimes (\sum_{i}^{k} x_i) \\ 2\Big(I_m \otimes (\sum_{i}^{k} x_i)\Big)^{\mathrm{T}} & 2kI_m \end{pmatrix} \geqslant 0,$$

因此函数$\phi(A, b)$的最优解是如下方程的解

$$\begin{aligned}
\nabla_A \phi(A, b) &= 2\sum_{i=1}^{k}(Ax_i + b - y_i)x_i^{\mathrm{T}} = 0,\\
\nabla_b \phi(A, b) &= 2\sum_{i=1}^{k}(Ax_i + b - y_i) = 0.
\end{aligned}$$

直接计算可得

$$A^* = \frac{k(\sum_i y_i x_i^{\mathrm{T}}) - (\sum_i y_i)(\sum_i x_i)^{\mathrm{T}}}{k(\sum_i x_i^{\mathrm{T}} x_i) - (\sum_i \mathbf{1}_n^{\mathrm{T}} x_i)^2}, \quad b^* = \frac{(\sum_i x_i^{\mathrm{T}} x_i)(\sum_i y_i) - (\sum_i y_i x_i^{\mathrm{T}})(\sum_i x_i)^{\mathrm{T}}}{k(\sum_i x_i^{\mathrm{T}} x_i) - (\sum_i \mathbf{1}_n^{\mathrm{T}} x_i)^2}.$$

例15.14 假设$\mathcal{X} = \mathbf{R}^n$，$\mathcal{Y} = \mathbf{R}^m$是样本空间和标记空间，给定数据集

$$D = \{(x_1, y_1), \cdots, (x_i, y_i), \cdots, (x_k, y_k) |\ x_i \in \mathbf{R}^n,\ \ y_i \in \mathbf{R}^m, i = 1, \cdots, k\},$$

以及假设空间

$$\mathcal{H} = \{f \mid f(x) = Ax + b, A \in M_{m\times n}(\mathbf{R}), b \in \mathbf{R}^m\},$$

假设损失函数$Loss$：$\mathbf{R}^m \times \mathbf{R}^m \to \mathbf{R}^1$是$\mathbf{R}^m$上的$L_1$范数$\|\cdot\|_1$的恰当函数$\phi$，取定$\phi(u) = u$，此时学习模型为

$$\min \sum_{i=1}^{k} \|Ax_i + b - y_i\|_1.$$

可以将此模型转化为

$$\begin{aligned}&\min \ \sum_{i=1}^{k}\mathbf{1}_m^{\mathrm{T}}t_i\\&\text{s.t.} \quad -t_i \leqslant Ax_i+b-y_i \leqslant t_i, i=1,\cdots,k,\end{aligned}$$

模型的变量为$A \in M_{m\times n}(\mathbf{R}), b \in \mathbf{R}^m, t_i \in \mathbf{R}^m, i=1,\cdots,k.$

例15.15 假设$\mathcal{X}=\mathbf{R}^n$，$\mathcal{Y}=\mathbf{R}^m$是样本空间和标记空间，给定数据集

$$D=\{(x_1,y_1),\cdots,(x_i,y_i),\cdots,(x_k,y_k)|\ x_i\in\mathbf{R}^n,\ \ y_i\in\mathbf{R}^m, i=1,\cdots,k\},$$

以及假设空间

$$\mathcal{H}=\{f\mid f(x)=Ax+b, A\in M_{m\times n}(\mathbf{R}), b\in\mathbf{R}^m\},$$

假设损失函数$Loss$：$\mathbf{R}^m\times\mathbf{R}^m\rightarrow\mathbf{R}^1$是$\mathbf{R}^m$上的$L_\infty$范数$\|\cdot\|_\infty$的恰当函数$\phi$，取定$\phi(u)=u$，此时学习模型为

$$\min \ \sum_{i=1}^{k}\|Ax_i+b-y_i\|_\infty.$$

可以将此模型转化为

$$\begin{aligned}&\min \ \sum_{i=1}^{k}t_i\\&\text{s.t.} \quad -t_i\mathbf{1}_m \leqslant Ax_i+b-y_i \leqslant t_i\mathbf{1}_m, i=1,\cdots,k,\end{aligned}$$

模型的变量为$A \in M_{m\times n}(\mathbf{R}), b \in \mathbf{R}^m, t_i \in \mathbf{R}^1, i=1,\cdots,k.$

定义15.15 假设$\mathcal{X}=\mathbf{R}^n$，$\mathcal{Y}=\mathbf{R}^m$是样本空间和标记空间，给定数据集

$$D=\{(x_1,y_1),\cdots,(x_i,y_i),\cdots,(x_k,y_k)|\ x_i\in\mathbf{R}^n,\ \ y_i\in\mathbf{R}^m, i=1,\cdots,k\},$$

以及假设空间

$$\mathcal{H}=\{f\mid f(x)=Ax+b, A\in M_{m\times n}(\mathbf{R}), b\in\mathbf{R}^m\},$$

假设$Loss$：$\mathbf{R}^{km}\times\mathbf{R}^{km}\rightarrow\mathbf{R}^1$是一个损失评估函数，此时线性函数学习模型定义为

$$\begin{aligned}&\min \ Loss((f(x_i))_{i=1}^k,(y_i)_{i=1}^k)\\&\text{s.t.} \quad f\in\mathcal{H}.\end{aligned}$$

定义15.16 假设$\mathcal{X}=\mathbf{R}^n$，$\mathcal{Y}=\mathbf{R}^m$是样本空间和标记空间，给定数据集

$$D=\{(x_1,y_1),\cdots,(x_i,y_i),\cdots,(x_k,y_k)|\ x_i\in\mathbf{R}^n,\ \ y_i\in\mathbf{R}^m, i=1,\cdots,k\},$$

以及假设空间

$$\mathcal{H}=\{f\mid f(x)=Ax+b, A\in M_{m\times n}(\mathbf{R}), b\in\mathbf{R}^m\},$$

假设损失函数$Loss$：$\mathbf{R}^{km}\times\mathbf{R}^{km}\rightarrow\mathbf{R}^1$是$\mathbf{R}^m$上的范数$\|\cdot\|$的恰当函数$\phi$，此时线性函数学习模型定义为

$$\min \ \phi(\|(Ax_i+b)_{i=1}^k-(y_i)_{i=1}^k\|).$$

例15.16 假设$\mathcal{X}=\mathbf{R}^n$，$\mathcal{Y}=\mathbf{R}^m$是样本空间和标记空间，给定数据集

$$D=\{(x_1,y_1),\cdots,(x_i,y_i),\cdots,(x_k,y_k)|\ x_i\in\mathbf{R}^n,\ \ y_i\in\mathbf{R}^m, i=1,\cdots,k\},$$

以及假设空间

$$\mathcal{H}=\{f\mid f(x)=Ax+b, A\in M_{m\times n}(\mathbf{R}), b\in\mathbf{R}^m\},$$

假设损失函数$Loss$：$\mathbf{R}^{km}\times\mathbf{R}^{km}\to\mathbf{R}^1$分别取定如下三种情形：(1) 范数为$\mathbf{R}^{km}$上的$L_2$范数，取定$\phi(u)=u^2$；(2) 范数为$\mathbf{R}^{km}$上的$L_1$范数，取定$\phi(u)=u$；(3) 范数为$\mathbf{R}^{km}$上的$L_\infty$范数，取定$\phi(u)=u$. 此时范数线性函数学习模型为

$$\min\ \phi(\|(Ax_i+b)_{i=1}^k-(y_i)_{i=1}^k\|).$$

可以得到的例子和此节上文中的例子相差无几。读者可以自行推导。

第 16 章

二次函数学习

本章具体研究特殊的二次函数学习理论，它们的模型、性质、计算、应用以及理论解释。

16.1 样本一维标记一维

定义16.1 假设$\mathcal{X} = \mathbf{R}^1, \mathcal{Y} = \mathbf{R}^1$是样本空间和标记空间，给定数据集

$$D = \{(x_1, y_1), \cdots, (x_i, y_i), \cdots, (x_m, y_m) | \ x_i \in \mathbf{R}^1, y_i \in \mathbf{R}^1, i = 1, \cdots, m\},$$

以及假设空间

$$\mathcal{H} = \{f \mid f(x) = ax^2 + bx + c, a, b, c \in \mathbf{R}^1\},$$

假设$Loss$：$\mathbf{R}^1 \times \mathbf{R}^1 \to \mathbf{R}^1$是一个损失评估函数，此时二次函数学习模型定义为

$$\begin{aligned} \min \ & \sum_{i=1}^{m} Loss(f(x_i), y_i) \\ \text{s.t.} \ & f \in \mathcal{H}. \end{aligned}$$

定义16.2 假设$\mathcal{X} = \mathbf{R}^1, \mathcal{Y} = \mathbf{R}^1$是样本空间和标记空间，给定数据集

$$D = \{(x_1, y_1), \cdots, (x_i, y_i), \cdots, (x_m, y_m) | \ x_i \in \mathbf{R}^1, y_i \in \mathbf{R}^1, i = 1, \cdots, m\},$$

以及假设空间

$$\mathcal{H} = \{f \mid f(x) = ax^2 + bx + c, a, b, c \in \mathbf{R}^1\},$$

假设损失函数$Loss$：$\mathbf{R}^1 \times \mathbf{R}^1 \to \mathbf{R}^1$是$\mathbf{R}_1$上的某个范数$\|\cdot\|$的恰当函数$\phi$，此时范数二次函数学习模型定义为

$$\min \ \sum_{i=1}^{m} \phi(\|ax_i^2 + bx_i + c - y_i\|).$$

模型的变量为$a, b, c \in \mathbf{R}^1$.

例16.1 假设$\mathcal{X} = \mathbf{R}^1, \mathcal{Y} = \mathbf{R}^1$是样本空间和标记空间，给定数据集

$$D = \{(x_1, y_1), \cdots, (x_i, y_i), \cdots, (x_m, y_m) | \ x_i \in \mathbf{R}^1, y_i \in \mathbf{R}^1, i = 1, \cdots, m\},$$

以及假设空间

$$\mathcal{H} = \{f \mid f(x) = ax^2 + bx + c, a, b, c \in \mathbf{R}^1\},$$

假设损失函数$Loss$：$\mathbf{R}^1 \times \mathbf{R}^1 \to \mathbf{R}^1$是$\mathbf{R}_1$上的$L_2$范数$\|\cdot\|$的恰当函数$\phi$，取定函数$\phi(u) = u^2$，此时学习模型为

$$\min \ \sum_{i=1}^{m} \|ax_i^2 + bx_i + c - y_i\|_2^2.$$

目标函数为

$$\phi(a,b,c)=\sum_{i=1}^{m}(ax_i^2+bx_i+c-y_i)^2.$$

计算各阶导数得

$$\begin{aligned}
\nabla_a\phi(a,b,c)&=2\sum_{i=1}^{m}(ax_i^2+bx_i+c-y_i)x_i^2,\\
\nabla_b\phi(a,b,c)&=2\sum_{i=1}^{m}(ax_i^2+bx_i+c-y_i)x_i,\\
\nabla_c\phi(a,b,c)&=2\sum_{i=1}^{m}(ax_i^2+bx_i+c-y_i),\\
\nabla_a^2\phi(a,b,c)&=2\sum_{i=1}^{m}x_i^4,\\
\nabla_b^2\phi(a,b,c)&=2\sum_{i=1}^{m}x_i^2,\\
\nabla_c^2\phi(a,b,c)&=2m,\\
\nabla_{ab}^2\phi(a,b,c)&=2\sum_{i=1}^{m}x_i^3,\\
\nabla_{ac}^2\phi(a,b,c)&=2\sum_{i=1}^{m}x_i^2,\\
\nabla_{bc}^2\phi(a,b,c)&=2\sum_{i=1}^{m}x_i.
\end{aligned}$$

考察目标函数的Hessian矩阵，根据线性代数的基本知识可知

$$\nabla^2\phi(a,b,c)=2\begin{pmatrix}\sum_{i=1}^{m}x_i^4 & \sum_{i=1}^{m}x_i^3 & \sum_{i=1}^{m}x_i^2\\ \sum_{i=1}^{m}x_i^3 & \sum_{i=1}^{m}x_i^2 & \sum_{i=1}^{m}x_i\\ \sum_{i=1}^{m}x_i^2 & \sum_{i=1}^{m}x_i & m\end{pmatrix}\geqslant 0.$$

如果$x_1,\cdots,x_m$彼此不同，进一步可知Hessian矩阵正定。因此目标函数的最优解必定是如下方程的解

$$\begin{aligned}
\nabla_a\phi(a,b,c)&=2\sum_{i=1}^{m}(ax_i^2+bx_i+c-y_i)x_i^2=0,\\
\nabla_b\phi(a,b,c)&=2\sum_{i=1}^{m}(ax_i^2+bx_i+c-y_i)x_i=0,\\
\nabla_c\phi(a,b,c)&=2\sum_{i=1}^{m}(ax_i^2+bx_i+c-y_i)=0,
\end{aligned}$$

整理得到如下的线性方程组

$$\begin{pmatrix}\sum_i x_i^4 & \sum_i x_i^3 & \sum_i x_i^2\\ \sum_i x_i^3 & \sum_i x_i^2 & \sum_i x_i\\ \sum_i x_i^2 & \sum_i x_i & \sum_i x_i^0\end{pmatrix}\begin{pmatrix}a\\ b\\ c\end{pmatrix}=\begin{pmatrix}\sum_i y_ix_i^2\\ \sum_i y_ix_i\\ \sum_i y_i\end{pmatrix}.$$

根据线性代数的基本知识，只要$x_1,\cdots,x_m$彼此不同，那么上面的方程有唯一解，这个解就是学习模型的解。

例16.2 假设$\mathcal{X} = \mathbf{R}^1, \mathcal{Y} = \mathbf{R}^1$是样本空间和标记空间，给定数据集

$$D = \{(x_1, y_1), \cdots, (x_i, y_i), \cdots, (x_m, y_m) | \, x_i \in \mathbf{R}^1, y_i \in \mathbf{R}^1, i = 1, \cdots, m\},$$

以及假设空间

$$\mathcal{H} = \{f \mid f(x) = ax^2 + bx + c, a, b, c \in \mathbf{R}^1\},$$

假设损失函数$Loss$：$\mathbf{R}^1 \times \mathbf{R}^1 \to \mathbf{R}^1$是$\mathbf{R}_1$上的$L_1$范数$\|\cdot\|_1$的恰当函数$\phi$，取定函数$\phi(u) = u$，此时学习模型为

$$\min \sum_{i=1}^{m} \|ax_i^2 + bx_i + c - y_i\|_1 = \sum_{i=1}^{m} |ax_i^2 + bx_i + c - y_i|.$$

可以转化为

$$\begin{aligned} &\min \sum_{i=1}^{m} t_i \\ &\text{s.t.} \quad -t_i \leqslant ax_i^2 + bx_i + c - y_i \leqslant t_i, i = 1, \cdots, m, \end{aligned}$$

此模型的决策变量为$a, b, c, t_i \in \mathbf{R}^1, i = 1, \cdots, m.$

例16.3 假设$\mathcal{X} = \mathbf{R}^1, \mathcal{Y} = \mathbf{R}^1$是样本空间和标记空间，给定数据集

$$D = \{(x_1, y_1), \cdots, (x_i, y_i), \cdots, (x_m, y_m) | \, x_i \in \mathbf{R}^1, y_i \in \mathbf{R}^1, i = 1, \cdots, m\},$$

以及假设空间

$$\mathcal{H} = \{f \mid f(x) = ax^2 + bx + c, a, b, c \in \mathbf{R}^1\},$$

假设损失函数$Loss$：$\mathbf{R}^1 \times \mathbf{R}^1 \to \mathbf{R}^1$是$\mathbf{R}_1$上的$L_\infty$范数$\|\cdot\|_\infty$的恰当函数$\phi$，取定函数$\phi(u) = u$，此时学习模型为

$$\min \sum_{i=1}^{m} \|ax_i^2 + bx_i + c - y_i\|_\infty = \sum_{i=1}^{m} |ax_i^2 + bx_i + c - y_i|.$$

可以转化为

$$\begin{aligned} &\min \sum_{i=1}^{m} t_i \\ &\text{s.t.} \quad -t_i \leqslant ax_i^2 + bx_i + c - y_i \leqslant t_i, i = 1, \cdots, m, \end{aligned}$$

此模型的决策变量为$a, b, c, t_i \in \mathbf{R}^1, i = 1, \cdots, m.$

定义16.3 假设$\mathcal{X} = \mathbf{R}^1, \mathcal{Y} = \mathbf{R}^1$是样本空间和标记空间，给定数据集

$$D = \{(x_1, y_1), \cdots, (x_i, y_i), \cdots, (x_m, y_m) | \, x_i \in \mathbf{R}^1, y_i \in \mathbf{R}^1, i = 1, \cdots, m\},$$

以及假设空间

$$\mathcal{H} = \{f \mid f(x) = ax^2 + bx + c, a, b, c \in \mathbf{R}^1\},$$

假设$Loss$：$\mathbf{R}^m \times \mathbf{R}^m \to \mathbf{R}^1$是一个损失评估函数，此时二次函数学习模型定义为

$$\begin{aligned} &\min \ Loss((f(x_i))_{i=1}^m, (y_i)_{i=1}^m) \\ &\text{s.t.} \quad f \in \mathcal{H}. \end{aligned}$$

定义16.4 假设$\mathcal{X} = \mathbf{R}^1, \mathcal{Y} = \mathbf{R}^1$是样本空间和标记空间，给定数据集

$$D = \{(x_1, y_1), \cdots, (x_i, y_i), \cdots, (x_m, y_m) | \, x_i \in \mathbf{R}^1, y_i \in \mathbf{R}^1, i = 1, \cdots, m\},$$

以及假设空间

$$\mathcal{H} = \{f \mid f(x) = ax^2 + bx + c, a, b, c \in \mathbf{R}^1\},$$

假设损失函数$Loss$：$\mathbf{R}^m \times \mathbf{R}^m \to \mathbf{R}^1$是$\mathbf{R}_1$上的某个范数$\|\cdot\|$的恰当函数$\phi$，此时范数二次函数学习模型定义为

$$\min\ \phi(\|(ax_i^2+bx_i+c)_{i=1}^m-(y_i)_{i=1}^m\|).$$

模型的变量为$a,b,c\in\mathbf{R}^1$.

例16.4 假设$\mathcal{X}=\mathbf{R}^1,\mathcal{Y}=\mathbf{R}^1$是样本空间和标记空间，给定数据集

$$D=\{(x_1,y_1),\cdots,(x_i,y_i),\cdots,(x_m,y_m)|\ x_i\in\mathbf{R}^1,y_i\in\mathbf{R}^1,i=1,\cdots,m\},$$

以及假设空间

$$\mathcal{H}=\{f\mid f(x)=ax^2+bx+c,a,b,c\in\mathbf{R}^1\},$$

假设损失函数$Loss$：$\mathbf{R}^m\times\mathbf{R}^m\to\mathbf{R}^1$分别取定如下三种情形：(1) 范数为$\mathbf{R}^m$上的$L_2$范数，取定$\phi(u)=u^2$；(2) 范数为$\mathbf{R}^m$ 上的L_1范数，取定$\phi(u)=u$；(3) 范数为$\mathbf{R}^m$上的L_∞范数，取定$\phi(u)=u$. 此时范数二次函数学习模型为

$$\min\ \phi(\|(ax_i^2+bx_i+c)_{i=1}^m-(y_i)_{i=1}^m\|).$$

可以得到的例子和此节上文中的例子相差无几。读者可以自行推导。

16.2 样本高维标记一维

定义16.5 假设$\mathcal{X}=\mathbf{R}^n$，$\mathcal{Y}=\mathbf{R}^1$是样本空间和标记空间，给定数据集

$$D=\{(x_1,y_1),\cdots,(x_i,y_i),\cdots,(x_m,y_m)|\ x_i\in\mathbf{R}^n,\ \ y_i\in\mathbf{R}^1,i=1,\cdots,m\},$$

以及假设空间

$$\mathcal{H}=\{f\mid f(x)=x^{\mathrm{T}}Ax+b^{\mathrm{T}}x+c,A\in SM_n(\mathbf{R}),b\in\mathbf{R}^n,\ \ c\in\mathbf{R}^1\},$$

假设$Loss$：$\mathbf{R}^1\times\mathbf{R}^1\to\mathbf{R}^1$是一个损失评估函数，此时二次函数学习模型定义为

$$\begin{aligned}\min\ &\sum_{i=1}^m Loss(f(x_i),y_i)\\ \text{s.t.}\ \ &f\in\mathcal{H}.\end{aligned}$$

定义16.6 假设$\mathcal{X}=\mathbf{R}^n$，$\mathcal{Y}=\mathbf{R}^1$是样本空间和标记空间，给定数据集

$$D=\{(x_1,y_1),\cdots,(x_i,y_i),\cdots,(x_m,y_m)|\ x_i\in\mathbf{R}^n,\ \ y_i\in\mathbf{R}^1,i=1,\cdots,m\},$$

以及假设空间

$$\mathcal{H}=\{f\mid f(x)=x^{\mathrm{T}}Ax+2b^{\mathrm{T}}x+c,A\in SM_n(\mathbf{R}),b\in\mathbf{R}^n,\ \ c\in\mathbf{R}^1\},$$

假设损失函数$Loss$：$\mathbf{R}^1\times\mathbf{R}^1\to\mathbf{R}^1$是$\mathbf{R}_1$的某个范数$\|\cdot\|$上的恰当函数，此时范数二次函数学习模型定义为

$$\min\ \sum_{i=1}^m\phi(\|x_i^{\mathrm{T}}Ax_i+b^{\mathrm{T}}x_i+c-y_i\|).$$

模型的变量为$A\in SM_n(\mathbf{R}),b\in\mathbf{R}^n$，$c\in\mathbf{R}^1$.

例16.5 假设$\mathcal{X}=\mathbf{R}^n$，$\mathcal{Y}=\mathbf{R}^1$是样本空间和标记空间，给定数据集

$$D=\{(x_1,y_1),\cdots,(x_i,y_i),\cdots,(x_m,y_m)|\ x_i\in\mathbf{R}^n,\ \ y_i\in\mathbf{R}^1,i=1,\cdots,m\},$$

以及假设空间

$$\mathcal{H}=\{f\mid f(x)=x^{\mathrm{T}}Ax+2b^{\mathrm{T}}x+c,A\in SM_n(\mathbf{R}),b\in\mathbf{R}^n,\ \ c\in\mathbf{R}^1\},$$

假设损失函数$Loss$：$\mathbf{R}^1\times\mathbf{R}^1\to\mathbf{R}^1$是$R_1$的$L_2$范数$\|\cdot\|_2$上的恰当函数$\phi$，令函数$\phi(u)=u^2$，此时学习模型为

$$\min\ \sum_{i=1}^{m}\|x_i^{\mathrm{T}}Ax_i+b^{\mathrm{T}}x_i+c-y_i\|_2^2.$$

目标函数为

$$\phi(A,b,c)=\sum_{i=1}^{m}(x_i^2Ax_i+b^{\mathrm{T}}x_i+c-y_i)^2.$$

计算各阶导数为

$$\begin{aligned}
\nabla_A\phi(A,b,c)&=2\sum_{i=1}^{m}(x_i^{\mathrm{T}}Ax_i+b^{\mathrm{T}}x_i+c-y_i)x_ix_i^{\mathrm{T}},\\
\nabla_b\phi(A,b,c)&=2\sum_{i=1}^{m}(x_i^{\mathrm{T}}Ax_i+b^{\mathrm{T}}x_i+c-y_i)x_i,\\
\nabla_c\phi(A,b,c)&=2\sum_{i=1}^{m}(x_i^{\mathrm{T}}Ax_i+b^{\mathrm{T}}x_i+c-y_i),\\
\nabla_A^2\phi(A,b,c)&=2\sum_{i=1}^{m}(x_ix_i^{\mathrm{T}})\otimes(x_ix_i^{\mathrm{T}}),\\
\nabla_{Ab}^2\phi(A,b,c)&=2\sum_{i=1}^{m}(x_ix_i^{\mathrm{T}})\otimes x_i,\\
\nabla_{Ac}^2\phi(A,b,c)&=2\sum_{i=1}^{m}x_ix_i^{\mathrm{T}},\\
\nabla_b^2\phi(A,b,c)&=2\sum_{i=1}^{m}x_ix_i^{\mathrm{T}},\\
\nabla_{bc}^2\phi(A,b,c)&=2\sum_{i=1}^{m}x_i,\\
\nabla_c^2\phi(A,b,c)&=2m.
\end{aligned}$$

考察函数的Hessian矩阵，利用线性代数的基本知识可得

$$\nabla^2\phi(A,b,c)=2\begin{pmatrix}\sum\limits_{i=1}^{m}(x_ix_i^{\mathrm{T}})\otimes(x_ix_i^{\mathrm{T}}) & \sum\limits_{i=1}^{m}(x_ix_i^{\mathrm{T}})\otimes x_i & \sum\limits_{i=1}^{m}x_ix_i^{\mathrm{T}}\\ \sum\limits_{i=1}^{m}(x_ix_i^{\mathrm{T}})\otimes x_i & \sum\limits_{i=1}^{m}x_ix_i^{\mathrm{T}} & \sum\limits_{i=1}^{m}x_i\\ \sum\limits_{i=1}^{m}x_ix_i^{\mathrm{T}} & \sum\limits_{i=1}^{m}x_i & m\end{pmatrix}\geqslant 0,$$

如果$x_1,\cdots,x_m$互不相同，那么Hessian矩阵是正定的。因此，求解模型的最优解等价于求解如下的方程

$$\begin{aligned}
\nabla_A\phi(A,b,c)&=2\sum_{i=1}^{m}(x_i^{\mathrm{T}}Ax_i+b^{\mathrm{T}}x_i+c-y_i)x_ix_i^{\mathrm{T}}=0,\\
\nabla_b\phi(A,b,c)&=2\sum_{i=1}^{m}(x_i^{\mathrm{T}}Ax_i+b^{\mathrm{T}}x_i+c-y_i)x_i=0,\\
\nabla_c\phi(A,b,c)&=2\sum_{i=1}^{m}(x_i^{\mathrm{T}}Ax_i+b^{\mathrm{T}}x_i+c-y_i)=0.
\end{aligned}$$

利用张量的概念，可将上面的方程形式化写为

$$\begin{pmatrix} \sum_{i=1}^{m}(x_ix_i^{\mathrm{T}})\otimes(x_ix_i^{\mathrm{T}}) & \sum_{i=1}^{m}(x_ix_i^{\mathrm{T}})\otimes x_i & \sum_{i=1}^{m}x_ix_i^{\mathrm{T}} \\ \sum_{i=1}^{m}(x_ix_i^{\mathrm{T}})\otimes x_i & \sum_{i=1}^{m}x_ix_i^{\mathrm{T}} & \sum_{i=1}^{m}x_i \\ \sum_{i=1}^{m}x_ix_i^{\mathrm{T}} & \sum_{i=1}^{m}x_i & m \end{pmatrix}\begin{pmatrix} A \\ b \\ c \end{pmatrix}=\begin{pmatrix} \sum_i y_ix_ix_i^{\mathrm{T}} \\ \sum_i y_ix_i \\ \sum_i y_i \end{pmatrix},$$

如果$x_1,\cdots,x_m$互不相同，那么前面的矩阵是正定的，根据线性代数的基本知识，那么上面的方程有唯一解，这个解就是学习模型的解。

例16.6 假设$\mathcal{X}=\mathbf{R}^n$，$\mathcal{Y}=\mathbf{R}^1$是样本空间和标记空间，给定数据集

$$D=\{(x_1,y_1),\cdots,(x_i,y_i),\cdots,(x_m,y_m)|\ x_i\in\mathbf{R}^n,\ \ y_i\in\mathbf{R}^1,i=1,\cdots,m\},$$

以及假设空间

$$\mathcal{H}=\{f\mid f(x)=x^{\mathrm{T}}Ax+2b^{\mathrm{T}}x+c,A\in SM_n(\mathbf{R}),b\in\mathbf{R}^n,\ \ c\in\mathbf{R}^1\},$$

假设损失函数$Loss$：$\mathbf{R}^1\times\mathbf{R}^1\to\mathbf{R}^1$是$\mathbf{R}^1$的$L_1$范数$\|\cdot\|_1$上的恰当函数$\phi$，令函数$\phi(u)=u$，此时学习模型为

$$\min\ \sum_{i=1}^{m}\|x_i^{\mathrm{T}}Ax_i+b^{\mathrm{T}}x_i+c-y_i\|_1=\sum_{i=1}^{m}|x_i^{\mathrm{T}}Ax_i+b^{\mathrm{T}}x_i+c-y_i|.$$

模型可以转化为

$$\begin{aligned} &\min\ \sum_{i=1}^{m}t_i \\ &\text{s.t.}\quad -t_i\leqslant x_i^{\mathrm{T}}Ax_i+b^{\mathrm{T}}x_i+c-y_i\leqslant t_i,i=1,\cdots,m. \end{aligned}$$

模型的变量为$A\in SM_n(\mathbf{R}),b\in\mathbf{R}^n,\ \ c\in\mathbf{R}^1,t_i\in\mathbf{R}^1,i=1,\cdots,m.$

例16.7 假设$\mathcal{X}=\mathbf{R}^n$，$\mathcal{Y}=\mathbf{R}^1$是样本空间和标记空间，给定数据集

$$D=\{(x_1,y_1),\cdots,(x_i,y_i),\cdots,(x_m,y_m)|\ x_i\in\mathbf{R}^n,\ \ y_i\in\mathbf{R}^1,i=1,\cdots,m\},$$

以及假设空间

$$\mathcal{H}=\{f\mid f(x)=x^{\mathrm{T}}Ax+2b^{\mathrm{T}}x+c,A\in SM_n(\mathbf{R}),b\in\mathbf{R}^n,\ \ c\in\mathbf{R}^1\},$$

假设损失函数$Loss$：$\mathbf{R}^1\times\mathbf{R}^1\to\mathbf{R}^1$是$\mathbf{R}^1$的$L_\infty$范数$\|\cdot\|_\infty$上的恰当函数$\phi$，令函数$\phi(u)=u$，此时学习模型为

$$\min\ \sum_{i=1}^{m}\|x_i^{\mathrm{T}}Ax_i+b^{\mathrm{T}}x_i+c-y_i\|_\infty=\sum_{i=1}^{m}|x_i^{\mathrm{T}}Ax_i+b^{\mathrm{T}}x_i+c-y_i|.$$

模型可以转化为

$$\begin{aligned} &\min\ \sum_{i=1}^{m}t_i \\ &\text{s.t.}\quad -t_i\leqslant x_i^{\mathrm{T}}Ax_i+b^{\mathrm{T}}x_i+c-y_i\leqslant t_i,i=1,\cdots,m. \end{aligned}$$

模型的变量为$A\in SM_n(\mathbf{R}),b\in\mathbf{R}^n,\ \ c\in\mathbf{R}^1,t_i\in\mathbf{R}^1,i=1,\cdots,m.$

定义16.7 假设$\mathcal{X}=\mathbf{R}^n$，$\mathcal{Y}=\mathbf{R}^1$是样本空间和标记空间，给定数据集

$$D=\{(x_1,y_1),\cdots,(x_i,y_i),\cdots,(x_m,y_m)|\ x_i\in\mathbf{R}^n,\ \ y_i\in\mathbf{R}^1,i=1,\cdots,m\},$$

以及假设空间

$$\mathcal{H}=\{f\mid f(x)=x^{\mathrm{T}}Ax+b^{\mathrm{T}}x+c,A\in SM_n(\mathbf{R}),b\in\mathbf{R}^n,\ \ c\in\mathbf{R}^1\},$$

假设$Loss$：$\mathbf{R}^m\times\mathbf{R}^m\to\mathbf{R}^1$是一个损失评估函数，此时二次函数学习模型定义为

$$\begin{aligned}&\min\ Loss((f(x_i))_{i=1}^m,(y_i)_{i=1}^m)\\&\text{s.t.}\ \ f\in\mathcal{H}.\end{aligned}$$

定义16.8 假设$\mathcal{X}=\mathbf{R}^n$，$\mathcal{Y}=\mathbf{R}^1$是样本空间和标记空间，给定数据集

$$D=\{(x_1,y_1),\cdots,(x_i,y_i),\cdots,(x_m,y_m)|\ x_i\in\mathbf{R}^n,\ \ y_i\in\mathbf{R}^1,i=1,\cdots,m\},$$

以及假设空间

$$\mathcal{H}=\{f\mid f(x)=x^{\mathrm{T}}Ax+2b^{\mathrm{T}}x+c,A\in SM_n(\mathbf{R}),b\in\mathbf{R}^n,\ \ c\in\mathbf{R}^1\},$$

假设损失函数$Loss$：$\mathbf{R}^m\times\mathbf{R}^m\to\mathbf{R}^1$是$\mathbf{R}^m$的某个范数$\|\cdot\|$上的恰当函数，此时范数二次函数学习模型定义为

$$\min\ \phi(\|(x_i^{\mathrm{T}}Ax_i+b^{\mathrm{T}}x_i+c)_{i=1}^m-(y_i)_{i=1}^m\|).$$

模型的变量为$A\in SM_n(\mathbf{R}),b\in\mathbf{R}^n$，$c\in\mathbf{R}^1$.

例16.8 假设$\mathcal{X}=\mathbf{R}^n$，$\mathcal{Y}=\mathbf{R}^1$是样本空间和标记空间，给定数据集

$$D=\{(x_1,y_1),\cdots,(x_i,y_i),\cdots,(x_m,y_m)|\ x_i\in\mathbf{R}^n,\ \ y_i\in\mathbf{R}^1,i=1,\cdots,m\},$$

以及假设空间

$$\mathcal{H}=\{f\mid f(x)=x^{\mathrm{T}}Ax+2b^{\mathrm{T}}x+c,A\in SM_n(\mathbf{R}),b\in\mathbf{R}^n,\ \ c\in\mathbf{R}^1\},$$

假设损失函数$Loss$：$\mathbf{R}^m\times\mathbf{R}^m\to\mathbf{R}^1$分别取定如下三种情形：(1) 范数为$\mathbf{R}^m$上的$L_2$范数，取定$\phi(u)=u^2$；(2) 范数为$\mathbf{R}^m$上的$L_1$范数，取定$\phi(u)=u$；(3) 范数为$\mathbf{R}^m$上的$L_\infty$范数，取定$\phi(u)=u$. 此时范数二次函数学习模型为

$$\min\ \phi(\|(x_i^{\mathrm{T}}Ax_i+b^{\mathrm{T}}x_i+c)_{i=1}^m-(y_i)_{i=1}^m\|).$$

可以得到的例子和此节前文中的例子相差无几。读者可以自行推导。

16.3 样本一维标记高维

定义16.9 假设$\mathcal{X}=\mathbf{R}^1,\mathcal{Y}=\mathbf{R}^m$是样本空间和标记空间，给定数据集

$$D=\{(x_1,y_1),\cdots,(x_i,y_i),\cdots,(x_k,y_k)|\ x_i\in\mathbf{R}^1,y_i\in\mathbf{R}^m,i=1,\cdots,k\},$$

以及假设空间

$$\mathcal{H}=\{f\mid f(x)=ax^2+bx+c,a,b,c\in\mathbf{R}^m\},$$

假设$Loss$：$\mathbf{R}^m\times\mathbf{R}^m\to\mathbf{R}^1$是一个损失评估函数，此时二次函数学习模型定义为

$$\begin{aligned}&\min\ \sum_{i=1}^k Loss(f(x_i),y_i)\\&\text{s.t.}\ \ f\in\mathcal{H}.\end{aligned}$$

定义16.10 假设$\mathcal{X}=\mathbf{R}^1,\mathcal{Y}=\mathbf{R}^m$是样本空间和标记空间，给定数据集

$$D=\{(x_1,y_1),\cdots,(x_i,y_i),\cdots,(x_k,y_k)|\ x_i\in\mathbf{R}^1,y_i\in\mathbf{R}^m,i=1,\cdots,k\},$$

以及假设空间

$$\mathcal{H}=\{f\mid f(x)=ax^2+bx+c,a,b,c\in\mathbf{R}^m\},$$

假设损失函数$Loss$：$\mathbf{R}^m \times \mathbf{R}^m \to \mathbf{R}^1$是$\mathbf{R}^m$上某个范数$\|\cdot\|$的恰当函数$\phi$，此时范数二次函数学习模型定义为

$$\min \sum_{i=1}^{k} \phi(\|ax_i^2 + bx_i + c - y_i\|).$$

模型的变量为$a, b, c \in \mathbf{R}^m$.

例16.9 假设$\mathcal{X} = \mathbf{R}^1, \mathcal{Y} = \mathbf{R}^m$是样本空间和标记空间，给定数据集

$$D = \{(x_1, y_1), \cdots, (x_i, y_i), \cdots, (x_k, y_k) |\, x_i \in \mathbf{R}^1, y_i \in \mathbf{R}^m, i = 1, \cdots, k\},$$

以及假设空间

$$\mathcal{H} = \{f \mid f(x) = ax^2 + bx + c, a, b, c \in \mathbf{R}^m\},$$

假设损失函数$Loss$：$\mathbf{R}^m \times \mathbf{R}^m \to \mathbf{R}^1$是$\mathbf{R}^m$上$L_2$范数$\|\cdot\|_2$的恰当函数$\phi$，取定函数$\phi(u) = u^2$，此时学习模型为

$$\min \sum_{i=1}^{k} \|ax_i^2 + bx_i + c - y_i\|_2^2.$$

目标函数为

$$\phi(a, b, c) = \sum_{i=1}^{k} (ax_i^2 + bx_i + c - y_i)^{\mathrm{T}} (ax_i^2 + bx_i + c - y_i).$$

计算各阶导数为

$$\begin{aligned}
\nabla_a \phi(a, b, c) &= 2 \sum_{i=1}^{k} (ax_i^2 + bx_i + c - y_i) x_i^2, \\
\nabla_b \phi(a, b, c) &= 2 \sum_{i=1}^{k} (ax_i^2 + bx_i + c - y_i) x_i, \\
\nabla_c \phi(a, b, c) &= 2 \sum_{i=1}^{k} (ax_i^2 + bx_i + c - y_i), \\
\nabla_a^2 \phi(a, b, c) &= 2 \sum_{i=1}^{m} x_i^4 I_m, \\
\nabla_{ab}^2 \phi(a, b, c) &= 2 \sum_{i=1}^{m} x_i^3 I_m, \\
\nabla_{ac}^2 \phi(a, b, c) &= 2 \sum_{i=1}^{m} x_i^2 I_m, \\
\nabla_b^2 \phi(a, b, c) &= 2 \sum_{i=1}^{m} x_i^2 I_m, \\
\nabla_{bc}^2 \phi(a, b, c) &= 2 \sum_{i=1}^{m} x_i I_m, \\
\nabla_c^2 \phi(a, b, c) &= 2 I_m.
\end{aligned}$$

考察函数的Hessian矩阵，利用线性代数的基本知识可得

$$\nabla^2 \phi(a, b, c) = 2 \begin{pmatrix} \sum\limits_{i=1}^{m} x_i^4 I_m & \sum\limits_{i=1}^{m} x_i^3 I_m & \sum\limits_{i=1}^{m} x_i^2 I_m \\ \sum\limits_{i=1}^{m} x_i^3 I_m \otimes x_i & \sum\limits_{i=1}^{m} x_i^2 I_m & \sum\limits_{i=1}^{m} x_i I_m \\ \sum\limits_{i=1}^{m} x_i^2 I_m & \sum\limits_{i=1}^{m} x_i I_m & I_m \end{pmatrix} \geqslant 0,$$

如果$x_1, \cdots, x_m$互不相同，那么Hessian矩阵是正定的。因此，求解模型的最优解等价于求

解如下的方程

$$\nabla_a\phi(a,b,c) = 2\sum_{i=1}^{k}(ax_i^2+bx_i+c-y_i)x_i^2 = 0,$$
$$\nabla_b\phi(a,b,c) = 2\sum_{i=1}^{k}(ax_i^2+bx_i+c-y_i)x_i = 0,$$
$$\nabla_c\phi(a,b,c) = 2\sum_{i=1}^{k}(ax_i^2+bx_i+c-y_i) = 0.$$

利用矩阵，可将上面的方程形式化写为

$$\begin{pmatrix} \sum_{i=1}^{m} x_i^4 I_m & \sum_{i=1}^{m} x_i^3 I_m & \sum_{i=1}^{m} x_i^2 I_m \\ \sum_{i=1}^{m} x_i^3 I_m \otimes x_i & \sum_{i=1}^{m} x_i^2 I_m & \sum_{i=1}^{m} x_i I_m \\ \sum_{i=1}^{m} x_i^2 I_m & \sum_{i=1}^{m} x_i I_m & I_m \end{pmatrix}\begin{pmatrix} a \\ b \\ c \end{pmatrix} = \begin{pmatrix} \sum_i y_i x_i^2 \\ \sum_i y_i x_i \\ \sum_i y_i \end{pmatrix},$$

如果$x_1,\cdots,x_m$互不相同，那么前面的矩阵是正定的，根据线性代数的基本知识，那么上面的方程有唯一解，这个解就是学习模型的解。

例16.10 假设$\mathcal{X}=\mathbf{R}^1,\mathcal{Y}=\mathbf{R}^m$是样本空间和标记空间，给定数据集

$$D=\{(x_1,y_1),\cdots,(x_i,y_i),\cdots,(x_k,y_k)|\ x_i\in\mathbf{R}^1,y_i\in\mathbf{R}^m,i=1,\cdots,k\},$$

以及假设空间

$$\mathcal{H}=\{f\mid f(x)=ax^2+bx+c,a,b,c\in\mathbf{R}^m\},$$

假设损失函数$Loss$：$\mathbf{R}^m\times\mathbf{R}^m\to\mathbf{R}^1$是$\mathbf{R}^m$上$L_1$范数$\|\cdot\|_1$的恰当函数$\phi$，取定函数$\phi(u)=u$，此时学习模型为

$$\min\ \sum_{i=1}^{k}\|ax_i^2+bx_i+c-y_i\|_1.$$

模型可以转化为

$$\begin{aligned}&\min\ \sum_{i=1}^{k}\mathbf{1}_m^{\mathrm{T}}t_i\\ &\text{s.t.}\quad -t_i\leqslant ax_i^2+bx_i+c-y_i\leqslant t_i,i=1,\cdots,k.\end{aligned}$$

模型的变量为$a,b,c\in\mathbf{R}^m,t_i\in\mathbf{R}^m,i=1,\cdots,k$.

例16.11 假设$\mathcal{X}=\mathbf{R}^1,\mathcal{Y}=\mathbf{R}^m$是样本空间和标记空间，给定数据集

$$D=\{(x_1,y_1),\cdots,(x_i,y_i),\cdots,(x_k,y_k)|\ x_i\in\mathbf{R}^1,y_i\in\mathbf{R}^m,i=1,\cdots,k\},$$

以及假设空间

$$\mathcal{H}=\{f\mid f(x)=ax^2+bx+c,a,b,c\in\mathbf{R}^m\},$$

假设损失函数$Loss$：$\mathbf{R}^m\times\mathbf{R}^m\to\mathbf{R}^1$是$\mathbf{R}^m$上$L_\infty$范数$\|\cdot\|_\infty$的恰当函数$\phi$，取定函数$\phi(u)=u$，此时学习模型为

$$\min\ \sum_{i=1}^{k}\|ax_i^2+bx_i+c-y_i\|_\infty.$$

模型可以转化为

$$\begin{aligned}&\min\ \sum_{i=1}^{k} t_i\\&\text{s.t.}\quad -t_i\mathbf{1}_m \leqslant ax_i^2+bx_i+c-y_i \leqslant t_i\mathbf{1}_m, i=1,\cdots,k.\end{aligned}$$

模型的变量为$a,b,c\in\mathbf{R}^m, t_i\in\mathbf{R}^1, i=1,\cdots,k.$

定义16.11 假设$\mathcal{X}=\mathbf{R}^1,\mathcal{Y}=\mathbf{R}^m$是样本空间和标记空间，给定数据集

$$D=\{(x_1,y_1),\cdots,(x_i,y_i),\cdots,(x_k,y_k)|\ x_i\in\mathbf{R}^1, y_i\in\mathbf{R}^m, i=1,\cdots,k\},$$

以及假设空间

$$\mathcal{H}=\{f\mid f(x)=ax^2+bx+c, a,b,c\in\mathbf{R}^m\},$$

假设$Loss$：$\mathbf{R}^{km}\times\mathbf{R}^{km}\to\mathbf{R}^1$是一个损失评估函数，此时二次函数学习模型定义为

$$\begin{aligned}&\min\ Loss((f(x_i))_{i=1}^k,(y_i)_{i=1}^k)\\&\text{s.t.}\quad f\in\mathcal{H}.\end{aligned}$$

定义16.12 假设$\mathcal{X}=\mathbf{R}^1,\mathcal{Y}=\mathbf{R}^m$是样本空间和标记空间，给定数据集

$$D=\{(x_1,y_1),\cdots,(x_i,y_i),\cdots,(x_k,y_k)|\ x_i\in\mathbf{R}^1, y_i\in\mathbf{R}^m, i=1,\cdots,k\},$$

以及假设空间

$$\mathcal{H}=\{f\mid f(x)=ax^2+bx+c, a,b,c\in\mathbf{R}^m\},$$

假设损失函数$Loss$：$\mathbf{R}^{km}\times\mathbf{R}^{km}\to\mathbf{R}^1$是$\mathbf{R}^{km}$上某个范数$\|\cdot\|$的恰当函数$\phi$，此时范数二次函数学习模型定义为

$$\min\ \phi(\|(ax_i^2+bx_i+c)_{i=1}^k-(y_i)_{i=1}^k\|).$$

模型的变量为$a,b,c\in\mathbf{R}^m$.

例16.12 假设$\mathcal{X}=\mathbf{R}^1,\mathcal{Y}=\mathbf{R}^m$是样本空间和标记空间，给定数据集

$$D=\{(x_1,y_1),\cdots,(x_i,y_i),\cdots,(x_k,y_k)|\ x_i\in\mathbf{R}^1, y_i\in\mathbf{R}^m, i=1,\cdots,k\},$$

以及假设空间

$$\mathcal{H}=\{f\mid f(x)=ax^2+bx+c, a,b,c\in\mathbf{R}^m\},$$

假设损失函数$Loss$：$\mathbf{R}^{km}\times\mathbf{R}^{km}\to\mathbf{R}^1$分别取定如下三种情形：(1) 范数为$\mathbf{R}^{km}$上的$L_2$范数，取定$\phi(u)=u^2$；(2) 范数为$\mathbf{R}^{km}$上的$L_1$范数，取定$\phi(u)=u$；(3) 范数为$\mathbf{R}^{km}$上的$L_\infty$范数，取定$\phi(u)=u$. 此时范数二次函数学习模型为

$$\min\ \phi(\|(ax_i^2+bx_i+c)_{i=1}^k-(y_i)_{i=1}^k\|).$$

可以得到的例子和此节前文中的例子相差无几。读者可以自行推导。

16.4 样本高维标记高维

定义16.13 假设$\mathcal{X}=\mathbf{R}^n$，$\mathcal{Y}=\mathbf{R}^m$是样本空间和标记空间，给定数据集

$$D=\{(x_1,y_1),\cdots,(x_i,y_i),\cdots,(x_k,y_k)|\ x_i\in\mathbf{R}^n,\ y_i\in\mathbf{R}^m, i=1,\cdots,k\},$$

以及假设空间

$$\mathcal{H}=\{f \mid f(x)=(f_1(x),\cdots,f_m(x))^{\mathrm{T}}, f_\alpha(x)=x^{\mathrm{T}}A_\alpha x+b_\alpha^{\mathrm{T}}x+c_\alpha,$$
$$A_\alpha\in SM_n(\mathbf{R}), b_\alpha\in\mathbf{R}^n,\ \ c_\alpha\in\mathbf{R}^1, \alpha=1,\cdots,m\},$$

假设$Loss$：$\mathbf{R}^m\times\mathbf{R}^m\to\mathbf{R}^1$是一个损失评估函数，此时二次函数学习模型定义为

$$\begin{aligned}\min\ &\sum_{i=1}^{k} Loss(f(x_i),y_i)\\ \text{s.t.}\ \ & f\in\mathcal{H}.\end{aligned}$$

定义16.14 假设$\mathcal{X}=\mathbf{R}^n$，$\mathcal{Y}=\mathbf{R}^m$是样本空间和标记空间，给定数据集

$$D=\{(x_1,y_1),\cdots,(x_i,y_i),\cdots,(x_k,y_k)\mid x_i\in\mathbf{R}^n,\ \ y_i\in\mathbf{R}^m, i=1,\cdots,k\},$$

以及假设空间

$$\mathcal{H}=\{f \mid f(x)=(f_1(x),\cdots,f_m(x))^{\mathrm{T}}, f_\alpha(x)=x^{\mathrm{T}}A_\alpha x+b_\alpha^{\mathrm{T}}x+c_\alpha,$$
$$A_\alpha\in SM_n(\mathbf{R}), b_\alpha\in\mathbf{R}^n,\ \ c_\alpha\in\mathbf{R}^1, \alpha=1,\cdots,m\},$$

假设损失函数$Loss$：$\mathbf{R}^m\times\mathbf{R}^m\to\mathbf{R}^1$是$\mathbf{R}^m$上某个范数$\|\cdot\|$的恰当函数$\phi$，此时范数二次函数学习模型定义为

$$\min\ \sum_{i=1}^{k}\phi(\|(x_i^{\mathrm{T}}A_\alpha x_i+b_\alpha^{\mathrm{T}}x_i+c_\alpha)_{\alpha=1}^m-y_i\|).$$

模型的变量为$A_\alpha\in SM_n(\mathbf{R}), b_\alpha\in\mathbf{R}^n$，$c_\alpha\in\mathbf{R}^1, \alpha=1,\cdots,m.$

例16.13 假设$\mathcal{X}=\mathbf{R}^n$，$\mathcal{Y}=\mathbf{R}^m$是样本空间和标记空间，给定数据集

$$D=\{(x_1,y_1),\cdots,(x_i,y_i),\cdots,(x_k,y_k)\mid x_i\in\mathbf{R}^n,\ \ y_i\in\mathbf{R}^m, i=1,\cdots,k\},$$

以及假设空间

$$\mathcal{H}=\{f \mid f(x)=(f_1(x),\cdots,f_m(x))^{\mathrm{T}}, f_\alpha(x)=x^{\mathrm{T}}A_\alpha x+b_\alpha^{\mathrm{T}}x+c_\alpha,$$
$$A_\alpha\in SM_n(\mathbf{R}), b_\alpha\in\mathbf{R}^n,\ \ c_\alpha\in\mathbf{R}^1, \alpha=1,\cdots,m\},$$

假设损失函数$Loss$：$\mathbf{R}^m\times\mathbf{R}^m\to\mathbf{R}^1$是$\mathbf{R}^m$上$L_2$范数$\|\cdot\|_2$的恰当函数$\phi$，取定函数$\phi(u)=u^2$，此时学习模型为

$$\min\ \sum_{i=1}^{k}\|(x_i^{\mathrm{T}}A_\alpha x_i+b_\alpha^{\mathrm{T}}x_i+c_\alpha)_{\alpha=1}^m-y_i\|_2^2.$$

目标函数为

$$\phi(A,b,c)=\sum_{i=1}^{k}((x_i^{\mathrm{T}}A_\alpha x_i+b_\alpha^{\mathrm{T}}x_i+c_\alpha)_{\alpha=1}^m-y_i)^{\mathrm{T}}((x_i^{\mathrm{T}}A_\alpha x_i+b_\alpha^{\mathrm{T}}x_i+c_\alpha)_{\alpha=1}^m-y_i).$$

计算各阶导数为

$$\nabla_{A_\alpha}\phi(A,b,c)=2\sum_{i=1}^{k}((x_i^{\mathrm{T}}A_\alpha x_i+b_\alpha^{\mathrm{T}}x_i+c_\alpha)_{\alpha=1}^m-y_i)x_ix_i^{\mathrm{T}},$$

$$\nabla_{b_\alpha}\phi(A,b,c)=2\sum_{i=1}^{k}((x_i^{\mathrm{T}}A_\alpha x_i+b_\alpha^{\mathrm{T}}x_i+c_\alpha)_{\alpha=1}^m-y_i)x_i,$$

$$\nabla_{c_\alpha}\phi(A,b,c)=2\sum_{i=1}^{k}((x_i^{\mathrm{T}}A_\alpha x_i+b_\alpha^{\mathrm{T}}x_i+c_\alpha)_{\alpha=1}^m-y_i),$$

$$\nabla^2_{A_\alpha A_\beta}\phi(A,b,c)=2\sum_{i=1}^{k}(x_ix_i^{\mathrm{T}})\otimes(x_ix_i^{\mathrm{T}}),$$

$$\nabla^2_{A_\alpha b_\beta}\phi(A,b,c) = 2\sum_{i=1}^{k}(x_i x_i^{\mathrm{T}})\otimes x_i,$$
$$\nabla^2_{A_\alpha c_\beta}\phi(A,b,c) = 2\sum_{i=1}^{k} x_i x_i^{\mathrm{T}},$$
$$\nabla^2_{b_\alpha b_\beta}\phi(A,b,c) = 2\sum_{i=1}^{k} x_i x_i^{\mathrm{T}},$$
$$\nabla^2_{b_\alpha c_\beta}\phi(A,b,c) = 2\sum_{i=1}^{k} x_i,$$
$$\nabla^2_{c_\alpha c_\beta}\phi(A,b,c) = 2k.$$

考察函数的Hessian矩阵，利用线性代数的基本知识可得

$$2\begin{pmatrix} (\sum_{i=1}^{k}(x_i x_i^{\mathrm{T}})\otimes(x_i x_i^{\mathrm{T}}))\otimes I_m & (\sum_{i=1}^{k}(x_i x_i^{\mathrm{T}})\otimes x_i)\otimes I_m & (\sum_{i=1}^{k} x_i x_i^{\mathrm{T}})\otimes I_m \\ (\sum_{i=1}^{k}(x_i x_i^{\mathrm{T}})\otimes x_i)\otimes I_m & (\sum_{i=1}^{k} x_i x_i^{\mathrm{T}})\otimes I_m & (\sum_{i=1}^{k} x_i)\otimes I_m \\ (\sum_{i=1}^{k} x_i x_i^{\mathrm{T}})\otimes I_m & (\sum_{i=1}^{k} x_i)\otimes I_m & k\otimes I_m \end{pmatrix} \geqslant 0,$$

如果$x_1,\cdots,x_m$互不相同，那么Hessian矩阵是正定的。因此，求解模型的最优解等价于求解如下的方程

$$\nabla_{A_\alpha}\phi(A,b,c) = 2\sum_{i=1}^{k}((x_i^{\mathrm{T}}A_\alpha x_i + b_\alpha^{\mathrm{T}}x_i + c_\alpha)_{\alpha=1}^{m} - y_i)x_i x_i^{\mathrm{T}} = 0,$$
$$\nabla_{b_\alpha}\phi(A,b,c) = 2\sum_{i=1}^{k}((x_i^{\mathrm{T}}A_\alpha x_i + b_\alpha^{\mathrm{T}}x_i + c_\alpha)_{\alpha=1}^{m} - y_i)x_i = 0,$$
$$\nabla_{c_\alpha}\phi(A,b,c) = 2\sum_{i=1}^{k}((x_i^{\mathrm{T}}A_\alpha x_i + b_\alpha^{\mathrm{T}}x_i + c_\alpha)_{\alpha=1}^{m} - y_i) = 0.$$

利用张量的概念，可将上面的方程形式化写为

$$\begin{pmatrix} (\sum_{i=1}^{k}(x_i x_i^{\mathrm{T}})\otimes(x_i x_i^{\mathrm{T}}))\otimes I_m & (\sum_{i=1}^{k}(x_i x_i^{\mathrm{T}})\otimes x_i)\otimes I_m & (\sum_{i=1}^{k} x_i x_i^{\mathrm{T}})\otimes I_m \\ (\sum_{i=1}^{k}(x_i x_i^{\mathrm{T}})\otimes x_i)\otimes I_m & (\sum_{i=1}^{k} x_i x_i^{\mathrm{T}})\otimes I_m & (\sum_{i=1}^{k} x_i)\otimes I_m \\ (\sum_{i=1}^{k} x_i x_i^{\mathrm{T}})\otimes I_m & (\sum_{i=1}^{k} x_i)\otimes I_m & k\otimes I_m \end{pmatrix}$$
$$\times\begin{pmatrix} (A_\alpha)_{\alpha=1}^{m} \\ (b_\alpha)_{\alpha=1}^{m} \\ (c_\alpha)_{\alpha=1}^{m} \end{pmatrix} = \begin{pmatrix} (\sum_i y_i x_i x_i^{\mathrm{T}})\otimes I_m \\ (\sum_i y_i x_i)\otimes I_m \\ (\sum_i y_i)\otimes I_m \end{pmatrix},$$

如果$x_1,\cdots,x_m$互不相同，那么前面的矩阵是正定的，根据线性代数的基本知识，那么上面的方程有唯一解，这个解就是学习模型的解。

例16.14 假设$\mathcal{X} = \mathbf{R}^n$，$\mathcal{Y} = \mathbf{R}^m$是样本空间和标记空间，给定数据集

$$D = \{(x_1,y_1),\cdots,(x_i,y_i),\cdots,(x_k,y_k) |\ x_i\in\mathbf{R}^n,\ \ y_i\in\mathbf{R}^m, i=1,\cdots,k\},$$

以及假设空间

$$\mathcal{H} = \{f \mid f(x) = (f_1(x),\cdots,f_m(x))^{\mathrm{T}}, f_\alpha(x) = x^{\mathrm{T}}A_\alpha x + b_\alpha^{\mathrm{T}}x + c_\alpha,$$

$$A_\alpha \in SM_n(\mathbf{R}), b_\alpha \in \mathbf{R}^n,\ \ c_\alpha \in \mathbf{R}^1, \alpha = 1, \cdots, m\},$$

假设损失函数$Loss$：$\mathbf{R}^m \times \mathbf{R}^m \to \mathbf{R}^1$是$\mathbf{R}^m$上$L_1$范数$\|\cdot\|_1$的恰当函数$\phi$，取定函数$\phi(u) = u$，此时学习模型为

$$\min\ \sum_{i=1}^{k} \|(x_i^{\mathrm{T}} A_\alpha x_i + b_\alpha^{\mathrm{T}} x_i + c_\alpha)_{\alpha=1}^{m} - y_i\|_1.$$

模型可以转化为

$$\begin{aligned}\min\ & \sum_{i=1}^{k} \mathbf{1}_m^{\mathrm{T}} t_i \\ \text{s.t.}\ & -t_i \leqslant (x_i^{\mathrm{T}} A_\alpha x_i + b_\alpha^{\mathrm{T}} x_i + c_\alpha)_{\alpha=1}^{m} - y_i \leqslant t_i, i = 1, \cdots, k.\end{aligned}$$

模型的变量为$A_\alpha \in SM_n(\mathbf{R}), b_\alpha \in \mathbf{R}^n,\ \ c_\alpha \in \mathbf{R}^1, \alpha = 1, \cdots, m; t_i \in \mathbf{R}^m, i = 1, \cdots, k$.

例16.15 假设$\mathcal{X} = \mathbf{R}^n$，$\mathcal{Y} = \mathbf{R}^m$是样本空间和标记空间，给定数据集

$$D = \{(x_1, y_1), \cdots, (x_i, y_i), \cdots, (x_k, y_k) |\ x_i \in \mathbf{R}^n,\ \ y_i \in \mathbf{R}^m, i = 1, \cdots, k\},$$

以及假设空间

$$\begin{aligned}\mathcal{H} =\{f \mid f(x) = (f_1(x), \cdots, f_m(x))^{\mathrm{T}}, f_\alpha(x) = x^{\mathrm{T}} A_\alpha x + b_\alpha^{\mathrm{T}} x + c_\alpha,\\ A_\alpha \in SM_n(\mathbf{R}), b_\alpha \in \mathbf{R}^n,\ \ c_\alpha \in \mathbf{R}^1, \alpha = 1, \cdots, m\},\end{aligned}$$

假设损失函数$Loss$：$\mathbf{R}^m \times \mathbf{R}^m \to \mathbf{R}^1$是$\mathbf{R}^m$上$L_\infty$范数$\|\cdot\|_\infty$的恰当函数$\phi$，取定函数$\phi(u) = u$，此时学习模型为

$$\min\ \sum_{i=1}^{k} \|(x_i^{\mathrm{T}} A_\alpha x_i + b_\alpha^{\mathrm{T}} x_i + c_\alpha)_{\alpha=1}^{m} - y_i\|_\infty.$$

模型可以转化为

$$\begin{aligned}\min\ & \sum_{i=1}^{k} t_i \\ \text{s.t.}\ & -t_i \mathbf{1}_m \leqslant (x_i^{\mathrm{T}} A_\alpha x_i + b_\alpha^{\mathrm{T}} x_i + c_\alpha)_{\alpha=1}^{m} - y_i \leqslant t_i \mathbf{1}_m, i = 1, \cdots, k.\end{aligned}$$

模型的变量为$A_\alpha \in SM_n(\mathbf{R}), b_\alpha \in \mathbf{R}^n,\ \ c_\alpha \in \mathbf{R}^1, \alpha = 1, \cdots, m; t_i \in \mathbf{R}^1, i = 1, \cdots, k$.

定义16.15 假设$\mathcal{X} = \mathbf{R}^n$，$\mathcal{Y} = \mathbf{R}^m$是样本空间和标记空间，给定数据集

$$D = \{(x_1, y_1), \cdots, (x_i, y_i), \cdots, (x_k, y_k) |\ x_i \in \mathbf{R}^n,\ \ y_i \in \mathbf{R}^m, i = 1, \cdots, k\},$$

以及假设空间

$$\begin{aligned}\mathcal{H} =\{f \mid f(x) = (f_1(x), \cdots, f_m(x))^{\mathrm{T}}, f_\alpha(x) = x^{\mathrm{T}} A_\alpha x + b_\alpha^{\mathrm{T}} x + c_\alpha,\\ A_\alpha \in SM_n(\mathbf{R}), b_\alpha \in \mathbf{R}^n,\ \ c_\alpha \in \mathbf{R}^1, \alpha = 1, \cdots, m\},\end{aligned}$$

假设$Loss$：$\mathbf{R}^{km} \times \mathbf{R}^{km} \to \mathbf{R}^1$是一个损失评估函数，此时二次函数学习模型定义为

$$\begin{aligned}\min\ & Loss((f(x_i))_{i=1}^{k}, (y_i)_{i=1}^{k}) \\ \text{s.t.}\ & f \in \mathcal{H}.\end{aligned}$$

定义16.16 假设$\mathcal{X} = \mathbf{R}^n$，$\mathcal{Y} = \mathbf{R}^m$是样本空间和标记空间，给定数据集

$$D = \{(x_1, y_1), \cdots, (x_i, y_i), \cdots, (x_k, y_k) |\ x_i \in \mathbf{R}^n,\ \ y_i \in \mathbf{R}^m, i = 1, \cdots, k\},$$

以及假设空间

$$\begin{aligned}\mathcal{H} =\{f \mid f(x) = (f_1(x), \cdots, f_m(x))^{\mathrm{T}}, f_\alpha(x) = x^{\mathrm{T}} A_\alpha x + b_\alpha^{\mathrm{T}} x + c_\alpha,\\ A_\alpha \in SM_n(\mathbf{R}), b_\alpha \in \mathbf{R}^n,\ \ c_\alpha \in \mathbf{R}^1, \alpha = 1, \cdots, m\},\end{aligned}$$

假设损失函数$Loss$：$\mathbf{R}^{km}\times\mathbf{R}^{km}\to\mathbf{R}^1$是$\mathbf{R}^{km}$上某个范数$\|\cdot\|$的恰当函数$\phi$，此时范数二次函数学习模型定义为

$$\min\ \phi(\|((x_i^{\mathrm{T}}A_\alpha x_i+b_\alpha^{\mathrm{T}}x_i+c_\alpha)_{\alpha=1}^m)_{i=1}^k-(y_i)_{i=1}^k\|).$$

模型的变量为$A_\alpha\in SM_n(\mathbf{R}),b_\alpha\in\mathbf{R}^n$，$c_\alpha\in\mathbf{R}^1,\alpha=1,\cdots,m$.

例16.16 假设$\mathcal{X}=\mathbf{R}^n$，$\mathcal{Y}=\mathbf{R}^m$是样本空间和标记空间，给定数据集

$$D=\{(x_1,y_1),\cdots,(x_i,y_i),\cdots,(x_k,y_k)|\ x_i\in\mathbf{R}^n,\ \ y_i\in\mathbf{R}^m,i=1,\cdots,k\},$$

以及假设空间

$$\begin{aligned}\mathcal{H}=\{f\mid f(x)=(f_1(x),\cdots,f_m(x))^{\mathrm{T}},f_\alpha(x)=x^{\mathrm{T}}A_\alpha x+b_\alpha^{\mathrm{T}}x+c_\alpha,\\ A_\alpha\in SM_n(\mathbf{R}),b_\alpha\in\mathbf{R}^n,\ \ c_\alpha\in\mathbf{R}^1,\alpha=1,\cdots,m\},\end{aligned}$$

假设损失函数$Loss$：$\mathbf{R}^{km}\times\mathbf{R}^{km}\to\mathbf{R}^1$分别取定如下三种情形：(1) 范数为$\mathbf{R}^{km}$上的$L_2$范数，取定$\phi(u)=u^2$；(2) 范数为$\mathbf{R}^{km}$ 上的L_1范数，取定$\phi(u)=u$；(3) 范数为$\mathbf{R}^{km}$上的L_∞范数，取定$\phi(u)=u$. 此时范数二次函数学习模型为

$$\min\ \phi(\|((x_i^{\mathrm{T}}A_\alpha x_i+b_\alpha^{\mathrm{T}}x_i+c_\alpha)_{\alpha=1}^m)_{i=1}^k-(y_i)_{i=1}^k\|).$$

可以得到的例子和此节前文中的例子相差无几。读者可以自行推导。

第 17 章

高次函数学习

本章具体研究特殊的高次函数学习理论，它们的模型、性质、计算、应用以及理论解释。

17.1 样本一维标记一维

定义17.1 假设$\mathcal{X} = \mathbf{R}^1, \mathcal{Y} = \mathbf{R}^1$是样本空间和标记空间，给定数据集

$$D = \{(x_1, y_1), \cdots, (x_i, y_i), \cdots, (x_m, y_m) | \ x_i \in \mathbf{R}^1, y_i \in \mathbf{R}^1, i = 1, \cdots, m\},$$

以及假设空间($d \in \mathrm{N}_+$)

$$\mathcal{H}_d = \{f \mid f(x) = \sum_{\alpha \in I(N,1,d)} a_\alpha x^\alpha, a_\alpha \in \mathbf{R}^1\},$$

假设$Loss$：$\mathbf{R}^1 \times \mathbf{R}^1 \to \mathbf{R}^1$是一个损失评估函数，此时高次函数学习模型定义为

$$\begin{aligned} \min \ & \sum_{i=1}^{m} Loss(f(x_i), y_i) \\ \text{s.t.} \ & f \in \mathcal{H}_d. \end{aligned}$$

定义17.2 假设$\mathcal{X} = \mathbf{R}^1, \mathcal{Y} = \mathbf{R}^1$是样本空间和标记空间，给定数据集

$$D = \{(x_1, y_1), \cdots, (x_i, y_i), \cdots, (x_m, y_m) | \ x_i \in \mathbf{R}^1, y_i \in \mathbf{R}^1, i = 1, \cdots, m\},$$

以及假设空间($d \in \mathrm{N}_+$)

$$\mathcal{H}_d = \{f \mid f(x) = \sum_{\alpha \in I(N,1,d)} a_\alpha x^\alpha, a_\alpha \in \mathbf{R}^1\},$$

假设损失函数$Loss$：$\mathbf{R}^1 \times \mathbf{R}^1 \to \mathbf{R}^1$是$\mathbf{R}^1$上的某个范数$\|\cdot\|$的恰当函数$\phi$，此时范数高次函数学习模型定义为

$$\min \ \sum_{i=1}^{m} \phi\Big(\| \sum_{\alpha \in I(N,1,d)} a_\alpha x_i^\alpha - y_i \|\Big).$$

模型的变量为$a_\alpha, \alpha \in I(N, 1, d)$.

例17.1 假设$\mathcal{X} = \mathbf{R}^1, \mathcal{Y} = \mathbf{R}^1$是样本空间和标记空间，给定数据集

$$D = \{(x_1, y_1), \cdots, (x_i, y_i), \cdots, (x_m, y_m) | \ x_i \in \mathbf{R}^1, y_i \in \mathbf{R}^1, i = 1, \cdots, m\},$$

以及假设空间($d \in \mathrm{N}_+$)

$$\mathcal{H}_d = \{f \mid f(x) = \sum_{\alpha \in I(N,1,d)} a_\alpha x^\alpha, a_\alpha \in \mathbf{R}^1\},$$

假设损失函数$Loss$：$\mathbf{R}^1 \times \mathbf{R}^1 \to \mathbf{R}^1$是$\mathbf{R}^1$上的$L_2$范数$\|\cdot\|_2$的恰当函数$\phi$，取定函数$\phi(u) = u^2$，此时学习模型为

$$\min \ \sum_{i=1}^{m} \| \sum_{\alpha \in I(N,1,d)} a_\alpha x_i^\alpha - y_i \|_2^2.$$

此时目标函数为

$$\phi(a) = \sum_{i=1}^{m}\Big(\sum_{\alpha\in I(N,1,d)} a_\alpha x_i^\alpha - y_i\Big)^2.$$

计算各阶导数为

$$\nabla_{a_\alpha}\phi(a) = 2\sum_{i=1}^{m}\Big(\sum_{\alpha\in I(N,1,d)} a_\alpha x_i^\alpha - y_i\Big)x_i^\alpha,$$

$$\nabla^2_{a_\alpha a_\beta}\phi(a) = 2\sum_{i=1}^{m} x_i^\alpha x_i^\beta.$$

考察目标函数的Hessian矩阵，利用线性代数的基本知识可得

$$\nabla^2\phi(a) = 2\Big(\sum_{i=1}^{m} x_i^\alpha x_i^\beta\Big)_{\alpha,\beta\in I(N,1,d)} \geqslant 0,$$

如果

$$x_1, \cdots, x_m$$

互不相同，那么Hessian矩阵是正定的，因此模型的最优解等价于下面方程的解

$$\nabla_{a_\alpha}\phi(a) = 2\sum_{i=1}^{m}\Big(\sum_{\alpha\in I(N,1,d)} a_\alpha x_i^\alpha - y_i\Big)x_i^\alpha = 0.$$

等价于线性方程

$$\Big(\sum_{i=1}^{m} x_i^\alpha x_i^\alpha\Big)_\alpha (a_\alpha)_\alpha = \Big(\sum_i y_i x_i^\alpha\Big)_\alpha.$$

如果

$$x_1, \cdots, x_m$$

互不相同，上面的方程一定有解。

例17.2 假设$\mathcal{X} = \mathbf{R}^1, \mathcal{Y} = \mathbf{R}^1$是样本空间和标记空间，给定数据集

$$D = \{(x_1, y_1), \cdots, (x_i, y_i), \cdots, (x_m, y_m) |\, x_i \in \mathbf{R}^1, y_i \in \mathbf{R}^1, i = 1, \cdots, m\},$$

以及假设空间($d \in \mathrm{N}_+$)

$$\mathcal{H}_d = \{f \mid f(x) = \sum_{\alpha\in I(N,1,d)} a_\alpha x^\alpha, a_\alpha \in \mathbf{R}^1\},$$

假设损失函数$Loss$：$\mathbf{R}^1 \times \mathbf{R}^1 \to \mathbf{R}^1$是$\mathbf{R}^1$上的$L_1$范数$\|\cdot\|_1$的恰当函数$\phi$，取定函数$\phi(u) = u$，此时学习模型为

$$\min \sum_{i=1}^{m}\|\sum_{\alpha\in I(N,1,d)} a_\alpha x_i^\alpha - y_i\|_1 = \sum_{i=1}^{m}|\sum_{\alpha\in I(N,1,d)} a_\alpha x_i^\alpha - y_i|.$$

模型可以转化为

$$\begin{aligned} &\min \sum_{i=1}^{m} t_i \\ &\text{s.t.} \quad -t_i \leqslant \sum_{\alpha\in I(N,1,d)} a_\alpha x_i^\alpha - y_i \leqslant t_i, i = 1, \cdots, m. \end{aligned}$$

模型的变量为$a_\alpha \in \mathbf{R}^1, \alpha \in I(N, 1, d); t_i \in \mathbf{R}^1, i = 1, \cdots, m.$

例17.3 假设$\mathcal{X} = \mathbf{R}^1, \mathcal{Y} = \mathbf{R}^1$是样本空间和标记空间，给定数据集

$$D = \{(x_1, y_1), \cdots, (x_i, y_i), \cdots, (x_m, y_m) |\, x_i \in \mathbf{R}^1, y_i \in \mathbf{R}^1, i = 1, \cdots, m\},$$

以及假设空间($d \in \mathrm{N}_+$)

$$\mathcal{H}_d = \{f \mid f(x) = \sum_{\alpha\in I(N,1,d)} a_\alpha x^\alpha, a_\alpha \in \mathbf{R}^1\},$$

假设损失函数$Loss$：$\mathbf{R}^1\times\mathbf{R}^1\to\mathbf{R}^1$是$\mathbf{R}^1$上的$L_\infty$范数$\|\cdot\|_\infty$的恰当函数$\phi$，取定函数$\phi(u)=u$，此时学习模型为

$$\min\ \sum_{i=1}^{m}\|\sum_{\alpha\in I(N,1,d)}a_\alpha x_i^\alpha-y_i\|_\infty=\sum_{i=1}^{m}|\sum_{\alpha\in I(N,1,d)}a_\alpha x_i^\alpha-y_i|.$$

模型可以转化为

$$\begin{aligned}&\min\ \sum_{i=1}^{m}t_i\\&\text{s.t.}\quad -t_i\leqslant\sum_{\alpha\in I(N,1,d)}a_\alpha x_i^\alpha-y_i\leqslant t_i,i=1,\cdots,m.\end{aligned}$$

模型的变量为$a_\alpha\in\mathbf{R}^1,\alpha\in I(N,1,d);t_i\in\mathbf{R}^1,i=1,\cdots,m.$

定义17.3 假设$\mathcal{X}=\mathbf{R}^1,\mathcal{Y}=\mathbf{R}^1$是样本空间和标记空间，给定数据集

$$D=\{(x_1,y_1),\cdots,(x_i,y_i),\cdots,(x_m,y_m)|\ x_i\in\mathbf{R}^1,y_i\in\mathbf{R}^1,i=1,\cdots,m\},$$

以及假设空间($d\in\mathrm{N}_+$)

$$\mathcal{H}_d=\{f\mid f(x)=\sum_{\alpha\in I(N,1,d)}a_\alpha x^\alpha,a_\alpha\in\mathbf{R}^1\},$$

假设$Loss$：$\mathbf{R}^m\times\mathbf{R}^m\to\mathbf{R}^1$是一个损失评估函数，此时高次函数学习模型定义为

$$\begin{aligned}&\min\ Loss((f(x_i))_{i=1}^m,(y_i)_{i=1}^m)\\&\text{s.t.}\quad f\in\mathcal{H}_d.\end{aligned}$$

定义17.4 假设$\mathcal{X}=\mathbf{R}^1,\mathcal{Y}=\mathbf{R}^1$是样本空间和标记空间，给定数据集

$$D=\{(x_1,y_1),\cdots,(x_i,y_i),\cdots,(x_m,y_m)|\ x_i\in\mathbf{R}^1,y_i\in\mathbf{R}^1,i=1,\cdots,m\},$$

以及假设空间($d\in\mathrm{N}_+$)

$$\mathcal{H}_d=\{f\mid f(x)=\sum_{\alpha\in I(N,1,d)}a_\alpha x^\alpha,a_\alpha\in\mathbf{R}^1\},$$

假设损失函数$Loss$：$\mathbf{R}^m\times\mathbf{R}^m\to\mathbf{R}^1$是$\mathbf{R}^1$上的某个范数$\|\cdot\|$的恰当函数$\phi$，此时范数高次函数学习模型定义为

$$\min\ \phi\Big(\|(\sum_{\alpha\in I(N,1,d)}a_\alpha x_i^\alpha)_{i=1}^m-(y_i)_{i=1}^m\|\Big).$$

模型的变量为$a_\alpha,\alpha\in I(N,1,d)$.

例17.4 假设$\mathcal{X}=\mathbf{R}^1,\mathcal{Y}=\mathbf{R}^1$是样本空间和标记空间，给定数据集

$$D=\{(x_1,y_1),\cdots,(x_i,y_i),\cdots,(x_m,y_m)|\ x_i\in\mathbf{R}^1,y_i\in\mathbf{R}^1,i=1,\cdots,m\},$$

以及假设空间($d\in\mathrm{N}_+$)

$$\mathcal{H}_d=\{f\mid f(x)=\sum_{\alpha\in I(N,1,d)}a_\alpha x^\alpha,a_\alpha\in\mathbf{R}^1\},$$

假设损失函数$Loss$：$\mathbf{R}^m\times\mathbf{R}^m\to\mathbf{R}^1$分别取定如下三种情形：(1) 范数为$\mathbf{R}^m$上的$L_2$范数，取定$\phi(u)=u^2$；(2) 范数为$\mathbf{R}^m$ 上的L_1范数，取定$\phi(u)=u$；(3) 范数为$\mathbf{R}^m$上的L_∞范数，取定$\phi(u)=u$. 此时范数高次函数学习模型为

$$\min\ \phi\Big(\|(\sum_{\alpha\in I(N,1,d)}a_\alpha x_i^\alpha)_{i=1}^m-(y_i)_{i=1}^m\|\Big).$$

可以得到的例子和此节前文中的例子相差无几。读者可以自行推导。

17.2 样本高维标记一维

定义17.5 假设$\mathcal{X} = \mathbf{R}^n$，$\mathcal{Y} = \mathbf{R}^1$是样本空间和标记空间，给定数据集

$$D = \{(x_1, y_1), \cdots, (x_i, y_i), \cdots, (x_m, y_m) | \ x_i \in \mathbf{R}^n, \ \ y_i \in \mathbf{R}^1, i = 1, \cdots, m\},$$

以及假设空间($d \in \mathrm{N}_+$)

$$\mathcal{H}_d = \{f \mid f(x) = \sum_{\alpha \in I(N,n,d)} a_\alpha x^\alpha, a_\alpha \in \mathbf{R}^1\},$$

假设$Loss$：$\mathbf{R}^1 \times \mathbf{R}^1 \to \mathbf{R}^1$是一个损失评估函数，此时高次函数学习模型定义为

$$\begin{aligned} \min \ & \sum_{i=1}^m Loss(f(x_i), y_i) \\ \text{s.t.} \ & f \in \mathcal{H}_d. \end{aligned}$$

定义17.6 假设$\mathcal{X} = \mathbf{R}^n$，$\mathcal{Y} = \mathbf{R}^1$是样本空间和标记空间，给定数据集

$$D = \{(x_1, y_1), \cdots, (x_i, y_i), \cdots, (x_m, y_m) | \ x_i \in \mathbf{R}^n, \ \ y_i \in \mathbf{R}^1, i = 1, \cdots, m\},$$

以及假设空间($d \in \mathrm{N}_+$)

$$\mathcal{H}_d = \{f \mid f(x) = \sum_{\alpha \in I(N,n,d)} a_\alpha x^\alpha, a_\alpha \in \mathbf{R}^1\},$$

假设损失函数$Loss$：$\mathbf{R}^1 \times \mathbf{R}^1 \to \mathbf{R}^1$是$\mathbf{R}^1$上的某个范数$\|\cdot\|$的恰当函数$\phi$，此时范数高次函数学习模型定义为

$$\min \sum_{i=1}^m \phi\Big(\|\sum_{\alpha \in I(N,n,d)} a_\alpha x_i^\alpha - y_i\|\Big).$$

模型的变量是$a_\alpha \in \mathbf{R}^1, \alpha \in I(N, n, d)$.

例17.5 假设$\mathcal{X} = \mathbf{R}^n$，$\mathcal{Y} = \mathbf{R}^1$是样本空间和标记空间，给定数据集

$$D = \{(x_1, y_1), \cdots, (x_i, y_i), \cdots, (x_m, y_m) | \ x_i \in \mathbf{R}^n, \ \ y_i \in \mathbf{R}^1, i = 1, \cdots, m\},$$

以及假设空间($d \in \mathrm{N}_+$)

$$\mathcal{H}_d = \{f \mid f(x) = \sum_{\alpha \in I(N,n,d)} a_\alpha x^\alpha, a_\alpha \in \mathbf{R}^1\},$$

假设损失函数$Loss$：$\mathbf{R}^1 \times \mathbf{R}^1 \to \mathbf{R}^1$是$\mathbf{R}^1$上的$L_2$范数$\|\cdot\|_2$的恰当函数$\phi$，取定函数$\phi(u) = u^2$，此时学习模型为

$$\min \sum_{i=1}^m \|\sum_{\alpha \in I(N,n,d)} a_\alpha x_i^\alpha - y_i\|_2^2.$$

此时目标函数为

$$\phi(a) = \sum_{i=1}^m \Big(\sum_{\alpha \in I(N,n,d)} a_\alpha x_i^\alpha - y_i\Big)^2.$$

计算各阶导数为

$$\nabla_{a_\alpha} \phi(a) = 2 \sum_{i=1}^m \Big(\sum_{\alpha \in I(N,n,d)} a_\alpha x_i^\alpha - y_i\Big) x_i^\alpha,$$

$$\nabla^2_{a_\alpha a_\beta} \phi(a) = 2 \sum_{i=1}^m x_i^\alpha x_i^\beta.$$

考察目标函数的Hessian矩阵，利用线性代数的基本知识可得

$$\nabla^2 \phi(a) = 2\Big(\sum_{i=1}^m x_i^\alpha x_i^\beta\Big)_{\alpha, \beta \in I(N,1,d)} \geqslant 0,$$

进一步如果

$$x_1, \cdots, x_m$$

互不相同，那么Hessian矩阵是正定的，因此模型的最优解等价于下面方程的解

$$\nabla_{a_\alpha}\phi(a) = 2\sum_{i=1}^{m}\Big(\sum_{\alpha\in I(N,n,d)} a_\alpha x_i^\alpha - y_i\Big)x_i^\alpha = 0.$$

等价于线性方程

$$\Big(\sum_{i=1}^{m} x_i^\alpha x_i^\alpha\Big)_\alpha (a_\alpha)_\alpha = \Big(\sum_i y_i x_i^\alpha\Big)_\alpha.$$

如果

$$x_1, \cdots, x_m$$

互不相同，上面的方程一定有解。

例17.6 假设$\mathcal{X} = \mathbf{R}^n$，$\mathcal{Y} = \mathbf{R}^1$是样本空间和标记空间，给定数据集

$$D = \{(x_1, y_1), \cdots, (x_i, y_i), \cdots, (x_m, y_m) |\ x_i \in \mathbf{R}^n,\ \ y_i \in \mathbf{R}^1, i = 1, \cdots, m\},$$

以及假设空间($d \in \mathrm{N}_+$)

$$\mathcal{H}_d = \{f \mid f(x) = \sum_{\alpha\in I(N,n,d)} a_\alpha x^\alpha, a_\alpha \in \mathbf{R}^1\},$$

假设损失函数$Loss$：$\mathbf{R}^1 \times \mathbf{R}^1 \to \mathbf{R}^1$是$\mathbf{R}^1$上的$L_1$范数$\|\cdot\|_1$的恰当函数$\phi$，取定函数$\phi(u) = u$，此时学习模型为

$$\min \sum_{i=1}^{m} \|\sum_{\alpha\in I(N,n,d)} a_\alpha x_i^\alpha - y_i\|_1 = \sum_{i=1}^{m} |\sum_{\alpha\in I(N,n,d)} a_\alpha x_i^\alpha - y_i|.$$

模型可以转化为

$$\begin{aligned} &\min\ \sum_{i=1}^{m} t_i \\ &\text{s.t.}\quad -t_i \leqslant \sum_{\alpha\in I(N,n,d)} a_\alpha x_i^\alpha - y_i \leqslant t_i, i = 1, \cdots, m. \end{aligned}$$

模型的变量为$a_\alpha \in \mathbf{R}^1, \alpha \in I(N, n, d); t_i \in \mathbf{R}^1, i = 1, \cdots, m$.

例17.7 假设$\mathcal{X} = \mathbf{R}^n$，$\mathcal{Y} = \mathbf{R}^1$是样本空间和标记空间，给定数据集

$$D = \{(x_1, y_1), \cdots, (x_i, y_i), \cdots, (x_m, y_m) |\ x_i \in \mathbf{R}^n,\ \ y_i \in \mathbf{R}^1, i = 1, \cdots, m\},$$

以及假设空间($d \in \mathrm{N}_+$)

$$\mathcal{H}_d = \{f \mid f(x) = \sum_{\alpha\in I(N,n,d)} a_\alpha x^\alpha, a_\alpha \in \mathbf{R}^1\},$$

假设损失函数$Loss$：$\mathbf{R}^1 \times \mathbf{R}^1 \to \mathbf{R}^1$是$\mathbf{R}^1$上的$L_\infty$范数$\|\cdot\|_\infty$的恰当函数$\phi$，取定函数$\phi(u) = u$，此时学习模型为

$$\min \sum_{i=1}^{m} \|\sum_{\alpha\in I(N,n,d)} a_\alpha x_i^\alpha - y_i\|_\infty = \sum_{i=1}^{m} |\sum_{\alpha\in I(N,n,d)} a_\alpha x_i^\alpha - y_i|.$$

模型可以转化为

$$\begin{aligned} &\min\ \sum_{i=1}^{m} t_i \\ &\text{s.t.}\quad -t_i \leqslant \sum_{\alpha\in I(N,1,d)} a_\alpha x_i^\alpha - y_i \leqslant t_i, i = 1, \cdots, m. \end{aligned}$$

模型的变量为$a_\alpha \in \mathbf{R}^1, \alpha \in I(N, n, d); t_i \in \mathbf{R}^1, i = 1, \cdots, m$.

定义17.7 假设$\mathcal{X} = \mathbf{R}^n$，$\mathcal{Y} = \mathbf{R}^1$是样本空间和标记空间，给定数据集

$$D = \{(x_1, y_1), \cdots, (x_i, y_i), \cdots, (x_m, y_m) | \ x_i \in \mathbf{R}^n, \ \ y_i \in \mathbf{R}^1, i = 1, \cdots, m\},$$

以及假设空间$(d \in \mathrm{N}_+)$

$$\mathcal{H}_d = \{f \mid f(x) = \sum_{\alpha \in I(N,n,d)} a_\alpha x^\alpha, a_\alpha \in \mathbf{R}^1\},$$

假设$Loss$：$\mathbf{R}^m \times \mathbf{R}^m \to \mathbf{R}^1$是一个损失评估函数，此时高次函数学习模型定义为

$$\begin{aligned} &\min \ Loss((f(x_i))_{i=1}^m, (y_i)_{i=1}^m) \\ &\text{s.t.} \ \ f \in \mathcal{H}_d. \end{aligned}$$

定义17.8 假设$\mathcal{X} = \mathbf{R}^n$，$\mathcal{Y} = \mathbf{R}^1$是样本空间和标记空间，给定数据集

$$D = \{(x_1, y_1), \cdots, (x_i, y_i), \cdots, (x_m, y_m) | \ x_i \in \mathbf{R}^n, \ \ y_i \in \mathbf{R}^1, i = 1, \cdots, m\},$$

以及假设空间$(d \in \mathrm{N}_+)$

$$\mathcal{H}_d = \{f \mid f(x) = \sum_{\alpha \in I(N,n,d)} a_\alpha x^\alpha, a_\alpha \in \mathbf{R}^1\},$$

假设损失函数$Loss$：$\mathbf{R}^m \times \mathbf{R}^m \to \mathbf{R}^1$是$\mathbf{R}^1$上的某个范数$\|\cdot\|$的恰当函数$\phi$，此时范数高次函数学习模型定义为

$$\min \ \phi\Big(\|(\sum_{\alpha \in I(N,n,d)} a_\alpha x_i^\alpha)_{i=1}^m - (y_i)_{i=1}^m\|\Big).$$

模型的变量是$a_\alpha \in \mathbf{R}^1, \alpha \in I(N, n, d)$.

例17.8 假设$\mathcal{X} = \mathbf{R}^n$，$\mathcal{Y} = \mathbf{R}^1$是样本空间和标记空间，给定数据集

$$D = \{(x_1, y_1), \cdots, (x_i, y_i), \cdots, (x_m, y_m) | \ x_i \in \mathbf{R}^n, \ \ y_i \in \mathbf{R}^1, i = 1, \cdots, m\},$$

以及假设空间$(d \in \mathrm{N}_+)$

$$\mathcal{H}_d = \{f \mid f(x) = \sum_{\alpha \in I(N,n,d)} a_\alpha x^\alpha, a_\alpha \in \mathbf{R}^1\},$$

假设损失函数$Loss$：$\mathbf{R}^m \times \mathbf{R}^m \to \mathbf{R}^1$分别取定如下三种情形：(1) 范数为$\mathbf{R}^m$上的$L_2$范数，取定$\phi(u) = u^2$；(2) 范数为$\mathbf{R}^m$ 上的L_1范数，取定$\phi(u) = u$；(3) 范数为$\mathbf{R}^m$上的L_∞范数，取定$\phi(u) = u$. 此时范数高次函数学习模型为

$$\min \ \phi\Big(\|(\sum_{\alpha \in I(N,n,d)} a_\alpha x_i^\alpha)_{i=1}^m - (y_i)_{i=1}^m\|\Big).$$

可以得到的例子和此节前文中的例子相差无几。读者可以自行推导。

17.3 样本一维标记高维

定义17.9 假设$\mathcal{X} = \mathbf{R}^1, \mathcal{Y} = \mathbf{R}^m$是样本空间和标记空间，给定数据集

$$D = \{(x_1, y_1), \cdots, (x_i, y_i), \cdots, (x_k, y_k) | \ x_i \in \mathbf{R}^1, y_i \in \mathbf{R}^m, i = 1, \cdots, k\},$$

以及假设空间$(d \in \mathrm{N}_+)$

$$\mathcal{H}_d = \{f \mid f(x) = \sum_{\alpha \in I(N,1,d)} a_\alpha x^\alpha, a_\alpha \in \mathbf{R}^m\}.$$

假设$Loss$：$\mathbf{R}^m \times \mathbf{R}^m \to \mathbf{R}^1$是一个损失评估函数，此时高次函数学习模型定义为

$$\begin{aligned} \min \ & \sum_{i=1}^{k} Loss(f(x_i), y_i) \\ \text{s.t.} \ & f \in \mathcal{H}_d. \end{aligned}$$

定义17.10 假设$\mathcal{X} = \mathbf{R}^1, \mathcal{Y} = \mathbf{R}^m$是样本空间和标记空间，给定数据集

$$D = \{(x_1, y_1), \cdots, (x_i, y_i), \cdots, (x_k, y_k) |\ x_i \in \mathbf{R}^1, y_i \in \mathbf{R}^m, i = 1, \cdots, k\},$$

以及假设空间($d \in \mathrm{N}_+$)

$$\mathcal{H}_d = \{f \mid f(x) = \sum_{\alpha \in I(N,1,d)} a_\alpha x^\alpha, a_\alpha \in \mathbf{R}^m\}.$$

假设损失函数$Loss$：$\mathbf{R}^m \times \mathbf{R}^m \to \mathbf{R}^1$是$\mathbf{R}^m$上某个范数$\|\cdot\|$的恰当函数$\phi$，此时范数高次函数学习模型定义为

$$\min \sum_{i=1}^{k} \phi\Big(\| \sum_{\alpha \in I(N,1,d)} a_\alpha x_i^\alpha - y_i \|\Big).$$

模型的变量为$a_\alpha \in \mathbf{R}^m, \alpha \in I(N, 1, d)$.

例17.9 假设$\mathcal{X} = \mathbf{R}^1, \mathcal{Y} = \mathbf{R}^m$是样本空间和标记空间，给定数据集

$$D = \{(x_1, y_1), \cdots, (x_i, y_i), \cdots, (x_k, y_k) |\ x_i \in \mathbf{R}^1, y_i \in \mathbf{R}^m, i = 1, \cdots, k\},$$

以及假设空间($d \in \mathrm{N}_+$)

$$\mathcal{H}_d = \{f \mid f(x) = \sum_{\alpha \in I(N,1,d)} a_\alpha x^\alpha, a_\alpha \in \mathbf{R}^m\}.$$

假设损失函数$Loss$：$\mathbf{R}^m \times \mathbf{R}^m \to \mathbf{R}^1$是$\mathbf{R}^m$上的$L_2$范数$\|\cdot\|_2$的恰当函数$\phi$，取定函数$\phi(u) = u^2$，此时学习模型为

$$\min \sum_{i=1}^{k} \| \sum_{\alpha \in I(N,1,d)} a_\alpha x_i^\alpha - y_i \|_2^2.$$

此时目标函数为

$$\phi(a) = \sum_{i=1}^{k} \Big(\sum_{\alpha \in I(N,1,d)} a_\alpha x_i^\alpha - y_i \Big)^{\mathrm{T}} \Big(\sum_{\alpha \in I(N,1,d)} a_\alpha x_i^\alpha - y_i \Big).$$

计算各阶导数为

$$\nabla_{a_\alpha} \phi(a) = 2 \sum_{i=1}^{k} \Big(\sum_{\alpha \in I(N,1,d)} a_\alpha x_i^\alpha - y_i \Big) x_i^\alpha,$$

$$\nabla^2_{a_\alpha a_\beta} \phi(a) = 2 \sum_{i=1}^{k} x_i^\alpha x_i^\beta I_m.$$

考察目标函数的Hessian矩阵，利用线性代数的基本知识可得

$$\nabla^2 \phi(a) = 2 \Big(\sum_{i=1}^{m} x_i^\alpha x_i^\beta I_m \Big)_{\alpha, \beta \in I(N,1,d)} \geqslant 0,$$

如果

$$x_1, \cdots, x_m$$

互不相同，那么Hessian矩阵是正定的，因此模型的最优解等价于下面方程的解

$$\nabla_{a_\alpha} \phi(a) = 2 \sum_{i=1}^{m} \Big(\sum_{\alpha \in I(N,1,d)} a_\alpha x_i^\alpha - y_i \Big) x_i^\alpha = 0.$$

等价于线性方程

$$\Big(\sum_{i=1}^{m} x_i^{\alpha} x_i^{\alpha}\Big)_{\alpha}(a_{\alpha})_{\alpha} = \Big(\sum_{i} y_i x_i^{\alpha}\Big)_{\alpha}.$$

如果

$$x_1, \cdots, x_m$$

互不相同，上面的方程一定有解。

例17.10 假设$\mathcal{X} = \mathbf{R}^1, \mathcal{Y} = \mathbf{R}^m$是样本空间和标记空间，给定数据集

$$D = \{(x_1, y_1), \cdots, (x_i, y_i), \cdots, (x_k, y_k) |\ x_i \in \mathbf{R}^1, y_i \in \mathbf{R}^m, i = 1, \cdots, k\},$$

以及假设空间$(d \in \mathrm{N}_+)$

$$\mathcal{H}_d = \{f \mid f(x) = \sum_{\alpha \in I(N,1,d)} a_{\alpha} x^{\alpha}, a_{\alpha} \in \mathbf{R}^m\}.$$

假设损失函数$Loss$：$\mathbf{R}^m \times \mathbf{R}^m \to \mathbf{R}^1$是$\mathbf{R}^m$上的$L_1$范数$\|\cdot\|_1$的恰当函数$\phi$，取定函数$\phi(u) = u$，此时学习模型为

$$\min \sum_{i=1}^{k} \| \sum_{\alpha \in I(N,1,d)} a_{\alpha} x_i^{\alpha} - y_i \|_1.$$

模型可以转化为

$$\begin{aligned} &\min \ \sum_{i=1}^{k} \mathbf{1}_m^{\mathrm{T}} t_i \\ &\text{s.t.} \ -t_i \leqslant \sum_{\alpha \in I(N,1,d)} a_{\alpha} x_i^{\alpha} - y_i \leqslant t_i, i = 1, \cdots, k. \end{aligned}$$

模型的变量为$a_{\alpha} \in \mathbf{R}^m, \alpha \in I(N, 1, d); t_i \in \mathbf{R}^m, i = 1, \cdots, k.$

例17.11 假设$\mathcal{X} = \mathbf{R}^1, \mathcal{Y} = \mathbf{R}^m$是样本空间和标记空间，给定数据集

$$D = \{(x_1, y_1), \cdots, (x_i, y_i), \cdots, (x_k, y_k) |\ x_i \in \mathbf{R}^1, y_i \in \mathbf{R}^m, i = 1, \cdots, k\},$$

以及假设空间$(d \in \mathrm{N}_+)$

$$\mathcal{H}_d = \{f \mid f(x) = \sum_{\alpha \in I(N,1,d)} a_{\alpha} x^{\alpha}, a_{\alpha} \in \mathbf{R}^m\}.$$

假设损失函数$Loss$：$\mathbf{R}^m \times \mathbf{R}^m \to \mathbf{R}^1$是$\mathbf{R}^m$上的$L_\infty$范数$\|\cdot\|_\infty$的恰当函数$\phi$，取定函数$\phi(u) = u$，此时学习模型为

$$\min \sum_{i=1}^{m} \| \sum_{\alpha \in I(N,1,d)} a_{\alpha} x_i^{\alpha} - y_i \|_\infty.$$

模型可以转化为

$$\begin{aligned} &\min \ \sum_{i=1}^{k} t_i \\ &\text{s.t.} \ -t_i \mathbf{1}_m \leqslant \sum_{\alpha \in I(N,1,d)} a_{\alpha} x_i^{\alpha} - y_i \leqslant t_i \mathbf{1}_m, i = 1, \cdots, k. \end{aligned}$$

模型的变量为$a_{\alpha} \in \mathbf{R}^m, \alpha \in I(N, 1, d); t_i \in \mathbf{R}^1, i = 1, \cdots, k.$

定义17.11 假设$\mathcal{X} = \mathbf{R}^1, \mathcal{Y} = \mathbf{R}^m$是样本空间和标记空间，给定数据集

$$D = \{(x_1, y_1), \cdots, (x_i, y_i), \cdots, (x_k, y_k) |\ x_i \in \mathbf{R}^1, y_i \in \mathbf{R}^m, i = 1, \cdots, k\},$$

以及假设空间$(d \in \mathrm{N}_+)$

$$\mathcal{H}_d = \{f \mid f(x) = \sum_{\alpha \in I(N,1,d)} a_{\alpha} x^{\alpha}, a_{\alpha} \in \mathbf{R}^m\}.$$

假设$Loss$：$\mathbf{R}^{km}\times\mathbf{R}^{km}\to\mathbf{R}^1$是一个损失评估函数，此时高次函数学习模型定义为

$$\begin{aligned}&\min\ Loss((f(x_i))_{i=1}^k,(y_i)_{i=1}^k)\\&\text{s.t.}\quad f\in\mathcal{H}_d.\end{aligned}$$

定义17.12 假设$\mathcal{X}=\mathbf{R}^1,\mathcal{Y}=\mathbf{R}^m$是样本空间和标记空间，给定数据集

$$D=\{(x_1,y_1),\cdots,(x_i,y_i),\cdots,(x_k,y_k)|\ x_i\in\mathbf{R}^1,y_i\in\mathbf{R}^m,i=1,\cdots,k\},$$

以及假设空间($d\in\mathrm{N}_+$)

$$\mathcal{H}_d=\{f\mid f(x)=\sum_{\alpha\in I(N,1,d)}a_\alpha x^\alpha,a_\alpha\in\mathbf{R}^m\}.$$

假设损失函数$Loss$：$\mathbf{R}^{km}\times\mathbf{R}^{km}\to\mathbf{R}^1$是$\mathbf{R}^{km}$上某个范数$\|\cdot\|$的恰当函数$\phi$，此时范数高次函数学习模型定义为

$$\min\ \phi\Big(\|(\sum_{\alpha\in I(N,1,d)}a_\alpha x_i^\alpha)_{i=1}^k-(y_i)_{i=1}^k\|\Big).$$

模型的变量为$a_\alpha\in\mathbf{R}^m,\alpha\in I(N,1,d)$.

例17.12 假设$\mathcal{X}=\mathbf{R}^1,\mathcal{Y}=\mathbf{R}^m$是样本空间和标记空间，给定数据集

$$D=\{(x_1,y_1),\cdots,(x_i,y_i),\cdots,(x_k,y_k)|\ x_i\in\mathbf{R}^1,y_i\in\mathbf{R}^m,i=1,\cdots,k\},$$

以及假设空间($d\in\mathrm{N}_+$)

$$\mathcal{H}_d=\{f\mid f(x)=\sum_{\alpha\in I(N,1,d)}a_\alpha x^\alpha,a_\alpha\in\mathbf{R}^m\}.$$

假设损失函数$Loss$：$\mathbf{R}^{km}\times\mathbf{R}^{km}\to\mathbf{R}^1$分别取定如下三种情形：(1) 范数为$\mathbf{R}^{km}$上的$L_2$范数，取定$\phi(u)=u^2$；(2) 范数为$\mathbf{R}^{km}$上的$L_1$范数，取定$\phi(u)=u$；(3) 范数为$\mathbf{R}^{km}$上的$L_\infty$范数，取定$\phi(u)=u$. 此时范数高次函数学习模型

$$\min\ \phi\Big(\|(\sum_{\alpha\in I(N,1,d)}a_\alpha x_i^\alpha)_{i=1}^k-(y_i)_{i=1}^k\|\Big).$$

可以得到的例子和此节上前中的例子相差无几。读者可以自行推导。

17.4 样本高维标记高维

定义17.13 假设$\mathcal{X}=\mathbf{R}^n$，$\mathcal{Y}=\mathbf{R}^m$是样本空间和标记空间，给定数据集

$$D=\{(x_1,y_1),\cdots,(x_i,y_i),\cdots,(x_k,y_k)|\ x_i\in\mathbf{R}^n,\ \ y_i\in\mathbf{R}^m,i=1,\cdots,k\},$$

以及假设空间($d\in\mathrm{N}_+$)

$$\mathcal{H}_d=\{f\mid f(x)=\sum_{\alpha\in I(N,n,d)}a_\alpha x^\alpha,a_\alpha\in\mathbf{R}^m\},$$

假设$Loss$：$\mathbf{R}^m\times\mathbf{R}^m\to\mathbf{R}^1$是一个损失评估函数，此时高次函数学习模型定义为

$$\begin{aligned}&\min\ \sum_{i=1}^k Loss(f(x_i),y_i)\\&\text{s.t.}\quad f\in\mathcal{H}_d.\end{aligned}$$

定义17.14 假设$\mathcal{X}=\mathbf{R}^n$，$\mathcal{Y}=\mathbf{R}^m$是样本空间和标记空间，给定数据集

$$D=\{(x_1,y_1),\cdots,(x_i,y_i),\cdots,(x_k,y_k)|\ x_i\in\mathbf{R}^n,\ \ y_i\in\mathbf{R}^m,i=1,\cdots,k\},$$

以及假设空间($d \in \mathrm{N}_+$)

$$\mathcal{H}_d = \{f \mid f(x) = \sum_{\alpha \in I(N,n,d)} a_\alpha x^\alpha, a_\alpha \in \mathbf{R}^m\},$$

假设损失函数$Loss$：$\mathbf{R}^m \times \mathbf{R}^m \to \mathbf{R}^1$是$\mathbf{R}^m$上某个范数$\|\cdot\|$的一个恰当函数$\phi$，此时范数高次函数学习模型定义为

$$\min \sum_{i=1}^{k} \phi\Big(\| \sum_{\alpha \in I(N,n,d)} a_\alpha x_i^\alpha - y_i\|\Big).$$

模型的变量为$a_\alpha \in \mathbf{R}^m, \alpha \in I(N,n,d)$.

例17.13 假设$\mathcal{X} = \mathbf{R}^n$，$\mathcal{Y} = \mathbf{R}^m$是样本空间和标记空间，给定数据集

$$D = \{(x_1, y_1), \cdots, (x_i, y_i), \cdots, (x_k, y_k) \mid x_i \in \mathbf{R}^n,\ \ y_i \in \mathbf{R}^m, i = 1, \cdots, k\},$$

以及假设空间($d \in \mathrm{N}_+$)

$$\mathcal{H}_d = \{f \mid f(x) = \sum_{\alpha \in I(N,n,d)} a_\alpha x^\alpha, a_\alpha \in \mathbf{R}^m\},$$

假设损失函数$Loss$：$\mathbf{R}^m \times \mathbf{R}^m \to \mathbf{R}^1$是$\mathbf{R}^m$上的$L_2$范数$\|\cdot\|_2$的恰当函数$\phi$，取定函数$\phi(u) = u^2$，此时学习模型为

$$\min \sum_{i=1}^{k} \| \sum_{\alpha \in I(N,n,d)} a_\alpha x_i^\alpha - y_i\|_2^2.$$

此时目标函数为

$$\phi(a) = \sum_{i=1}^{k} \Big(\sum_{\alpha \in I(N,n,d)} a_\alpha x_i^\alpha - y_i\Big)^{\mathrm{T}} \Big(\sum_{\alpha \in I(N,n,d)} a_\alpha x_i^\alpha - y_i\Big).$$

计算各阶导数为

$$\nabla_{a_\alpha} \phi(a) = 2 \sum_{i=1}^{k} \Big(\sum_{\alpha \in I(N,n,d)} a_\alpha x_i^\alpha - y_i\Big) x_i^\alpha,$$

$$\nabla^2_{a_\alpha a_\beta} \phi(a) = 2 \sum_{i=1}^{k} x_i^\alpha x_i^\beta I_m.$$

考察目标函数的Hessian矩阵，利用线性代数的基本知识可得

$$\nabla^2 \phi(a) = 2\Big(\sum_{i=1}^{m} x_i^\alpha x_i^\beta I_m \Big)_{\alpha,\beta \in I(N,n,d)} \geqslant 0,$$

如果

$$x_1, \cdots, x_m$$

互不相同，那么Hessian矩阵是正定的，因此模型的最优解等价于下面方程的解

$$\nabla_{a_\alpha} \phi(a) = 2 \sum_{i=1}^{k} \Big(\sum_{\alpha \in I(N,n,d)} a_\alpha x_i^\alpha - y_i\Big) x_i^\alpha = 0.$$

等价于线性方程

$$\Big(\sum_{i=1}^{k} x_i^\alpha x_i^\alpha \Big)_\alpha (a_\alpha)_\alpha = \Big(\sum_i y_i x_i^\alpha \Big)_\alpha.$$

如果

$$x_1, \cdots, x_m$$

互不相同，上面的方程一定有解。

例17.14 假设$\mathcal{X} = \mathbf{R}^n$，$\mathcal{Y} = \mathbf{R}^m$是样本空间和标记空间，给定数据集

$$D = \{(x_1, y_1), \cdots, (x_i, y_i), \cdots, (x_k, y_k) | \ x_i \in \mathbf{R}^n, \ \ y_i \in \mathbf{R}^m, i = 1, \cdots, k\},$$

以及假设空间($d \in \mathrm{N}_+$)

$$\mathcal{H}_d = \{f \mid f(x) = \sum_{\alpha \in I(N,n,d)} a_\alpha x^\alpha, a_\alpha \in \mathbf{R}^m\},$$

假设损失函数$Loss$：$\mathbf{R}^m \times \mathbf{R}^m \to \mathbf{R}^1$是$\mathbf{R}^m$上的$L_1$范数$\|\cdot\|_1$的恰当函数$\phi$，取定函数$\phi(u) = u$，此时学习模型为

$$\min \ \sum_{i=1}^{k} \| \sum_{\alpha \in I(N,n,d)} a_\alpha x_i^\alpha - y_i \|_1.$$

模型可以转化为

$$\begin{aligned} \min \ & \sum_{i=1}^{k} \mathbf{1}_m^{\mathrm{T}} t_i \\ \text{s.t.} \ & -t_i \leqslant \sum_{\alpha \in I(N,1,d)} a_\alpha x_i^\alpha - y_i \leqslant t_i, i = 1, \cdots, k. \end{aligned}$$

模型的变量为$a_\alpha \in \mathbf{R}^m, \alpha \in I(N, n, d); t_i \in \mathbf{R}^m, i = 1, \cdots, k.$

例17.15 假设$\mathcal{X} = \mathbf{R}^n$，$\mathcal{Y} = \mathbf{R}^m$是样本空间和标记空间，给定数据集

$$D = \{(x_1, y_1), \cdots, (x_i, y_i), \cdots, (x_k, y_k) | \ x_i \in \mathbf{R}^n, \ \ y_i \in \mathbf{R}^m, i = 1, \cdots, k\},$$

以及假设空间($d \in \mathrm{N}_+$)

$$\mathcal{H}_d = \{f \mid f(x) = \sum_{\alpha \in I(N,n,d)} a_\alpha x^\alpha, a_\alpha \in \mathbf{R}^m\},$$

假设损失函数$Loss$：$\mathbf{R}^m \times \mathbf{R}^m \to \mathbf{R}^1$是$\mathbf{R}^m$上的$L_\infty$范数$\|\cdot\|_\infty$的恰当函数$\phi$，取定函数$\phi(u) = u$，此时学习模型为

$$\min \ \sum_{i=1}^{m} \| \sum_{\alpha \in I(N,n,d)} a_\alpha x_i^\alpha - y_i \|_\infty.$$

模型可以转化为

$$\begin{aligned} \min \ & \sum_{i=1}^{k} t_i \\ \text{s.t.} \ & -t_i \mathbf{1}_m \leqslant \sum_{\alpha \in I(N,1,d)} a_\alpha x_i^\alpha - y_i \leqslant t_i \mathbf{1}_m, i = 1, \cdots, k. \end{aligned}$$

模型的变量为$a_\alpha \in \mathbf{R}^m, \alpha \in I(N, n, d); t_i \in \mathbf{R}^1, i = 1, \cdots, k.$

定义17.15 假设$\mathcal{X} = \mathbf{R}^n$，$\mathcal{Y} = \mathbf{R}^m$是样本空间和标记空间，给定数据集

$$D = \{(x_1, y_1), \cdots, (x_i, y_i), \cdots, (x_k, y_k) | \ x_i \in \mathbf{R}^n, \ \ y_i \in \mathbf{R}^m, i = 1, \cdots, k\},$$

以及假设空间($d \in \mathrm{N}_+$)

$$\mathcal{H}_d = \{f \mid f(x) = \sum_{\alpha \in I(N,n,d)} a_\alpha x^\alpha, a_\alpha \in \mathbf{R}^m\},$$

假设$Loss$：$\mathbf{R}^{km} \times \mathbf{R}^{km} \to \mathbf{R}^1$是一个损失评估函数，此时高次函数学习模型定义为

$$\begin{aligned} \min \ & Loss((f(x_i))_{i=1}^k, (y_i)_{i=1}^k) \\ \text{s.t.} \ & f \in \mathcal{H}_d. \end{aligned}$$

定义17.16 假设$\mathcal{X} = \mathbf{R}^n$，$\mathcal{Y} = \mathbf{R}^m$是样本空间和标记空间，给定数据集

$$D = \{(x_1, y_1), \cdots, (x_i, y_i), \cdots, (x_k, y_k) | \ x_i \in \mathbf{R}^n, \ \ y_i \in \mathbf{R}^m, i = 1, \cdots, k\},$$

以及假设空间($d \in \mathrm{N}_+$)

$$\mathcal{H}_d = \{f \mid f(x) = \sum_{\alpha \in I(N,n,d)} a_\alpha x^\alpha, a_\alpha \in \mathbf{R}^m\},$$

假设损失函数$Loss$：$\mathbf{R}^{km} \times \mathbf{R}^{km} \to \mathbf{R}^1$是$\mathbf{R}^{km}$上某个范数$\|\cdot\|$的恰当函数$\phi$，此时范数高次函数学习模型定义为

$$\min\ \phi\Big(\|(\sum_{\alpha \in I(N,n,d)} a_\alpha x_i^\alpha)_{i=1}^k - (y_i)_{i=1}^k\|\Big).$$

模型的变量为$a_\alpha \in \mathbf{R}^m, \alpha \in I(N, n, d)$.

例17.16 假设$\mathcal{X} = \mathbf{R}^n$，$\mathcal{Y} = \mathbf{R}^m$是样本空间和标记空间，给定数据集

$$D = \{(x_1, y_1), \cdots, (x_i, y_i), \cdots, (x_k, y_k) | \ x_i \in \mathbf{R}^n,\ \ y_i \in \mathbf{R}^m, i = 1, \cdots, k\},$$

以及假设空间($d \in \mathrm{N}_+$)

$$\mathcal{H}_d = \{f \mid f(x) = \sum_{\alpha \in I(N,n,d)} a_\alpha x^\alpha, a_\alpha \in \mathbf{R}^m\},$$

假设损失函数$Loss$：$\mathbf{R}^{km} \times \mathbf{R}^{km} \to \mathbf{R}^1$分别取定如下三种情形：(1) 范数为$\mathbf{R}^{km}$上的$L_2$范数，取定$\phi(u) = u^2$；(2) 范数为$\mathbf{R}^{km}$上的$L_1$范数，取定$\phi(u) = u$；(3) 范数为$\mathbf{R}^{km}$上的$L_\infty$范数，取定$\phi(u) = u$. 此时范数高次函数学习模型为

$$\min\ \phi\Big(\|(\sum_{\alpha \in I(N,n,d)} a_\alpha x_i^\alpha)_{i=1}^k - (y_i)_{i=1}^k\|\Big).$$

可以得到的例子和此节前文中的例子相差无几。读者可以自行推导。

第 18 章

凸性函数学习

本章具体研究特殊的凸性函数学习理论，它们的模型、性质、计算、应用以及理论解释。

18.1　样本一维标记一维

定义18.1　假设$\mathcal{X} = \mathbf{R}^1, \mathcal{Y} = \mathbf{R}^1$是样本空间和标记空间，给定数据集

$$D = \{(x_1, y_1), \cdots, (x_i, y_i), \cdots, (x_m, y_m) | x_i \in \mathbf{R}^1, y_i \in \mathbf{R}^1, i = 1, \cdots, m\},$$

以及假设空间

$$\mathcal{H} \in \{\mathcal{CF}(\mathbf{R}^1 \to \mathbf{R}^1), \mathcal{LOGCF}(\mathbf{R}^1 \to \mathbf{R}^1), \mathcal{MICF}(\mathbf{R}^1 \to \mathbf{R}^1), \mathcal{MILOGCF}(\mathbf{R}^1 \to \mathbf{R}^1)\}$$

假设$Loss$：$\mathbf{R}^1 \times \mathbf{R}^1 \to \mathbf{R}^1$是一个损失评估函数，此时凸性函数学习模型定义为

$$\begin{aligned} \min\ & \sum_{i=1}^{m} Loss(f(x_i), y_i) \\ \text{s.t.}\ & f \in \mathcal{H}. \end{aligned}$$

假设$Loss$：$\mathbf{R}^m \times \mathbf{R}^m \to \mathbf{R}^1$是一个损失评估函数，此时凸性函数学习模型亦可定义为

$$\begin{aligned} \min\ & Loss((f(x_i))_{i=1}^m, (y_i)_{i=1}^m) \\ \text{s.t.}\ & f \in \mathcal{H}. \end{aligned}$$

定理18.1　假设$\mathcal{X} = \mathbf{R}^1, \mathcal{Y} = \mathbf{R}^1$是样本空间和标记空间，给定数据集

$$D = \{(x_1, y_1), \cdots, (x_i, y_i), \cdots, (x_m, y_m) | x_i \in \mathbf{R}^1, y_i \in \mathbf{R}^1, i = 1, \cdots, m\},$$

以及假设空间

$$\mathcal{H} = \mathcal{CF}(\mathbf{R}^1 \to \mathbf{R}^1).$$

假设$Loss$：$\mathbf{R}^1 \times \mathbf{R}^1 \to \mathbf{R}^1$是一个损失评估函数，凸性函数学习模型

$$\begin{aligned} \min\ & \sum_{i=1}^{m} Loss(f(x_i), y_i) \\ \text{s.t.}\ & f \in \mathcal{CF}(\mathbf{R}^1 \to \mathbf{R}^1) \end{aligned}$$

等价于如下的模型

$$\begin{aligned} \min\ & \sum_{i=1}^{m} Loss(\hat{y}_i, y_i) \\ \text{s.t.}\ & \hat{y}_j \geqslant \hat{y}_i + p_i(x_j - x_i), i, j = 1, \cdots, m. \end{aligned}$$

模型的变量为$\hat{y}_i, p_i \in \mathbf{R}^1$，求得最优解之后，定义函数

$$f(x) = \max_{i=1,\cdots,m} (\hat{y}_i + p_i(x - x_i)).$$

可以作为原始模型的最优解。

例18.1 假设$\mathcal{X} = \mathbf{R}^1, \mathcal{Y} = \mathbf{R}^1$是样本空间和标记空间，给定数据集

$$D = \{(x_1, y_1), \cdots, (x_i, y_i), \cdots, (x_m, y_m) | \ x_i \in \mathbf{R}^1, y_i \in \mathbf{R}^1, i = 1, \cdots, m\},$$

以及假设空间

$$\mathcal{H} = C\mathcal{F}(\mathbf{R}^1 \to \mathbf{R}^1).$$

假设损失函数$Loss$：$\mathbf{R}^1 \times \mathbf{R}^1 \to \mathbf{R}^1$是$\mathbf{R}^1$上的某个范数$\|\cdot\|$的恰当函数$\phi$，凸性函数学习模型为

$$\begin{aligned} \min \ & \sum_{i=1}^{m} \phi(\|f(x_i) - y_i\|) \\ \text{s.t.} \ & f \in C\mathcal{F}(\mathbf{R}^1 \to \mathbf{R}^1). \end{aligned}$$

如果范数为L_2范数，并且函数$\phi(u) = u^2$，那么学习模型为

$$\begin{aligned} \min \ & \sum_{i=1}^{m} \|f(x_i) - y_i\|_2^2 \\ \text{s.t.} \ & f \in C\mathcal{F}(\mathbf{R}^1 \to \mathbf{R}^1). \end{aligned}$$

等价于如下的模型

$$\begin{aligned} \min \ & \sum_{i=1}^{m} (\hat{y}_i - y_i)^2 \\ \text{s.t.} \ & \hat{y}_j \geqslant \hat{y}_i + p_i(x_j - x_i), i, j = 1, \cdots, m. \end{aligned}$$

模型的变量为$\hat{y}_i, p_i \in \mathbf{R}^1$，这是一个具有线性约束的二次优化模型。

如果范数为L_1范数，并且函数$\phi(u) = u$，那么学习模型为

$$\begin{aligned} \min \ & \sum_{i=1}^{m} \|f(x_i) - y_i\|_1 \\ \text{s.t.} \ & f \in C\mathcal{F}(\mathbf{R}^1 \to \mathbf{R}^1). \end{aligned}$$

等价于如下的模型

$$\begin{aligned} \min \ & \sum_{i=1}^{m} |\hat{y}_i - y_i| \\ \text{s.t.} \ & \hat{y}_j \geqslant \hat{y}_i + p_i(x_j - x_i), i, j = 1, \cdots, m. \end{aligned}$$

转化为

$$\begin{aligned} \min \ & \sum_{i=1}^{m} t_i \\ \text{s.t.} \ & \hat{y}_j \geqslant \hat{y}_i + p_i(x_j - x_i), i, j = 1, \cdots, m, \\ & -t_i \leqslant \hat{y}_i - y_i \leqslant t_i, i = 1, \cdots, m. \end{aligned}$$

模型的变量为$\hat{y}_i, p_i \in \mathbf{R}^1, t_i \in \mathbf{R}^1$，这是一个线性优化模型。

如果范数为L_∞范数，并且函数$\phi(u) = u$，那么学习模型为

$$\begin{aligned} \min \ & \sum_{i=1}^{m} \|f(x_i) - y_i\|_\infty \\ \text{s.t.} \ & f \in C\mathcal{F}(\mathbf{R}^1 \to \mathbf{R}^1). \end{aligned}$$

等价于如下的模型

$$\begin{aligned} \min \ & \sum_{i=1}^{m} |\hat{y}_i - y_i| \\ \text{s.t.} \ & \hat{y}_j \geqslant \hat{y}_i + p_i(x_j - x_i), i, j = 1, \cdots, m. \end{aligned}$$

转化为

$$\begin{aligned} \min \ & \sum_{i=1}^{m} t_i \\ \text{s.t.} \ & \hat{y}_j \geqslant \hat{y}_i + p_i(x_j - x_i), i, j = 1, \cdots, m, \\ & -t_i \leqslant \hat{y}_i - y_i \leqslant t_i, i = 1, \cdots, m. \end{aligned}$$

模型的变量为$\hat{y}_i, p_i \in \mathbf{R}^1, t_i \in \mathbf{R}^1$，这是一个线性优化模型。

定理18.2 假设$\mathcal{X} = \mathbf{R}^1, \mathcal{Y} = \mathbf{R}^1$是样本空间和标记空间，给定数据集

$$D = \{(x_1, y_1), \cdots, (x_i, y_i), \cdots, (x_m, y_m) | \ x_i \in \mathbf{R}^1, y_i \in \mathbf{R}^1, i = 1, \cdots, m\},$$

以及假设空间

$$\mathcal{H} = \mathcal{CF}(\mathbf{R}^1 \to \mathbf{R}^1).$$

假设$Loss$：$\mathbf{R}^m \times \mathbf{R}^m \to \mathbf{R}^1$是一个损失评估函数，凸性函数学习模型为

$$\begin{aligned} \min \ & Loss((f(x_i))_{i=1}^m, (y_i)_{i=1}^m) \\ \text{s.t.} \ & f \in \mathcal{CF}(\mathbf{R}^1 \to \mathbf{R}^1). \end{aligned}$$

等价于如下的模型

$$\begin{aligned} \min \ & Loss((\hat{y}_i)_{i=1}^m, (y_i)_{i=1}^m) \\ \text{s.t.} \ & \hat{y}_j \geqslant \hat{y}_i + p_i(x_j - x_i), i, j = 1, \cdots, m. \end{aligned}$$

模型的变量为$\hat{y}_i, p_i \in \mathbf{R}^1$，求得最优解之后，定义函数

$$f(x) = \max_{i=1,\cdots,m} (\hat{y}_i + p_i(x - x_i)),$$

可以作为原始模型的最优解。

例18.2 假设$\mathcal{X} = \mathbf{R}^1, \mathcal{Y} = \mathbf{R}^1$是样本空间和标记空间，给定数据集

$$D = \{(x_1, y_1), \cdots, (x_i, y_i), \cdots, (x_m, y_m) | \ x_i \in \mathbf{R}^1, y_i \in \mathbf{R}^1, i = 1, \cdots, m\},$$

以及假设空间

$$\mathcal{H} = \mathcal{CF}(\mathbf{R}^1 \to \mathbf{R}^1).$$

假设损失函数$Loss$：$\mathbf{R}^m \times \mathbf{R}^m \to \mathbf{R}^1$是$\mathbf{R}^m$上的某个范数$\|\cdot\|$的恰当函数$\phi$，凸性函数学习模型为

$$\begin{aligned} \min \ & \phi(\|(f(x_i))_{i=1}^m - (y_i)_{i=1}^m\|) \\ \text{s.t.} \ & f \in \mathcal{CF}(\mathbf{R}^1 \to \mathbf{R}^1). \end{aligned}$$

如下三种情形：(1) 范数为L_2范数，并且函数$\phi(u) = u^2$；(2) 范数为L_1范数，并且函数$\phi(u) = u$；(3) 范数为L_∞范数，并且函数$\phi(u) = u$. 分别对应的模型和上例中的三种情形相差无几。

定理18.3 假设$\mathcal{X} = \mathbf{R}^1, \mathcal{Y} = \mathbf{R}^1$是样本空间和标记空间，给定数据集

$$D = \{(x_1, y_1), \cdots, (x_i, y_i), \cdots, (x_m, y_m) | \ x_i \in \mathbf{R}^1, y_i \in \mathbf{R}^1, i = 1, \cdots, m\},$$

以及假设空间

$$\mathcal{H} = \mathcal{LOGCF}(\mathbf{R}^1 \to \mathbf{R}^1).$$

假设$Loss$：$\mathbf{R}^1 \times \mathbf{R}^1 \to \mathbf{R}^1$是一个损失评估函数，凸性函数学习模型为

$$\begin{aligned} \min \quad & \sum_{i=1}^{m} Loss(f(x_i), y_i) \\ \text{s.t.} \quad & f \in \mathcal{LOGCF}(\mathbf{R}^1 \to \mathbf{R}^1). \end{aligned}$$

等价于如下的模型

$$\begin{aligned} \min \quad & \sum_{i=1}^{m} Loss(\hat{y}_i, y_i) \\ \text{s.t.} \quad & \log \hat{y}_j \geqslant \log \hat{y}_i + p_i(x_j - x_i), i, j = 1, \cdots, m, \\ & \hat{y}_i > 0, i = 1, \cdots, m. \end{aligned}$$

模型的变量为$\hat{y}_i, p_i \in \mathbf{R}^1$，求得最优解之后，定义函数

$$f(x) = \mathrm{e}^{\max_{i=1,\cdots,m}(\log \hat{y}_i + p_i(x - x_i))},$$

可以作为原始模型的最优解。

例18.3 假设$\mathcal{X} = \mathbf{R}^1, \mathcal{Y} = \mathbf{R}^1$是样本空间和标记空间，给定数据集

$$D = \{(x_1, y_1), \cdots, (x_i, y_i), \cdots, (x_m, y_m) | \ x_i \in \mathbf{R}^1, y_i \in \mathbf{R}^1, i = 1, \cdots, m\},$$

以及假设空间

$$\mathcal{H} = \mathcal{LOGCF}(\mathbf{R}^1 \to \mathbf{R}^1).$$

假设损失函数$Loss$：$\mathbf{R}^1 \times \mathbf{R}^1 \to \mathbf{R}^1$是$\mathbf{R}^1$上的某个范数$\|\cdot\|$的恰当函数$\phi$，凸性函数学习模型为

$$\begin{aligned} \min \quad & \sum_{i=1}^{m} \phi(\|f(x_i) - y_i\|) \\ \text{s.t.} \quad & f \in \mathcal{LOGCF}(\mathbf{R}^1 \to \mathbf{R}^1). \end{aligned}$$

如果范数为L_2范数，并且函数$\phi(u) = u^2$，那么学习模型为

$$\begin{aligned} \min \quad & \sum_{i=1}^{m} \|f(x_i) - y_i\|_2^2 \\ \text{s.t.} \quad & f \in \mathcal{LOGCF}(\mathbf{R}^1 \to \mathbf{R}^1). \end{aligned}$$

等价于如下的模型

$$\begin{aligned} \min \quad & \sum_{i=1}^{m} (\hat{y}_i - y_i)^2 \\ \text{s.t.} \quad & \log \hat{y}_j \geqslant \log \hat{y}_i + p_i(x_j - x_i), i, j = 1, \cdots, m, \\ & \hat{y}_i > 0, i = 1, \cdots, m. \end{aligned}$$

模型的变量为$\hat{y}_i, p_i \in \mathbf{R}^1$.

如果范数为L_1范数，并且函数$\phi(u) = u$，那么学习模型为

$$\begin{aligned} \min \quad & \sum_{i=1}^{m} \|f(x_i) - y_i\|_1 \\ \text{s.t.} \quad & f \in \mathcal{LOGCF}(\mathbf{R}^1 \to \mathbf{R}^1). \end{aligned}$$

等价于如下的模型

$$\begin{aligned}\min\ & \sum_{i=1}^{m}|\hat{y}_i - y_i|\\ \text{s.t.}\ & \log\hat{y}_j \geqslant \log\hat{y}_i + p_i(x_j - x_i), i, j = 1,\cdots,m,\\ & \hat{y}_i > 0, i = 1,\cdots,m.\end{aligned}$$

转化为

$$\begin{aligned}\min\ & \sum_{i=1}^{m} t_i\\ \text{s.t.}\ & \log\hat{y}_j \geqslant \log\hat{y}_i + p_i(x_j - x_i), i, j = 1,\cdots,m,\\ & \hat{y}_i > 0, i = 1,\cdots,m,\\ & -t_i \leqslant \hat{y}_i - y_i \leqslant t_i, i = 1,\cdots,m.\end{aligned}$$

模型的变量为$\hat{y}_i, p_i \in \mathbf{R}^1, t_i \in \mathbf{R}^1$.

如果范数为L_∞范数，并且函数$\phi(u) = u$，那么学习模型为

$$\begin{aligned}\min\ & \sum_{i=1}^{m}\|f(x_i) - y_i\|_\infty\\ \text{s.t.}\ & f \in \mathcal{LOGCF}(\mathbf{R}^1 \to \mathbf{R}^1).\end{aligned}$$

等价于如下的模型

$$\begin{aligned}\min\ & \sum_{i=1}^{m}|\hat{y}_i - y_i|\\ \text{s.t.}\ & \log\hat{y}_j \geqslant \log\hat{y}_i + p_i(x_j - x_i), i, j = 1,\cdots,m,\\ & \hat{y}_i > 0, i = 1,\cdots,m.\end{aligned}$$

转化为

$$\begin{aligned}\min\ & \sum_{i=1}^{m} t_i\\ \text{s.t.}\ & \log\hat{y}_j \geqslant \log\hat{y}_i + p_i(x_j - x_i), i, j = 1,\cdots,m,\\ & \hat{y}_i > 0, i = 1,\cdots,m,\\ & -t_i \leqslant \hat{y}_i - y_i \leqslant t_i, i = 1,\cdots,m.\end{aligned}$$

模型的变量为$\hat{y}_i, p_i \in \mathbf{R}^1, t_i \in \mathbf{R}^1$.

定理18.4 假设$\mathcal{X} = \mathbf{R}^1, \mathcal{Y} = \mathbf{R}^1$是样本空间和标记空间，给定数据集

$$D = \{(x_1, y_1), \cdots, (x_i, y_i), \cdots, (x_m, y_m) | \ x_i \in \mathbf{R}^1, y_i \in \mathbf{R}^1, i = 1, \cdots, m\},$$

以及假设空间

$$\mathcal{H} = \mathcal{LOGCF}(\mathbf{R}^1 \to \mathbf{R}^1).$$

假设$Loss$：$\mathbf{R}^m \times \mathbf{R}^m \to \mathbf{R}^1$是一个损失评估函数，凸性函数学习模型为

$$\begin{aligned}\min\ & Loss((f(x_i))_{i=1}^m, (y_i)_{i=1}^m)\\ \text{s.t.}\ & f \in \mathcal{LOGCF}(\mathbf{R}^1 \to \mathbf{R}^1).\end{aligned}$$

等价于如下的模型

$$\begin{aligned}&\min\ Loss((\hat{y}_i)_{i=1}^m,(y_i)_{i=1}^m)\\&\text{s.t.}\quad \log\hat{y}_j\geqslant\log\hat{y}_i+p_i(x_j-x_i),i,j=1,\cdots,m,\\&\qquad\ \hat{y}_i>0,i=1,\cdots,m.\end{aligned}$$

模型的变量为$\hat{y}_i,p_i\in\mathbf{R}^1$，求得最优解之后，定义函数

$$f(x)=\mathrm{e}^{\max_{i=1,\cdots,m}(\log\hat{y}_i+p_i(x-x_i))},$$

可以作为原始模型的最优解。

例18.4 假设$\mathcal{X}=\mathbf{R}^1,\mathcal{Y}=\mathbf{R}^1$是样本空间和标记空间，给定数据集

$$D=\{(x_1,y_1),\cdots,(x_i,y_i),\cdots,(x_m,y_m)|\ x_i\in\mathbf{R}^1,y_i\in\mathbf{R}^1,i=1,\cdots,m\},$$

以及假设空间

$$\mathcal{H}=\mathcal{LOGCF}(\mathbf{R}^1\to\mathbf{R}^1).$$

假设损失函数$Loss$：$\mathbf{R}^m\times\mathbf{R}^m\to\mathbf{R}^1$是$\mathbf{R}^m$上的某个范数$\|\cdot\|$的恰当函数$\phi$，凸性函数学习模型为

$$\begin{aligned}&\min\ \phi(\|(f(x_i))_{i=1}^m-(y_i)_{i=1}^m\|)\\&\text{s.t.}\quad f\in\mathcal{LOGCF}(\mathbf{R}^1\to\mathbf{R}^1).\end{aligned}$$

如下三种情形：(1)范数为L_2范数，并且函数$\phi(u)=u^2$；(2)范数为L_1范数，并且函数$\phi(u)=u$；(3)范数为L_∞范数，并且函数$\phi(u)=u$. 分别对应的模型和上例中的三种情形相差无几。

定理18.5 假设$\mathcal{X}=\mathbf{R}^1,\mathcal{Y}=\mathbf{R}^1$是样本空间和标记空间，给定数据集

$$D=\{(x_1,y_1),\cdots,(x_i,y_i),\cdots,(x_m,y_m)|\ x_i\in\mathbf{R}^1,y_i\in\mathbf{R}^1,i=1,\cdots,m\},$$

以及假设空间

$$\mathcal{H}=\mathcal{MICF}(\mathbf{R}^1\to\mathbf{R}^1).$$

假设$Loss$：$\mathbf{R}^1\times\mathbf{R}^1\to\mathbf{R}^1$是一个损失评估函数，凸性函数学习模型为

$$\begin{aligned}&\min\ \sum_{i=1}^m Loss(f(x_i),y_i)\\&\text{s.t.}\quad f\in\mathcal{MICF}(\mathbf{R}^1\to\mathbf{R}^1).\end{aligned}$$

等价于如下的模型

$$\begin{aligned}&\min\ \sum_{i=1}^m Loss(\hat{y}_i,y_i)\\&\text{s.t.}\quad \hat{y}_j\geqslant\hat{y}_i+p_i(x_j-x_i),i,j=1,\cdots,m,\\&\qquad\ p_i\geqslant 0,i=1,\cdots,m.\end{aligned}$$

模型的变量为$\hat{y}_i,p_i\in\mathbf{R}^1$，求得最优解之后，定义函数

$$f(x)=\max_{i=1,\cdots,m}(\hat{y}_i+p_i(x-x_i)),$$

可以作为原始模型的最优解。

例18.5 假设$\mathcal{X}=\mathbf{R}^1,\mathcal{Y}=\mathbf{R}^1$是样本空间和标记空间，给定数据集

$$D=\{(x_1,y_1),\cdots,(x_i,y_i),\cdots,(x_m,y_m)|\ x_i\in\mathbf{R}^1,y_i\in\mathbf{R}^1,i=1,\cdots,m\},$$

以及假设空间

$$\mathcal{H}=\mathcal{MICF}(\mathbf{R}^1\to\mathbf{R}^1).$$

假设损失函数$Loss$：$\mathbf{R}^1\times\mathbf{R}^1\to\mathbf{R}^1$是$\mathbf{R}^1$上的某个范数$\|\cdot\|$的恰当函数$\phi$，凸性函数学习模型为

$$\begin{aligned}\min\ &\sum_{i=1}^m\phi(\|f(x_i)-y_i\|)\\ \text{s.t.}\ & f\in\mathcal{MICF}(\mathbf{R}^1\to\mathbf{R}^1).\end{aligned}$$

如果范数为L_2范数，并且函数$\phi(u)=u^2$，那么学习模型为

$$\begin{aligned}\min\ &\sum_{i=1}^m\|f(x_i)-y_i\|_2^2\\ \text{s.t.}\ & f\in\mathcal{MICF}(\mathbf{R}^1\to\mathbf{R}^1).\end{aligned}$$

等价于如下的模型

$$\begin{aligned}\min\ &\sum_{i=1}^m(\hat{y}_i-y_i)^2\\ \text{s.t.}\ &\hat{y}_j\geqslant\hat{y}_i+p_i(x_j-x_i),i,j=1,\cdots,m,\\ &p_i\geqslant 0,i=1,\cdots,m.\end{aligned}$$

模型的变量为$\hat{y}_i,p_i\in\mathbf{R}^1$，这是一个具有线性约束的二次优化模型。

如果范数为L_1范数，并且函数$\phi(u)=u$，那么学习模型为

$$\begin{aligned}\min\ &\sum_{i=1}^m\|f(x_i)-y_i\|_1\\ \text{s.t.}\ & f\in\mathcal{MICF}(\mathbf{R}^1\to\mathbf{R}^1).\end{aligned}$$

等价于如下的模型

$$\begin{aligned}\min\ &\sum_{i=1}^m|\hat{y}_i-y_i|\\ \text{s.t.}\ &\hat{y}_j\geqslant\hat{y}_i+p_i(x_j-x_i),i,j=1,\cdots,m,\\ &p_i\geqslant 0,i=1,\cdots,m.\end{aligned}$$

转化为

$$\begin{aligned}\min\ &\sum_{i=1}^m t_i\\ \text{s.t.}\ &\hat{y}_j\geqslant\hat{y}_i+p_i(x_j-x_i),i,j=1,\cdots,m,\\ &p_i\geqslant 0,i=1,\cdots,m,\\ &-t_i\leqslant\hat{y}_i-y_i\leqslant t_i,i=1,\cdots,m.\end{aligned}$$

模型的变量为$\hat{y}_i,p_i\in\mathbf{R}^1,t_i\in\mathbf{R}^1$，这是一个线性优化模型。

如果范数为L_∞范数，并且函数$\phi(u)=u$，那么学习模型为

$$\begin{aligned}\min\ &\sum_{i=1}^m\|f(x_i)-y_i\|_\infty\\ \text{s.t.}\ & f\in\mathcal{MICF}(\mathbf{R}^1\to\mathbf{R}^1).\end{aligned}$$

等价于如下的模型

$$\begin{aligned}\min\ &\sum_{i=1}^{m}|\hat{y}_i-y_i|\\ \text{s.t.}\ &\hat{y}_j\geqslant\hat{y}_i+p_i(x_j-x_i),i,j=1,\cdots,m,\\ &p_i\geqslant 0,i=1,\cdots,m.\end{aligned}$$

转化为

$$\begin{aligned}\min\ &\sum_{i=1}^{m}t_i\\ \text{s.t.}\ &\hat{y}_j\geqslant\hat{y}_i+p_i(x_j-x_i),i,j=1,\cdots,m,\\ &p_i\geqslant 0,i=1,\cdots,m,\\ &-t_i\leqslant\hat{y}_i-y_i\leqslant t_i,i=1,\cdots,m.\end{aligned}$$

模型的变量为$\hat{y}_i,p_i\in\mathbf{R}^1,t_i\in\mathbf{R}^1$，这是一个线性优化模型。

定理18.6 假设$\mathcal{X}=\mathbf{R}^1,\mathcal{Y}=\mathbf{R}^1$是样本空间和标记空间，给定数据集

$$D=\{(x_1,y_1),\cdots,(x_i,y_i),\cdots,(x_m,y_m)|\ x_i\in\mathbf{R}^1,y_i\in\mathbf{R}^1,i=1,\cdots,m\},$$

以及假设空间

$$\mathcal{H}=\mathcal{MICF}(\mathbf{R}^1\to\mathbf{R}^1).$$

假设$Loss$：$\mathbf{R}^m\times\mathbf{R}^m\to\mathbf{R}^1$是一个损失评估函数，凸性函数学习模型为

$$\begin{aligned}\min\ &Loss((f(x_i))_{i=1}^m,(y_i)_{i=1}^m)\\ \text{s.t.}\ &f\in\mathcal{MICF}(\mathbf{R}^1\to\mathbf{R}^1).\end{aligned}$$

等价于如下的模型

$$\begin{aligned}\min\ &Loss((\hat{y}_i)_{i=1}^m,(y_i)_{i=1}^m)\\ \text{s.t.}\ &\hat{y}_j\geqslant\hat{y}_i+p_i(x_j-x_i),i,j=1,\cdots,m,\\ &p_i\geqslant 0,i=1,\cdots,m.\end{aligned}$$

模型的变量为$\hat{y}_i,p_i\in\mathbf{R}^1$，求得最优解之后，定义函数

$$f(x)=\max_{i=1,\cdots,m}(\hat{y}_i+p_i(x-x_i)),$$

可以作为原始模型的最优解。

例18.6 假设$\mathcal{X}=\mathbf{R}^1,\mathcal{Y}=\mathbf{R}^1$是样本空间和标记空间，给定数据集

$$D=\{(x_1,y_1),\cdots,(x_i,y_i),\cdots,(x_m,y_m)|\ x_i\in\mathbf{R}^1,y_i\in\mathbf{R}^1,i=1,\cdots,m\},$$

以及假设空间

$$\mathcal{H}=\mathcal{MICF}(\mathbf{R}^1\to\mathbf{R}^1).$$

假设损失函数$Loss$：$\mathbf{R}^m\times\mathbf{R}^m\to\mathbf{R}^1$是$\mathbf{R}^m$上的某个范数$\|\cdot\|$的恰当函数$\phi$，凸性函数学习模型为

$$\begin{aligned}\min\ &\phi(\|(f(x_i))_{i=1}^m-(y_i)_{i=1}^m\|)\\ \text{s.t.}\ &f\in\mathcal{MICF}(\mathbf{R}^1\to\mathbf{R}^1).\end{aligned}$$

如下三种情形：(1)范数为L_2范数，并且函数$\phi(u)=u^2$；(2)范数为L_1范数，并且函数$\phi(u)=u$；(3)范数为L_∞范数，并且函数$\phi(u)=u$. 分别对应的模型和上例中的三种

情形相差无几。

定理18.7 假设$\mathcal{X}=\mathbf{R}^1,\mathcal{Y}=\mathbf{R}^1$是样本空间和标记空间，给定数据集

$$D=\{(x_1,y_1),\cdots,(x_i,y_i),\cdots,(x_m,y_m)|\ x_i\in\mathbf{R}^1,y_i\in\mathbf{R}^1,i=1,\cdots,m\},$$

以及假设空间

$$\mathcal{H}=\mathcal{MILOGCF}(\mathbf{R}^1\to\mathbf{R}^1).$$

假设$Loss$：$\mathbf{R}^1\times\mathbf{R}^1\to\mathbf{R}^1$是一个损失评估函数，凸性函数学习模型为

$$\begin{aligned}\min\ &\sum_{i=1}^{m}Loss(f(x_i),y_i)\\ \text{s.t.}\ \ &f\in\mathcal{MILOGCF}(\mathbf{R}^1\to\mathbf{R}^1).\end{aligned}$$

等价于如下模型

$$\begin{aligned}\min\ &\sum_{i=1}^{m}Loss(\hat{y}_i,y_i)\\ \text{s.t.}\ \ &\log\hat{y}_j\geqslant\log\hat{y}_i+p_i(x_j-x_i),i,j=1,\cdots,m,\\ &\hat{y}_i>0,p_i\geqslant 0,i=1,\cdots,m.\end{aligned}$$

模型的变量为$\hat{y}_i,p_i\in\mathbf{R}^1$，求得最优解之后，定义函数

$$f(x)=\mathrm{e}^{\max_{i=1,\cdots,m}(\log\hat{y}_i+p_i(x-x_i))}.$$

可以作为原始模型的最优解。

例18.7 假设$\mathcal{X}=\mathbf{R}^1,\mathcal{Y}=\mathbf{R}^1$是样本空间和标记空间，给定数据集

$$D=\{(x_1,y_1),\cdots,(x_i,y_i),\cdots,(x_m,y_m)|\ x_i\in\mathbf{R}^1,y_i\in\mathbf{R}^1,i=1,\cdots,m\},$$

以及假设空间

$$\mathcal{H}=\mathcal{MILOGCF}(\mathbf{R}^1\to\mathbf{R}^1).$$

假设损失函数$Loss$：$\mathbf{R}^1\times\mathbf{R}^1\to\mathbf{R}^1$是$\mathbf{R}^1$上的某个范数$\|\cdot\|$的恰当函数$\phi$，凸性函数学习模型为

$$\begin{aligned}\min\ &\sum_{i=1}^{m}\phi(\|f(x_i)-y_i\|)\\ \text{s.t.}\ \ &f\in\mathcal{MILOGCF}(\mathbf{R}^1\to\mathbf{R}^1).\end{aligned}$$

如果范数为L_2范数，并且函数$\phi(u)=u^2$，那么学习模型为

$$\begin{aligned}\min\ &\sum_{i=1}^{m}\|f(x_i)-y_i\|_2^2\\ \text{s.t.}\ \ &f\in\mathcal{MILOGCF}(\mathbf{R}^1\to\mathbf{R}^1).\end{aligned}$$

等价于如下的模型

$$\begin{aligned}\min\ &\sum_{i=1}^{m}(\hat{y}_i-y_i)^2\\ \text{s.t.}\ \ &\log\hat{y}_j\geqslant\log\hat{y}_i+p_i(x_j-x_i),i,j=1,\cdots,m,\\ &\hat{y}_i>0,p_i\geqslant 0,i=1,\cdots,m.\end{aligned}$$

模型的变量为$\hat{y}_i,p_i\in\mathbf{R}^1$.

如果范数为L_1范数，并且函数$\phi(u)=u$，那么学习模型为

$$\begin{aligned}&\min \sum_{i=1}^{m}\|f(x_i)-y_i\|_1\\&\text{s.t.}\quad f\in \mathcal{MILOGCF}(\mathbf{R}^1\to\mathbf{R}^1).\end{aligned}$$

等价于如下的模型

$$\begin{aligned}&\min \sum_{i=1}^{m}|\hat{y}_i-y_i|\\&\text{s.t.}\quad \log\hat{y}_j\geqslant\log\hat{y}_i+p_i(x_j-x_i), i,j=1,\cdots,m,\\&\qquad\ \hat{y}_i>0, p_i\geqslant 0, i=1,\cdots,m.\end{aligned}$$

转化为

$$\begin{aligned}&\min \sum_{i=1}^{m}t_i\\&\text{s.t.}\quad \log\hat{y}_j\geqslant\log\hat{y}_i+p_i(x_j-x_i), i,j=1,\cdots,m,\\&\qquad\ \hat{y}_i>0, p_i\geqslant 0, i=1,\cdots,m,\\&\qquad\ -t_i\leqslant\hat{y}_i-y_i\leqslant t_i, i=1,\cdots,m.\end{aligned}$$

模型的变量为$\hat{y}_i, p_i\in\mathbf{R}^1, t_i\in\mathbf{R}^1$.

如果范数为L_∞范数，并且函数$\phi(u)=u$，那么学习模型为

$$\begin{aligned}&\min \sum_{i=1}^{m}\|f(x_i)-y_i\|_\infty\\&\text{s.t.}\quad f\in \mathcal{MILOGCF}(\mathbf{R}^1\to\mathbf{R}^1).\end{aligned}$$

等价于如下的模型

$$\begin{aligned}&\min \sum_{i=1}^{m}|\hat{y}_i-y_i|\\&\text{s.t.}\quad \log\hat{y}_j\geqslant\log\hat{y}_i+p_i(x_j-x_i), i,j=1,\cdots,m,\\&\qquad\ \hat{y}_i>0, p_i\geqslant 0, i=1,\cdots,m.\end{aligned}$$

转化为

$$\begin{aligned}&\min \sum_{i=1}^{m}t_i\\&\text{s.t.}\quad \log\hat{y}_j\geqslant\log\hat{y}_i+p_i(x_j-x_i), i,j=1,\cdots,m,\\&\qquad\ \hat{y}_i>0, p_i\geqslant 0, i=1,\cdots,m,\\&\qquad\ -t_i\leqslant\hat{y}_i-y_i\leqslant t_i, i=1,\cdots,m.\end{aligned}$$

模型的变量为$\hat{y}_i, p_i\in\mathbf{R}^1, t_i\in\mathbf{R}^1$.

定理18.8 假设$\mathcal{X}=\mathbf{R}^1, \mathcal{Y}=\mathbf{R}^1$是样本空间和标记空间，给定数据集

$$D=\{(x_1,y_1),\cdots,(x_i,y_i),\cdots,(x_m,y_m)|\ x_i\in\mathbf{R}^1, y_i\in\mathbf{R}^1, i=1,\cdots,m\},$$

以及假设空间

$$\mathcal{H}=\mathcal{MILOGCF}(\mathbf{R}^1\to\mathbf{R}^1).$$

假设$Loss$：$\mathbf{R}^m\times\mathbf{R}^m\to\mathbf{R}^1$是一个损失评估函数，凸性函数学习模型为

$$\begin{aligned}&\min\ Loss((f(x_i))_{i=1}^m,(y_i)_{i=1}^m)\\&\text{s.t.}\quad f\in\mathcal{MILOGCF}(\mathbf{R}^1\to\mathbf{R}^1)\end{aligned}$$

等价于如下模型

$$\begin{aligned}&\min\ Loss((\hat{y}_i)_{i=1}^m,(y_i)_{i=1}^m)\\&\text{s.t.}\quad \log\hat{y}_j\geqslant\log\hat{y}_i+p_i(x_j-x_i),i,j=1,\cdots,m,\\&\qquad\ \hat{y}_i>0,p_i\geqslant 0,i=1,\cdots,m.\end{aligned}$$

模型的变量为$\hat{y}_i,p_i\in\mathbf{R}^1$，求得最优解之后，定义函数

$$f(x)=\mathrm{e}^{\max_{i=1,\cdots,m}(\log\hat{y}_i+p_i(x-x_i))},$$

可以作为原始模型的最优解。

例18.8 假设$\mathcal{X}=\mathbf{R}^1,\mathcal{Y}=\mathbf{R}^1$是样本空间和标记空间，给定数据集

$$D=\{(x_1,y_1),\cdots,(x_i,y_i),\cdots,(x_m,y_m)|\ x_i\in\mathbf{R}^1,y_i\in\mathbf{R}^1,i=1,\cdots,m\},$$

以及假设空间

$$\mathcal{H}=\mathcal{MILOGCF}(\mathbf{R}^1\to\mathbf{R}^1).$$

假设损失函数$Loss$：$\mathbf{R}^m\times\mathbf{R}^m\to\mathbf{R}^1$是$\mathbf{R}^m$上的某个范数$\|\cdot\|$的恰当函数$\phi$，凸性函数学习模型为

$$\begin{aligned}&\min\ \phi(\|(f(x_i))_{i=1}^m-(y_i)_{i=1}^m\|)\\&\text{s.t.}\quad f\in\mathcal{MILOGCF}(\mathbf{R}^1\to\mathbf{R}^1).\end{aligned}$$

如下三种情形：(1) 范数为L_2范数，并且函数$\phi(u)=u^2$；(2) 范数为L_1范数，并且函数$\phi(u)=u$；(3) 范数为L_∞范数，并且函数$\phi(u)=u$. 分别对应的模型和上例中的三种情形相差无几。

18.2 样本高维标记一维

定义18.2 假设$\mathcal{X}=\mathbf{R}^n$，$\mathcal{Y}=\mathbf{R}^1$是样本空间和标记空间，给定数据集

$$D=\{(x_1,y_1),\cdots,(x_i,y_i),\cdots,(x_m,y_m)|\ x_i\in\mathbf{R}^n,\ \ y_i\in\mathbf{R}^1,i=1,\cdots,m\},$$

以及假设空间(此时假定$K\subseteq\mathbf{R}^n$是一个正常锥)

$$\begin{aligned}\mathcal{H}\in\Big\{&\mathcal{CF}(\mathbf{R}^n\to\mathbf{R}^1),\mathcal{LOGCF}(\mathbf{R}^n\to\mathbf{R}^1),\\&\mathcal{MICF}(\geqslant_K,\mathbf{R}^n\to\mathbf{R}^1),\mathcal{MILOGCF}(\geqslant_K,\mathbf{R}^n\to\mathbf{R}^1)\Big\},\end{aligned}$$

假设$Loss$：$\mathbf{R}^1\times\mathbf{R}^1\to\mathbf{R}^1$是一个损失评估函数，此时凸性函数学习模型定义为

$$\begin{aligned}&\min\ \sum_{i=1}^m Loss(f(x_i),y_i)\\&\text{s.t.}\quad f\in\mathcal{H}.\end{aligned}$$

假设$Loss$：$\mathbf{R}^m\times\mathbf{R}^m\to\mathbf{R}^1$是一个损失评估函数，此时凸性函数学习模型定义为

$$\begin{aligned}&\min\ Loss((f(x_i))_{i=1}^m,(y_i)_{i=1}^m)\\&\text{s.t.}\quad f\in\mathcal{H}.\end{aligned}$$

定理18.9 假设$\mathcal{X} = \mathbf{R}^n$，$\mathcal{Y} = \mathbf{R}^1$是样本空间和标记空间，给定数据集

$$D = \{(x_1, y_1), \cdots, (x_i, y_i), \cdots, (x_m, y_m) | \ x_i \in \mathbf{R}^n,\ \ y_i \in \mathbf{R}^1, i = 1, \cdots, m\},$$

以及假设空间(此时假定$K \subseteq \mathbf{R}^n$是一个正常锥)

$$\mathcal{H} = \mathcal{CF}(\mathbf{R}^n \to \mathbf{R}^1).$$

假设$Loss$：$\mathbf{R}^1 \times \mathbf{R}^1 \to \mathbf{R}^1$是一个损失评估函数，凸性函数学习模型为

$$\begin{aligned} \min \ & \sum_{i=1}^{m} Loss(f(x_i), y_i) \\ \text{s.t.} \ & f \in \mathcal{CF}(\mathbf{R}^n \to \mathbf{R}^1). \end{aligned}$$

等价于如下的模型

$$\begin{aligned} \min \ & \sum_{i=1}^{m} Loss(\hat{y}_i, y_i) \\ \text{s.t.} \ & \hat{y}_j \geqslant \hat{y}_i + p_i^{\mathrm{T}}(x_j - x_i), i, j = 1, \cdots, m. \end{aligned}$$

模型的变量为$\hat{y}_i \in \mathbf{R}^1, p_i \in \mathbf{R}^m$，求得最优解之后，定义函数

$$f(x) = \max_{i=1,\cdots,m} (\hat{y}_i + p_i^{\mathrm{T}}(x - x_i)),$$

可以作为原始模型的最优解。

例18.9 假设$\mathcal{X} = \mathbf{R}^n$，$\mathcal{Y} = \mathbf{R}^1$是样本空间和标记空间，给定数据集

$$D = \{(x_1, y_1), \cdots, (x_i, y_i), \cdots, (x_m, y_m) | \ x_i \in \mathbf{R}^n,\ \ y_i \in \mathbf{R}^1, i = 1, \cdots, m\},$$

以及假设空间(此时假定$K \subseteq \mathbf{R}^n$是一个正常锥)

$$\mathcal{H} = \mathcal{CF}(\mathbf{R}^n \to \mathbf{R}^1).$$

假设损失函数$Loss$：$\mathbf{R}^1 \times \mathbf{R}^1 \to \mathbf{R}^1$是$\mathbf{R}^1$上某个范数$\|\cdot\|$的恰当函数$\phi$，范数凸性函数学习模型为

$$\begin{aligned} \min \ & \sum_{i=1}^{m} \phi(\|f(x_i) - y_i\|) \\ \text{s.t.} \ & f \in \mathcal{CF}(\mathbf{R}^n \to \mathbf{R}^1). \end{aligned}$$

如果范数为L_2范数，并且函数$\phi(u) = u^2$，那么学习模型为

$$\begin{aligned} \min \ & \sum_{i=1}^{m} \|f(x_i) - y_i\|_2^2 \\ \text{s.t.} \ & f \in \mathcal{CF}(\mathbf{R}^n \to \mathbf{R}^1). \end{aligned}$$

等价于如下的模型

$$\begin{aligned} \min \ & \sum_{i=1}^{m} (\hat{y}_i - y_i)^2 \\ \text{s.t.} \ & \hat{y}_j \geqslant \hat{y}_i + p_i^{\mathrm{T}}(x_j - x_i), i, j = 1, \cdots, m. \end{aligned}$$

模型的变量为$\hat{y}_i, p_i \in \mathbf{R}^n$，这是一个具有线性约束的二次优化模型。

如果范数为L_1范数，并且函数$\phi(u) = u$，那么学习模型为

$$\begin{aligned} \min \ & \sum_{i=1}^{m} \|f(x_i) - y_i\|_1 \\ \text{s.t.} \ & f \in \mathcal{CF}(\mathbf{R}^n \to \mathbf{R}^1). \end{aligned}$$

等价于如下的模型

$$\begin{aligned} \min \ & \sum_{i=1}^{m} |\hat{y}_i - y_i| \\ \text{s.t.} \ & \hat{y}_j \geqslant \hat{y}_i + p_i^{\mathrm{T}}(x_j - x_i), i, j = 1, \cdots, m. \end{aligned}$$

转化为

$$\begin{aligned} \min \ & \sum_{i=1}^{m} t_i \\ \text{s.t.} \ & \hat{y}_j \geqslant \hat{y}_i + p_i^{\mathrm{T}}(x_j - x_i), i, j = 1, \cdots, m, \\ & -t_i \leqslant \hat{y}_i - y_i \leqslant t_i, i = 1, \cdots, m. \end{aligned}$$

模型的变量为$\hat{y}_i, p_i \in \mathbf{R}^n$，$t_i \in \mathbf{R}^1$，这是一个线性优化模型。

如果范数为L_∞范数，并且函数$\phi(u) = u$，那么学习模型为

$$\begin{aligned} \min \ & \sum_{i=1}^{m} \|f(x_i) - y_i\|_\infty \\ \text{s.t.} \ & f \in \mathcal{CF}(\mathbf{R}^n \to \mathbf{R}^1). \end{aligned}$$

等价于如下的模型

$$\begin{aligned} \min \ & \sum_{i=1}^{m} |\hat{y}_i - y_i| \\ \text{s.t.} \ & \hat{y}_j \geqslant \hat{y}_i + p_i^{\mathrm{T}}(x_j - x_i), i, j = 1, \cdots, m. \end{aligned}$$

转化为

$$\begin{aligned} \min \ & \sum_{i=1}^{m} t_i \\ \text{s.t.} \ & \hat{y}_j \geqslant \hat{y}_i + p_i^{\mathrm{T}}(x_j - x_i), i, j = 1, \cdots, m, \\ & -t_i \leqslant \hat{y}_i - y_i \leqslant t_i, i = 1, \cdots, m. \end{aligned}$$

模型的变量为$\hat{y}_i, p_i \in \mathbf{R}^n$，$t_i \in \mathbf{R}^1$，这是一个线性优化模型。

定理18.10 假设$\mathcal{X} = \mathbf{R}^n$，$\mathcal{Y} = \mathbf{R}^1$是样本空间和标记空间，给定数据集

$$D = \{(x_1, y_1), \cdots, (x_i, y_i), \cdots, (x_m, y_m) | \, x_i \in \mathbf{R}^n, \ y_i \in \mathbf{R}^1, i = 1, \cdots, m\},$$

以及假设空间(此时假定$K \subseteq \mathbf{R}^n$是一个正常锥)

$$\mathcal{H} = \mathcal{CF}(\mathbf{R}^n \to \mathbf{R}^1).$$

假设$Loss$：$\mathbf{R}^m \times \mathbf{R}^m \to \mathbf{R}^1$是一个损失评估函数，凸性函数学习模型为

$$\begin{aligned} \min \ & Loss((f(x_i))_{i=1}^m, (y_i)_{i=1}^m) \\ \text{s.t.} \ & f \in \mathcal{CF}(\mathbf{R}^n \to \mathbf{R}^1). \end{aligned}$$

等价于如下的模型

$$\begin{aligned} \min \ & Loss((\hat{y}_i)_{i=1}^m, (y_i)_{i=1}^m) \\ \text{s.t.} \ & \hat{y}_j \geqslant \hat{y}_i + p_i^{\mathrm{T}}(x_j - x_i), i, j = 1, \cdots, m. \end{aligned}$$

模型的变量为$\hat{y}_i \in \mathbf{R}^1, p_i \in \mathbf{R}^m$，求得最优解之后，定义函数

$$f(x) = \max_{i=1,\cdots,m} (\hat{y}_i + p_i^{\mathrm{T}}(x - x_i)),$$

可以作为原始模型的最优解。

例18.10 假设$\mathcal{X} = \mathbf{R}^n$，$\mathcal{Y} = \mathbf{R}^1$是样本空间和标记空间，给定数据集

$$D = \{(x_1, y_1), \cdots, (x_i, y_i), \cdots, (x_m, y_m) | \ x_i \in \mathbf{R}^n, \ \ y_i \in \mathbf{R}^1, i = 1, \cdots, m\},$$

以及假设空间(此时假定$K \subseteq \mathbf{R}^n$是一个正常锥)

$$\mathcal{H} = \mathcal{CF}(\mathbf{R}^n \to \mathbf{R}^1).$$

假设损失函数$Loss$：$\mathbf{R}^m \times \mathbf{R}^m \to \mathbf{R}^1$是$\mathbf{R}^m$上的某个范数$\|\cdot\|$的恰当函数$\phi$，凸性函数学习模型为

$$\begin{aligned} &\min \ \ \phi(\|(f(x_i))_{i=1}^m - (y_i)_{i=1}^m\|) \\ &\text{s.t.} \ \ \mathcal{CF}(\mathbf{R}^n \to \mathbf{R}^1). \end{aligned}$$

如下三种情形：(1) 范数为L_2范数，并且函数$\phi(u) = u^2$；(2) 范数为L_1范数，并且函数$\phi(u) = u$；(3) 范数为L_∞范数，并且函数$\phi(u) = u$. 分别对应的模型和上例中的三种情形相差无几。

定理18.11 假设$\mathcal{X} = \mathbf{R}^n$，$\mathcal{Y} = \mathbf{R}^1$是样本空间和标记空间，给定数据集

$$D = \{(x_1, y_1), \cdots, (x_i, y_i), \cdots, (x_m, y_m) | \ x_i \in \mathbf{R}^n, \ \ y_i \in \mathbf{R}^1, i = 1, \cdots, m\},$$

以及假设空间

$$\mathcal{H} = \mathcal{LOGCF}(\mathbf{R}^n \to \mathbf{R}^1).$$

假设$Loss$：$\mathbf{R}^1 \times \mathbf{R}^1 \to \mathbf{R}^1$是一个损失评估函数，凸性函数学习模型为

$$\begin{aligned} &\min \ \ \sum_{i=1}^m Loss(f(x_i), y_i) \\ &\text{s.t.} \ \ f \in \mathcal{LOGCF}(\mathbf{R}^n \to \mathbf{R}^1). \end{aligned}$$

等价于如下的模型

$$\begin{aligned} &\min \ \ \sum_{i=1}^m Loss(\hat{y}_i, y_i) \\ &\text{s.t.} \ \ \log \hat{y}_j \geqslant \log \hat{y}_i + p_i^{\mathrm{T}}(x_j - x_i), i, j = 1, \cdots, m, \\ &\qquad \hat{y}_i > 0, i = 1, \cdots, m. \end{aligned}$$

模型的变量为$\hat{y}_i \in \mathbf{R}^1, p_i \in \mathbf{R}^n$，求得最优解之后，定义函数

$$f(x) = \mathrm{e}^{\max_{i=1,\cdots,m}(\log \hat{y}_i + p_i^{\mathrm{T}}(x - x_i))},$$

可以作为原始模型的最优解。

例18.11 假设$\mathcal{X} = \mathbf{R}^n$，$\mathcal{Y} = \mathbf{R}^1$是样本空间和标记空间，给定数据集

$$D = \{(x_1, y_1), \cdots, (x_i, y_i), \cdots, (x_m, y_m) | \ x_i \in \mathbf{R}^n, \ \ y_i \in \mathbf{R}^1, i = 1, \cdots, m\},$$

以及假设空间

$$\mathcal{H} = \mathcal{LOGCF}(\mathbf{R}^n \to \mathbf{R}^1).$$

假设损失函数$Loss$：$\mathbf{R}^1 \times \mathbf{R}^1 \to \mathbf{R}^1$是$\mathbf{R}^1$上的某个范数$\|\cdot\|$的恰当函数$\phi$，凸性函数学习模型为

$$\begin{aligned} &\min \ \ \sum_{i=1}^m \phi(\|f(x_i) - y_i\|) \\ &\text{s.t.} \ \ f \in \mathcal{LOGCF}(\mathbf{R}^n \to \mathbf{R}^1). \end{aligned}$$

如果范数为L_2范数，并且函数$\phi(u) = u^2$，那么学习模型为

$$\begin{aligned} \min\ & \sum_{i=1}^{m} \|f(x_i) - y_i\|_2^2 \\ \text{s.t.}\ & f \in \mathcal{LOGCF}(\mathbf{R}^n \to \mathbf{R}^1). \end{aligned}$$

等价于如下的模型

$$\begin{aligned} \min\ & \sum_{i=1}^{m} (\hat{y}_i - y_i)^2 \\ \text{s.t.}\ & \log \hat{y}_j \geqslant \log \hat{y}_i + p_i^{\mathrm{T}}(x_j - x_i), i, j = 1, \cdots, m, \\ & \hat{y}_i > 0, i = 1, \cdots, m. \end{aligned}$$

模型的变量为$\hat{y}_i, p_i \in \mathbf{R}^n$.

如果范数为L_1范数，并且函数$\phi(u) = u$，那么学习模型为

$$\begin{aligned} \min\ & \sum_{i=1}^{m} \|f(x_i) - y_i\|_1 \\ \text{s.t.}\ & f \in \mathcal{LOGCF}(\mathbf{R}^n \to \mathbf{R}^1). \end{aligned}$$

等价于如下的模型

$$\begin{aligned} \min\ & \sum_{i=1}^{m} |\hat{y}_i - y_i| \\ \text{s.t.}\ & \log \hat{y}_j \geqslant \log \hat{y}_i + p_i^{\mathrm{T}}(x_j - x_i), i, j = 1, \cdots, m, \\ & \hat{y}_i > 0, i = 1, \cdots, m. \end{aligned}$$

转化为

$$\begin{aligned} \min\ & \sum_{i=1}^{m} t_i \\ \text{s.t.}\ & \log \hat{y}_j \geqslant \log \hat{y}_i + p_i^{\mathrm{T}}(x_j - x_i), i, j = 1, \cdots, m, \\ & \hat{y}_i > 0, i = 1, \cdots, m, \\ & -t_i \leqslant \hat{y}_i - y_i \leqslant t_i, i = 1, \cdots, m. \end{aligned}$$

模型的变量为$\hat{y}_i, p_i \in \mathbf{R}^n$，$t_i \in \mathbf{R}^1$.

如果范数为L_∞范数，并且函数$\phi(u) = u$，那么学习模型为

$$\begin{aligned} \min\ & \sum_{i=1}^{m} \|f(x_i) - y_i\|_\infty \\ \text{s.t.}\ & f \in \mathcal{LOGCF}(\mathbf{R}^n \to \mathbf{R}^1). \end{aligned}$$

等价于如下的模型

$$\begin{aligned} \min\ & \sum_{i=1}^{m} |\hat{y}_i - y_i| \\ \text{s.t.}\ & \log \hat{y}_j \geqslant \log \hat{y}_i + p_i^{\mathrm{T}}(x_j - x_i), i, j = 1, \cdots, m, \\ & \hat{y}_i > 0, i = 1, \cdots, m. \end{aligned}$$

转化为

$$\begin{aligned} \min\ & \sum_{i=1}^{m} t_i \\ \text{s.t.}\ & \log \hat{y}_j \geqslant \log \hat{y}_i + p_i^{\mathrm{T}}(x_j - x_i), i, j = 1, \cdots, m, \end{aligned}$$

$$\hat{y}_i > 0, i = 1, \cdots, m,$$
$$-t_i \leqslant \hat{y}_i - y_i \leqslant t_i, i = 1, \cdots, m.$$

模型的变量为$\hat{y}_i, p_i \in \mathbf{R}^n$，$t_i \in \mathbf{R}^1$.

定理18.12 假设$\mathcal{X} = \mathbf{R}^n$，$\mathcal{Y} = \mathbf{R}^1$是样本空间和标记空间，给定数据集

$$D = \{(x_1, y_1), \cdots, (x_i, y_i), \cdots, (x_m, y_m) | \ x_i \in \mathbf{R}^n,\ \ y_i \in \mathbf{R}^1, i = 1, \cdots, m\},$$

以及假设空间

$$\mathcal{H} = \mathcal{LOGCF}(\mathbf{R}^n \to \mathbf{R}^1).$$

假设$Loss$：$\mathbf{R}^m \times \mathbf{R}^m \to \mathbf{R}^1$是一个损失评估函数，凸性函数学习模型为

$$\begin{aligned} \min\ & Loss((f(x_i))_{i=1}^m, (y_i)_{i=1}^m) \\ \text{s.t.}\ & f \in \mathcal{LOGCF}(\mathbf{R}^n \to \mathbf{R}^1). \end{aligned}$$

等价于如下的模型

$$\begin{aligned} \min\ & Loss((\hat{y}_i)_{i=1}^m, (y_i)_{i=1}^m) \\ \text{s.t.}\ & \log \hat{y}_j \geqslant \log \hat{y}_i + p_i^{\mathrm{T}}(x_j - x_i), i, j = 1, \cdots, m, \\ & \hat{y}_i > 0, i = 1, \cdots, m. \end{aligned}$$

模型的变量为$\hat{y}_i \in \mathbf{R}^1, p_i \in \mathbf{R}^n$，求得最优解之后，定义函数

$$f(x) = \mathrm{e}^{\max_{i=1,\cdots,m}(\log \hat{y}_i + p_i^{\mathrm{T}}(x - x_i))},$$

可以作为原始模型的最优解。

例18.12 假设$\mathcal{X} = \mathbf{R}^n$，$\mathcal{Y} = \mathbf{R}^1$是样本空间和标记空间，给定数据集

$$D = \{(x_1, y_1), \cdots, (x_i, y_i), \cdots, (x_m, y_m) | \ x_i \in \mathbf{R}^n,\ \ y_i \in \mathbf{R}^1, i = 1, \cdots, m\},$$

以及假设空间

$$\mathcal{H} = \mathcal{LOGCF}(\mathbf{R}^n \to \mathbf{R}^1).$$

假设损失函数$Loss$：$\mathbf{R}^m \times \mathbf{R}^m \to \mathbf{R}^1$是$\mathbf{R}^m$上的某个范数$\|\cdot\|$的恰当函数$\phi$，凸性函数学习模型为

$$\begin{aligned} \min\ & \phi(\|(f(x_i))_{i=1}^m - (y_i)_{i=1}^m\|) \\ \text{s.t.}\ & f \in \mathcal{LOGCF}(\mathbf{R}^n \to \mathbf{R}^1). \end{aligned}$$

如下三种情形：(1) 范数为L_2范数，并且函数$\phi(u) = u^2$；(2) 范数为L_1范数，并且函数$\phi(u) = u$；(3) 范数为L_∞范数，并且函数$\phi(u) = u$. 分别对应的模型和上例中的三种情形相差无几。

定理18.13 假设$\mathcal{X} = \mathbf{R}^n$，$\mathcal{Y} = \mathbf{R}^1$是样本空间和标记空间，给定数据集

$$D = \{(x_1, y_1), \cdots, (x_i, y_i), \cdots, (x_m, y_m) | \ x_i \in \mathbf{R}^n,\ \ y_i \in \mathbf{R}^1, i = 1, \cdots, m\},$$

以及假设空间(此时假定$K \subseteq \mathbf{R}^n$是一个正常锥)

$$\mathcal{H} = \mathcal{MICF}(\geqslant_K, \mathbf{R}^n \to \mathbf{R}^1).$$

假设$Loss$：$\mathbf{R}^1 \times \mathbf{R}^1 \to \mathbf{R}^1$是一个损失评估函数，凸性函数学习模型为

$$\begin{aligned} \min\ & \sum_{i=1}^m Loss(f(x_i), y_i) \\ \text{s.t.}\ & f \in \mathcal{MICF}(\geqslant_K, \mathbf{R}^n \to \mathbf{R}^1). \end{aligned}$$

等价于如下的模型

$$\begin{aligned}\min\ & \sum_{i=1}^{m} Loss(\hat{y}_i, y_i)\\ \text{s.t.}\ & \hat{y}_j \geqslant \hat{y}_i + p_i^{\mathrm{T}}(x_j - x_i), i, j = 1, \cdots, m,\\ & p_i \geqslant_{K^*} 0, i = 1, \cdots, m.\end{aligned}$$

模型的变量为$\hat{y}_i \in \mathbf{R}^1, p_i \in \mathbf{R}^m$，求得最优解之后，定义函数

$$f(x) = \max_{i=1,\cdots,m} (\hat{y}_i + p_i^{\mathrm{T}}(x - x_i)),$$

可以作为原始模型的最优解。

例18.13 假设$\mathcal{X} = \mathbf{R}^n$，$\mathcal{Y} = \mathbf{R}^1$是样本空间和标记空间，给定数据集

$$D = \{(x_1, y_1), \cdots, (x_i, y_i), \cdots, (x_m, y_m) |\ x_i \in \mathbf{R}^n,\ \ y_i \in \mathbf{R}^1, i = 1, \cdots, m\},$$

以及假设空间(此时假定$K \subseteq \mathbf{R}^n$是一个正常锥)

$$\mathcal{H} = \mathcal{MICF}(\geqslant_K, \mathbf{R}^n \to \mathbf{R}^1).$$

假设损失函数$Loss$：$\mathbf{R}^1 \times \mathbf{R}^1 \to \mathbf{R}^1$是$\mathbf{R}^1$上的某个范数$\|\cdot\|$的恰当函数$\phi$，凸性函数学习模型为

$$\begin{aligned}\min\ & \sum_{i=1}^{m} \phi(\|f(x_i) - y_i\|)\\ \text{s.t.}\ & f \in \mathcal{MICF}(\geqslant_K, \mathbf{R}^n \to \mathbf{R}^1).\end{aligned}$$

如果范数为L_2范数，并且函数$\phi(u) = u^2$，那么学习模型为

$$\begin{aligned}\min\ & \sum_{i=1}^{m} \|f(x_i) - y_i\|_2^2\\ \text{s.t.}\ & f \in \mathcal{MICF}(\geqslant_K, \mathbf{R}^n \to \mathbf{R}^1).\end{aligned}$$

等价于如下的模型

$$\begin{aligned}\min\ & \sum_{i=1}^{m} (\hat{y}_i - y_i)^2\\ \text{s.t.}\ & \hat{y}_j \geqslant \hat{y}_i + p_i^{\mathrm{T}}(x_j - x_i), i, j = 1, \cdots, m,\\ & p_i \geqslant_{K^*} 0, i = 1, \cdots, m.\end{aligned}$$

模型的变量为$\hat{y}_i, p_i \in \mathbf{R}^n$，这是一个具有线性约束的二次优化模型。

如果范数为L_1范数，并且函数$\phi(u) = u$，那么学习模型为

$$\begin{aligned}\min\ & \sum_{i=1}^{m} \|f(x_i) - y_i\|_1\\ \text{s.t.}\ & f \in \mathcal{MICF}(\geqslant_K, \mathbf{R}^n \to \mathbf{R}^1).\end{aligned}$$

等价于如下的模型

$$\begin{aligned}\min\ & \sum_{i=1}^{m} |\hat{y}_i - y_i|\\ \text{s.t.}\ & \hat{y}_j \geqslant \hat{y}_i + p_i^{\mathrm{T}}(x_j - x_i), i, j = 1, \cdots, m,\\ & p_i \geqslant_{K^*} 0, i = 1, \cdots, m.\end{aligned}$$

转化为

$$\begin{aligned}\min\ & \sum_{i=1}^{m} t_i \\ \text{s.t.}\ & \hat{y}_j \geqslant \hat{y}_i + p_i^{\mathrm{T}}(x_j - x_i), i, j = 1, \cdots, m, \\ & p_i \geqslant_{K^*} 0, i = 1, \cdots, m, \\ & -t_i \leqslant \hat{y}_i - y_i \leqslant t_i, i = 1, \cdots, m.\end{aligned}$$

模型的变量为$\hat{y}_i, p_i \in \mathbf{R}^n$，$t_i \in \mathbf{R}^1$，这是一个线性优化模型。

如果范数为L_∞范数，并且函数$\phi(u) = u$，那么学习模型为

$$\begin{aligned}\min\ & \sum_{i=1}^{m} \|f(x_i) - y_i\|_\infty \\ \text{s.t.}\ & f \in \mathcal{MICF}(\geqslant_K, \mathbf{R}^n \to \mathbf{R}^1).\end{aligned}$$

等价于如下的模型

$$\begin{aligned}\min\ & \sum_{i=1}^{m} |\hat{y}_i - y_i| \\ \text{s.t.}\ & \hat{y}_j \geqslant \hat{y}_i + p_i^{\mathrm{T}}(x_j - x_i), i, j = 1, \cdots, m, \\ & p_i \geqslant_{K^*} 0, i = 1, \cdots, m.\end{aligned}$$

转化为

$$\begin{aligned}\min\ & \sum_{i=1}^{m} t_i \\ \text{s.t.}\ & \hat{y}_j \geqslant \hat{y}_i + p_i^{\mathrm{T}}(x_j - x_i), i, j = 1, \cdots, m, \\ & p_i \geqslant_{K^*} 0, i = 1, \cdots, m, \\ & -t_i \leqslant \hat{y}_i - y_i \leqslant t_i, i = 1, \cdots, m.\end{aligned}$$

模型的变量为$\hat{y}_i, p_i \in \mathbf{R}^n$，$t_i \in \mathbf{R}^1$，这是一个线性优化模型。

定理18.14 假设$\mathcal{X} = \mathbf{R}^n$，$\mathcal{Y} = \mathbf{R}^1$是样本空间和标记空间，给定数据集

$$D = \{(x_1, y_1), \cdots, (x_i, y_i), \cdots, (x_m, y_m) | \ x_i \in \mathbf{R}^n,\ \ y_i \in \mathbf{R}^1, i = 1, \cdots, m\},$$

以及假设空间(此时假定$K \subseteq \mathbf{R}^n$是一个正常锥)

$$\mathcal{H} = \mathcal{MICF}(\geqslant_K, \mathbf{R}^n \to \mathbf{R}^1).$$

假设$Loss$：$\mathbf{R}^m \times \mathbf{R}^m \to \mathbf{R}^1$是一个损失评估函数，凸性函数学习模型为

$$\begin{aligned}\min\ & Loss((f(x_i))_{i=1}^m, (y_i)_{i=1}^m) \\ \text{s.t.}\ & f \in \mathcal{MICF}(\geqslant_K, \mathbf{R}^n \to \mathbf{R}^1).\end{aligned}$$

等价于如下的模型

$$\begin{aligned}\min\ & Loss((\hat{y}_i)_{i=1}^m, (y_i)_{i=1}^m) \\ \text{s.t.}\ & \hat{y}_j \geqslant \hat{y}_i + p_i^{\mathrm{T}}(x_j - x_i), i, j = 1, \cdots, m, \\ & p_i \geqslant_{K^*} 0, i = 1, \cdots, m.\end{aligned}$$

模型的变量为$\hat{y}_i \in \mathbf{R}^1, p_i \in \mathbf{R}^m$，求得最优解之后，定义函数

$$f(x) = \max_{i=1,\cdots,m} (\hat{y}_i + p_i^{\mathrm{T}}(x - x_i)),$$

可以作为原始模型的最优解。

例18.14　假设$\mathcal{X}=\mathbf{R}^n$，$\mathcal{Y}=\mathbf{R}^1$是样本空间和标记空间，给定数据集

$$D=\{(x_1,y_1),\cdots,(x_i,y_i),\cdots,(x_m,y_m)|\ x_i\in\mathbf{R}^n,\ \ y_i\in\mathbf{R}^1,i=1,\cdots,m\},$$

以及假设空间(此时假定$K\subseteq\mathbf{R}^n$是一个正常锥)

$$\mathcal{H}=\mathcal{MICF}(\geqslant_K,\mathbf{R}^n\to\mathbf{R}^1).$$

假设损失函数$Loss$：$\mathbf{R}^m\times\mathbf{R}^m\to\mathbf{R}^1$是$\mathbf{R}^m$上的某个范数$\|\cdot\|$的恰当函数$\phi$，凸性函数学习模型为

$$\begin{aligned}&\min\ \ \phi(\|(f(x_i))_{i=1}^m-(y_i)_{i=1}^m\|)\\&\text{s.t.}\ \ f\in\mathcal{MICF}(\geqslant_K,\mathbf{R}^n\to\mathbf{R}^1).\end{aligned}$$

如下三种情形：(1) 范数为L_2范数，并且函数$\phi(u)=u^2$；(2) 范数为L_1范数，并且函数$\phi(u)=u$；(3) 范数为L_∞范数，并且函数$\phi(u)=u$. 分别对应的模型和上例中的三种情形相差无几。

定理18.15　假设$\mathcal{X}=\mathbf{R}^n$，$\mathcal{Y}=\mathbf{R}^1$是样本空间和标记空间，给定数据集

$$D=\{(x_1,y_1),\cdots,(x_i,y_i),\cdots,(x_m,y_m)|\ x_i\in\mathbf{R}^n,\ \ y_i\in\mathbf{R}^1,i=1,\cdots,m\},$$

以及假设空间(此时假定$K\subseteq\mathbf{R}^n$是一个正常锥)

$$\mathcal{H}=\mathcal{MILOGCF}(\geqslant_K,\mathbf{R}^n\to\mathbf{R}^1).$$

假设$Loss$：$\mathbf{R}^1\times\mathbf{R}^1\to\mathbf{R}^1$是一个损失评估函数，凸性函数学习模型为

$$\begin{aligned}&\min\ \ \sum_{i=1}^m Loss(f(x_i),y_i)\\&\text{s.t.}\ \ f\in\mathcal{MILOGCF}(\geqslant_K,\mathbf{R}^n\to\mathbf{R}^1).\end{aligned}$$

等价于如下的模型

$$\begin{aligned}&\min\ \ \sum_{i=1}^m Loss(\hat{y}_i,y_i)\\&\text{s.t.}\ \ \log\hat{y}_j\geqslant\log\hat{y}_i+p_i^{\mathrm{T}}(x_j-x_i),i,j=1,\cdots,m,\\&\qquad\hat{y}_i>0,p_i\geqslant_{K^*}0,i=1,\cdots,m.\end{aligned}$$

模型的变量为$\hat{y}_i\in\mathbf{R}^1,p_i\in\mathbf{R}^m$，求得最优解之后，定义函数

$$f(x)=\mathrm{e}^{\max_{i=1,\cdots,m}(\log\hat{y}_i+p_i^{\mathrm{T}}(x-x_i))},$$

可以作为原始模型的最优解。

例18.15　假设$\mathcal{X}=\mathbf{R}^n$，$\mathcal{Y}=\mathbf{R}^1$是样本空间和标记空间，给定数据集

$$D=\{(x_1,y_1),\cdots,(x_i,y_i),\cdots,(x_m,y_m)|\ x_i\in\mathbf{R}^n,\ \ y_i\in\mathbf{R}^1,i=1,\cdots,m\},$$

以及假设空间(此时假定$K\subseteq\mathbf{R}^n$是一个正常锥)

$$\mathcal{H}=\mathcal{MILOGCF}(\geqslant_K,\mathbf{R}^n\to\mathbf{R}^1).$$

假设损失函数$Loss$：$\mathbf{R}^1\times\mathbf{R}^1\to\mathbf{R}^1$是$\mathbf{R}^1$上的某个范数$\|\cdot\|$的恰当函数$\phi$，凸性函数学习模型为

$$\begin{aligned}&\min\ \ \sum_{i=1}^m\phi(\|f(x_i)-y_i\|)\\&\text{s.t.}\ \ f\in\mathcal{MILOGCF}(\geqslant_K,\mathbf{R}^n\to\mathbf{R}^1).\end{aligned}$$

如果范数为L_2范数，并且函数$\phi(u) = u^2$，那么学习模型为

$$\begin{aligned} \min \quad & \sum_{i=1}^{m} \|f(x_i) - y_i\|_2^2 \\ \text{s.t.} \quad & f \in \mathcal{MILOGCF}(\geqslant_K, \mathbf{R}^n \to \mathbf{R}^1). \end{aligned}$$

等价于如下的模型

$$\begin{aligned} \min \quad & \sum_{i=1}^{m} (\hat{y}_i - y_i)^2 \\ \text{s.t.} \quad & \log \hat{y}_j \geqslant \log \hat{y}_i + p_i^{\mathrm{T}}(x_j - x_i), i, j = 1, \cdots, m, \\ & \hat{y}_i > 0, p_i \geqslant_{K^*} 0, i = 1, \cdots, m. \end{aligned}$$

模型的变量为$\hat{y}_i, p_i \in \mathbf{R}^n$.

如果范数为L_1范数，并且函数$\phi(u) = u$，那么学习模型为

$$\begin{aligned} \min \quad & \sum_{i=1}^{m} \|f(x_i) - y_i\|_1 \\ \text{s.t.} \quad & f \in \mathcal{MILOGCF}(\geqslant_K, \mathbf{R}^n \to \mathbf{R}^1). \end{aligned}$$

等价于如下的模型

$$\begin{aligned} \min \quad & \sum_{i=1}^{m} |\hat{y}_i - y_i| \\ \text{s.t.} \quad & \log \hat{y}_j \geqslant \log \hat{y}_i + p_i^{\mathrm{T}}(x_j - x_i), i, j = 1, \cdots, m, \\ & \hat{y}_i > 0, p_i \geqslant_{K^*} 0, i = 1, \cdots, m. \end{aligned}$$

转化为

$$\begin{aligned} \min \quad & \sum_{i=1}^{m} t_i \\ \text{s.t.} \quad & \log \hat{y}_j \geqslant \log \hat{y}_i + p_i^{\mathrm{T}}(x_j - x_i), i, j = 1, \cdots, m, \\ & \hat{y}_i > 0, p_i \geqslant_{K^*} 0, i = 1, \cdots, m, \\ & -t_i \leqslant \hat{y}_i - y_i \leqslant t_i, i = 1, \cdots, m. \end{aligned}$$

模型的变量为$\hat{y}_i, p_i \in \mathbf{R}^n$，$t_i \in \mathbf{R}^1$.

如果范数为L_∞范数，并且函数$\phi(u) = u$，那么学习模型为

$$\begin{aligned} \min \quad & \sum_{i=1}^{m} \|f(x_i) - y_i\|_\infty \\ \text{s.t.} \quad & f \in \mathcal{MILOGCF}(\geqslant_K, \mathbf{R}^n \to \mathbf{R}^1). \end{aligned}$$

等价于如下的模型

$$\begin{aligned} \min \quad & \sum_{i=1}^{m} |\hat{y}_i - y_i| \\ \text{s.t.} \quad & \log \hat{y}_j \geqslant \log \hat{y}_i + p_i^{\mathrm{T}}(x_j - x_i), i, j = 1, \cdots, m, \\ & \hat{y}_i > 0, p_i \geqslant_{K^*} 0, i = 1, \cdots, m. \end{aligned}$$

转化为

$$\begin{aligned} \min \quad & \sum_{i=1}^{m} t_i \\ \text{s.t.} \quad & \log \hat{y}_j \geqslant \log \hat{y}_i + p_i(x_j - x_i), i, j = 1, \cdots, m, \end{aligned}$$

$$\hat{y}_i > 0, p_i \geqslant_{K^*} 0, i = 1, \cdots, m,$$
$$-t_i \leqslant \hat{y}_i - y_i \leqslant t_i, i = 1, \cdots, m.$$

模型的变量为$\hat{y}_i, p_i \in \mathbf{R}^n$，$t_i \in \mathbf{R}^1$.

定理18.16 假设$\mathcal{X} = \mathbf{R}^n$，$\mathcal{Y} = \mathbf{R}^1$是样本空间和标记空间，给定数据集

$$D = \{(x_1, y_1), \cdots, (x_i, y_i), \cdots, (x_m, y_m) | \ x_i \in \mathbf{R}^n, \ \ y_i \in \mathbf{R}^1, i = 1, \cdots, m\},$$

以及假设空间(此时假定$K \subseteq \mathbf{R}^n$是一个正常锥)

$$\mathcal{H} = \mathcal{MILOGCF}(\geqslant_K, \mathbf{R}^n \to \mathbf{R}^1).$$

假设$Loss$：$\mathbf{R}^m \times \mathbf{R}^m \to \mathbf{R}^1$是一个损失评估函数，凸性函数学习模型为

$$\begin{aligned} &\min \ Loss((f(x_i))_{i=1}^m, (y_i)_{i=1}^m) \\ &\text{s.t.} \ \ f \in \mathcal{MILOGCF}(\geqslant_K, \mathbf{R}^n \to \mathbf{R}^1). \end{aligned}$$

等价于如下的模型

$$\begin{aligned} &\min \ Loss((\hat{y}_i)_{i=1}^m, (y_i)_{i=1}^m) \\ &\text{s.t.} \ \ \log \hat{y}_j \geqslant \log \hat{y}_i + p_i^{\mathrm{T}}(x_j - x_i), i, j = 1, \cdots, m, \\ &\qquad \hat{y}_i > 0, p_i \geqslant_{K^*} 0, i = 1, \cdots, m. \end{aligned}$$

模型的变量为$\hat{y}_i \in \mathbf{R}^1, p_i \in \mathbf{R}^m$，求得最优解之后，定义函数

$$f(x) = \mathrm{e}^{\max_{i=1,\cdots,m}(\log \hat{y}_i + p_i^{\mathrm{T}}(x - x_i))},$$

可以作为原始模型的最优解。

例18.16 假设$\mathcal{X} = \mathbf{R}^n$，$\mathcal{Y} = \mathbf{R}^1$是样本空间和标记空间，给定数据集

$$D = \{(x_1, y_1), \cdots, (x_i, y_i), \cdots, (x_m, y_m) | \ x_i \in \mathbf{R}^n, \ \ y_i \in \mathbf{R}^1, i = 1, \cdots, m\},$$

以及假设空间(此时假定$K \subseteq \mathbf{R}^n$是一个正常锥)

$$\mathcal{H} = \mathcal{MILOGCF}(\geqslant_K, \mathbf{R}^n \to \mathbf{R}^1).$$

假设损失函数$Loss$：$\mathbf{R}^m \times \mathbf{R}^m \to \mathbf{R}^1$是$\mathbf{R}^m$上的某个范数$\|\cdot\|$的恰当函数$\phi$，凸性函数学习模型为

$$\begin{aligned} &\min \ \phi(\|(f(x_i))_{i=1}^m - (y_i)_{i=1}^m\|) \\ &\text{s.t.} \ \ f \in \mathcal{MILOGCF}(\geqslant_K, \mathbf{R}^n \to \mathbf{R}^1). \end{aligned}$$

如下三种情形：(1) 范数为L_2范数，并且函数$\phi(u) = u^2$；(2) 范数为L_1范数，并且函数$\phi(u) = u$；(3) 范数为L_∞范数，并且函数$\phi(u) = u$. 分别对应的模型和上例中的三种情形相差无几。

18.3　样本一维标记高维

定义18.3 假设$\mathcal{X} = \mathbf{R}^1, \mathcal{Y} = \mathbf{R}^m$是样本空间和标记空间，给定数据集

$$D = \{(x_1, y_1), \cdots, (x_i, y_i), \cdots, (x_k, y_k) | \ x_i \in \mathbf{R}^1, y_i \in \mathbf{R}^m, i = 1, \cdots, k\},$$

以及假设空间(此时假定$L \subseteq \mathbf{R}^m$是正常锥)

$$\mathcal{H} \in \left\{\mathcal{CF}(\mathbf{R}^1 \to \mathbf{R}^m, \geqslant_L), \mathcal{MICF}(\mathbf{R}^1 \to \mathbf{R}^m, \geqslant_L, \geqslant_L)\right\},$$

假设$Loss$：$\mathbf{R}^m \times \mathbf{R}^m \to \mathbf{R}^1$是一个损失评估函数，此时凸性函数学习模型定义为

$$\begin{aligned}\min\ & \sum_{i=1}^{k} Loss(f(x_i), y_i)\\ \text{s.t.}\ & f \in \mathcal{H}.\end{aligned}$$

假设$Loss$：$\mathbf{R}^{km} \times \mathbf{R}^{km} \to \mathbf{R}^1$是一个损失评估函数，此时凸性函数学习模型定义为

$$\begin{aligned}\min\ & Loss((f(x_i))_{i=1}^k, (y_i)_{i=1}^k)\\ \text{s.t.}\ & f \in \mathcal{H}.\end{aligned}$$

定理18.17 假设$\mathcal{X} = \mathbf{R}^1, \mathcal{Y} = \mathbf{R}^m$是样本空间和标记空间，给定数据集

$$D = \{(x_1, y_1), \cdots, (x_i, y_i), \cdots, (x_k, y_k) | \ x_i \in \mathbf{R}^1, y_i \in \mathbf{R}^m, i = 1, \cdots, k\},$$

以及假设空间(此时假定$L \subseteq \mathbf{R}^m$是正常锥)

$$\mathcal{H} = \mathcal{CF}(\mathbf{R}^1 \to \mathbf{R}^m, \geqslant_L).$$

假设$Loss$：$\mathbf{R}^m \times \mathbf{R}^m \to \mathbf{R}^1$是一个损失评估函数，凸性函数学习模型为

$$\begin{aligned}\min\ & \sum_{i=1}^{k} Loss(f(x_i), y_i)\\ \text{s.t.}\ & f \in \mathcal{CF}(\mathbf{R}^1 \to \mathbf{R}^m, \geqslant_L).\end{aligned}$$

等价于如下的模型

$$\begin{aligned}\min\ & \sum_{i=1}^{k} Loss(\hat{y}_i, y_i)\\ \text{s.t.}\ & \hat{y}_j \geqslant_L \hat{y}_i + p_i(x_j - x_i), i, j = 1, \cdots, k.\end{aligned}$$

模型的变量为$\hat{y}_i \in \mathbf{R}^m, p_i \in \mathbf{R}^m$，求得最优解之后，定义函数

$$f(x) = L - \max_{i=1,\cdots,k} (\hat{y}_i + p_i(x - x_i)),$$

可以作为原始模型的最优解。

例18.17 假设$\mathcal{X} = \mathbf{R}^1, \mathcal{Y} = \mathbf{R}^m$是样本空间和标记空间，给定数据集

$$D = \{(x_1, y_1), \cdots, (x_i, y_i), \cdots, (x_k, y_k) | \ x_i \in \mathbf{R}^1, y_i \in \mathbf{R}^m, i = 1, \cdots, k\},$$

以及假设空间(此时假定$L \subseteq \mathbf{R}^m$是正常锥)

$$\mathcal{H} = \mathcal{CF}(\mathbf{R}^1 \to \mathbf{R}^m, \geqslant_L).$$

假设损失函数$Loss$：$\mathbf{R}^m \times \mathbf{R}^m \to \mathbf{R}^1$是$\mathbf{R}^m$上的某个范数$\|\cdot\|$的恰当函数$\phi$，范数凸性函数学习模型为

$$\begin{aligned}\min\ & \sum_{i=1}^{k} \phi(\|f(x_i) - y_i\|)\\ \text{s.t.}\ & f \in \mathcal{CF}(\mathbf{R}^1 \to \mathbf{R}^m, \geqslant_L).\end{aligned}$$

如果选择范数为L_2范数，并且函数$\phi(u) = u^2$，那么模型为

$$\begin{aligned}\min\ & \sum_{i=1}^{k} \|f(x_i) - y_i\|_2^2\\ \text{s.t.}\ & f \in \mathcal{CF}(\mathbf{R}^1 \to \mathbf{R}^m, \geqslant_L).\end{aligned}$$

等价于如下的模型

$$\begin{aligned} \min\ & \sum_{i=1}^{k} \|\hat{y}_i - y_i\|_2^2 \\ \text{s.t.}\ & \hat{y}_j \geqslant_L \hat{y}_i + p_i(x_j - x_i), i, j = 1, \cdots, k. \end{aligned}$$

模型的变量为$\hat{y}_i \in \mathbf{R}^m, p_i \in \mathbf{R}^m$.

如果选择范数为L_1范数，并且函数$\phi(u) = u$，那么模型为

$$\begin{aligned} \min\ & \sum_{i=1}^{k} \|f(x_i) - y_i\|_1 \\ \text{s.t.}\ & f \in \mathcal{CF}(\mathbf{R}^1 \to \mathbf{R}^m, \geqslant_L). \end{aligned}$$

等价于如下的模型

$$\begin{aligned} \min\ & \sum_{i=1}^{k} \|\hat{y}_i - y_i\|_1 \\ \text{s.t.}\ & \hat{y}_j \geqslant_L \hat{y}_i + p_i(x_j - x_i), i, j = 1, \cdots, k. \end{aligned}$$

转化为

$$\begin{aligned} \min\ & \sum_{i=1}^{k} \mathbf{1}_m^{\mathrm{T}} t_i \\ \text{s.t.}\ & \hat{y}_j \geqslant_L \hat{y}_i + p_i(x_j - x_i), i, j = 1, \cdots, k, \\ & -t_i \leqslant \hat{y}_i - y_i \leqslant t_i, i = 1, \cdots, k. \end{aligned}$$

模型的变量为$\hat{y}_i \in \mathbf{R}^m, p_i \in \mathbf{R}^m, t_i \in \mathbf{R}^m$.

如果选择范数为L_∞范数，并且函数$\phi(u) = u$，那么模型为

$$\begin{aligned} \min\ & \sum_{i=1}^{k} \|f(x_i) - y_i\|_\infty \\ \text{s.t.}\ & f \in \mathcal{CF}(\mathbf{R}^1 \to \mathbf{R}^m, \geqslant_L). \end{aligned}$$

等价于如下的模型

$$\begin{aligned} \min\ & \sum_{i=1}^{k} \|\hat{y}_i - y_i\|_\infty \\ \text{s.t.}\ & \hat{y}_j \geqslant_L \hat{y}_i + p_i(x_j - x_i), i, j = 1, \cdots, k. \end{aligned}$$

转化为

$$\begin{aligned} \min\ & \sum_{i=1}^{k} t_i \\ \text{s.t.}\ & \hat{y}_j \geqslant_L \hat{y}_i + p_i(x_j - x_i), i, j = 1, \cdots, k, \\ & -t_i \mathbf{1}_m \leqslant \hat{y}_i - y_i \leqslant t_i \mathbf{1}_m, i = 1, \cdots, k. \end{aligned}$$

模型的变量为$\hat{y}_i \in \mathbf{R}^m, p_i \in \mathbf{R}^m, t_i \in \mathbf{R}^1$.

定理18.18 假设$\mathcal{X} = \mathbf{R}^1, \mathcal{Y} = \mathbf{R}^m$是样本空间和标记空间，给定数据集

$$D = \{(x_1, y_1), \cdots, (x_i, y_i), \cdots, (x_k, y_k) |\ x_i \in \mathbf{R}^1, y_i \in \mathbf{R}^m, i = 1, \cdots, k\},$$

以及假设空间(此时假定$L \subseteq \mathbf{R}^m$是正常锥)

$$\mathcal{H} = \mathcal{CF}(\mathbf{R}^1 \to \mathbf{R}^m, \geqslant_L).$$

假设$Loss$：$\mathbf{R}^{km}\times\mathbf{R}^{km}\to\mathbf{R}^1$是一个损失评估函数，凸性函数学习模型为

$$\begin{aligned}&\min\ Loss((f(x_i))_{i=1}^k,(y_i)_{i=1}^k)\\&\text{s.t.}\ \ f\in\mathcal{CF}(\mathbf{R}^1\to\mathbf{R}^m,\geqslant_L).\end{aligned}$$

等价于如下的模型

$$\begin{aligned}&\min\ Loss((\hat{y}_i)_{i=1}^k,(y_i)_{i=1}^k)\\&\text{s.t.}\ \ \hat{y}_j\geqslant_L\hat{y}_i+p_i(x_j-x_i),i,j=1,\cdots,k.\end{aligned}$$

模型的变量为$\hat{y}_i\in\mathbf{R}^m,p_i\in\mathbf{R}^m$，求得最优解之后，定义函数

$$f(x)=L-\max_{i=1,\cdots,k}(\hat{y}_i+p_i(x-x_i)),$$

可以作为原始模型的最优解。

例18.18 假设$\mathcal{X}=\mathbf{R}^1,\mathcal{Y}=\mathbf{R}^m$是样本空间和标记空间，给定数据集

$$D=\{(x_1,y_1),\cdots,(x_i,y_i),\cdots,(x_k,y_k)|\ x_i\in\mathbf{R}^1,y_i\in\mathbf{R}^m,i=1,\cdots,k\},$$

以及假设空间(此时假定$L\subseteq\mathbf{R}^m$是正常锥)

$$\mathcal{H}=\mathcal{CF}(\mathbf{R}^1\to\mathbf{R}^m,\geqslant_L).$$

假设损失函数$Loss$：$\mathbf{R}^{km}\times\mathbf{R}^{km}\to\mathbf{R}^1$是$\mathbf{R}^{km}$上的某个范数$\|\cdot\|$的恰当函数$\phi$，凸性函数学习模型为

$$\begin{aligned}&\min\ \phi(\|(f(x_i))_{i=1}^k-(y_i)_{i=1}^k\|)\\&\text{s.t.}\ \ f\in\mathcal{CF}(\mathbf{R}^1\to\mathbf{R}^m,\geqslant_L).\end{aligned}$$

如下三种情形：(1) 范数为L_2范数，并且函数$\phi(u)=u^2$；(2) 范数为L_1范数，并且函数$\phi(u)=u$；(3) 范数为L_∞范数，并且函数$\phi(u)=u$. 分别对应的模型和上例中的三种情形相差无几。

定理18.19 假设$\mathcal{X}=\mathbf{R}^1,\mathcal{Y}=\mathbf{R}^m$是样本空间和标记空间，给定数据集

$$D=\{(x_1,y_1),\cdots,(x_i,y_i),\cdots,(x_k,y_k)|\ x_i\in\mathbf{R}^1,y_i\in\mathbf{R}^m,i=1,\cdots,k\},$$

以及假设空间(此时假定$L\subseteq\mathbf{R}^m$是正常锥)

$$\mathcal{H}=\mathcal{MICF}(\mathbf{R}^1\to\mathbf{R}^m,\geqslant_L,\geqslant_L).$$

假设$Loss$：$\mathbf{R}^m\times\mathbf{R}^m\to\mathbf{R}^1$是一个损失评估函数，凸性函数学习模型为

$$\begin{aligned}&\min\ \sum_{i=1}^k Loss(f(x_i),y_i)\\&\text{s.t.}\ \ f\in\mathcal{MICF}(\mathbf{R}^1\to\mathbf{R}^m,\geqslant_L,\geqslant_L).\end{aligned}$$

等价于如下的模型

$$\begin{aligned}&\min\ \sum_{i=1}^k Loss(\hat{y}_i,y_i)\\&\text{s.t.}\ \ \hat{y}_j\geqslant_L\hat{y}_i+p_i(x_j-x_i),i,j=1,\cdots,k,\\&\qquad p_i\geqslant_L 0,i=1,\cdots,k.\end{aligned}$$

模型的变量为$\hat{y}_i\in\mathbf{R}^m,p_i\in\mathbf{R}^m$，求得最优解之后，定义函数

$$f(x)=L-\max_{i=1,\cdots,k}(\hat{y}_i+p_i(x-x_i)),$$

可以作为原始模型的最优解。

例18.19 假设$\mathcal{X} = \mathbf{R}^1, \mathcal{Y} = \mathbf{R}^m$是样本空间和标记空间，给定数据集

$$D = \{(x_1, y_1), \cdots, (x_i, y_i), \cdots, (x_k, y_k) | \ x_i \in \mathbf{R}^1, y_i \in \mathbf{R}^m, i = 1, \cdots, k\},$$

以及假设空间(此时假定$L \subseteq \mathbf{R}^m$是正常锥)

$$\mathcal{H} = \mathcal{MICF}(\mathbf{R}^1 \to \mathbf{R}^m, \geqslant_L, \geqslant_L).$$

假设损失函数$Loss$：$\mathbf{R}^m \times \mathbf{R}^m \to \mathbf{R}^1$是$\mathbf{R}^m$上的某个范数$\|\cdot\|$的恰当函数$\phi$，范数凸性函数学习模型为

$$\begin{aligned} \min \ & \sum_{i=1}^{k} \phi(\|f(x_i) - y_i\|) \\ \text{s.t.} \ & f \in \mathcal{MICF}(\mathbf{R}^1 \to \mathbf{R}^m, \geqslant_L, \geqslant_L). \end{aligned}$$

如果选择范数为L_2范数，并且函数$\phi(u) = u^2$，那么模型为

$$\begin{aligned} \min \ & \sum_{i=1}^{k} \|f(x_i) - y_i\|_2^2 \\ \text{s.t.} \ & f \in \mathcal{MICF}(\mathbf{R}^1 \to \mathbf{R}^m, \geqslant_L, \geqslant_L). \end{aligned}$$

等价于如下的模型

$$\begin{aligned} \min \ & \sum_{i=1}^{k} \|\hat{y}_i - y_i\|_2^2 \\ \text{s.t.} \ & \hat{y}_j \geqslant_L \hat{y}_i + p_i(x_j - x_i), i, j = 1, \cdots, k, \\ & p_i \geqslant_L 0, i = 1, \cdots, k. \end{aligned}$$

模型的变量为$\hat{y}_i \in \mathbf{R}^m, p_i \in \mathbf{R}^m$.

如果选择范数为L_1范数，并且函数为$\phi(u) = u$，那么模型为

$$\begin{aligned} \min \ & \sum_{i=1}^{k} \|f(x_i) - y_i\|_1 \\ \text{s.t.} \ & f \in \mathcal{MICF}(\mathbf{R}^1 \to \mathbf{R}^m, \geqslant_L, \geqslant_L). \end{aligned}$$

等价于如下的模型

$$\begin{aligned} \min \ & \sum_{i=1}^{k} \|\hat{y}_i - y_i\|_1 \\ \text{s.t.} \ & \hat{y}_j \geqslant_L \hat{y}_i + p_i(x_j - x_i), i, j = 1, \cdots, k, \\ & p_i \geqslant_L 0, i = 1, \cdots, k. \end{aligned}$$

转化为

$$\begin{aligned} \min \ & \sum_{i=1}^{k} \mathbf{1}_m^{\mathrm{T}} t_i \\ \text{s.t.} \ & \hat{y}_j \geqslant_L \hat{y}_i + p_i(x_j - x_i), i, j = 1, \cdots, k, \\ & p_i \geqslant_L 0, i = 1, \cdots, k, \\ & -t_i \leqslant \hat{y}_i - y_i \leqslant t_i, i = 1, \cdots, k. \end{aligned}$$

模型的变量为$\hat{y}_i \in \mathbf{R}^m, p_i \in \mathbf{R}^m, t_i \in \mathbf{R}^m$.

如果选择范数为L_∞范数，并且函数$\phi(u)=u$，那么模型为

$$\begin{aligned}\min\ & \sum_{i=1}^{k}\|f(x_i)-y_i\|_\infty\\ \text{s.t.}\ & f\in \mathcal{MICF}(\mathbf{R}^1\to\mathbf{R}^m,\geqslant_L,\geqslant_L).\end{aligned}$$

等价于如下的模型

$$\begin{aligned}\min\ & \sum_{i=1}^{k}\|\hat{y}_i-y_i\|_\infty\\ \text{s.t.}\ & \hat{y}_j\geqslant_L \hat{y}_i+p_i(x_j-x_i), i,j=1,\cdots,k,\\ & p_i\geqslant_L 0, i=1,\cdots,k.\end{aligned}$$

转化为

$$\begin{aligned}\min\ & \sum_{i=1}^{k}t_i\\ \text{s.t.}\ & \hat{y}_j\geqslant_L \hat{y}_i+p_i(x_j-x_i), i,j=1,\cdots,k,\\ & p_i\geqslant_L 0, i=1,\cdots,k,\\ & -t_i\mathbf{1}_m\leqslant \hat{y}_i-y_i\leqslant t_i\mathbf{1}_m, i=1,\cdots,k.\end{aligned}$$

模型的变量为$\hat{y}_i\in\mathbf{R}^m, p_i\in\mathbf{R}^m, t_i\in\mathbf{R}^1$.

定理18.20 假设$\mathcal{X}=\mathbf{R}^1,\mathcal{Y}=\mathbf{R}^m$是样本空间和标记空间，给定数据集

$$D=\{(x_1,y_1),\cdots,(x_i,y_i),\cdots,(x_k,y_k)|\ x_i\in\mathbf{R}^1, y_i\in\mathbf{R}^m, i=1,\cdots,k\},$$

以及假设空间(此时假定$L\subseteq\mathbf{R}^m$是正常锥)

$$\mathcal{H}=\mathcal{MICF}(\mathbf{R}^1\to\mathbf{R}^m,\geqslant_L,\geqslant_L).$$

假设$Loss$：$\mathbf{R}^{km}\times\mathbf{R}^{km}\to\mathbf{R}^1$是一个损失评估函数，凸性函数学习模型为

$$\begin{aligned}\min\ & Loss((f(x_i))_{i=1}^k,(y_i)_{i=1}^k)\\ \text{s.t.}\ & f\in \mathcal{MICF}(\mathbf{R}^1\to\mathbf{R}^m,\geqslant_L,\geqslant_L).\end{aligned}$$

等价于如下的模型

$$\begin{aligned}\min\ & Loss((\hat{y}_i)_{i=1}^k,(y_i)_{i=1}^k)\\ \text{s.t.}\ & \hat{y}_j\geqslant_L \hat{y}_i+p_i(x_j-x_i), i,j=1,\cdots,k,\\ & p_i\geqslant_L 0, i=1,\cdots,k.\end{aligned}$$

模型的变量为$\hat{y}_i\in\mathbf{R}^m, p_i\in\mathbf{R}^m$，求得最优解之后，定义函数

$$f(x)=L-\max_{i=1,\cdots,k}(\hat{y}_i+p_i(x-x_i)),$$

可以作为原始模型的最优解。

例18.20 假设$\mathcal{X}=\mathbf{R}^1,\mathcal{Y}=\mathbf{R}^m$是样本空间和标记空间，给定数据集

$$D=\{(x_1,y_1),\cdots,(x_i,y_i),\cdots,(x_k,y_k)|\ x_i\in\mathbf{R}^1, y_i\in\mathbf{R}^m, i=1,\cdots,k\},$$

以及假设空间(此时假定$L\subseteq\mathbf{R}^m$是正常锥)

$$\mathcal{H}=\mathcal{MICF}(\mathbf{R}^1\to\mathbf{R}^m,\geqslant_L,\geqslant_L).$$

假设损失函数$Loss$：$\mathbf{R}^{km}\times\mathbf{R}^{km}\to\mathbf{R}^1$是$\mathbf{R}^{km}$上的某个范数$\|\cdot\|$的恰当函数$\phi$，凸性函数学习

模型为

$$\begin{aligned}&\min\ \phi(\|(f(x_i))_{i=1}^k-(y_i)_{i=1}^k\|)\\&\text{s.t.}\ \ f\in\mathcal{MICF}(\mathbf{R}^1\to\mathbf{R}^m,\geqslant_L,\geqslant_L).\end{aligned}$$

如下三种情形：(1) 范数为L_2范数，并且函数$\phi(u)=u^2$；(2) 范数为L_1范数，并且函数$\phi(u)=u$；(3) 范数为L_∞范数，并且函数$\phi(u)=u$. 分别对应的模型和上例中的三种情形相差无几。

18.4 样本高维标记高维

定义18.4 假设$\mathcal{X}=\mathbf{R}^n$，$\mathcal{Y}=\mathbf{R}^m$是样本空间和标记空间，给定数据集

$$D=\{(x_1,y_1),\cdots,(x_i,y_i),\cdots,(x_k,y_k)|\ x_i\in\mathbf{R}^n,\ \ y_i\in\mathbf{R}^m,i=1,\cdots,k\},$$

以及假设空间(此时假定$K\subseteq\mathbf{R}^n$，$L\subseteq\mathbf{R}^m$是正常锥)

$$\mathcal{H}\in\Big\{\mathcal{CF}(\mathbf{R}^n\to\mathbf{R}^m,\geqslant_L),\mathcal{MICF}(\geqslant_K,\mathbf{R}^n\to\mathbf{R}^m,\geqslant_L,\geqslant_L)\Big\},$$

假设$Loss$：$\mathbf{R}^m\times\mathbf{R}^m\to\mathbf{R}^1$是一个损失评估函数，此时凸性函数学习模型定义为

$$\begin{aligned}&\min\ \sum_{i=1}^k Loss(f(x_i),y_i)\\&\text{s.t.}\ \ f\in\mathcal{H}.\end{aligned}$$

假设$Loss$：$\mathbf{R}^{km}\times\mathbf{R}^{km}\to\mathbf{R}^1$是一个损失评估函数，此时凸性函数学习模型定义为

$$\begin{aligned}&\min\ Loss((f(x_i))_{i=1}^k,(y_i)_{i=1}^k)\\&\text{s.t.}\ \ f\in\mathcal{H}.\end{aligned}$$

定理18.21 假设$\mathcal{X}=\mathbf{R}^n$，$\mathcal{Y}=\mathbf{R}^m$是样本空间和标记空间，给定数据集

$$D=\{(x_1,y_1),\cdots,(x_i,y_i),\cdots,(x_k,y_k)|\ x_i\in\mathbf{R}^n,\ \ y_i\in\mathbf{R}^m,i=1,\cdots,k\},$$

以及假设空间(此时假定$K\subseteq\mathbf{R}^n$，$L\subseteq\mathbf{R}^m$是正常锥)

$$\mathcal{H}=\mathcal{CF}(\mathbf{R}^n\to\mathbf{R}^m,\geqslant_L).$$

假设$Loss$：$\mathbf{R}^m\times\mathbf{R}^m\to\mathbf{R}^1$是一个损失评估函数，此时凸性函数学习模型定义为

$$\begin{aligned}&\min\ \sum_{i=1}^k Loss(f(x_i),y_i)\\&\text{s.t.}\ \ f\in\mathcal{CF}(\mathbf{R}^n\to\mathbf{R}^m,\geqslant_L).\end{aligned}$$

等价于如下的模型

$$\begin{aligned}&\min\ \sum_{i=1}^k Loss(\hat{y}_i,y_i)\\&\text{s.t.}\ \ \hat{y}_j\geqslant_L\hat{y}_i+A_i^{\mathrm{T}}(x_j-x_i),i,j=1,\cdots,k.\end{aligned}$$

模型的变量为$\hat{y}_i\in\mathbf{R}^m,A_i\in M_{n\times m}(\mathbf{R})$，求得最优解之后，定义函数

$$f(x)=L-\max_{i=1,\cdots,k}(\hat{y}_i+A_i^{\mathrm{T}}(x-x_i)),$$

可以作为原始模型的最优解。

例18.21 假设$\mathcal{X}=\mathbf{R}^n$，$\mathcal{Y}=\mathbf{R}^m$是样本空间和标记空间，给定数据集

$$D=\{(x_1,y_1),\cdots,(x_i,y_i),\cdots,(x_k,y_k)|\ x_i\in\mathbf{R}^n,\ \ y_i\in\mathbf{R}^m,i=1,\cdots,k\},$$

以及假设空间(此时假定$K \subseteq \mathbf{R}^n$，$L \subseteq \mathbf{R}^m$是正常锥)

$$\mathcal{H} = C\mathcal{F}(\mathbf{R}^n \to \mathbf{R}^m, \geqslant_L).$$

假设损失函数$Loss$：$\mathbf{R}^m \times \mathbf{R}^m \to \mathbf{R}^1$是$\mathbf{R}^m$上的某个范数$\|\cdot\|$的恰当函数$\phi$，范数凸性函数学习模型为

$$\begin{aligned} \min\ & \sum_{i=1}^k \phi(\|f(x_i) - y_i\|) \\ \text{s.t.}\ & f \in C\mathcal{F}(\mathbf{R}^n \to \mathbf{R}^m, \geqslant_L). \end{aligned}$$

如果选择范数为L_2范数，并且函数$\phi(u) = u^2$，那么模型为

$$\begin{aligned} \min\ & \sum_{i=1}^k \|f(x_i) - y_i\|_2^2 \\ \text{s.t.}\ & f \in C\mathcal{F}(\mathbf{R}^n \to \mathbf{R}^m, \geqslant_L). \end{aligned}$$

等价于如下的模型

$$\begin{aligned} \min\ & \sum_{i=1}^k \|\hat{y}_i - y_i\|_2^2 \\ \text{s.t.}\ & \hat{y}_j \geqslant_L \hat{y}_i + A_i^{\mathrm{T}}(x_j - x_i), i, j = 1, \cdots, k. \end{aligned}$$

模型的变量为$\hat{y}_i \in \mathbf{R}^m, A_i \in M_{n\times m}(\mathbf{R})$.

如果选择范数为L_1范数，并且函数为$\phi(u) = u$，那么模型为

$$\begin{aligned} \min\ & \sum_{i=1}^k \|f(x_i) - y_i\|_1 \\ \text{s.t.}\ & f \in C\mathcal{F}(\mathbf{R}^n \to \mathbf{R}^m, \geqslant_L). \end{aligned}$$

等价于如下的模型

$$\begin{aligned} \min\ & \sum_{i=1}^k \|\hat{y}_i - y_i\|_1 \\ \text{s.t.}\ & \hat{y}_j \geqslant_L \hat{y}_i + A_i^{\mathrm{T}}(x_j - x_i), i, j = 1, \cdots, k. \end{aligned}$$

转化为

$$\begin{aligned} \min\ & \sum_{i=1}^k \mathbf{1}_m^{\mathrm{T}} t_i \\ \text{s.t.}\ & \hat{y}_j \geqslant_L \hat{y}_i + A_i^{\mathrm{T}}(x_j - x_i), i, j = 1, \cdots, k, \\ & -t_i \leqslant \hat{y}_i - y_i \leqslant t_i, i = 1, \cdots, k. \end{aligned}$$

模型的变量为$\hat{y}_i \in \mathbf{R}^m, A_i \in M_{n\times m}(\mathbf{R}), t_i \in \mathbf{R}^m$.

如果选择范数为L_∞范数，并且函数$\phi(u) = u$，那么模型为

$$\begin{aligned} \min\ & \sum_{i=1}^k \|f(x_i) - y_i\|_\infty \\ \text{s.t.}\ & f \in C\mathcal{F}(\mathbf{R}^n \to \mathbf{R}^m, \geqslant_L). \end{aligned}$$

等价于如下的模型

$$\begin{aligned} \min\ & \sum_{i=1}^k \|\hat{y}_i - y_i\|_\infty \\ \text{s.t.}\ & \hat{y}_j \geqslant_L \hat{y}_i + A_i^{\mathrm{T}}(x_j - x_i), i, j = 1, \cdots, k. \end{aligned}$$

转化为

$$\begin{aligned}\min\ & \sum_{i=1}^{k} t_i \\ \text{s.t.}\ & \hat{y}_j \geqslant_L \hat{y}_i + A_i^{\mathrm{T}}(x_j - x_i), i, j = 1, \cdots, k, \\ & -t_i \mathbf{1}_m \leqslant \hat{y}_i - y_i \leqslant t_i \mathbf{1}_m, i = 1, \cdots, k.\end{aligned}$$

模型的变量为$\hat{y}_i \in \mathbf{R}^m, A_i \in M_{n\times m}(\mathbf{R}), t_i \in \mathbf{R}^1$.

定理18.22 假设$\mathcal{X} = \mathbf{R}^n$，$\mathcal{Y} = \mathbf{R}^m$是样本空间和标记空间，给定数据集

$$D = \{(x_1, y_1), \cdots, (x_i, y_i), \cdots, (x_k, y_k) |\ x_i \in \mathbf{R}^n,\ \ y_i \in \mathbf{R}^m, i = 1, \cdots, k\},$$

以及假设空间(此时假定$K \subseteq \mathbf{R}^n$，$L \subseteq \mathbf{R}^m$是正常锥)

$$\mathcal{H} = \mathcal{CF}(\mathbf{R}^n \to \mathbf{R}^m, \geqslant_L).$$

假设$Loss$：$\mathbf{R}^{km} \times \mathbf{R}^{km} \to \mathbf{R}^1$是一个损失评估函数，此时凸性函数学习模型定义为

$$\begin{aligned}\min\ & Loss((f(x_i))_{i=1}^k, (y_i)_{i=1}^k) \\ \text{s.t.}\ & f \in \mathcal{CF}(\mathbf{R}^n \to \mathbf{R}^m, \geqslant_L).\end{aligned}$$

等价于如下的模型

$$\begin{aligned}\min\ & Loss((\hat{y}_i)_{i=1}^k, (y_i)_{i=1}^k) \\ \text{s.t.}\ & \hat{y}_j \geqslant_L \hat{y}_i + A_i^{\mathrm{T}}(x_j - x_i), i, j = 1, \cdots, k.\end{aligned}$$

模型的变量为$\hat{y}_i \in \mathbf{R}^m, A_i \in M_{n\times m}(\mathbf{R})$，求得最优解之后，定义函数

$$f(x) = L - \max_{i=1,\cdots,k} (\hat{y}_i + A_i^{\mathrm{T}}(x - x_i)),$$

可以作为原始模型的最优解。

例18.22 假设$\mathcal{X} = \mathbf{R}^n$，$\mathcal{Y} = \mathbf{R}^m$是样本空间和标记空间，给定数据集

$$D = \{(x_1, y_1), \cdots, (x_i, y_i), \cdots, (x_k, y_k) |\ x_i \in \mathbf{R}^n,\ \ y_i \in \mathbf{R}^m, i = 1, \cdots, k\},$$

以及假设空间(此时假定$K \subseteq \mathbf{R}^n$，$L \subseteq \mathbf{R}^m$是正常锥)

$$\mathcal{H} = \mathcal{CF}(\mathbf{R}^n \to \mathbf{R}^m, \geqslant_L).$$

假设损失函数$Loss$：$\mathbf{R}^{km} \times \mathbf{R}^{km} \to \mathbf{R}^1$是$\mathbf{R}^{km}$上的某个范数$\|\cdot\|$的恰当函数$\phi$，凸性函数学习模型为

$$\begin{aligned}\min\ & \phi(\|(f(x_i))_{i=1}^k - (y_i)_{i=1}^k\|) \\ \text{s.t.}\ & f \in \mathcal{CF}(\mathbf{R}^n \to \mathbf{R}^m, \geqslant_L).\end{aligned}$$

如下三种情形：(1) 范数为L_2范数，并且函数$\phi(u) = u^2$；(2) 范数为L_1范数，并且函数$\phi(u) = u$；(3) 范数为L_∞范数，并且函数$\phi(u) = u$. 分别对应的模型和上例中的三种情形相差无几。

定理18.23 假设$\mathcal{X} = \mathbf{R}^n$，$\mathcal{Y} = \mathbf{R}^m$是样本空间和标记空间，给定数据集

$$D = \{(x_1, y_1), \cdots, (x_i, y_i), \cdots, (x_k, y_k) |\ x_i \in \mathbf{R}^n,\ \ y_i \in \mathbf{R}^m, i = 1, \cdots, k\},$$

以及假设空间(此时假定$K \subseteq \mathbf{R}^n$，$L \subseteq \mathbf{R}^m$是正常锥)

$$\mathcal{H} = \mathcal{MICF}(\geqslant_K, \mathbf{R}^n \to \mathbf{R}^m, \geqslant_L, \geqslant_L).$$

假设$Loss$：$\mathbf{R}^m \times \mathbf{R}^m \to \mathbf{R}^1$是一个损失评估函数，此时凸性函数学习模型定义为

$$\begin{aligned} \min \ & \sum_{i=1}^{k} Loss(f(x_i), y_i) \\ \text{s.t.} \ & f \in \mathcal{MICF}(\geqslant_K, \mathbf{R}^n \to \mathbf{R}^m, \geqslant_L, \geqslant_L). \end{aligned}$$

等价于如下的模型

$$\begin{aligned} \min \ & \sum_{i=1}^{k} Loss(\hat{y}_i, y_i) \\ \text{s.t.} \ & \hat{y}_j \geqslant_L \hat{y}_i + A_i^{\mathrm{T}}(x_j - x_i), i, j = 1, \cdots, k, \\ & \forall \alpha \geqslant_{L^*} 0, A_i \alpha \geqslant_{K^*} 0, i = 1, \cdots, k. \end{aligned}$$

模型的变量为$\hat{y}_i \in \mathbf{R}^m, A_i \in M_{n\times m}(\mathbf{R})$，求得最优解之后，定义函数

$$f(x) = L - \max_{i=1,\cdots,k} (\hat{y}_i + A_i^{\mathrm{T}}(x - x_i)),$$

可以作为原始模型的最优解。

例18.23 假设$\mathcal{X} = \mathbf{R}^n$，$\mathcal{Y} = \mathbf{R}^m$是样本空间和标记空间，给定数据集

$$D = \{(x_1, y_1), \cdots, (x_i, y_i), \cdots, (x_k, y_k) | \ x_i \in \mathbf{R}^n, \ \ y_i \in \mathbf{R}^m, i = 1, \cdots, k\},$$

以及假设空间(此时假定$K \subseteq \mathbf{R}^n$，$L \subseteq \mathbf{R}^m$是正常锥)

$$\mathcal{H} = \mathcal{MICF}(\geqslant_K, \mathbf{R}^n \to \mathbf{R}^m, \geqslant_L, \geqslant_L).$$

假设损失函数$Loss$：$\mathbf{R}^m \times \mathbf{R}^m \to \mathbf{R}^1$是$\mathbf{R}^m$上的某个范数$\|\cdot\|$的恰当函数，范数凸性函数学习模型为

$$\begin{aligned} \min \ & \sum_{i=1}^{k} \phi(\|f(x_i) - y_i\|) \\ \text{s.t.} \ & f \in \mathcal{MICF}(\geqslant_K, \mathbf{R}^n \to \mathbf{R}^m, \geqslant_L, \geqslant_L). \end{aligned}$$

如果选择范数为L_2范数，并且函数$\phi(u) = u^2$，那么模型为

$$\begin{aligned} \min \ & \sum_{i=1}^{k} \|f(x_i) - y_i\|_2^2 \\ \text{s.t.} \ & f \in \mathcal{MICF}(\geqslant_K, \mathbf{R}^n \to \mathbf{R}^m, \geqslant_L, \geqslant_L). \end{aligned}$$

等价于如下的模型

$$\begin{aligned} \min \ & \sum_{i=1}^{k} \|\hat{y}_i - y_i\|_2^2 \\ \text{s.t.} \ & \hat{y}_j \geqslant_L \hat{y}_i + A_i^{\mathrm{T}}(x_j - x_i), i, j = 1, \cdots, k, \\ & \forall \alpha \geqslant_{L^*} 0, A_i \alpha \geqslant_{K^*} 0, i = 1, \cdots, k. \end{aligned}$$

模型的变量为$\hat{y}_i \in \mathbf{R}^m, A_i \in M_{n\times m}(\mathbf{R})$.

如果选择范数为L_1范数，并且函数$\phi(u) = u$，那么模型为

$$\begin{aligned} \min \ & \sum_{i=1}^{k} \|f(x_i) - y_i\|_1 \\ \text{s.t.} \ & f \in \mathcal{MICF}(\geqslant_K, \mathbf{R}^n \to \mathbf{R}^m, \geqslant_L, \geqslant_L). \end{aligned}$$

等价于如下的模型

$$\begin{aligned}\min\ & \sum_{i=1}^{k}\|\hat{y}_i - y_i\|_1\\ \text{s.t.}\ & \hat{y}_j \geqslant_L \hat{y}_i + A_i^{\mathrm{T}}(x_j - x_i), i, j = 1, \cdots, k,\\ & \forall\alpha \geqslant_{L^*} 0, A_i\alpha \geqslant_{K^*} 0, i = 1, \cdots, k.\end{aligned}$$

转化为

$$\begin{aligned}\min\ & \sum_{i=1}^{k}\mathbf{1}_m^{\mathrm{T}} t_i\\ \text{s.t.}\ & \hat{y}_j \geqslant_L \hat{y}_i + A_i^{\mathrm{T}}(x_j - x_i), i, j = 1, \cdots, k,\\ & \forall\alpha \geqslant_{L^*} 0, A_i\alpha \geqslant_{K^*} 0, i = 1, \cdots, k,\\ & -t_i \leqslant \hat{y}_i - y_i \leqslant t_i, i = 1, \cdots, k.\end{aligned}$$

模型的变量为$\hat{y}_i \in \mathbf{R}^m, A_i \in M_{n\times m}(\mathbf{R}), t_i \in \mathbf{R}^m$.

如果选择范数为L_∞范数，并且函数$\phi(u) = u$，那么模型为

$$\begin{aligned}\min\ & \sum_{i=1}^{k}\|f(x_i) - y_i\|_\infty\\ \text{s.t.}\ & f \in \mathcal{MICF}(\geqslant_K, \mathbf{R}^n \to \mathbf{R}^m, \geqslant_L, \geqslant_L).\end{aligned}$$

等价于如下的模型

$$\begin{aligned}\min\ & \sum_{i=1}^{k}\|\hat{y}_i - y_i\|_\infty\\ \text{s.t.}\ & \hat{y}_j \geqslant_L \hat{y}_i + A_i^{\mathrm{T}}(x_j - x_i), i, j = 1, \cdots, k,\\ & \forall\alpha \geqslant_{L^*} 0, A_i\alpha \geqslant_{K^*} 0, i = 1, \cdots, k.\end{aligned}$$

转化为

$$\begin{aligned}\min\ & \sum_{i=1}^{k} t_i\\ \text{s.t.}\ & \hat{y}_j \geqslant_L \hat{y}_i + A_i^{\mathrm{T}}(x_j - x_i), i, j = 1, \cdots, k,\\ & \forall\alpha \geqslant_{L^*} 0, A_i\alpha \geqslant_{K^*} 0, i = 1, \cdots, k,\\ & -t_i\mathbf{1}_m \leqslant \hat{y}_i - y_i \leqslant t_i\mathbf{1}_m, i = 1, \cdots, k.\end{aligned}$$

模型的变量为$\hat{y}_i \in \mathbf{R}^m, A_i \in M_{n\times m}(\mathbf{R}), t_i \in \mathbf{R}^1$.

定理18.24 假设$\mathcal{X} = \mathbf{R}^n$，$\mathcal{Y} = \mathbf{R}^m$是样本空间和标记空间，给定数据集

$$D = \{(x_1, y_1), \cdots, (x_i, y_i), \cdots, (x_k, y_k) |\ x_i \in \mathbf{R}^n,\ \ y_i \in \mathbf{R}^m, i = 1, \cdots, k\},$$

以及假设空间(此时假定$K \subseteq \mathbf{R}^n$，$L \subseteq \mathbf{R}^m$是正常锥)

$$\mathcal{H} = \mathcal{MICF}(\geqslant_K, \mathbf{R}^n \to \mathbf{R}^m, \geqslant_L, \geqslant_L).$$

假设$Loss$：$\mathbf{R}^{km} \times \mathbf{R}^{km} \to \mathbf{R}^1$是一个损失评估函数，此时凸性函数学习模型定义为

$$\begin{aligned}\min\ & Loss((f(x_i))_{i=1}^k, (y_i)_{i=1}^k)\\ \text{s.t.}\ & f \in \mathcal{MICF}(\geqslant_K, \mathbf{R}^n \to \mathbf{R}^m, \geqslant_L, \geqslant_L).\end{aligned}$$

等价于如下的模型

$$\begin{aligned} \min\ & Loss((\hat{y}_i)_{i=1}^k, (y_i)_{i=1}^k) \\ \text{s.t.}\ & \hat{y}_j \geqslant_L \hat{y}_i + A_i^{\mathrm{T}}(x_j - x_i), i, j = 1, \cdots, k, \\ & \forall \alpha \geqslant_{L^*} 0, A_i\alpha \geqslant_{K^*} 0, i = 1, \cdots, k. \end{aligned}$$

模型的变量为$\hat{y}_i \in \mathbf{R}^m, A_i \in M_{n\times m}(\mathbf{R})$，求得最优解之后，定义函数

$$f(x) = L - \max_{i=1,\cdots,k} (\hat{y}_i + A_i^{\mathrm{T}}(x - x_i)),$$

可以作为原始模型的最优解。

例18.24 假设$\mathcal{X} = \mathbf{R}^n$，$\mathcal{Y} = \mathbf{R}^m$是样本空间和标记空间，给定数据集

$$D = \{(x_1, y_1), \cdots, (x_i, y_i), \cdots, (x_k, y_k) |\ x_i \in \mathbf{R}^n,\ \ y_i \in \mathbf{R}^m, i = 1, \cdots, k\},$$

以及假设空间(此时假定$K \subseteq \mathbf{R}^n$，$L \subseteq \mathbf{R}^m$是正常锥)

$$\mathcal{H} = \mathcal{MICF}(\geqslant_K, \mathbf{R}^n \to \mathbf{R}^m, \geqslant_L, \geqslant_L).$$

假设损失函数$Loss$：$\mathbf{R}^{km} \times \mathbf{R}^{km} \to \mathbf{R}^1$是$\mathbf{R}^{km}$上的某个范数$\|\cdot\|$的恰当函数$\phi$，凸性函数学习模型为

$$\begin{aligned} \min\ & \phi(\|(f(x_i))_{i=1}^k - (y_i)_{i=1}^k\|) \\ \text{s.t.}\ & f \in \mathcal{MICF}(\geqslant_K, \mathbf{R}^n \to \mathbf{R}^m, \geqslant_L, \geqslant_L). \end{aligned}$$

如下三种情形：(1) 范数为L_2范数，并且函数$\phi(u) = u^2$；(2) 范数为L_1范数，并且函数$\phi(u) = u$；(3) 范数为L_∞范数，并且函数$\phi(u) = u$. 分别对应的模型和上例中的三种情形相差无几。

第 19 章

线性判别分析

本章研究线性判别分析理论，它们的模型、性质、计算、应用以及解释。

19.1 二分类问题判别

线性判别分析是一种经典的线性学习方法，在二分类问题上最早由Fisher在1936年提出，亦称为Fisher判别分析。线性判别分析的思想非常朴素：给定训练数据集，设法将其投影到一条直线或者超平面之上，使得同类样本的投影点尽可能接近，而异类样本的投影点尽可能远离；经过训练，在对新样本进行分类时，将其投影到同样的直线或者超平面之上，再根据投影点的位置来确定新样本的类别。

定义19.1 对于二分类问题，给定数据集

$$D = \{(x_1, y_1), \cdots, (x_m, y_m)\}, x_i \in \mathbf{R}^n,\ \ y_i \in \{1, 2\}, i = 1, \cdots, m.$$

定义集合

$$X = \{x_1, \cdots, x_m\}, Y = \{1, 2\},$$

本质上集合D给出了如下的映射

$$\phi\text{：} X \to Y,\ \text{s.t.},\ \phi(x_i) = y_i, i = 1, \cdots, m.$$

利用映射ϕ定义两个集合

$$X_1 = \phi^{-1}(1), X_2 = \phi^{-1}(2),$$

分别表示标记1和2对应的样本集合。假设可用某种分布来度量集合中点的平均和发散程度，并且假设期望向量和协方差矩阵为

$$E\{X_1\} = \alpha_1, \mathrm{Cov}(X_1) = E\{(X_1 - \alpha_1)(X_1 - \alpha_1)^{\mathrm{T}}\} = \Sigma_1,$$

$$E\{X_2\} = \alpha_2, \mathrm{Cov}(X_2) = E\{(X_2 - \alpha_2)(X_2 - \alpha_2)^{\mathrm{T}}\} = \Sigma_2.$$

定义类内散度矩阵为

$$S_w = \Sigma_1 + \Sigma_2.$$

定义类间散度矩阵为

$$S_b = (\alpha_1 - \alpha_2)(\alpha_1 - \alpha_2)^{\mathrm{T}}.$$

从几何上而言，α_1, α_2表示在某种分布下的集合X_1, X_2的中心点，矩阵Σ_1, Σ_2表示了在某种分布下的集合X_1, X_2与中心点α_1, α_2之间的发散程度，矩阵S_w综合表示了集合X_1和X_2的发散程度，矩阵S_b表示了不同集合X_1和X_2之间的发散程度。

因为这是二分类问题，希望用一维的问题得以解决。我们考虑集合X_1, X_2向$\mathbf{R}^n$中一条直线的投影，假设这条直参数化为

$$L_{a,b} = \{at + b|\ t \in \mathbf{R}^1\}, a \in \mathbf{R}^n,\ \ b \in \mathbf{R}^n.$$

计算集合X_1, X_2中的点在直线上的投影参数，取定$x \in X_1, X_2$，显然该点对应的直线上的参数为

$$t_x = \frac{(x-b)^{\mathrm{T}}a}{\|a\|_2}, \forall x \in X_1, X_2.$$

经过简单的计算可得

$$\begin{aligned}
E\{t_{X_1}\} &= E\left\{\frac{(X_1-b)^{\mathrm{T}}a}{\|a\|_2}\right\} = \frac{(\alpha_1-b)^{\mathrm{T}}a}{\|a\|_2},\\
E\{t_{X_2}\} &= E\left\{\frac{(X_2-b)^{\mathrm{T}}a}{\|a\|_2}\right\} = \frac{(\alpha_2-b)^{\mathrm{T}}a}{\|a\|_2},\\
\mathrm{Cov}\{t_{X_1}\} &= \mathrm{Cov}\left\{\frac{(X_1-b)^{\mathrm{T}}a}{\|a\|_2}\right\} = \frac{a^{\mathrm{T}}\Sigma_1 a}{\|a\|_2^2},\\
\mathrm{Cov}\{t_{X_2}\} &= \mathrm{Cov}\left\{\frac{(X_2-b)^{\mathrm{T}}a}{\|a\|_2}\right\} = \frac{a^{\mathrm{T}}\Sigma_2 a}{\|a\|_2^2}.
\end{aligned}$$

线性分析判别的思想是：同类的样本尽可能接近，异类的样本尽可能远离。因此，可以解释为，集合X_1的投影中心点和X_2的投影中心点尽可能远离；集合X_1的方差尽可能小，集合X_2的方差也尽可能小。设计第一个目标函数

$$f_1(a,b) = \left\|\frac{(\alpha_1-b)^{\mathrm{T}}a}{\|a\|_2} - \frac{(\alpha_2-b)^{\mathrm{T}}a}{\|a\|_2}\right\|_2^2 = \|a\|_2^{-2}\|a^{\mathrm{T}}(\alpha_1-\alpha_2)\|_2^2.$$

要求尽可能大。第二、三个目标函数

$$f_2(a,b) = \frac{a^{\mathrm{T}}\Sigma_1 a}{\|a\|_2^2}, f_3(a,b) = \frac{a^{\mathrm{T}}\Sigma_2 a}{\|a\|_2^2}.$$

要求尽可能小。综上，可以建立多目标优化模型

$$\begin{aligned}
&\min\ (-f_1(a,b), f_2(a,b), f_3(a,b))\\
&\text{s.t.}\ \ a,b \in \mathbf{R}^n.
\end{aligned}$$

经典的线性判别分析是通过如下几步得到的。首先将上面的模型转化为

$$\begin{aligned}
&\min\ (-f_1(a,b), f_2(a,b) + f_3(a,b))\\
&\text{s.t.}\ \ a,b \in \mathbf{R}^n.
\end{aligned}$$

然后再转化为

$$\begin{aligned}
&\max\ \left(f_1(a,b), \frac{1}{f_2(a,b)+f_3(a,b)}\right)\\
&\text{s.t.}\ \ a,b \in \mathbf{R}^n.
\end{aligned}$$

最后转化为

$$\begin{aligned}
&\max\ \frac{f_1(a,b)}{f_2(a,b)+f_3(a,b)}\\
&\text{s.t.}\ \ a,b \in \mathbf{R}^n.
\end{aligned}$$

即

$$\max \ \frac{\|a^{\mathrm{T}}(\alpha_1-\alpha_2)\|_2^2}{a^{\mathrm{T}}(\Sigma_1+\Sigma_2)a}$$
$$\text{s.t.} \quad a,b\in\mathbf{R}^n.$$

最终转化为

$$\max \ \frac{a^{\mathrm{T}}(\alpha_1-\alpha_2)(\alpha_1-\alpha_2)^{\mathrm{T}}a}{a^{\mathrm{T}}(\Sigma_1+\Sigma_2)a}$$
$$\text{s.t.} \quad a,b\in\mathbf{R}^n.$$

由上面的定义，可以将二分类问题的线性判别模型表述为

$$\max \ \frac{a^{\mathrm{T}}S_b a}{a^{\mathrm{T}}S_w a}$$
$$\text{s.t.} \quad a,b\in\mathbf{R}^n.$$

这是一个无约束优化问题，目标函数

$$J=\frac{a^{\mathrm{T}}S_b a}{a^{\mathrm{T}}S_w a}$$

称为S_b与S_w的广义瑞利商。

考察目标函数，模型

$$\max \ \frac{a^{\mathrm{T}}S_b a}{a^{\mathrm{T}}S_w a}$$
$$\text{s.t.} \quad a,b\in\mathbf{R}^n$$

的最优解与b无关，或者说任意一个b都可以，同时模型的最优解与a的长度无关，因此可以将模型转化为

$$\min \ -a^{\mathrm{T}}S_b a$$
$$\text{s.t.} \quad a^{\mathrm{T}}S_w a=1.$$

计算上面模型的对偶问题。首先确定对偶变量为

$$\lambda\in\mathbf{R}^1,$$

其次定义Lagrange函数可得

$$L(a,b,\lambda)=-a^{\mathrm{T}}S_b a+\lambda(a^{\mathrm{T}}S_w a-1),$$

然后计算对偶函数可得

$$r(\lambda)=\inf_{a\in\mathbf{R}^n} a^{\mathrm{T}}(\lambda S_w-S_b)a^{\mathrm{T}}-\lambda,$$

显然可得：

(1) 当$\lambda S_w-S_b\geqslant 0$时，对偶函数为

$$r(\lambda)=-\lambda.$$

(2) 其他情形，对偶函数为

$$r(\lambda)=-\infty.$$

因此，原始模型的对偶模型为

$$\min \lambda$$
$$\text{s.t.} \quad \lambda S_w\geqslant S_b.$$

再考察模型

$$\min \ -a^{\mathrm{T}}S_b a$$
$$\text{s.t.} \ \ a^{\mathrm{T}}S_w a = 1.$$

其KKT条件为

$$S_b a = \lambda S_w a;$$
$$a^{\mathrm{T}}S_w a = 1.$$

因为

$$S_b = (\alpha_1 - \alpha_2)(\alpha_1 - \alpha_2)^{\mathrm{T}},$$

因此

$$S_b a = ((\alpha_1 - \alpha_2)^{\mathrm{T}}a)(\alpha_1 - \alpha_2).$$

不妨设

$$S_b a = \lambda(\alpha_1 - \alpha_2),$$

此时可得

$$a = S_w^{-1}(\alpha_1 - \alpha_2).$$

考虑到数值解的稳定性，通常是对S_w进行奇异值分解，得到

$$S_w = U\Sigma V^{\mathrm{T}}, S_w^{-1} = V\Sigma^{-1}U^{\mathrm{T}}.$$

19.2 多分类问题判别

定义19.2 对于N分类问题，给定数据集

$$D = \{(x_1, y_1), \cdots, (x_m, y_m)\}, x_i \in \mathbf{R}^n, \ \ y_i \in \{1, 2, \cdots, N\}, i = 1, \cdots, m.$$

定义集合

$$X = \{x_1, \cdots, x_m\}, Y = \{1, 2, \cdots, N\},$$

本质上集合D给出了如下的映射

$$\phi\text{：} \ X \to Y, \ \text{s.t.}, \ \phi(x_i) = y_i, i = 1, \cdots, m.$$

利用映射ϕ定义N个集合

$$X_1 = \phi^{-1}(1), X_2 = \phi^{-1}(2), \cdots, X_N = \phi^{-1}(N),$$

分别表示标记$1, 2, \cdots, N$对应的样本集合。假设可用某种分布来度量集合中点的平均和聚集程度，并且假设期望向量和协方差矩阵为

$$E\{X\} = \alpha, \mathrm{Cov}(X) = E\{(X - \alpha)(X - \alpha)^{\mathrm{T}}\} = \Sigma,$$
$$E\{X_1\} = \alpha_1, \mathrm{Cov}(X_1) = E\{(X_1 - \alpha_1)(X_1 - \alpha_1)^{\mathrm{T}}\} = \Sigma_1,$$
$$E\{X_2\} = \alpha_2, \mathrm{Cov}(X_2) = E\{(X_2 - \alpha_2)(X_2 - \alpha_2)^{\mathrm{T}}\} = \Sigma_2,$$
$$\cdots$$
$$E\{X_N\} = \alpha_N, \mathrm{Cov}(X_N) = E\{(X_N - \alpha_N)(X_N - \alpha_N)^{\mathrm{T}}\} = \Sigma_N.$$

定义全局散度矩阵为

$$S_t =: \Sigma.$$

定义类内散度矩阵为

$$S_w =: \sum_{i=1}^{N} \Sigma_i.$$

定义类间散度矩阵为

$$S_b = S_t - S_w = \Sigma - \sum_{i=1}^{N} \Sigma_i = \sum_{i=1}^{N} |X_i|(\alpha - \alpha_i)(\alpha - \alpha_i)^{\mathrm{T}}.$$

从几何上而言，$\alpha, \alpha_1, \alpha_2, \cdots, \alpha_N$表示在某种分布下的集合$X, X_1, X_2, \cdots, X_N$的中心点，矩阵$\Sigma, \Sigma_1, \Sigma_2, \cdots, \Sigma_N$ 表示了在某种分布下的集合$X, X_1, X_2, \cdots, X_N$ 与中心点$\alpha, \alpha_1, \alpha_2, \cdots, \alpha_N$之间的发散程度。矩阵$S_t$表示了整体样本的发散程度，矩阵$S_w$表示了$N$个样本类内部的发散程度，矩阵$S_b$表示了$N$个样本类之间的发散程度。

因为这是N分类问题，我们希望用$N-1$维的问题得以解决。我们考虑集合$X_1, X_2, \cdots, X_N$向$\mathbf{R}^n$中$N-1$维的仿射集合的投影，假设这个仿射集合参数化为

$$L_{A,b} = \{At + b | t \in \mathbf{R}^{N-1}\}, A \in M_{n\times(N-1)}(\mathbf{R}), \mathrm{rank}(A) = N-1, b \in \mathbf{R}^n,$$

计算集合$X_1, X_2, \cdots, X_N$中的点在仿射集合上的投影参数，取定$x \in X_1, X_2, \cdots, X_N$，显然该点对应的仿射集合上的参数为

$$t_x = cA^{\mathrm{T}}(x - b), \forall x \in X_1, X_2, \cdots, X_N,$$

其中c是一个只与A相关的参数。经过简单的计算可得

$$\begin{aligned}
&E\{t_X\} = E\{cA^{\mathrm{T}}(X - b)\} = cA^{\mathrm{T}}(\alpha - b),\\
&E\{t_{X_1}\} = E\{cA^{\mathrm{T}}(X_1 - b)\} = cA^{\mathrm{T}}(\alpha_1 - b),\\
&\cdots\\
&\mathrm{Cov}\{t_X\} = \mathrm{Cov}\{cA^{\mathrm{T}}(X - b)\} = c^2A^{\mathrm{T}}\Sigma A,\\
&\mathrm{Cov}\{t_{X_1}\} = \mathrm{Cov}\{cA^{\mathrm{T}}(X_1 - b)\} = c^2A^{\mathrm{T}}\Sigma_1 A,\\
&\cdots\\
&\mathrm{Cov}\{t_{X_N}\} = \mathrm{Cov}\{cA^{\mathrm{T}}(X_N - b)\} = c^2A^{\mathrm{T}}\Sigma_N A.
\end{aligned}$$

线性分析判别的思想是：同类的样本尽可能接近，异类的样本尽可能远离。因此，可以解释为，集合$X_1, X_2, \cdots, X_N$的投影中心点彼此尽可能远离；集合$X_1, X_2, \cdots, X_N$的方差尽可能小。设计第一个目标函数

$$f_1(A, b) = \mathrm{tr}(c^2A^{\mathrm{T}}S_bA).$$

要求尽可能大。第二，三，$\cdots$，$(N+1)$个目标函数

$$f_2(A, b) = \mathrm{tr}(c^2A^{\mathrm{T}}\Sigma_1 A), f_3(A, b) = \mathrm{tr}(c^2A^{\mathrm{T}}\Sigma_2 A), \cdots, f_{N+1}(A, b) = \mathrm{tr}(c^2A^{\mathrm{T}}\Sigma_N A).$$

要求尽可能小。综上，可以建立多目标优化模型

$$\begin{aligned}
&\min\ (-f_1(A, b), f_2(A, b), f_3(A, b), \cdots, f_{N+1}(A, b))\\
&\text{s.t.}\quad A \in M_{n\times(N-1)}(\mathbf{R}), \mathrm{rank}(A) = N-1, b \in \mathbf{R}^n.
\end{aligned}$$

经典的线性判别分析是通过如下几步得到的。首先将上面的模型转化为

$$\begin{aligned}&\min\ (-f_1(A,b), f_2(A,b)+f_3(A,b)+\cdots+f_{N+1}(A,b))\\&\text{s.t.}\quad A\in M_{n\times(N-1)}(\mathbf{R}), \text{rank}(A)=N-1, b\in\mathbf{R}^n.\end{aligned}$$

然后再转化为

$$\begin{aligned}&\max\ (f_1(A,b), \frac{1}{f_2(A,b)+f_3(A,b)+\cdots+f_{N+1}(A,b)})\\&\text{s.t.}\quad A\in M_{n\times(N-1)}(\mathbf{R}), \text{rank}(A)=N-1, b\in\mathbf{R}^n.\end{aligned}$$

最后转化为

$$\begin{aligned}&\max\ \frac{f_1(A,b)}{f_2(A,b)+f_3(A,b)+\cdots+f_{N+1}(A,b)}\\&\text{s.t.}\quad A\in M_{n\times(N-1)}(\mathbf{R}), \text{rank}(A)=N-1, b\in\mathbf{R}^n.\end{aligned}$$

由上面的定义，可以将N分类问题的线性判别模型表述为

$$\begin{aligned}&\max\ \frac{\text{tr}(A^{\mathrm{T}}S_bA)}{\text{tr}(A^{\mathrm{T}}S_wA)}\\&\text{s.t.}\quad A\in M_{n\times(N-1)}(\mathbf{R}), \text{rank}(A)=N-1, b\in\mathbf{R}^n.\end{aligned}$$

这是一个无约束优化问题，目标函数

$$J=\frac{\text{tr}(A^{\mathrm{T}}S_bA)}{\text{tr}(A^{\mathrm{T}}S_wA)}$$

称为S_b与S_w的广义特征值。

考察目标函数，模型

$$\begin{aligned}&\max\ \frac{\text{tr}(A^{\mathrm{T}}S_bA)}{\text{tr}(A^{\mathrm{T}}S_wA)}\\&\text{s.t.}\quad A\in M_{n\times(N-1)}(\mathbf{R}), \text{rank}(A)=N-1, b\in\mathbf{R}^n\end{aligned}$$

的最优解与b无关，或者说任意一个b都可以，同时模型的最优解与A的范数无关，因此可以将模型转化为

$$\begin{aligned}&\min\ -\text{tr}(A^{\mathrm{T}}S_bA)\\&\text{s.t.}\quad \text{tr}(A^{\mathrm{T}}S_wA)=1.\end{aligned}$$

计算上面模型的对偶问题。首先确定对偶变量为

$$\lambda\in\mathbf{R}^1,$$

其次定义Lagrange函数可得

$$L(A,b,\lambda)=-\text{tr}(A^{\mathrm{T}}S_bA)+\lambda(\text{tr}(A^{\mathrm{T}}S_wA)-1),$$

然后计算对偶函数可得

$$r(\lambda)=\inf_{A\in M_{n\times(N-1)}(\mathbf{R}),\text{rank}(A)=N-1}\text{tr}(A^{\mathrm{T}}(\lambda S_w-S_b)A)-\lambda,$$

显然可得：

(1) 当$\lambda S_w-S_b\geqslant 0$时，对偶函数为

$$r(\lambda)=-\lambda.$$

(2) 其他情形，对偶函数为

$$r(\lambda)=-\infty.$$

因此，原始模型的对偶模型为

$$\begin{aligned} &\min \lambda \\ &\text{s.t.} \quad \lambda S_w \geqslant S_b. \end{aligned}$$

再考察模型

$$\begin{aligned} &\min \quad -\operatorname{tr}(A^{\mathrm{T}} S_b A) \\ &\text{s.t.} \quad \operatorname{tr}(A^{\mathrm{T}} S_w A) = 1. \end{aligned}$$

其KKT条件为

$$\begin{aligned} &S_b A = \lambda S_w A, \\ &\operatorname{tr}(A^{\mathrm{T}} S_w A) = 1. \end{aligned}$$

由

$$S_b A = \lambda S_w A,$$

可得

$$(\lambda - S_w^{-1} S_b) A = 0.$$

因此A的解是矩阵$S_w^{-1} S_b$的$N-1$个最大广义特征根所对应的特征向量组成的矩阵。

若将A视为投影矩阵，则N分类问题将样本投影到$N-1$维空间，通常$N-1 \ll n$，于是可以通过这个投影来减少样本的维数，而且投影过程使用了分类信息，因此线性判别分析通常也被视为是一种经典的监督降维技术。

第 20 章

全监督支持向量学习

本章研究全监督支持向量学习理论，它们的模型、性质、计算、应用以及解释。

20.1 硬间隔支持向量模型

前面的线性判别分析的基本思想是数据向特定的仿射集合的投影，然后分析投影点的性质反过来用于分析原始数据集的性质。本节介绍另外一种方法，称为支持向量方法，基本思想是利用超平面将数据集划分为正负两个子集，期望实现几个要求：一是划分的超平面与正负子集的距离尽可能大；二是用超平面划分以后，错分的比例尽可能小。

定义20.1 对于二分类问题，给定数据集

$$D = \{(x_1, y_1), \cdots, (x_m, y_m)\}, x_i \in \mathbf{R}^n,\ \ y_i \in \{-1, +1\}, i = 1, \cdots, m.$$

定义集合

$$X = \{x_1, \cdots, x_m\}, Y = \{-1, +1\},$$

本质上集合D给出了如下的映射

$$\phi\text{：}\ X \to Y,\ \text{s.t.},\ \phi(x_i) = y_i, i = 1, \cdots, m.$$

利用映射ϕ定义两个集合

$$X_{-1} = \phi^{-1}(-1), X_{+1} = \phi^{-1}(+1),$$

分别表示标记-1和$+1$对应的样本集合。

我们希望用超平面划分X_{-1}和X_{+1}这两个集合。首先参数化这个超平面为

$$L_{w,b} = \{x \mid x \in \mathbf{R}^n,\ \ w^{\mathrm{T}}x + b = 0\}, w \in \mathbf{R}^n,\ \ w \neq 0, b \in \mathbf{R}^1.$$

显然样本空间的任意一个点$x \in X$到超平面的距离为

$$\frac{|w^{\mathrm{T}}x + b|}{\|w\|_2}, \forall x \in X.$$

假设超平面能够将集合X进行真确分类，即

$$\forall x \in X_{-1}, w^{\mathrm{T}}x + b < 0; \forall x \in X_{+1}, w^{\mathrm{T}}x + b > 0.$$

考察上面的条件，可知对于w, b是齐次的，因此可以将上面的条件改为

$$\forall x \in X_{-1}, w^{\mathrm{T}}x + b \leqslant -1; \forall x \in X_{+1}, w^{\mathrm{T}}x + b \geqslant +1.$$

结合两个集合各自的标记可把上面的条件统一描述为

$$y_i(w^{\mathrm{T}}x_i + b) \geqslant 1, \forall (x_i, y_i) \in D.$$

继续考察条件

$$\forall x \in X_{-1}, w^{\mathrm{T}}x + b \leqslant -1; \forall x \in X_{+1}, w^{\mathrm{T}}x + b \geqslant +1.$$

如果超平面对数据集X_{+1}和X_{-1}进行了真确分类，那么相当于二者之间有空的条带

$$-1 \leqslant w^{\mathrm{T}}x + b \leqslant +1,$$

显然这个条带的宽度为

$$\gamma = \frac{2}{\|w\|_2}.$$

支持向量的基本思想是找到一个超平面既能够正确划分X_{-1}, X_{+1}两个集合，又能够使得它们划分的间隔足够大。因此，综上可以建立如下模型

$$\begin{aligned} &\max \ \frac{2}{\|w\|_2} \\ &\text{s.t.} \ \ y_i(w^{\mathrm{T}}x_i + b) \geqslant 1, i = 1, \cdots, m. \end{aligned}$$

模型可以转化为

$$\begin{aligned} &\min \ \frac{1}{2}\|w\|_2 \\ &\text{s.t.} \ \ y_i(w^{\mathrm{T}}x_i + b) \geqslant 1, i = 1, \cdots, m. \end{aligned}$$

最终转化为

$$\begin{aligned} &\min \ \frac{1}{2}\|w\|_2^2 \\ &\text{s.t.} \ \ y_i(w^{\mathrm{T}}x_i + b) \geqslant 1, i = 1, \cdots, m. \end{aligned}$$

这就是支持向量机(SVM)的基本模型。

对于支持向量机模型

$$\begin{aligned} &\min \ \frac{1}{2}\|w\|_2^2 \\ &\text{s.t.} \ \ y_i(w^{\mathrm{T}}x_i + b) \geqslant 1, i = 1, \cdots, m. \end{aligned}$$

要计算其对偶问题。首先把问题转化为标准形式，即

$$\begin{aligned} &\min \ \frac{1}{2}\|w\|_2^2 \\ &\text{s.t.} \ \ 1 - y_i(w^{\mathrm{T}}x_i + b) \leqslant 0, \ i = 1, \cdots, m. \end{aligned}$$

其次确定对偶变量为

$$\alpha = (\alpha_1, \cdots, \alpha_m)^{\mathrm{T}} \in \mathbf{R}^m, \alpha \geqslant 0.$$

第三步定义模型的Lagrange函数为

$$L(w, b, \alpha) = \frac{1}{2}\|w\|_2^2 + \sum_{i=1}^{m} \alpha_i(1 - y_i(w^{\mathrm{T}}x_i + b)).$$

Lagrange函数的各阶导数为

$$\begin{aligned} &\nabla_w L(w, b, \alpha) = w - \sum_{i=1}^{m} \alpha_i y_i x_i, \\ &\nabla_b L(w, b, \alpha) = \sum_{i=1}^{m} \alpha_i y_i, \\ &\nabla_w^2 L(w, b, \alpha) = I, \\ &\nabla_b^2 L(w, b, \alpha) = 0, \end{aligned}$$

$$\nabla^2_{wb}L(w,b,\alpha)=0,$$

因此Lagrange函数的Hessian矩阵为

$$\nabla^2 L(w,b,\alpha)=\begin{pmatrix} I & 0 \\ 0 & 0 \end{pmatrix}\geqslant 0.$$

因此Lagrange函数的最优解为如下方程的解

$$\nabla_w L(w,b,\alpha)=w-\sum_{i=1}^m \alpha_i y_i x_i=0,$$

$$\nabla_b L(w,b,\alpha)=\sum_{i=1}^m \alpha_i y_i=0,$$

即

$$w^*=\sum_{i=1}^m \alpha_i y_i x_i,$$

$$\sum_{i=1}^m \alpha_i y_i=0,$$

此时Lagrange函数的最优值为

$$\sum_{i=1}^m \alpha_i-\frac{1}{2}\sum_{i,j=1,\cdots,m}\alpha_i\alpha_j y_i y_j x_i^{\mathrm{T}}x_j.$$

根据上面的计算可得对偶函数为

$$r(\alpha)=\sum_{i=1}^m \alpha_i-\frac{1}{2}\sum_{i,j=1,\cdots,m}\alpha_i\alpha_j y_i y_j x_i^{\mathrm{T}}x_j.$$

综上，SVM的对偶模型为

$$\begin{aligned}\max\ & \sum_{i=1}^m \alpha_i-\frac{1}{2}\sum_{i,j=1,\cdots,m}\alpha_i\alpha_j y_i y_j x_i^{\mathrm{T}}x_j\\ \text{s.t.}\ & \sum_{i=1}^m \alpha_i y_i=0,\alpha\geqslant 0.\end{aligned}$$

通过对偶模型计算出α以后，再利用方程

$$w^*=\sum_{i=1}^m \alpha_i y_i x_i,$$

$$\sum_{i=1}^m \alpha_i y_i=0,$$

计算出w,b，可得最终的函数为

$$f(x)=\sum_{i=1}^m \alpha_i y_i x_i^{\mathrm{T}}x+b.$$

也可以直接考察模型的KKT条件。对于支持向量机模型

$$\begin{aligned}\min\ & \frac{1}{2}\|w\|_2^2\\ \text{s.t.}\ & y_i(w^{\mathrm{T}}x_i+b)\geqslant 1, i=1,\cdots,m.\end{aligned}$$

要计算其KKT条件。首先把问题转化为标准形式，即

$$\begin{aligned}\min\ & \frac{1}{2}\|w\|_2^2\\ \text{s.t.}\ & 1-y_i(w^{\mathrm{T}}x_i+b)\leqslant 0,\ i=1,\cdots,m.\end{aligned}$$

其次确定对偶变量为

$$\alpha=(\alpha_1,\cdots,\alpha_m)^{\mathrm{T}}\in\mathbf{R}^m,\alpha\geqslant 0.$$

第三步定义模型的Lagrange函数为

$$L(w,b,\alpha)=\frac{1}{2}\|w\|_2^2+\sum_{i=1}^{m}\alpha_i(1-y_i(w^{\mathrm{T}}x_i+b)).$$

因此模型的KKT条件为

$$\begin{aligned}&y_i(w^{\mathrm{T}}x_i+b)\geqslant 1, i=1,\cdots,m,\\&\alpha_i\geqslant 0, i=1,\cdots,m,\\&\alpha_i(1-y_i(w^{\mathrm{T}}x_i+b))=0, i=1,\cdots,m,\\&w-\sum_{i=1}^{m}\alpha_i y_i x_i=0,\\&\sum_{i=1}^{m}\alpha_i y_i=0.\end{aligned}$$

定义集合

$$S=\{i|\ \alpha_i>0, i=1,\cdots,m\}.$$

考察KKT条件数中的

$$\alpha_i(1-y_i(w^{\mathrm{T}}x_i+b))=0, i=1,\cdots,m.$$

可得

$$y_i(w^{\mathrm{T}}x_i+b)=1, \forall i\in S.$$

解得

$$b=y_i-w^{\mathrm{T}}x_i, \forall i\in S.$$

有时候为了更加鲁棒，可以采用如下值

$$b=\frac{1}{|S|}\sum_{i\in S}(y_i-w^{\mathrm{T}}x_i)=\frac{1}{|S|}\sum_{i\in S}(y_i-(\sum_{j\in S}\alpha_j y_j x_j)^{\mathrm{T}}x_i).$$

20.2 软间隔支持向量模型

在前面的讨论中，我们一直要求训练样本是超平面可分的，即存在一个超平面将不同类的样本完全划分开来。但是，现实中往往很难确定合适的超平面划分集合。缓解该问题的一个办法是允许支持向量机在一些样本上出错，为此需要引入软间隔的概念。

具体而言，前面介绍的支持向量机模型要求

$$y_i(w^{\mathrm{T}}x_i+b)\geqslant 1, i=1,\cdots,m.$$

即所有的样本的划分必须正确，这称为硬间隔。因此，我们称模型

$$\begin{aligned}&\min\ \frac{1}{2}\|w\|_2^2\\&\text{s.t.}\ \ y_i(w^{\mathrm{T}}x_i+b)\geqslant 1, i=1,\cdots,m\end{aligned}$$

为硬间隔支持向量机模型。在本节中，改进想法是：不要求所有的样本都满足硬间隔，而是允许某些样本不满足条件

$$y_i(w^{\mathrm{T}}x_i+b)\geqslant 1.$$

当然在最大化间隔的同时，不满足约束的样本应尽可能小，于是设计模型为

$$\min \frac{1}{2}\|w\|_2^2 + C\sum_{i=1}^{m} Loss_{0/1}(y_i(w^{\mathrm{T}}x_i + b) - 1),$$

其中$C > 0$是常数，而函数$Loss_{0/1}$是0/1损失函数，定义为

$$Loss_{0/1}(z) = \begin{cases} 1, & \text{如果} z < 0, \\ 0, & \text{如果} z \geqslant 0. \end{cases}$$

当$C = +\infty$时，模型

$$\min \frac{1}{2}\|w\|_2^2 + C\sum_{i=1}^{m} Loss_{0/1}(y_i(w^{\mathrm{T}}x_i + b) - 1),$$

会迫使所有的样本都满足

$$y_i(w^{\mathrm{T}}x_i + b) \geqslant 1, i = 1, \cdots, m.$$

显然当C取有限值时，模型

$$\min \frac{1}{2}\|w\|_2^2 + C\sum_{i=1}^{m} Loss_{0/1}(y_i(w^{\mathrm{T}}x_i + b) - 1),$$

允许部分样本不满足

$$y_i(w^{\mathrm{T}}x_i + b) \geqslant 1.$$

已知函数$Loss_{0/1}$是不连续、非凸的函数，数学性质很不好，使得模型

$$\min \frac{1}{2}\|w\|_2^2 + C\sum_{i=1}^{m} Loss_{0/1}(y_i(w^{\mathrm{T}}x_i + b) - 1)$$

不好求解，于是通常用一些具有较好性质的函数来代替$Loss_{0/1}$函数，这些函数称为替代损失函数。

定义20.2 三类主要的替代损失函数：Hinge损失函数定义为

$$Loss_{\mathrm{hinge}}(z) = \max(0, 1 - z).$$

指数损失函数定义为

$$Loss_{\exp}(z) = \exp(-z).$$

Logistic损失函数定义为

$$Loss_{\log}(z) = \log(1 + \exp(-z)).$$

选用Hinge损失函数，那么上面的模型转化为

$$\min \frac{1}{2}\|w\|_2^2 + C\sum_{i=1}^{m} \max(0, 1 - y_i(w^{\mathrm{T}}x_i + b)).$$

引入松驰变量$\gamma_i, i = 1, \cdots, m$，可将原始模型转化为

$$\begin{aligned} &\min \frac{1}{2}\|w\|_2^2 + C\sum_{i=1}^{m}\gamma_i \\ &\text{s.t. } y_i(w^{\mathrm{T}}x_i + b) \geqslant 1 - \gamma_i, \\ &\gamma_i \geqslant 0, i = 1, \cdots, m. \end{aligned}$$

这个模型称为软间隔支持向量机，与硬间隔支持向量机相比，在约束方面做了放松。

对于软间隔支持向量机

$$\begin{aligned} \min\ & \frac{1}{2}\|w\|_2^2 + C\sum_{i=1}^{m}\gamma_i \\ \text{s.t.}\ & y_i(w^{\mathrm{T}}x_i + b) \geqslant 1 - \gamma_i, i = 1,\cdots,m, \\ & \gamma_i \geqslant 0, i = 1,\cdots,m. \end{aligned}$$

需要计算其对偶问题。首先将模型标准化为

$$\begin{aligned} \min\ & \frac{1}{2}\|w\|_2^2 + C\sum_{i=1}^{m}\gamma_i \\ \text{s.t.}\ & 1 - \gamma_i - y_i(w^{\mathrm{T}}x_i + b) \leqslant 0, i = 1,\cdots,m, \\ & -\gamma_i \leqslant 0, i = 1,\cdots,m. \end{aligned}$$

其次选定对偶变量为

$$\alpha,\beta \in \mathbf{R}^m, \alpha,\beta \geqslant 0.$$

第三步定义模型的Lagrange函数为

$$L(w,b,\gamma,\alpha,\beta) = \frac{1}{2}\|w\|_2^2 + C\sum_{i=1}^{m}\gamma_i + \sum_{i=1}^{m}\alpha_i(1 - \gamma_i - y_i(w^{\mathrm{T}}x_i + b)) - \sum_{i=1}^{m}\beta_i\gamma_i.$$

计算Lagrange函数的各阶导数可得

$$\begin{aligned} \nabla_w L(w,b,\gamma,\alpha,\beta) &= w - \sum \alpha_i y_i x_i, \\ \nabla_b L(w,b,\gamma,\alpha,\beta) &= -\sum \alpha_i y_i, \\ \nabla_\gamma L(w,b,\gamma,\alpha,\beta) &= C\mathbf{1}_m - \alpha - \beta, \\ \nabla_w^2 L(w,b,\gamma,\alpha,\beta) &= I_m, \\ \nabla_{wb} L(w,b,\gamma,\alpha,\beta) &= 0\mathbf{1}_m, \\ \nabla_{w\gamma} L(w,b,\gamma,\alpha,\beta) &= 0I_m, \\ \nabla_b^2 L(w,b,\gamma,\alpha,\beta) &= 0, \\ \nabla_{b\gamma}^2 L(w,b,\gamma,\alpha,\beta) &= 0\mathbf{1}_m^{\mathrm{T}}, \\ \nabla_\gamma^2 L(w,b,\gamma,\alpha,\beta) &= 0I_m. \end{aligned}$$

因为Lagrange函数的Hessian矩阵满足

$$\nabla^2 L(w,b,\gamma,\alpha,\beta) = \begin{pmatrix} I_m & 0 & 0 \\ 0 & 0 & 0 \\ 0 & 0 & 0 \end{pmatrix} \geqslant 0.$$

所以Lagrange函数的最优解为如下方程的解

$$\begin{aligned} \nabla_w L(w,b,\gamma,\alpha,\beta) &= w - \sum \alpha_i y_i x_i = 0, \\ \nabla_b L(w,b,\gamma,\alpha,\beta) &= -\sum \alpha_i y_i = 0, \\ \nabla_\gamma L(w,b,\gamma,\alpha,\beta) &= C\mathbf{1}_m - \alpha - \beta = 0. \end{aligned}$$

可得

$$w = \sum \alpha_i y_i x_i, \sum \alpha_i y_i = 0, C\mathbf{1}_m = \alpha + \beta.$$

此时Lagrange函数的最优值为

$$\sum_{i=1}^{m}\alpha_i - \frac{1}{2}\sum_{i,j=1,\cdots,m}\alpha_i\alpha_j y_i y_j x_i^{\mathrm{T}} x_j.$$

根据上面的计算可得对偶函数为

$$r(\alpha,\beta) = \sum_{i=1}^{m}\alpha_i - \frac{1}{2}\sum_{i,j=1,\cdots,m}\alpha_i\alpha_j y_i y_j x_i^{\mathrm{T}} x_j.$$

综上，软间隔支持向量机的对偶模型为

$$\begin{aligned}
\max\ & \sum_{i=1}^{m}\alpha_i - \frac{1}{2}\sum_{i,j=1,\cdots,m}\alpha_i\alpha_j y_i y_j x_i^{\mathrm{T}} x_j \\
\text{s.t.}\ & \sum_{i=1}^{m}\alpha_i y_i = 0, \\
& C\mathbf{1}_m = \alpha + \beta, \\
& \alpha \geqslant 0, \beta \geqslant 0.
\end{aligned}$$

可以转化为

$$\begin{aligned}
\max\ & \sum_{i=1}^{m}\alpha_i - \frac{1}{2}\sum_{i,j=1,\cdots,m}\alpha_i\alpha_j y_i y_j x_i^{\mathrm{T}} x_j \\
\text{s.t.}\ & \sum_{i=1}^{m}\alpha_i y_i = 0, \\
& 0 \leqslant \alpha \leqslant C\mathbf{1}_m.
\end{aligned}$$

这是一个关于α的模型。

对于软间隔支持向量机

$$\begin{aligned}
\min\ & \frac{1}{2}\|w\|_2^2 + C\sum_{i=1}^{m}\gamma_i \\
\text{s.t.}\ & y_i(w^{\mathrm{T}}x_i + b) \geqslant 1 - \gamma_i, i = 1,\cdots,m, \\
& \gamma_i \geqslant 0, i = 1,\cdots,m.
\end{aligned}$$

可以直接计算其KKT条件。首先将模型标准化为

$$\begin{aligned}
\min\ & \frac{1}{2}\|w\|_2^2 + C\sum_{i=1}^{m}\gamma_i \\
\text{s.t.}\ & 1 - \gamma_i - y_i(w^{\mathrm{T}}x_i + b) \leqslant 0, i = 1,\cdots,m, \\
& -\gamma_i \leqslant 0, i = 1,\cdots,m.
\end{aligned}$$

其次选定对偶变量为

$$\alpha,\beta \in \mathbf{R}^m, \alpha,\beta \geqslant 0.$$

第三步定义模型的Lagrange函数为

$$L(w,b,\gamma,\alpha,\beta) = \frac{1}{2}\|w\|_2^2 + C\sum_{i=1}^{m}\gamma_i + \sum_{i=1}^{m}\alpha_i(1 - \gamma_i - y_i(w^{\mathrm{T}}x_i + b)) - \sum_{i=1}^{m}(\beta_i\gamma_i).$$

KKT条件

$$\begin{aligned}
& y_i(w^{\mathrm{T}}x_i + b) \geqslant 1 - \gamma_i, i = 1,\cdots,m, \\
& \gamma_i \geqslant 0, i = 1,\cdots,m, \\
& \alpha_i \geqslant 0, i = 1,\cdots,m, \\
& \beta_i \geqslant 0, i = 1,\cdots,m,
\end{aligned}$$

$$
\begin{aligned}
& w = \sum \alpha_i y_i x_i, \\
& \sum \alpha_i y_i = 0, \\
& C\mathbf{1}_m = \alpha + \beta, \\
& \alpha_i(1 - \gamma_i - y_i(w^{\mathrm{T}} x_i + b)) = 0, i = 1, \cdots, m, \\
& \beta_i \gamma_i = 0, i = 1, \cdots, m.
\end{aligned}
$$

假设通过对偶模型计算出了α,β的值，定义集合

$$S(\alpha) = \{i|\ \alpha_i > 0\}, S(\beta) = \{i|\ \beta_i > 0\},$$

那么根据

$$\beta_i \gamma_i = 0, i = 1, \cdots, m.$$

可得

$$\gamma_i = 0, \forall i \in S(\beta).$$

根据

$$\alpha_i(1 - \gamma_i - y_i(w^{\mathrm{T}} x_i + b)) = 0, i = 1, \cdots, m,$$

可算出

$$(w^{\mathrm{T}} x_i + b) = 1 - \gamma_i, \forall i \in S(\alpha),$$

即

$$b = 1 - \gamma_i - w^{\mathrm{T}} x_i, \forall i \in S(\alpha),$$

为鲁棒起见可以取平均值为

$$b = \frac{\sum_{i \in S(\alpha)} \left(1 - \gamma_i - (\sum_{j \in S(\alpha)} \alpha_j y_j x_j)^{\mathrm{T}} x_i\right)}{|S(\alpha)|}.$$

当然也可以取其他的替代损失函数，如果$Loss$是一个抽象的损失函数，函数$f = a^{\mathrm{T}} x + b$是超平面，$\Omega(f)$是关于f的一个抽象评估函数，那么可以建立很一般的模型

$$\min_f \ \Omega(f) + C \sum_{i=1}^{m} Loss(f(x_i), y_i).$$

模型中第一项$\Omega(f)$称为结构风险，用于描述函数f的某些性质；第二项$\sum\limits_{i=1}^{m} Loss(f(x_i), y_i)$称为经验风险，用于描述模型与训练样本数据之间的契合程度；系数C 用于二者的折中，这是一个抽象的正则化模型。

20.3 软间隔支持向量回归

前文中，我们考察了二分类问题的支持向量模型，接下来考察回归问题的模型。

定义20.3 对于回归问题，给定数据集

$$D = \{(x_1, y_1), \cdots, (x_m, y_m)\}, x_i \in \mathbf{R}^n,\ \ y_i \in \mathbf{R}^1, i = 1, \cdots, m.$$

定义集合

$$X = \{x_1, \cdots, x_m\}, Y = \mathbf{R}^1,$$

本质上集合D给出了如下的映射

$$\phi: X \to Y, \text{ s.t., } \phi(x_i) = y_i, i = 1, \cdots, m.$$

对于样本(x, y)，传统的回归模型是直接利用模型输出$f(x)$与真实值y之间的差别来计算损失，例如本书的线性函数学习一章即是如此。与此不同，受到前面的二分类问题的支持向量模型的启发，我们拟采用支持向量模型来回归上面的数据集。基本思想是：假设我们能够容忍模型输出$f(x)$和真实值y之间的ϵ的偏差，即仅当$f(x)$与y之间的差别绝对值大于ϵ时才计算损失值。

假设超平面为$f(x) = w^{\mathrm{T}}x + b$，那么支持向量回归的模型为

$$\min \ \frac{1}{2}\|w\|_2^2 + C\sum_{i=1}^{m} Loss_\epsilon(f(x_i) - y_i),$$

其中C是一个正则化常数，损失函数$Loss_\epsilon$定义为

$$Loss_\epsilon(z) = \begin{cases} 0, & \text{如果}|z| \leqslant \epsilon, \\ |z| - \epsilon, & \text{如果}|z| \geqslant \epsilon. \end{cases}$$

对于支持向量回归模型

$$\min \ \frac{1}{2}\|w\|_2^2 + C\sum_{i=1}^{m} Loss_\epsilon(f(x_i) - y_i),$$

需要计算其对偶模型。首先引入松弛变量

$$\gamma = (\gamma_i), \hat{\gamma} = (\hat{\gamma}_i), i = 1, \cdots, m,$$

转化支持向量回归模型为

$$\begin{aligned} \min \ & \frac{1}{2}\|w\|_2^2 + C\sum(\gamma_i + \hat{\gamma}_i) \\ \text{s.t.} \ & f(x_i) - y_i \leqslant \epsilon + \gamma_i, i = 1, \cdots, m, \\ & y_i - f(x_i) \leqslant \epsilon + \hat{\gamma}_i, i = 1, \cdots, m, \\ & \gamma_i \geqslant 0, \hat{\gamma}_i \geqslant 0, i = 1, \cdots, m. \end{aligned}$$

其次将模型转化为标准型

$$\begin{aligned} \min \ & \frac{1}{2}\|w\|_2^2 + C\sum(\gamma_i + \hat{\gamma}_i) \\ \text{s.t.} \ & f(x_i) - y_i - \epsilon - \gamma_i \leqslant 0, i = 1, \cdots, m, \\ & y_i - f(x_i) - \epsilon - \hat{\gamma}_i \leqslant 0, i = 1, \cdots, m, \\ & -\gamma_i \leqslant 0, -\hat{\gamma}_i \leqslant 0, i = 1, \cdots, m. \end{aligned}$$

第三步选定对偶变量为

$$\alpha, \hat{\alpha}, \beta, \hat{\beta} \in \mathbf{R}^m, \alpha, \hat{\alpha}, \beta, \hat{\beta} \geqslant 0.$$

第四步定义Lagrange函数为

$$\begin{aligned} L(w, b, \gamma, \hat{\gamma}, \alpha, \hat{\alpha}, \beta, \hat{\beta}) =& \frac{1}{2}\|w\|_2^2 + C\sum(\gamma_i + \hat{\gamma}_i) + \sum \alpha_i(f(x_i) - y_i - \epsilon - \gamma_i) \\ & + \sum \hat{\alpha}_i(y_i - f(x_i) - \epsilon - \hat{\gamma}_i) - \beta^{\mathrm{T}}\gamma - \hat{\beta}^{\mathrm{T}}\hat{\gamma} \\ =& \frac{1}{2}\|w\|_2^2 + \sum(\alpha_i x_i - \hat{\alpha}_i x_i)^{\mathrm{T}} w + b\sum(\alpha_i - \hat{\alpha}_i) \\ & + (C\mathbf{1}_m - \alpha - \beta)^{\mathrm{T}}\gamma + (C\mathbf{1}_m - \hat{\alpha} - \hat{\beta})^{\mathrm{T}}\hat{\gamma} \\ & + \sum(\hat{\alpha}_i - \alpha_i)y_i - \epsilon\sum(\hat{\alpha}_i + \alpha_i). \end{aligned}$$

计算Lagrange函数的各阶导数为

$$
\begin{aligned}
&\nabla_w L(w,b,\gamma,\hat{\gamma},\alpha,\hat{\alpha},\beta,\hat{\beta}) = w - \sum(\hat{\alpha}_i - \alpha_i)x_i,\\
&\nabla_b L(w,b,\gamma,\hat{\gamma},\alpha,\hat{\alpha},\beta,\hat{\beta}) = \sum(\alpha_i - \hat{\alpha}_i),\\
&\nabla_\gamma L(w,b,\gamma,\hat{\gamma},\alpha,\hat{\alpha},\beta,\hat{\beta}) = C\mathbf{1}_m - \alpha - \beta,\\
&\nabla_{\hat{\gamma}} L(w,b,\gamma,\hat{\gamma},\alpha,\hat{\alpha},\beta,\hat{\beta}) = C\mathbf{1}_m - \hat{\alpha} - \hat{\beta},\\
&\nabla^2_{ww} L(w,b,\gamma,\hat{\gamma},\alpha,\hat{\alpha},\beta,\hat{\beta}) = I_m,\\
&\nabla^2_{wb} L(w,b,\gamma,\hat{\gamma},\alpha,\hat{\alpha},\beta,\hat{\beta}) = 0,\\
&\nabla^2_{w\gamma} L(w,b,\gamma,\hat{\gamma},\alpha,\hat{\alpha},\beta,\hat{\beta}) = 0,\\
&\nabla^2_{w\hat{\gamma}} L(w,b,\gamma,\hat{\gamma},\alpha,\hat{\alpha},\beta,\hat{\beta}) = 0,\\
&\nabla^2_{bb} L(w,b,\gamma,\hat{\gamma},\alpha,\hat{\alpha},\beta,\hat{\beta}) = 0,\\
&\nabla^2_{b\gamma} L(w,b,\gamma,\hat{\gamma},\alpha,\hat{\alpha},\beta,\hat{\beta}) = 0,\\
&\nabla^2_{b\hat{\gamma}} L(w,b,\gamma,\hat{\gamma},\alpha,\hat{\alpha},\beta,\hat{\beta}) = 0,\\
&\nabla^2_{\gamma\gamma} L(w,b,\gamma,\hat{\gamma},\alpha,\hat{\alpha},\beta,\hat{\beta}) = 0,\\
&\nabla^2_{\gamma\hat{\gamma}} L(w,b,\gamma,\hat{\gamma},\alpha,\hat{\alpha},\beta,\hat{\beta}) = 0,\\
&\nabla^2_{\hat{\gamma}\hat{\gamma}} L(w,b,\gamma,\hat{\gamma},\alpha,\hat{\alpha},\beta,\hat{\beta}) = 0.
\end{aligned}
$$

因此Lagrange函数的Hessian矩阵满足

$$
\nabla^2 L(w,b,\gamma,\hat{\gamma},\alpha,\hat{\alpha},\beta,\hat{\beta}) = \begin{pmatrix} I_m & 0 & 0 & 0\\ 0 & 0 & 0 & 0\\ 0 & 0 & 0 & 0\\ 0 & 0 & 0 & 0 \end{pmatrix} \geqslant 0.
$$

因此Lagrange函数的最优解为如下方程的解

$$
\begin{aligned}
&\nabla_w L(w,b,\gamma,\hat{\gamma},\alpha,\hat{\alpha},\beta,\hat{\beta}) = w - \sum(\hat{\alpha}_i - \alpha_i)x_i = 0,\\
&\nabla_b L(w,b,\gamma,\hat{\gamma},\alpha,\hat{\alpha},\beta,\hat{\beta}) = \sum(\alpha_i - \hat{\alpha}_i) = 0,\\
&\nabla_\gamma L(w,b,\gamma,\hat{\gamma},\alpha,\hat{\alpha},\beta,\hat{\beta}) = C\mathbf{1}_m - \alpha - \beta = 0,\\
&\nabla_{\hat{\gamma}} L(w,b,\gamma,\hat{\gamma},\alpha,\hat{\alpha},\beta,\hat{\beta}) = C\mathbf{1}_m - \hat{\alpha} - \hat{\beta} = 0.
\end{aligned}
$$

直接计算得到

$$
\begin{aligned}
&w = \sum(\hat{\alpha}_i - \alpha_i)x_i,\\
&\sum(\alpha_i - \hat{\alpha}_i) = 0,\\
&C\mathbf{1}_m - \alpha - \beta = 0,\\
&C\mathbf{1}_m - \hat{\alpha} - \hat{\beta} = 0.
\end{aligned}
$$

代入Lagrange函数可得最优值为

$$
\sum(\hat{\alpha}_i - \alpha_i)y_i - \epsilon\sum(\alpha_i + \hat{\alpha}_i) - \sum\frac{1}{2}(\alpha_i - \hat{\alpha}_i)(\alpha_j - \hat{\alpha}_j)x_i^{\mathrm{T}}x_j.
$$

因此，对偶函数为

$$
r(\alpha,\hat{\alpha},\beta,\hat{\beta}) = \sum(\hat{\alpha}_i - \alpha_i)y_i - \epsilon\sum(\alpha_i + \hat{\alpha}_i) - \sum\frac{1}{2}(\alpha_i - \hat{\alpha}_i)(\alpha_j - \hat{\alpha}_j)x_i^{\mathrm{T}}x_j.
$$

综上，原始模型的对偶模型为

$$\begin{aligned}\max\ & \sum(\hat{\alpha}_i-\alpha_i)y_i-\epsilon\sum(\alpha_i+\hat{\alpha}_i)-\sum\frac{1}{2}(\alpha_i-\hat{\alpha}_i)(\alpha_j-\hat{\alpha}_j)x_i^{\mathrm{T}}x_j\\ \text{s.t.}\ & \sum(\alpha_i-\hat{\alpha}_i)=0,\\ & C\mathbf{1}_m-\alpha-\beta=0,\\ & C\mathbf{1}_m-\hat{\alpha}-\hat{\beta}=0.\end{aligned}$$

这么模型的变量为$\alpha,\hat{\alpha},\beta,\hat{\beta}$。我们可以将模型转化为

$$\begin{aligned}\max\ & \sum(\hat{\alpha}_i-\alpha_i)y_i-\epsilon\sum(\alpha_i+\hat{\alpha}_i)-\sum\frac{1}{2}(\alpha_i-\hat{\alpha}_i)(\alpha_j-\hat{\alpha}_j)x_i^{\mathrm{T}}x_j\\ \text{s.t.}\ & \sum(\alpha_i-\hat{\alpha}_i)=0,\\ & 0\leqslant\alpha\leqslant C\mathbf{1}_m,\\ & 0\leqslant\hat{\alpha}\leqslant C\mathbf{1}_m.\end{aligned}$$

对于支持向量回归模型

$$\min\ \frac{1}{2}\|w\|_2^2+C\sum_{i=1}^{m}Loss_{\epsilon}(f(x_i)-y_i),$$

可以直接计算其KKT条件。首先引入松弛变量

$$\gamma=(\gamma_i),\hat{\gamma}=(\hat{\gamma}_i),i=1,\cdots,m,$$

转化支持向量回归模型为

$$\begin{aligned}\min\ & \frac{1}{2}\|w\|_2^2+C\sum(\gamma_i+\hat{\gamma}_i)\\ \text{s.t.}\ & f(x_i)-y_i\leqslant\epsilon+\gamma_i,i=1,\cdots,m,\\ & y_i-f(x_i)\leqslant\epsilon+\hat{\gamma}_i,i=1,\cdots,m,\\ & \gamma_i\geqslant0,\hat{\gamma}_i\geqslant0,i=1,\cdots,m.\end{aligned}$$

其次将模型转化为标准型

$$\begin{aligned}\min\ & \frac{1}{2}\|w\|_2^2+C\sum(\gamma_i+\hat{\gamma}_i)\\ \text{s.t.}\ & f(x_i)-y_i-\epsilon-\gamma_i\leqslant0,i=1,\cdots,m,\\ & y_i-f(x_i)-\epsilon-\hat{\gamma}_i\leqslant0,i=1,\cdots,m,\\ & -\gamma_i\leqslant0,-\hat{\gamma}_i\leqslant0,i=1,\cdots,m.\end{aligned}$$

第三步选定对偶变量为

$$\alpha,\hat{\alpha},\beta,\hat{\beta}\in\mathbf{R}^m,\alpha,\hat{\alpha},\beta,\hat{\beta}\geqslant0.$$

第四步定义Lagrange函数为

$$\begin{aligned}L(w,b,\gamma,\hat{\gamma},\alpha,\hat{\alpha},\beta,\hat{\beta})=&\frac{1}{2}\|w\|_2^2+C\sum(\gamma_i+\hat{\gamma}_i)+\sum\alpha_i(f(x_i)-y_i-\epsilon-\gamma_i)\\ &+\sum\hat{\alpha}_i(y_i-f(x_i)-\epsilon-\hat{\gamma}_i)-\beta^{\mathrm{T}}\gamma-\hat{\beta}^{\mathrm{T}}\hat{\gamma}\\ =&\frac{1}{2}\|w\|_2^2+\sum(\alpha_ix_i-\hat{\alpha}_ix_i)^{\mathrm{T}}w+b\sum(\alpha_i-\hat{\alpha}_i)\\ &+(C\mathbf{1}_m-\alpha-\beta)^{\mathrm{T}}\gamma+(C\mathbf{1}_m-\hat{\alpha}-\hat{\beta})^{\mathrm{T}}\hat{\gamma}\\ &+\sum(\hat{\alpha}_i-\alpha_i)y_i-\epsilon\sum(\hat{\alpha}_i+\alpha_i).\end{aligned}$$

直接计算可得模型的KKT条件为

$$
\begin{aligned}
&w^{\mathrm{T}}x_i+b-y_i\leqslant\epsilon+\gamma_i, i=1,\cdots,m,\\
&y_i-w^{\mathrm{T}}x_i-b\leqslant\epsilon+\hat{\gamma}_i, i=1,\cdots,m,\\
&\gamma_i\geqslant 0,\hat{\gamma}_i\geqslant 0, i=1,\cdots,m,\\
&\alpha\geqslant 0,\hat{\alpha}\geqslant 0,\beta\geqslant 0,\hat{\beta}\geqslant 0,\\
&\alpha_i(w^{\mathrm{T}}x_i+b-y_i-\epsilon-\gamma_i)=0, i=1,\cdots,m,\\
&\hat{\alpha}_i(y_i-w^{\mathrm{T}}x_i-b-\epsilon-\hat{\gamma}_i)=0, i=1,\cdots,m,\\
&\beta_i\gamma_i=0, i=1,\cdots,m,\\
&\hat{\beta}_i\hat{\gamma}_i=0, i=1,\cdots,m,\\
&w=\sum(\hat{\alpha}_i-\alpha_i)x_i,\\
&\sum(\alpha_i-\hat{\alpha}_i)=0,\\
&C\mathbf{1}_m-\alpha-\beta=0,\\
&C\mathbf{1}_m-\hat{\alpha}-\hat{\beta}=0.
\end{aligned}
$$

定义一个非负向量$x\in\mathbf{R}^m$的支撑集为

$$S(x)=\{i|\ x_i>0, i=1,\cdots,m\}.$$

因为约束

$$w^{\mathrm{T}}x_i+b-y_i-\epsilon-\gamma_i=0$$

和约束

$$y_i-w^{\mathrm{T}}x_i-b-\epsilon-\hat{\gamma}_i=0$$

不能同时成立，因此$\alpha_i,\hat{\alpha}_i$必定有一个为零，因此

$$S(\alpha)\subseteq S(\hat{\alpha})^c.$$

又根据KKT条件，可知

$$S(\beta)\subseteq S(\gamma)^c, S(\hat{\beta})\subseteq S(\hat{\gamma})^c.$$

根据条件

$$\alpha_i(w^{\mathrm{T}}x_i+b-y_i-\epsilon-\gamma_i)=0, i=1,\cdots,m$$

可得

$$w^{\mathrm{T}}x_i+b-y_i-\epsilon-\gamma_i=0, \forall i\in S(\alpha).$$

因此可得

$$b=y_i+\epsilon+\gamma_i-w^{\mathrm{T}}x_i, \forall i\in S(\alpha).$$

鲁棒化为

$$b=\frac{1}{|S(\alpha)|}\sum_{i\in S(\alpha)}\Big(y_i+\epsilon+\gamma_i-(\sum_{j=1}^{m}(\hat{\alpha}_j-\alpha_j)x_j)^{\mathrm{T}}x_i\Big).$$

同理根据条件

$$\hat{\alpha}_i(y_i-w^{\mathrm{T}}x_i-b-\epsilon-\hat{\gamma}_i)=0, i=1,\cdots,m$$

可得

$$y_i - w^{\mathrm{T}} x_i - b - \epsilon - \hat{\gamma}_i = 0, \forall i \in S(\hat{\alpha}).$$

因此可得

$$b = y_i - \epsilon - \hat{\gamma}_i - w^{\mathrm{T}} x_i, \forall i \in S(\hat{\alpha}).$$

鲁棒化为

$$b = \frac{1}{|S(\hat{\alpha})|} \sum_{i \in S(\hat{\alpha})} \Big(y_i - \epsilon - \hat{\gamma}_i - (\sum_{j=1}^{m} (\hat{\alpha}_j - \alpha_j) x_j)^{\mathrm{T}} x_i \Big).$$

第 21 章

半监督支持向量学习

本章研究半监督支持向量学习理论，它们的模型、性质、计算、应用以及解释。

21.1 硬间隔支持向量模型

上一章讲了全监督支持向量方法，基本思想是利用超平面将数据集划分为正负两个子集，期望实现几个要求：一是划分的超平面与正负子集的距离尽可能大；二是用超平面划分以后，错分的比例尽可能小。在机器学习理论中，还有一类重要的学习类型，即半监督学习，此时给定了两个数据集，一个是完全具有标记的数据集，另一个是完全没有标记的数据集，二者同为训练数据集，不仅要根据二者训练出模型，还要训练出无标记数据集的标记。

定义21.1 对于二分类问题，给定有标记数据集

$$D = \{(x_1, y_1), \cdots, (x_m, y_m)\}, x_i \in \mathbf{R}^n,\ \ y_i \in \{-1, +1\}, i = 1, \cdots, m$$

和无标记数据集

$$G = \{x'_1, \cdots, x'_k\}, x'_a \in \mathbf{R}^n,\ \ a = 1, \cdots, k.$$

定义集合

$$X = \{x_1, \cdots, x_m\}, Y = \{-1, +1\},$$

本质上集合D给出了如下的映射

$$\phi\text{：}\ X \to Y,\ \text{s.t.},\ \phi(x_i) = y_i, i = 1, \cdots, m.$$

利用映射ϕ定义两个集合

$$X_{-1} = \phi^{-1}(-1), X_{+1} = \phi^{-1}(+1)$$

分别表示标记-1和$+1$对应的样本集合。集合G的标记未知，那么需要确定一个映射

$$\varphi\text{：}\ G \to Y.$$

利用映射φ定义两个集合

$$G_{-1} = \varphi^{-1}(-1), G_{+1} = \varphi^{-1}(+1).$$

这是需要确定的，不妨设

$$\varphi(x'_a) = y'_a, a = 1, \cdots, k.$$

我们希望用超平面划分X_{-1}和X_{+1}两个集合，并且学习出集合G的标记。首先参数化

这个超平面为

$$L_{w,b} = \{x \mid x \in \mathbf{R}^n,\ \ w^{\mathrm{T}}x + b = 0\}, w \in \mathbf{R}^n,\ \ w \neq 0, b \in \mathbf{R}^1.$$

显然样本空间的任意一个点$x \in X, x \in G$到超平面的距离为

$$\frac{|w^{\mathrm{T}}x + b|}{\|w\|_2}, \forall x \in X, x \in G.$$

假设超平面能够将集合X进行正确分类，即

$$\forall x \in X_{-1}, w^{\mathrm{T}}x + b < 0; \forall x \in X_{+1}, w^{\mathrm{T}}x + b > 0.$$

假设超平面能够将集合G进行标记，即

$$\forall x \in G_{-1}, w^{\mathrm{T}}x + b < 0; \forall x \in G_{+1}, w^{\mathrm{T}}x + b > 0.$$

考察上面的条件，可知对于w, b是齐次的，因此可以将上面的条件改为

$$\forall x \in X_{-1}, w^{\mathrm{T}}x + b \leqslant -1; \forall x \in X_{+1}, w^{\mathrm{T}}x + b \geqslant +1,$$

和

$$\forall x \in G_{-1}, w^{\mathrm{T}}x + b \leqslant -1; \forall x \in G_{+1}, w^{\mathrm{T}}x + b \geqslant +1.$$

结合两个集合各自的标记可把上面的条件统一描述为

$$y_i(w^{\mathrm{T}}x_i + b) \geqslant 1, \forall (x_i, y_i) \in D.$$

和

$$y'_a(w^{\mathrm{T}}x'_a + b) \geqslant 1, \forall x_a \in G, y'_a \in \{-1, +1\},$$

其中y'_a是需要确定的未知量。

继续考察条件

$$\forall x \in X_{-1}, w^{\mathrm{T}}x + b \leqslant -1; \forall x \in X_{+1}, w^{\mathrm{T}}x + b \geqslant +1.$$

和

$$\forall x \in G_{-1}, w^{\mathrm{T}}x + b \leqslant -1; \forall x \in G_{+1}, w^{\mathrm{T}}x + b \geqslant +1.$$

如果超平面对数据集X_{+1}和X_{-1}进行了正确分类，并且标记了G，那么相当于二者之间有空的条带

$$-1 \leqslant w^{\mathrm{T}}x + b \leqslant +1,$$

显然这个条带的宽度为

$$\gamma = \frac{2}{\|w\|_2}.$$

半监督支持向量的基本思想是找到一个超平面既能够正确划分X_{-1}, X_{+1}两个集合并且能够标记集合G，又能够使得它们划分的间隔足够大。因此，综上可以建立如下模型

$$\begin{aligned}
&\max\ \frac{2}{\|w\|_2}\\
&\text{s.t.}\ \ y_i(w^{\mathrm{T}}x_i + b) \geqslant 1, i = 1, \cdots, m,\\
&\qquad y'_a(w^{\mathrm{T}}x'_a + b) \geqslant 1, a = 1, \cdots, k,\\
&\qquad (y'_a - 1)(y'_a + 1) = 0, a = 1, \cdots, k.
\end{aligned}$$

模型可以转化为

$$\begin{aligned}\min\ & \frac{1}{2}\|w\|_2\\ \text{s.t.}\ & y_i(w^{\mathrm{T}}x_i+b)\geqslant 1, i=1,\cdots,m,\\ & y'_a(w^{\mathrm{T}}x'_a+b)\geqslant 1, a=1,\cdots,k,\\ & (y'_a-1)(y'_a+1)=0, a=1,\cdots,k.\end{aligned}$$

最终转化为

$$\begin{aligned}\min\ & \frac{1}{2}\|w\|_2^2\\ \text{s.t.}\ & y_i(w^{\mathrm{T}}x_i+b)\geqslant 1, i=1,\cdots,m,\\ & y'_a(w^{\mathrm{T}}x'_a+b)\geqslant 1, a=1,\cdots,k,\\ & (y'_a-1)(y'_a+1)=0, a=1,\cdots,k.\end{aligned}$$

这就是半监督支持向量机的基本模型，模型的变量为$w, b, y'=(y'_a), a=1,\cdots,k$.

对于半监督支持向量机模型

$$\begin{aligned}\min\ & \frac{1}{2}\|w\|_2^2\\ \text{s.t.}\ & y_i(w^{\mathrm{T}}x_i+b)\geqslant 1, i=1,\cdots,m,\\ & y'_a(w^{\mathrm{T}}x'_a+b)\geqslant 1, a=1,\cdots,k,\\ & (y'_a-1)(y'_a+1)=0, a=1,\cdots,k.\end{aligned}$$

要计算其对偶问题。首先把问题转化为标准形式，即

$$\begin{aligned}\min\ & \frac{1}{2}\|w\|_2^2\\ \text{s.t.}\ & 1-y_i(w^{\mathrm{T}}x_i+b)\leqslant 0, i=1,\cdots,m,\\ & 1-y'_a(w^{\mathrm{T}}x'_a+b)\leqslant 0, a=1,\cdots,k,\\ & (y'_a-1)(y'_a+1)=0, a=1,\cdots,k.\end{aligned}$$

其次确定对偶变量为

$$\alpha\in\mathbf{R}^m, \alpha\geqslant 0; \beta\in\mathbf{R}^k, \beta\geqslant 0; \gamma\in\mathbf{R}^k.$$

第三步定义模型的Lagrange函数为

$$\begin{aligned}L(w,b,y',\alpha,\beta,\gamma)=&\frac{1}{2}\|w\|_2^2+\sum_i\alpha_i(1-y_i(w^{\mathrm{T}}x_i+b))\\ &+\sum_a\beta_a(1-y'_a(w^{\mathrm{T}}x'_a+b))+\sum_c\gamma_c(y'_c-1)(y'_c+1)\\ =&\frac{1}{2}\|w\|_2^2-(\sum_i\alpha_iy_ix_i)^{\mathrm{T}}w-(\sum_a\beta_ay'_ax'_a)^{\mathrm{T}}w\\ &-b(\sum_i\alpha_iy_i)-b(\sum_a\beta_ay'_a)+\sum_c\gamma_cy_c'^2\\ &+\sum_i\alpha_i+\sum_a\beta_a-\sum_c\gamma_c.\end{aligned}$$

Lagrange函数的各阶导数为

$$\begin{aligned}\nabla_wL(w,b,y',\alpha,\beta,\gamma)&=w-\sum_i\alpha_iy_ix_i-\sum_a\beta_ay'_ax'_a,\\ \nabla_bL(w,b,y',\alpha,\beta,\gamma)&=-\sum_i\alpha_iy_i-\sum_a\beta_ay'_a,\end{aligned}$$

$$\begin{aligned}
&\nabla_{y'}L(w,b,y',\alpha,\beta,\gamma) = -\sum_a \beta_a e_a(x_a'^{\mathrm{T}}w) - b\beta + \sum_a 2\gamma_a y_a' e_a,\\
&\nabla^2_{ww}L(w,b,y',\alpha,\beta,\gamma) = I_m,\\
&\nabla^2_{wb}L(w,b,y',\alpha,\beta,\gamma) = 0,\\
&\nabla^2_{wy'}L(w,b,y',\alpha,\beta,\gamma) = -[\beta_1 x_1',\cdots,\beta_a x_a',\cdots,\beta_k x_k'],\\
&\nabla^2_{bb}L(w,b,y',\alpha,\beta,\gamma) = 0,\\
&\nabla^2_{by'}L(w,b,y',\alpha,\beta,\gamma) = -\beta,\\
&\nabla^2_{y'y'}L(w,b,y',\alpha,\beta,\gamma) = 2[\gamma_1 e_1,\cdots,\gamma_a e_a,\cdots,\gamma_k e_k],
\end{aligned}$$

因此Lagrange函数的Hessian矩阵满足

$$\nabla^2 L(w,b,\alpha) = \begin{pmatrix} I_m & 0 & -[\beta_1 x_1',\cdots,\beta_a x_a',\cdots,\beta_k x_k'] \\ 0 & 0 & -\beta^{\mathrm{T}} \\ -[\beta_1 x_1',\cdots,\beta_a x_a',\cdots,\beta_k x_k']^{\mathrm{T}} & -\beta & 2[\gamma_1 e_1,\cdots,\gamma_a e_a,\cdots,\gamma_k e_k] \end{pmatrix} \geqslant 0.$$

因此Lagrange函数的最优解为如下方程的解

$$\begin{aligned}
&\nabla_w L(w,b,y',\alpha,\beta,\gamma) = w - \sum_i \alpha_i y_i x_i - \sum_a \beta_a y_a' x_a' = 0,\\
&\nabla_b L(w,b,y',\alpha,\beta,\gamma) = -\sum_i \alpha_i y_i - \sum_a \beta_a y_a^{'} = 0,\\
&\nabla_{y'} L(w,b,y',\alpha,\beta,\gamma) = -\sum_a \beta_a e_a(x_a'^{\mathrm{T}}w) - b\beta + \sum_a 2\gamma_a y_a' e_a = 0,
\end{aligned}$$

即

$$\begin{pmatrix} I_m & 0 & -[\beta_1 x_1',\cdots,\beta_a x_a',\cdots,\beta_k x_k'] \\ 0 & 0 & -\beta^{\mathrm{T}} \\ -[\beta_1 x_1',\cdots,\beta_a x_a',\cdots,\beta_k x_k']^{\mathrm{T}} & -\beta & 2[\gamma_1 e_1,\cdots,\gamma_a e_a,\cdots,\gamma_k e_k] \end{pmatrix} \begin{pmatrix} w \\ b \\ y' \end{pmatrix} = \begin{pmatrix} \sum_i \alpha_i y_i x_i \\ -\sum_i \alpha_i y_i \\ 0 \end{pmatrix}.$$

利用线性代数中的广义逆，可以得到线性方程组的解(不定解)为

$$\begin{pmatrix} w^* \\ b^* \\ y'^* \end{pmatrix} = \begin{pmatrix} I_m & 0 & -[\beta_1 x_1',\cdots,\beta_a x_a',\cdots,\beta_k x_k'] \\ 0 & 0 & -\beta^{\mathrm{T}} \\ -[\beta_1 x_1',\cdots,\beta_a x_a',\cdots,\beta_k x_k']^{\mathrm{T}} & -\beta & 2[\gamma_1 e_1,\cdots,\gamma_a e_a,\cdots,\gamma_k e_k] \end{pmatrix}^{\dagger} \begin{pmatrix} \sum_i \alpha_i y_i x_i \\ -\sum_i \alpha_i y_i \\ 0 \end{pmatrix}.$$

代入Lagrange函数得到对偶函数

$$r(\alpha,\beta,\gamma) = L(w^*,b^*,y^{'*},\alpha,\beta,\gamma).$$

因此原始问题的对偶模型为

$$\begin{aligned}
\max\ & r(\alpha,\beta,\gamma)\\
\text{s.t.}\ & \alpha \geqslant 0, \beta \geqslant 0,\\
& \alpha \in \mathbf{R}^m, \beta \in \mathbf{R}^k, \gamma \in \mathbf{R}^k.
\end{aligned}$$

对于半监督支持向量机模型

$$\begin{aligned}
\min\ & \frac{1}{2}\|w\|_2^2\\
\text{s.t.}\ & y_i(w^{\mathrm{T}}x_i + b) \geqslant 1, i = 1,\cdots,m,\\
& y_a'(w^{\mathrm{T}}x_a' + b) \geqslant 1, a = 1,\cdots,k,
\end{aligned}$$

$$(y'_a-1)(y'_a+1)=0, a=1,\cdots,k.$$

也可以直接计算其KKT条件。首先把问题转化为标准形式，即

$$\begin{aligned}\min\ &\frac{1}{2}\|w\|_2^2\\ \text{s.t.}\ &1-y_i(w^{\mathrm{T}}x_i+b)\leqslant 0, i=1,\cdots,m,\\ &1-y'_a(w^{\mathrm{T}}x'_a+b)\leqslant 0, a=1,\cdots,k,\\ &(y'_a-1)(y'_a+1)=0, a=1,\cdots,k.\end{aligned}$$

其次确定对偶变量为

$$\alpha\in\mathbf{R}^m,\alpha\geqslant 0;\beta\in\mathbf{R}^k,\beta\geqslant 0;\gamma\in\mathbf{R}^k.$$

第三步定义模型的Lagrange函数为

$$\begin{aligned}L(w,b,y',\alpha,\beta,\gamma)=&\frac{1}{2}\|w\|_2^2+\sum_i\alpha_i(1-y_i(w^{\mathrm{T}}x_i+b))\\ &+\sum_a\beta_a(1-y'_a(w^{\mathrm{T}}x'_a+b))+\sum_c\gamma_c(y'_c-1)(y'_c+1)\\ =&\frac{1}{2}\|w\|_2^2-(\sum_i\alpha_iy_ix_i)^{\mathrm{T}}w-(\sum_a\beta_ay'_ax'_a)^{\mathrm{T}}w\\ &-b(\sum_i\alpha_iy_i)-b(\sum_a\beta_ay'_a)+\sum_c\gamma_cy_c^{'2}\\ &+\sum_i\alpha_i+\sum_a\beta_a-\sum_c\gamma_c.\end{aligned}$$

因此模型的KKT条件为

$$\begin{aligned}&y_i(w^{\mathrm{T}}x_i+b)\geqslant 1, i=1,\cdots,m,\\ &y'_a(w^{\mathrm{T}}x'_a+b)\geqslant 1, a=1,\cdots,k,\\ &(y'_a-1)(y'_a+1)=0, a=1,\cdots,k,\\ &\alpha\in\mathbf{R}^m,\alpha\geqslant 0;\beta\in\mathbf{R}^k,\beta\geqslant 0;\gamma\in\mathbf{R}^k,\\ &\alpha_i(1-y_i(w^{\mathrm{T}}x_i+b))=0, i=1,\cdots,m,\\ &\beta_a(1-y'_a(w^{\mathrm{T}}x'_a+b))=0, a=1,\cdots,k,\end{aligned}$$

$$\begin{pmatrix} I_m & 0 & -[\beta_1x'_1,\cdots,\beta_ax'_a,\cdots,\beta_kx'_k]\\ 0 & 0 & -\beta^{\mathrm{T}}\\ -[\beta_1x'_1,\cdots,\beta_ax'_a,\cdots,\beta_kx'_k]^{\mathrm{T}} & -\beta & 2[\gamma_1e_1,\cdots,\gamma_ae_a,\cdots,\gamma_ke_k]\end{pmatrix}\begin{pmatrix}w\\ b\\ y'\end{pmatrix}=\begin{pmatrix}\sum_i\alpha_iy_ix_i\\ -\sum_i\alpha_iy_i\\ 0\end{pmatrix}.$$

21.2 软间隔支持向量模型

在前面的讨论中，我们一直要求训练样本是超平面可分的，即存在一个超平面将不同类的样本完全划分开来。但是，现实中往往很难确定合适的超平面划分集合。缓解该问题的一个办法是允许支持向量机在一些样本上出错，为此需要引入软间隔的概念。

具体而言，前面介绍的半监督支持向量机模型要求

$$y_i(w^{\mathrm{T}}x_i+b)\geqslant 1, i=1,\cdots,m; y'_a(w^{\mathrm{T}}x'_a+b)\geqslant 1, a=1,\cdots,k,$$

即所有的样本的划分必须正确，这称为硬间隔。因此，我们称模型

$$\begin{aligned}\min\ & \frac{1}{2}\|w\|_2^2\\ \text{s.t.}\ & y_i(w^{\mathrm{T}}x_i+b)\geqslant 1, i=1,\cdots,m,\\ & y'_a(w^{\mathrm{T}}x'_a+b)\geqslant 1, a=1,\cdots,k,\\ & (y'_a-1)(y'_a+1)=0, a=1,\cdots,k.\end{aligned}$$

为半监督硬间隔支持向量机模型。在本节中，改进想法是：不要求所有的样本都满足硬间隔，而是允许某些样本不满足条件

$$y_i(w^{\mathrm{T}}x_i+b)\geqslant 1; y'_a(w^{\mathrm{T}}x'_a+b)\geqslant 1.$$

当然在最大化间隔的同时，不满足约束的样本应尽可能小，于是设计模型为

$$\begin{aligned}\min\ & \frac{1}{2}\|w\|_2^2+C_1\sum_{i=1} Loss_{0/1}(y_i(w^{\mathrm{T}}x_i+b)-1)+C_2\sum_a Loss_{0/1}(y'_a(w^{\mathrm{T}}x'_a+b)-1)\\ \text{s.t.}\ & (y'_a-1)(y'_a+1)=0, a=1,\cdots,k.\end{aligned}$$

其中$C_1,C_2>0$是常数，而函数$Loss_{0/1}$是0/1损失函数，定义为

$$Loss_{0/1}(z)=\begin{cases}1, & \text{如果}z<0,\\ 0, & \text{如果}z\geqslant 0.\end{cases}$$

显然当$C_1,C_2=+\infty$时，模型

$$\begin{aligned}\min\ & \frac{1}{2}\|w\|_2^2+C_1\sum_{i=1} Loss_{0/1}(y_i(w^{\mathrm{T}}x_i+b)-1)+C_2\sum_a Loss_{0/1}(y'_a(w^{\mathrm{T}}x'_a+b)-1)\\ \text{s.t.}\ & (y'_a-1)(y'_a+1)=0, a=1,\cdots,k.\end{aligned}$$

会迫使所有的样本都满足

$$y_i(w^{\mathrm{T}}x_i+b)\geqslant 1, i=1,\cdots,m; y'_a(w^{\mathrm{T}}x'_a+b)\geqslant 1, a=1,\cdots,k,$$

显然当C_1,C_2取有限值时，模型

$$\begin{aligned}\min\ & \frac{1}{2}\|w\|_2^2+C_1\sum_{i=1} Loss_{0/1}(y_i(w^{\mathrm{T}}x_i+b)-1)+C_2\sum_a Loss_{0/1}(y'_a(w^{\mathrm{T}}x'_a+b)-1)\\ \text{s.t.}\ & (y'_a-1)(y'_a+1)=0, a=1,\cdots,k.\end{aligned}$$

允许部分样本不满足

$$y_i(w^{\mathrm{T}}x_i+b)\geqslant 1; y'_a(w^{\mathrm{T}}x'_a+b)\geqslant 1.$$

已知函数$Loss_{0/1}$是不连续、非凸的函数，数学性质很不好，使得模型

$$\begin{aligned}\min\ & \frac{1}{2}\|w\|_2^2+C_1\sum_{i=1} Loss_{0/1}(y_i(w^{\mathrm{T}}x_i+b)-1)+C_2\sum_a Loss_{0/1}(y'_a(w^{\mathrm{T}}x'_a+b)-1)\\ \text{s.t.}\ & (y'_a-1)(y'_a+1)=0, a=1,\cdots,k.\end{aligned}$$

不好求解，于是通常用一些具有较好性质的函数来代替$Loss_{0/1}$函数，这些函数称为替代损失函数。

定义21.2 三类主要的替代损失函数：

Hinge损失函数定义为

$$Loss_{\mathrm{hinge}}(z)=\max(0,1-z).$$

指数损失函数定义为

$$Loss_{\exp}(z)=\exp(-z).$$

Logistic损失函数定义为

$$Loss_{\log}(z) = \log(1 + \exp(-z)).$$

我们选用Hinge损失函数，那么上面的模型转化为

$$\min \ \frac{1}{2}\|w\|_2^2 + C_1 \sum_i \max(0, 1 - y_i(w^{\mathrm{T}} x_i + b)) + C_2 \sum_a \max(0, 1 - y'_a(w^{\mathrm{T}} x'_a + b)).$$

引入松驰变量$s_i, i = 1, \cdots, m; s'_a, a = 1, \cdots, k$，可将原始模型转化为

$$\begin{aligned}\min \ & \frac{1}{2}\|w\|_2^2 + C_1 \sum_i s_i + C_2 \sum_a s'_a \\ \text{s.t.} \ & y_i(w^{\mathrm{T}} x_i + b) \geqslant 1 - s_i, i = 1, \cdots, m, \\ & y'_a(w^{\mathrm{T}} x'_a + b) \geqslant 1 - s'_a, a = 1, \cdots, k, \\ & (y'_a - 1)(y'_a + 1) = 0, a = 1, \cdots, k, \\ & s_i \geqslant 0, i = 1, \cdots, m, \\ & s'_a \geqslant 0, a = 1, \cdots, k.\end{aligned}$$

这个模型称为半监督软间隔支持向量机，与硬间隔支持向量机相比，在约束方面做了放松，模型的变量为$w, b, s = (s_i), s' = (s'_a), y' = (y'_a)$.

对于半监督软间隔支持向量机

$$\begin{aligned}\min \ & \frac{1}{2}\|w\|_2^2 + C_1 \sum_i s_i + C_2 \sum_a s'_a \\ \text{s.t.} \ & y_i(w^{\mathrm{T}} x_i + b) \geqslant 1 - s_i, i = 1, \cdots, m, \\ & y'_a(w^{\mathrm{T}} x'_a + b) \geqslant 1 - s'_a, a = 1, \cdots, k, \\ & (y'_a - 1)(y'_a + 1) = 0, a = 1, \cdots, k, \\ & s_i \geqslant 0, i = 1, \cdots, m, \\ & s'_a \geqslant 0, a = 1, \cdots, k.\end{aligned}$$

需要计算其对偶问题。首先将模型标准化为

$$\begin{aligned}\min \ & \frac{1}{2}\|w\|_2^2 + C_1 \sum_i s_i + C_2 \sum_a s'_a \\ \text{s.t.} \ & 1 - s_i - y_i(w^{\mathrm{T}} x_i + b) \leqslant 0, i = 1, \cdots, m, \\ & 1 - s'_a - y'_a(w^{\mathrm{T}} x'_a + b) \leqslant 0, a = 1, \cdots, k, \\ & - s_i \leqslant 0, i = 1, \cdots, m, \\ & - s'_a \leqslant 0, a = 1, \cdots, k, \\ & (y'_a - 1)(y'_a + 1) = 0, a = 1, \cdots, k.\end{aligned}$$

其次选定对偶变量为

$$\alpha, \beta \in \mathbf{R}^m, \alpha, \beta \geqslant 0; \alpha', \beta' \in \mathbf{R}^k, \alpha', \beta' \geqslant 0; \gamma' \in \mathbf{R}^k.$$

第三步定义模型的Lagrange函数为

$$\begin{aligned}L(w, b, s, s', y', \alpha, \beta, \alpha', \beta', \gamma') = & \frac{1}{2}\|w\|_2^2 + C_1 \mathbf{1}_m^{\mathrm{T}} s + C_2 \mathbf{1}_k^{\mathrm{T}} s' \\ & + \sum_i \alpha_i(1 - s_i - y_i(w^{\mathrm{T}} x_i + b)) - \beta^{\mathrm{T}} s \\ & + \sum_a \alpha'_a(1 - s'_a - y'_a(w^{\mathrm{T}} x'_a + b)) - \beta'^{\mathrm{T}} s'\end{aligned}$$

$$
\begin{aligned}
&+\sum_a \gamma'_a({y'_a}^2-1)\\
=&\frac{1}{2}w^{\mathrm{T}}w-(\sum_i \alpha_i y_i x_i)^{\mathrm{T}}w-(\sum_a \alpha'_a y'_a x'_a)^{\mathrm{T}}w\\
&-b\alpha^{\mathrm{T}}y-b\alpha'^{\mathrm{T}}y'^{\mathrm{T}}+(C_1\mathbf{1}_m-\alpha-\beta)^{\mathrm{T}}s+(C_2\mathbf{1}_k-\alpha'-\beta')^{\mathrm{T}}s'\\
&+\sum_a \gamma'_a {y'_a}^2+\mathbf{1}_m^{\mathrm{T}}\alpha+\mathbf{1}_k^{\mathrm{T}}\alpha'-\mathbf{1}_k^{\mathrm{T}}\gamma'.
\end{aligned}
$$

计算Lagrange函数的各阶导数可得

$$
\begin{aligned}
&\nabla_w L(w,b,s,s',y',\alpha,\beta,\alpha',\beta',\gamma')=w-\sum_i \alpha_i y_i x_i-\sum_a \alpha'_a y'_a x'_a,\\
&\nabla_b L(w,b,s,s',y',\alpha,\beta,\alpha',\beta',\gamma')=-\alpha^{\mathrm{T}}y-\alpha'^{\mathrm{T}}y'^{\mathrm{T}},\\
&\nabla_s L(w,b,s,s',y',\alpha,\beta,\alpha',\beta',\gamma')=C_1\mathbf{1}_m-\alpha-\beta,\\
&\nabla_{s'} L(w,b,s,s',y',\alpha,\beta,\alpha',\beta',\gamma')=C_2\mathbf{1}_k-\alpha'-\beta',\\
&\nabla_{y'} L(w,b,s,s',y',\alpha,\beta,\alpha',\beta',\gamma')=-\sum_a \alpha'_a {x'_a}^{\mathrm{T}} w e_a-b\alpha'+2\sum_a \gamma'_a y'_a e_a,\\
&\nabla^2_{ww} L(w,b,s,s',y',\alpha,\beta,\alpha',\beta',\gamma')=I_n,\\
&\nabla^2_{wb} L(w,b,s,s',y',\alpha,\beta,\alpha',\beta',\gamma')=0,\\
&\nabla^2_{ws} L(w,b,s,s',y',\alpha,\beta,\alpha',\beta',\gamma')=0,\\
&\nabla^2_{ws'} L(w,b,s,s',y',\alpha,\beta,\alpha',\beta',\gamma')=0,\\
&\nabla^2_{wy'} L(w,b,s,s',y',\alpha,\beta,\alpha',\beta',\gamma')=-[\alpha'_a x'_a]_{a=1,\cdots,k},\\
&\nabla^2_{bb} L(w,b,s,s',y',\alpha,\beta,\alpha',\beta',\gamma')=0,\\
&\nabla^2_{bs} L(w,b,s,s',y',\alpha,\beta,\alpha',\beta',\gamma')=0,\\
&\nabla^2_{bs'} L(w,b,s,s',y',\alpha,\beta,\alpha',\beta',\gamma')=0,\\
&\nabla^2_{by'} L(w,b,s,s',y',\alpha,\beta,\alpha',\beta',\gamma')=-\alpha'^{\mathrm{T}},\\
&\nabla^2_{ss} L(w,b,s,s',y',\alpha,\beta,\alpha',\beta',\gamma')=0,\\
&\nabla^2_{ss'} L(w,b,s,s',y',\alpha,\beta,\alpha',\beta',\gamma')=0,\\
&\nabla^2_{sy'} L(w,b,s,s',y',\alpha,\beta,\alpha',\beta',\gamma')=0,\\
&\nabla^2_{s's'} L(w,b,s,s',y',\alpha,\beta,\alpha',\beta',\gamma')=0,\\
&\nabla^2_{s'y'} L(w,b,s,s',y',\alpha,\beta,\alpha',\beta',\gamma')=0,\\
&\nabla^2_{y'y'} L(w,b,s,s',y',\alpha,\beta,\alpha',\beta',\gamma')=2[\gamma'_a e_a]_{a=1,\cdots,k}.
\end{aligned}
$$

因为Lagrange函数的Hessian矩阵满足

$$
\nabla^2 L(w,b,s,s',y',\alpha,\beta,\alpha',\beta',\gamma')=\begin{pmatrix}
I_n & 0 & 0 & 0 & -[\alpha'_a x'_a]^k_{a=1,\cdots,k}\\
0 & 0 & 0 & 0 & -\alpha'^{\mathrm{T}}\\
0 & 0 & 0 & 0 & 0\\
0 & 0 & 0 & 0 & 0\\
-[\alpha'_a x'_a]^{\mathrm{T}}_{a=1,\cdots,k} & -\alpha' & 0 & 0 & 2[\gamma'_a e_a]_{a=1,\cdots,k}
\end{pmatrix}\geqslant 0.
$$

所以Lagrange函数的最优解为如下方程的解

$$
\begin{aligned}
&\nabla_w L(w,b,s,s',y',\alpha,\beta,\alpha',\beta',\gamma')=w-\sum_i \alpha_i y_i x_i-\sum_a \alpha'_a y'_a x'_a=0,\\
&\nabla_b L(w,b,s,s',y',\alpha,\beta,\alpha',\beta',\gamma')=-\alpha^{\mathrm{T}}y-\alpha'^{\mathrm{T}}y'^{\mathrm{T}}=0,
\end{aligned}
$$

$$\nabla_s L(w,b,s,s',y',\alpha,\beta,\alpha',\beta',\gamma') = C_1\mathbf{1}_m - \alpha - \beta = 0,$$
$$\nabla_{s'} L(w,b,s,s',y',\alpha,\beta,\alpha',\beta',\gamma') = C_2\mathbf{1}_k - \alpha' - \beta' = 0,$$
$$\nabla_{y'} L(w,b,s,s',y',\alpha,\beta,\alpha',\beta',\gamma') = -\sum_a \alpha'_a x_a'^{\mathrm{T}} w e_a - b\alpha' + 2\sum_a \gamma'_a y'_a e_a = 0,$$

即方程

$$\begin{pmatrix} I_n & 0 & 0 & 0 & -[\alpha'_a x'_a]^k_{a=1,\cdots,k} \\ 0 & 0 & 0 & 0 & -\alpha'^{\mathrm{T}} \\ 0 & 0 & 0 & 0 & 0 \\ 0 & 0 & 0 & 0 & 0 \\ -[\alpha'_a x'_a]^{\mathrm{T}}_{a=1,\cdots,k} & -\alpha' & 0 & 0 & 2[\gamma'_a e_a]_{a=1,\cdots,k} \end{pmatrix}\begin{pmatrix} w \\ b \\ s \\ s' \\ y' \end{pmatrix} = \begin{pmatrix} \sum_i \alpha_i y_i x_i \\ -\alpha^{\mathrm{T}} y \\ 0 \\ 0 \\ 0 \end{pmatrix}.$$

$$C_1\mathbf{1}_m - \alpha - \beta = 0,\ C_2\mathbf{1}_k - \alpha' - \beta' = 0.$$

利用线性代数中的广义逆，可以计算出上面方程的不定解为

$$\begin{pmatrix} w^* \\ b^* \\ s^* \\ s'^* \\ y'^* \end{pmatrix} = \begin{pmatrix} I_n & 0 & 0 & 0 & -[\alpha'_a x'_a]^k_{a=1,\cdots,k} \\ 0 & 0 & 0 & 0 & -\alpha'^{\mathrm{T}} \\ 0 & 0 & 0 & 0 & 0 \\ 0 & 0 & 0 & 0 & 0 \\ -[\alpha'_a x'_a]^{\mathrm{T}}_{a=1,\cdots,k} & -\alpha' & 0 & 0 & 2[\gamma'_a e_a]_{a=1,\cdots,k} \end{pmatrix}^{\dagger}\begin{pmatrix} \sum_i \alpha_i y_i x_i \\ -\alpha^{\mathrm{T}} y \\ 0 \\ 0 \\ 0 \end{pmatrix}.$$

$$0 \leqslant \alpha \leqslant C_1\mathbf{1}_m,\ 0 \leqslant \alpha' \leqslant C_2\mathbf{1}_k.$$

本质上是如下解

$$\begin{pmatrix} w^* \\ b^* \\ y'^* \end{pmatrix} = \begin{pmatrix} I_n & 0 & -[\alpha'_a x'_a]^k_{a=1,\cdots,k} \\ 0 & 0 & -\alpha'^{\mathrm{T}} \\ -[\alpha'_a x'_a]^{\mathrm{T}}_{a=1,\cdots,k} & -\alpha' & 2[\gamma'_a e_a]_{a=1,\cdots,k} \end{pmatrix}^{\dagger}\begin{pmatrix} \sum_i \alpha_i y_i x_i \\ -\alpha^{\mathrm{T}} y \\ 0 \end{pmatrix}.$$

$$0 \leqslant \alpha \leqslant C_1\mathbf{1}_m,\ 0 \leqslant \alpha' \leqslant C_2\mathbf{1}_k.$$

不定解代入目标函数可得到对偶函数

$$r(\alpha,\alpha',\gamma') = L(w^*,b^*,s^*,s'^*,y'^*,\alpha,C_1\mathbf{1}_m-\alpha,\alpha',C_2\mathbf{1}_k-\alpha',\gamma').$$

因此半监督软间隔支持向量模型的对偶模型为

$$\begin{aligned} \max\ & r(\alpha,\alpha',\gamma') \\ \text{s.t.}\ & 0 \leqslant \alpha \leqslant C_1\mathbf{1}_m,\ 0 \leqslant \alpha' \leqslant C_2\mathbf{1}_k, \\ & \alpha \in \mathbf{R}^m, \alpha' \in \mathbf{R}^k, \gamma' \in \mathbf{R}^k. \end{aligned}$$

对于半监督软间隔支持向量机

$$\begin{aligned} \min\ & \frac{1}{2}\|w\|_2^2 + C_1\sum_i s_i + C_2\sum_a s'_a \\ \text{s.t.}\ & y_i(w^{\mathrm{T}}x_i + b) \geqslant 1 - s_i, i = 1,\cdots,m, \\ & y'_a(w^{\mathrm{T}}x'_a + b) \geqslant 1 - s'_a, a = 1,\cdots,k, \\ & (y'_a - 1)(y'_a + 1) = 0, a = 1,\cdots,k, \\ & s_i \geqslant 0, i = 1,\cdots,m, \\ & s'_a \geqslant 0, a = 1,\cdots,k. \end{aligned}$$

也可以直接计算其KKT条件。首先将模型标准化为

$$\begin{aligned}\min\ & \frac{1}{2}\|w\|_2^2 + C_1\sum_i s_i + C_2\sum_a s_a' \\ \text{s.t.}\ & 1 - s_i - y_i(w^{\mathrm{T}}x_i + b) \leqslant 0, i = 1,\cdots,m, \\ & 1 - s_a' - y_a'(w^{\mathrm{T}}x_a' + b) \leqslant 0, a = 1,\cdots,k, \\ & -s_i \leqslant 0, i = 1,\cdots,m, \\ & -s_a' \leqslant 0, a = 1,\cdots,k, \\ & (y_a' - 1)(y_a' + 1) = 0, a = 1,\cdots,k.\end{aligned}$$

其次选定对偶变量为

$$\alpha,\beta \in \mathbf{R}^m, \alpha,\beta \geqslant 0; \alpha',\beta' \in \mathbf{R}^k, \alpha',\beta' \geqslant 0; \gamma' \in \mathbf{R}^k.$$

第三步定义模型的Lagrange函数为

$$\begin{aligned}L(w,b,s,s',y',\alpha,\beta,\alpha',\beta',\gamma') =& \frac{1}{2}\|w\|_2^2 + C_1\mathbf{1}_m^{\mathrm{T}}s + C_2\mathbf{1}_k^{\mathrm{T}}s' \\ & + \sum_i \alpha_i(1 - s_i - y_i(w^{\mathrm{T}}x_i + b)) - \beta^{\mathrm{T}}s \\ & + \sum_a \alpha_a'(1 - s_a' - y_a'(w^{\mathrm{T}}x_a' + b)) - \beta'^{T}s' \\ & + \sum_a \gamma_a'(y_a'^2 - 1) \\ =& \frac{1}{2}w^{\mathrm{T}}w - (\sum_i \alpha_i y_i x_i)^{\mathrm{T}}w - (\sum_a \alpha_a' y_a' x_a')^{\mathrm{T}}w \\ & - b\alpha^{\mathrm{T}}y - b\alpha'^{\mathrm{T}}y'^{\mathrm{T}} + (C_1\mathbf{1}_m - \alpha - \beta)^{\mathrm{T}}s + (C_2\mathbf{1}_k - \alpha' - \beta')^{\mathrm{T}}s' \\ & + \sum_a \gamma_a' y_a'^2 + \mathbf{1}_m^{\mathrm{T}}\alpha + \mathbf{1}_k^{\mathrm{T}}\alpha' - \mathbf{1}_k^{\mathrm{T}}\gamma'.\end{aligned}$$

KKT条件为

$$\begin{aligned}& y_i(w^{\mathrm{T}}x_i + b) \geqslant 1 - s_i, i = 1,\cdots,m, \\ & y_a'(w^{\mathrm{T}}x_a' + b) \geqslant 1 - s_a', a = 1,\cdots,k, \\ & s_i \geqslant 0, i = 1,\cdots,m, \\ & s_a' \geqslant 0, a = 1,\cdots,k, \\ & (y_a' - 1)(y_a' + 1) = 0, a = 1,\cdots,k, \\ & \alpha,\beta \in \mathbf{R}^m, \alpha,\beta \geqslant 0; \alpha',\beta' \in \mathbf{R}^k, \alpha',\beta' \geqslant 0; \gamma' \in \mathbf{R}^k, \\ & \alpha_i(1 - s_i - y_i(w^{\mathrm{T}}x_i + b)) = 0, i = 1,\cdots,m, \\ & \alpha_a'(1 - s_a' - y_a'(w^{\mathrm{T}}x_a' + b)) = 0, a = 1,\cdots,k, \\ & \beta_i s_i = 0, i = 1,\cdots,m, \\ & \beta_a' s_a' = 0, a = 1,\cdots,k, \\ & w = \sum_i \alpha_i y_i x_i - \sum_a \alpha_a' y_a' x_a', \\ & \alpha^{\mathrm{T}}y + \alpha'^{\mathrm{T}}y'^{\mathrm{T}} = 0, \\ & C_1\mathbf{1}_m - \alpha - \beta = 0, \\ & C_2\mathbf{1}_k - \alpha' - \beta' = 0,\end{aligned}$$

$$\sum_a \alpha'_a x'^{\mathrm{T}}_a w e_a + b\alpha' = 2\sum_a \gamma'_a y'_a e_a.$$

在上面的例子中，我们取定的是Hinge损失函数，当然也可以取其他的替代损失函数，如果$Loss$是一个抽象的损失函数，函数$f = a^{\mathrm{T}}x + b$是超平面，$\Omega(f)$是关于f的一个抽象评估函数，那么我们可以建立很一般的模型

$$\min_{f,y'} \Omega(f) + C_1 \sum_i Loss(f(x_i), y_i) + C_2 \sum_a Loss(f(x'_a), y'_a).$$

模型中第一项$\Omega(f)$称为结构风险，用于描述函数f的某些性质；第二项$\sum_i Loss(f(x_i), y_i)$和第三项$\sum_a Loss(f(x'_a), y'_a)$ 称为经验风险，用于描述模型与训练样本数据之间的契合程度；系数C_1, C_2用于二者的折中，这是一个抽象的正则化模型。

第 22 章

全监督核函数学习

本章研究全监督核函数学习理论，它们的模型、性质、计算、应用以及解释。

22.1 硬间隔核函数模型

在全监督支持向量学习中，有一个基本的假定：二分的数据集可以用超平面区分或者近似区分。但是在现实中很可能有二分数据集无法用超平面区分，一个自然的问题是如何解决这个问题？考察平面上的一个二分数据集，支持向量模型是用该平面上的直线来划分该数据集，如果将这个平面上的数据集通过某种方式嵌入三维甚至更高维的空间中去，那么可以想象一定存在超平面对其进行区分。

定义22.1 对于二分类问题，给定数据集

$$D = \{(x_1, y_1), \cdots, (x_m, y_m)\}, x_i \in \mathbf{R}^n,\ \ y_i \in \{-1, +1\}, i = 1, \cdots, m.$$

定义集合

$$X = \{x_1, \cdots, x_m\}, Y = \{-1,\ \ +1\},$$

本质上集合D给出了如下的映射

$$g\text{：}\ X \to Y,\ \text{s.t.},\ \phi(x_i) = y_i, i = 1, \cdots, m.$$

利用映射g定义两个集合

$$X_{-1} = g^{-1}(-1), X_{+1} = g^{-1}(+1),$$

分别表示标记-1和$+1$对应的样本集合。假设$N \gg n$，$\mathbf{R}^N$是一个高维空间，将X通过如下方式从n维空间嵌入(单射)到N维空间

$$\phi\text{：}\ X \subseteq \mathbf{R}^n \to \mathbf{R}^N,$$

那么问题是在$\mathbf{R}^N$中区分集合$\phi(X_{-1})$和$\phi(X_{+1})$.

我们希望用高维空间$\mathbf{R}^N$超平面划分$\phi(X_{-1})$和$\phi(X_{+1})$两个集合。首先参数化这个超平面为

$$L_{w,b} = \{z \mid z \in \mathbf{R}^N, w^{\mathrm{T}}z + b = 0\}, w \in \mathbf{R}^N, w \neq 0, b \in \mathbf{R}^1.$$

显然嵌入后的样本空间的任意一个点$\phi(x) \in \phi(X)$到超平面的距离为

$$\frac{|w^{\mathrm{T}}\phi(x) + b|}{\|w\|_2}, \forall \phi(x) \in \phi(X).$$

假设超平面能够将集合$\phi(X)$进行真确分类，即

$$\forall \phi(x) \in \phi(X_{-1}), w^{\mathrm{T}}\phi(x) + b < 0; \forall \phi(x) \in \phi(X_{+1}), w^{\mathrm{T}}\phi(x) + b > 0.$$

考察上面的条件，可知对于w, b是齐次的，因此可以将上面的条件改为

$$\forall\phi(x) \in \phi(X_{-1}), w^{\mathrm{T}}\phi(x) + b \leqslant -1; \forall\phi(x) \in \phi(X_{+1}), w^{\mathrm{T}}\phi(x) + b \geqslant +1.$$

结合两个集合各自的标记可把上面的条件统一描述为

$$y_i(w^{\mathrm{T}}\phi(x_i) + b) \geqslant 1, \forall(x_i, y_i) \in D.$$

继续考察条件

$$\forall\phi(x) \in \phi(X_{-1}), w^{\mathrm{T}}\phi(x) + b \leqslant -1; \forall\phi(x) \in \phi(X_{+1}), w^{\mathrm{T}}\phi(x) + b \geqslant +1.$$

如果超平面对数据集$\phi(X_{+1})$和$\phi(X_{-1})$进行了正确分类，那么相当于二者之间有空的条带

$$-1 \leqslant w^{\mathrm{T}}\phi(x) + b \leqslant +1,$$

显然这个条带的宽度为

$$\gamma = \frac{2}{\|w\|_2}.$$

支持向量的基本思想是找到一个超平面$f(z) = w^{\mathrm{T}}z + b$既能够正确划分$\phi(X_{-1}), \phi(X_{+1})$两个集合，又能够使得它们划分的间隔足够大。因此，综上可以建立如下模型

$$\begin{aligned} \max\ & \frac{2}{\|w\|_2} \\ \text{s.t.}\ & y_i(w^{\mathrm{T}}\phi(x_i) + b) \geqslant 1, i = 1, \cdots, m. \end{aligned}$$

模型可以转化为

$$\begin{aligned} \min\ & \frac{1}{2}\|w\|_2 \\ \text{s.t.}\ & y_i(w^{\mathrm{T}}\phi(x_i) + b) \geqslant 1, i = 1, \cdots, m. \end{aligned}$$

最终转化为

$$\begin{aligned} \min\ & \frac{1}{2}\|w\|_2^2 \\ \text{s.t.}\ & y_i(w^{\mathrm{T}}\phi(x_i) + b) \geqslant 1, i = 1, \cdots, m. \end{aligned}$$

这就是嵌入支持向量的基本模型。

对于嵌入支持向量机模型

$$\begin{aligned} \min\ & \frac{1}{2}\|w\|_2^2 \\ \text{s.t.}\ & y_i(w^{\mathrm{T}}\phi(x_i) + b) \geqslant 1, i = 1, \cdots, m. \end{aligned}$$

要计算其对偶问题。首先把问题转化为标准形式，即

$$\begin{aligned} \min\ & \frac{1}{2}\|w\|_2^2 \\ \text{s.t.}\ & 1 - y_i(w^{\mathrm{T}}\phi(x_i) + b) \leqslant 0, i = 1, \cdots, m. \end{aligned}$$

其次确定对偶变量为

$$\alpha = (\alpha_1, \cdots, \alpha_m)^{\mathrm{T}} \in \mathbf{R}^m, \alpha \geqslant 0,$$

第三步定义模型的Lagrange函数为

$$L(w, b, \alpha) = \frac{1}{2}\|w\|_2^2 + \sum_{i=1}^{m}\alpha_i(1 - y_i(w^{\mathrm{T}}\phi(x_i) + b)),$$

Lagrange函数的各阶导数为

$$\begin{aligned}
&\nabla_w L(w,b,\alpha) = w - \sum_{i=1}^{m} \alpha_i y_i \phi(x_i),\\
&\nabla_b L(w,b,\alpha) = \sum_{i=1}^{m} \alpha_i y_i,\\
&\nabla_w^2 L(w,b,\alpha) = I_N,\\
&\nabla_b^2 L(w,b\alpha) = 0,\\
&\nabla_{wb}^2 L(w,b,\alpha) = 0,
\end{aligned}$$

因此Lagrange函数的Hessian矩阵为

$$\nabla^2 L(w,b,\alpha) = \begin{pmatrix} I_N & 0 \\ 0 & 0 \end{pmatrix} \geqslant 0.$$

因此Lagrange函数的最优解为如下方程的解

$$\begin{aligned}
\nabla_w L(w,b,\alpha) &= w - \sum_{i=1}^{m} \alpha_i y_i \phi(x_i) = 0,\\
\nabla_b L(w,b,\alpha) &= \sum_{i=1}^{m} \alpha_i y_i = 0,
\end{aligned}$$

即

$$\begin{aligned}
w^* &= \sum_{i=1}^{m} \alpha_i y_i \phi(x_i),\\
\sum_{i=1}^{m} \alpha_i y_i &= 0,
\end{aligned}$$

此时Lagrange函数的最优值为

$$\sum_{i=1}^{m} \alpha_i - \frac{1}{2} \sum_{i,j=1,\cdots,m} \alpha_i \alpha_j y_i y_j \phi(x_i)^{\mathrm{T}} \phi(x_j).$$

根据上面的计算可得对偶函数为

$$r(\alpha) = \sum_{i=1}^{m} \alpha_i - \frac{1}{2} \sum_{i,j=1,\cdots,m} \alpha_i \alpha_j y_i y_j \phi(x_i)^{\mathrm{T}} \phi(x_j).$$

综上，嵌入支持向量模型的对偶模型为

$$\begin{aligned}
\max\ & \sum_{i=1}^{m} \alpha_i - \frac{1}{2} \sum_{i,j=1,\cdots,m} \alpha_i \alpha_j y_i y_j \phi(x_i)^{\mathrm{T}} \phi(x_j)\\
\text{s.t.}\ & \sum_{i=1}^{m} \alpha_i y_i = 0, \alpha \geqslant 0.
\end{aligned}$$

通过对偶模型计算出α以后，再利用方程

$$\begin{aligned}
w^* &= \sum_{i=1}^{m} \alpha_i y_i \phi(x_i),\\
\sum_{i=1}^{m} \alpha_i y_i &= 0
\end{aligned}$$

计算出w, b，可得最终的函数为

$$f(x) = \sum_{i=1}^{m} \alpha_i y_i \phi(x_i)^{\mathrm{T}} \phi(x) + b, \forall x \in X.$$

对于嵌入支持向量机模型

$$\begin{aligned} \min\ & \frac{1}{2}\|w\|_2^2 \\ \text{s.t.}\ & y_i(w^{\mathrm{T}}\phi(x_i)+b) \geqslant 1, i=1,\cdots,m. \end{aligned}$$

要计算其对偶问题。首先把问题转化为标准形式，即

$$\begin{aligned} \min\ & \frac{1}{2}\|w\|_2^2 \\ \text{s.t.}\ & 1-y_i(w^{\mathrm{T}}\phi(x_i)+b) \leqslant 0, i=1,\cdots,m. \end{aligned}$$

其次确定对偶变量为

$$\alpha=(\alpha_1,\cdots,\alpha_m)^{\mathrm{T}} \in \mathbf{R}^m, \alpha \geqslant 0,$$

第三步定义模型的Lagrange函数为

$$L(w,b,\alpha)=\frac{1}{2}\|w\|_2^2+\sum_{i=1}^{m}\alpha_i(1-y_i(w^{\mathrm{T}}\phi(x_i)+b)),$$

因此模型的KKT条件为

$$\begin{aligned} & y_i(w^{\mathrm{T}}\phi(x_i)+b) \geqslant 1, i=1,\cdots,m, \\ & \alpha_i \geqslant 0, i=1,\cdots,m, \\ & \alpha_i(1-y_i(w^{\mathrm{T}}\phi(x_i)+b))=0, i=1,\cdots,m, \\ & w=\sum_{i=1}^{m}\alpha_i y_i\phi(x_i), \\ & \sum_{i=1}^{m}\alpha_i y_i=0. \end{aligned}$$

定义集合

$$S=\{i|\ \alpha_i>0, i=1,\cdots,m\}.$$

考察KKT条件数中的

$$\alpha_i(1-y_i(w^{\mathrm{T}}\phi(x_i)+b))=0, i=1,\cdots,m.$$

可得

$$y_i(w^{\mathrm{T}}\phi(x_i)+b)=1, \forall i \in S.$$

解得

$$b=y_i-w^{\mathrm{T}}\phi(x_i), \forall i \in S.$$

有时候为了更加鲁棒，可以采用如下值

$$b=\frac{1}{|S|}\sum_{i\in S}(y_i-w^{\mathrm{T}}\phi(x_i))=\frac{1}{|S|}\sum_{i\in S}\Big(y_i-(\sum_{j\in S}\alpha_j y_j\phi(x_j))^{\mathrm{T}}\phi(x_i)\Big).$$

考察嵌入支持向量模型的对偶模型

$$\begin{aligned} \max\ & \sum_{i=1}^{m}\alpha_i-\frac{1}{2}\sum_{i,j=1,\cdots,m}\alpha_i\alpha_j y_i y_j\phi(x_i)^{\mathrm{T}}\phi(x_j) \\ \text{s.t.}\ & \sum_{i=1}^{m}\alpha_i y_i=0, \alpha \geqslant 0. \end{aligned}$$

这个模型牵涉计算

$$\phi(x_i)^{\mathrm{T}}\phi(x_i), i,j=1,\cdots,m$$

的问题，这是样本x_i和x_j嵌入高维空间后的内积，由于高维空间的维数可能非常高，甚至可能是无穷维，因此直接计算

$$\phi(x_i)^{\mathrm{T}}\phi(x_i), i, j = 1, \cdots, m$$

通常是非常困难的，为了避开这个障碍，可以考虑设计这样一个函数

$$k(x_i, x_j) = \phi(x_i)^{\mathrm{T}}\phi(x_j), i, j = 1, \cdots, m.$$

即x_i和x_j在高维空间中的内积可以通过函数

$$k: X \times X \to \mathbf{R}$$

来计算实现，如果有了这样的函数，就不必直接计算高维空间甚至无穷维空间的内积了，于是对偶模型

$$\begin{aligned} \max\ & \sum_{i=1}^{m}\alpha_i - \frac{1}{2}\sum_{i,j=1,\cdots,m}\alpha_i\alpha_j y_i y_j \phi(x_i)^{\mathrm{T}}\phi(x_j) \\ \text{s.t.}\ & \sum_{i=1}^{m}\alpha_i y_i = 0, \alpha \geqslant 0. \end{aligned}$$

可以直接改写为

$$\begin{aligned} \max\ & \sum_{i=1}^{m}\alpha_i - \frac{1}{2}\sum_{i,j=1,\cdots,m}\alpha_i\alpha_j y_i y_j k(x_i, x_j) \\ \text{s.t.}\ & \sum_{i=1}^{m}\alpha_i y_i = 0, \alpha \geqslant 0. \end{aligned}$$

求解后可得到

$$\begin{aligned} f(x) &= \sum_{i=1}^{m}\alpha_i y_i \phi(x_i)^{\mathrm{T}}\phi(x) + b \\ &= \sum_{i=1}^{m}\alpha_i y_i k(x_i, x) + b. \end{aligned}$$

通过上面的启发，我们已经初步了解了核函数的理念，即高维嵌入或者无穷维嵌入后与前嵌入方式相关的一类函数，上面的式子说明嵌入支持向量问题的最优解与训练样本的核函数密切相关。显然地，若已经知道嵌入映射ϕ的具体形式，则可以写出核函数，但是现实任务中通常不知道嵌入方式ϕ是什么，那么合适的核函数是否一定存在呢？什么样的函数能做核函数呢？在核函数学习理论中，下面的定理是非常基本而且重要的。

定理22.1 假设$\mathcal{X}$是一个样本空间，函数

$$k: \mathcal{X} \times \mathcal{X} \to \mathbf{R}$$

是对称函数，即

$$\forall x, x' \in \mathcal{X} \Longrightarrow k(x, x') = k(x', x),$$

那么k是核函数当且仅当对于任意的数据集

$$D = \{x_1, \cdots, x_m\} \subseteq \mathcal{X},$$

满足：核函数k在数据集D上产生的核矩阵K_D是半正定的，即

$$K_D = [k(x_i, x_j)]_{m\times m} \geqslant 0.$$

这个定理表明，只要对称函数k：$\mathcal{X} \times \mathcal{X} \to \mathbf{R}$所对应的矩阵是半正定的，那么这个函数就可以作为核函数，反过来也对。事实上，对于任何一个半正定矩阵$A \in SM_{m,+}(\mathbf{R})$，

都可以找到一个与之对应的映射ϕ，使得

$$a_{ij} = \phi(x_i)^{\mathrm{T}}\phi(x_j), i, j = 1, \cdots, m.$$

即任何一个核函数k都隐性定义了一个内积空间，这个空间称为再生核Hilbert空间，记为RKHS，即Reproducing Kernel Hilbert Space.

通过前面的讨论可知，对于低维空间中的样本，为了使得数据集能够二分，一般需要将低维数据嵌入高维空间中，嵌入的方式是多种多样的，在不知道嵌入方式的时候。并不知道什么核函数是恰当的，我们反过来考虑这个问题，先考虑核函数，但是核函数也仅仅是隐性地定义了这个嵌入空间，所以核函数的选择成为了嵌入支持向量模型的一个关键问题，如果核函数选择不适合，那么样本嵌入一个不合适的空间，会导致性能不佳。

定义22.2 假设样本空间$\mathcal{X} = \mathbf{R}^n$，以下几个函数是嵌入支持向量模型中的常用核函数：

线性核函数定义为

$$k(x_i, x_j) = x_i^{\mathrm{T}} x_j.$$

多项式核函数定义为

$$k(x_i, x_j) = (x_i^{\mathrm{T}} x_j)^d, d \in \mathbb{N}.$$

高斯核函数定义为

$$k(x_i, x_j) = \mathrm{e}^{-\frac{\|x_i - x_j\|_2^2}{2\sigma^2}}.$$

拉普拉斯核函数定义为

$$k(x_i, x_j) = \mathrm{e}^{-\frac{\|x_i - x_j\|_2}{\sigma}}.$$

Sigmoid核函数定义为

$$k(x_i, x_j) = \tanh(\beta x_i^{\mathrm{T}} x_j + \theta), \beta > 0, \theta < 0.$$

定理22.2 假设$\mathcal{X}$是一个样本空间，那么成立如下性质：

(1) 假设k_1和k_2都是核函数，那么任取$\alpha, \beta \geqslant 0$，函数

$$\alpha k_1 + \beta k_2$$

依然是核函数；

(2) 假设k_1和k_2都是核函数，那么函数

$$k_1 \otimes k_2(x, y) = k_1(x, y) k_2(x, y)$$

依然是核函数；

(3) 假设k_1是核函数，g：$\mathcal{X} \to \mathbf{R}$是任意函数，那么函数

$$k(x, y) = g(x) k_1(x, y) g(y)$$

依然是核函数。

22.2 软间隔核函数模型

在前面的讨论中，我们一直要求训练样本是超平面可分的，即存在一个超平面将不同类的样本完全划分开来，所以一般而言会将一个低维的数据集嵌入高维的空间中，由此产生了核函数的方法。但是，核函数方法也有选择上的困难，所以我们在精确划分上做一些让步，缓解该问题的一个办法是允许支持向量机在一些样本上出错，为此需要引入软间隔核函数方法的概念。

具体而言，前面介绍的嵌入支持向量机模型要求

$$y_i(w^{\mathrm{T}}\phi(x_i)+b)\geqslant 1, i=1,\cdots,m.$$

即所有的样本的划分必须正确，这称为硬间隔。因此，我们称模型

$$\begin{aligned}\min\ &\frac{1}{2}\|w\|_2^2\\ \text{s.t.}\ \ &y_i(w^{\mathrm{T}}\phi(x_i)+b)\geqslant 1, i=1,\cdots,m\end{aligned}$$

为嵌入硬间隔支持向量机模型。在本节中，改进想法是：不要求所有的样本都满足硬间隔，而是允许某些样本不满足条件

$$y_i(w^{\mathrm{T}}\phi(x_i)+b)\geqslant 1.$$

当然在最大化间隔的同时，不满足约束的样本应尽可能小，于是我们设计模型为

$$\min\ \frac{1}{2}\|w\|_2^2+C\sum_{i=1}^m Loss_{0/1}(y_i(w^{\mathrm{T}}\phi(x_i)+b)-1),$$

其中$C>0$是常数，而函数$Loss_{0/1}$是0/1损失函数，定义为

$$Loss_{0/1}(z)=\begin{cases}1, & \text{如果} z<0,\\ 0, & \text{如果} z\geqslant 0.\end{cases}$$

显然当$C=+\infty$时，模型

$$\min\ \frac{1}{2}\|w\|_2^2+C\sum_{i=1}^m Loss_{0/1}(y_i(w^{\mathrm{T}}\phi(x_i)+b)-1),$$

会迫使所有的样本都满足

$$y_i(w^{\mathrm{T}}\phi(x_i)+b)\geqslant 1, i=1,\cdots,m.$$

当C取有限值时，模型

$$\min\ \frac{1}{2}\|w\|_2^2+C\sum_{i=1}^m Loss_{0/1}(y_i(w^{\mathrm{T}}\phi(x_i)+b)-1),$$

允许部分样本不满足

$$y_i(w^{\mathrm{T}}\phi(x_i)+b)\geqslant 1.$$

已知函数$Loss_{0/1}$是不连续、非凸的，数学性质很不好，使得模型

$$\min\ \frac{1}{2}\|w\|_2^2+C\sum_{i=1}^m Loss_{0/1}(y_i(w^{\mathrm{T}}\phi(x_i)+b)-1)$$

不好求解，于是通常用一些具有较好性质的函数来代替$Loss_{0/1}$函数，这些函数称为替代损失函数。

定义22.3 三类主要的替代损失函数

Hinge损失函数定义为

$$Loss_{\text{hinge}}(z) = \max(0, 1 - z).$$

指数损失函数定义为

$$Loss_{\exp}(z) = \exp(-z).$$

Logistic损失函数定义为

$$Loss_{\log}(z) = \log(1 + \exp(-z)).$$

选用Hinge损失函数，那么上面的模型转化为

$$\min \ \frac{1}{2}\|w\|_2^2 + C\sum_{i=1}^{m}\max(0, 1 - y_i(w^{\mathrm{T}}\phi(x_i) + b)).$$

引入松弛变量$\gamma_i, i = 1, \cdots, m$，可将原始模型转化为

$$\begin{aligned} \min \ & \frac{1}{2}\|w\|_2^2 + C\sum_{i=1}^{m}\gamma_i \\ \text{s.t.} \ & y_i(w^{\mathrm{T}}\phi(x_i) + b) \geqslant 1 - \gamma_i, \\ & \gamma_i \geqslant 0, i = 1, \cdots, m. \end{aligned}$$

这个模型称为嵌入软间隔支持向量机，与嵌入硬间隔支持向量机相比，在约束方面做了放松。

对于嵌入软间隔支持向量机

$$\begin{aligned} \min \ & \frac{1}{2}\|w\|_2^2 + C\sum_{i=1}^{m}\gamma_i \\ \text{s.t.} \ & y_i(w^{\mathrm{T}}\phi(x_i) + b) \geqslant 1 - \gamma_i, i = 1, \cdots, m, \\ & \gamma_i \geqslant 0, i = 1, \cdots, m. \end{aligned}$$

需要计算其对偶问题。首先将模型标准化为

$$\begin{aligned} \min \ & \frac{1}{2}\|w\|_2^2 + C\sum_{i=1}^{m}\gamma_i \\ \text{s.t.} \ & 1 - \gamma_i - y_i(w^{\mathrm{T}}\phi(x_i) + b) \leqslant 0, i = 1, \cdots, m, \\ & -\gamma_i \leqslant 0, i = 1, \cdots, m. \end{aligned}$$

其次选定对偶变量为

$$\alpha, \beta \in \mathbf{R}^m, \alpha, \beta \geqslant 0.$$

第三步定义模型的Lagrange函数为

$$L(w, b, \gamma, \alpha, \beta) = \frac{1}{2}\|w\|_2^2 + C\sum_{i=1}^{m}\gamma_i + \sum_{i=1}^{m}\alpha_i(1 - \gamma_i - y_i(w^{\mathrm{T}}\phi(x_i) + b)) - \sum_{i=1}^{m}(\beta_i\gamma_i).$$

计算Lagrange函数的各阶导数可得

$$\begin{aligned} &\nabla_w L(w, b, \gamma, \alpha, \beta) = w - \sum \alpha_i y_i \phi(x_i), \\ &\nabla_b L(w, b, \gamma, \alpha, \beta) = -\sum \alpha_i y_i, \\ &\nabla_\gamma L(w, b, \gamma, \alpha, \beta) = C\mathbf{1}_m - \alpha - \beta, \\ &\nabla_w^2 L(w, b, \gamma, \alpha, \beta) = I_N, \\ &\nabla_{wb} L(w, b, \gamma, \alpha, \beta) = 0, \\ &\nabla_{w\gamma} L(w, b, \gamma, \alpha, \beta) = 0, \end{aligned}$$

$$\nabla_b^2 L(w,b,\gamma,\alpha,\beta) = 0,$$
$$\nabla_{b\gamma}^2 L(w,b,\gamma,\alpha,\beta) = 0,$$
$$\nabla_\gamma^2 L(w,b,\gamma,\alpha,\beta) = 0.$$

因为Lagrange函数的Hessian矩阵满足

$$\nabla^2 L(w,b,\gamma,\alpha,\beta) = \begin{pmatrix} I_N & 0 & 0 \\ 0 & 0 & 0 \\ 0 & 0 & 0 \end{pmatrix} \geqslant 0.$$

所以Lagrange函数的最优解为如下方程的解

$$\nabla_w L(w,b,\gamma,\alpha,\beta) = w - \sum \alpha_i y_i \phi(x_i) = 0,$$
$$\nabla_b L(w,b,\gamma,\alpha,\beta) = -\sum \alpha_i y_i = 0,$$
$$\nabla_\gamma L(w,b,\gamma,\alpha,\beta) = C\mathbf{1}_m - \alpha - \beta = 0.$$

可得

$$w = \sum \alpha_i y_i \phi(x_i), \sum \alpha_i y_i = 0, C\mathbf{1}_m = \alpha + \beta.$$

此时Lagrange函数的最优值为

$$\sum_{i=1}^m \alpha_i - \frac{1}{2} \sum_{i,j=1,\cdots,m} \alpha_i \alpha_j y_i y_j \phi(x_i)^{\mathrm{T}} \phi(x_j).$$

根据上面的计算可得对偶函数为

$$r(\alpha,\beta) = \sum_{i=1}^m \alpha_i - \frac{1}{2} \sum_{i,j=1,\cdots,m} \alpha_i \alpha_j y_i y_j \phi(x_i)^{\mathrm{T}} \phi(x_j).$$

综上，嵌入软间隔支持向量机的对偶模型为

$$\begin{aligned} \max \ & \sum_{i=1}^m \alpha_i - \frac{1}{2} \sum_{i,j=1,\cdots,m} \alpha_i \alpha_j y_i y_j \phi(x_i)^{\mathrm{T}} x\phi(_j) \\ \text{s.t.} \ & \sum_{i=1}^m \alpha_i y_i = 0, \\ & C\mathbf{1}_m = \alpha + \beta, \\ & \alpha \geqslant 0, \beta \geqslant 0. \end{aligned}$$

可以转化为

$$\begin{aligned} \max \ & \sum_{i=1}^m \alpha_i - \frac{1}{2} \sum_{i,j=1,\cdots,m} \alpha_i \alpha_j y_i y_j \phi(x_i)^{\mathrm{T}} \phi(x_j) \\ \text{s.t.} \ & \sum_{i=1}^m \alpha_i y_i = 0, \\ & 0 \leqslant \alpha \leqslant C\mathbf{1}_m. \end{aligned}$$

这是一个关于α的模型。

对于嵌入软间隔支持向量机

$$\begin{aligned} \min \ & \frac{1}{2}\|w\|_2^2 + C\sum_{i=1}^m \gamma_i \\ \text{s.t.} \ & y_i(w^{\mathrm{T}}\phi(x_i) + b) \geqslant 1 - \gamma_i, i = 1,\cdots,m, \\ & \gamma_i \geqslant 0, i = 1,\cdots,m. \end{aligned}$$

可以直接计算其KKT条件。首先将模型标准化为

$$\begin{aligned}\min\ & \frac{1}{2}\|w\|_2^2 + C\sum_{i=1}^{m}\gamma_i\\ \text{s.t.}\ & 1-\gamma_i - y_i(w^{\mathrm T}\phi(x_i)+b)\leqslant 0, i=1,\cdots,m,\\ & -\gamma_i\leqslant 0, i=1,\cdots,m.\end{aligned}$$

其次选定对偶变量为

$$\alpha,\beta\in\mathbf{R}^m, \alpha,\beta\geqslant 0.$$

第三步定义模型的Lagrange函数为

$$L(w,b,\gamma,\alpha,\beta)=\frac{1}{2}\|w\|_2^2 + C\sum_{i=1}^{m}\gamma_i+\sum_{i=1}^{m}\alpha_i(1-\gamma_i-y_i(w^{\mathrm T}\phi(x_i)+b))-\sum_{i=1}^{m}(\beta_i\gamma_i).$$

KKT条件为

$$\begin{aligned}& y_i(w^{\mathrm T}\phi(x_i)+b)\geqslant 1-\gamma_i, i=1,\cdots,m,\\ & \gamma_i\geqslant 0, i=1,\cdots,m,\\ & \alpha_i\geqslant 0, i=1,\cdots,m,\\ & \beta_i\geqslant 0, i=1,\cdots,m,\\ & w=\sum\alpha_i y_i\phi(x_i),\\ & \sum\alpha_i y_i=0,\\ & C\mathbf{1}_m=\alpha+\beta,\\ & \alpha_i(1-\gamma_i-y_i(w^{\mathrm T}\phi(x_i)+b))=0, i=1,\cdots,m,\\ & \beta_i\gamma_i=0, i=1,\cdots,m.\end{aligned}$$

假设通过对偶模型计算出了α,β的值，定义集合

$$S(\alpha)=\{i|\ \alpha_i>0\}, S(\beta)=\{i|\ \beta_i>0\},$$

那么根据

$$\beta_i\gamma_i=0, i=1,\cdots,m,$$

可得

$$\gamma_i=0, \forall i\in S(\beta).$$

根据

$$\alpha_i(1-\gamma_i-y_i(w^{\mathrm T}\phi(x_i)+b))=0, i=1,\cdots,m,$$

可算出

$$(w^{\mathrm T}\phi(x_i)+b)=1-\gamma_i, \forall i\in S(\alpha),$$

即

$$b=1-\gamma_i-w^{\mathrm T}\phi(x_i), \forall i\in S(\alpha),$$

为鲁棒起见可以取平均值为

$$b=\frac{\sum_{i\in S(\alpha)}\left(1-\gamma_i-(\sum_{j\in S(\alpha)}\alpha_j y_j\phi(x_j))^{\mathrm T}\phi(x_i)\right)}{|S(\alpha)|}.$$

对于嵌入软间隔支持向量机

$$\begin{aligned}\min\ &\frac{1}{2}\|w\|_2^2 + C\sum_{i=1}^{m}\gamma_i\\ \text{s.t.}\ &y_i(w^{\mathrm{T}}\phi(x_i)+b) \geqslant 1-\gamma_i, i=1,\cdots,m,\\ &\gamma_i \geqslant 0, i=1,\cdots,m.\end{aligned}$$

其对偶模型为

$$\begin{aligned}\max\ &\sum_{i=1}^{m}\alpha_i - \frac{1}{2}\sum_{i,j=1,\cdots,m}\alpha_i\alpha_j y_i y_j \phi(x_i)^{\mathrm{T}}\phi(x_j)\\ \text{s.t.}\ &\sum_{i=1}^{m}\alpha_i y_i = 0,\\ &0 \leqslant \alpha \leqslant C\mathbf{1}_m.\end{aligned}$$

令核函数

$$k(x_i, x_j) = \phi(x_i)^{\mathrm{T}}\phi(x_j), i, j = 1,\cdots,m.$$

那么对偶模型可以表述为

$$\begin{aligned}\max\ &\sum_{i=1}^{m}\alpha_i - \frac{1}{2}\sum_{i,j=1,\cdots,m}\alpha_i\alpha_j y_i y_j k(x_i, x_j)\\ \text{s.t.}\ &\sum_{i=1}^{m}\alpha_i y_i = 0,\\ &0 \leqslant \alpha \leqslant C\mathbf{1}_m.\end{aligned}$$

如果在对偶模型中计算出了最优解α，那么原始模型的函数为

$$f(x) = \sum \alpha_i y_i k(x_i, x) + b.$$

当然也可以取其他的替代损失函数，如果$Loss$是一个抽象的损失函数，函数$f = w^{\mathrm{T}}x + b, w \in \mathbf{R}^N, b \in \mathbf{R}^1$是超平面，$\Omega(f)$是关于$f$的一个抽象评估函数，数据集$D$的嵌入函数为$\phi$：$D \subseteq \mathbf{R}^n \to \mathbf{R}^N$，那么我们可以建立很一般的嵌入支持向量模型

$$\min_f\ \Omega(f) + C\sum_{i=1}^{m} Loss(w^{\mathrm{T}}\phi(x_i) + b, y_i).$$

模型中第一项$\Omega(f)$称为结构风险，用于描述函数f的某些性质；第二项$\sum_{i=1}^{m} Loss(w^{\mathrm{T}}\phi(x_i) + b, y_i)$称为嵌入经验风险，用于描述模型与训练样本数据之间的契合程度；系数C用于二者的折中，这是一个抽象的正则化模型。

22.3　软间隔核函数回归

前文中，我们考察了二分类问题的嵌入支持向量模型，接下来考察嵌入回归问题的模型。

定义22.4　对于回归问题，给定数据集

$$D = \{(x_1, y_1), \cdots, (x_m, y_m)\}, x_i \in \mathbf{R}^n,\ \ y_i \in \mathbf{R}^1, i = 1,\cdots,m.$$

定义集合

$$X = \{x_1, \cdots, x_m\}, Y = \mathbf{R}^1,$$

本质上集合D给出了如下的映射

$$g: X \to Y, \text{ s.t., } g(x_i) = y_i, i = 1, \cdots, m.$$

对于样本(x, y)，传统的回归模型是直接利用模型输出值与真实值之间的差别来计算损失，例如本书的线性函数学习一章即是如此。与此不同，受到前面的二分类问题的嵌入支持向量模型的启发，我们拟采用嵌入支持向量模型来回归上面的数据集。基本思想是：一是假设能够容忍模型输出值和真实值之间的ϵ的偏差，即仅当输出值与真实值之间的差别绝对值大于ϵ时才计算损失值；二是将低维数据嵌入高维空间中，即

$$\phi: X \to \mathbf{R}^N.$$

假设超平面为$f(z) = w^{\mathrm{T}}z + b, w \in \mathbf{R}^N, b \in \mathbf{R}^1$，那么嵌入支持向量回归的模型为

$$\min \ \frac{1}{2}\|w\|_2^2 + C\sum_{i=1}^{m} Loss_\epsilon(w^{\mathrm{T}}\phi(x_i) + b - y_i),$$

其中C是一个正则化常数，损失函数$Loss_\epsilon$定义为

$$Loss_\epsilon(z) = \begin{cases} 0, & \text{如果} |z| \leqslant \epsilon, \\ |z| - \epsilon, & \text{如果} |z| \geqslant \epsilon. \end{cases}$$

对于嵌入支持向量回归模型

$$\min \ \frac{1}{2}\|w\|_2^2 + C\sum_{i=1}^{m} Loss_\epsilon(w^{\mathrm{T}}\phi(x_i) + b - y_i),$$

需要计算其对偶模型。首先引入松弛变量

$$\gamma = (\gamma_i), \hat{\gamma} = (\hat{\gamma}_i), i = 1, \cdots, m,$$

来转化支持向量回归模型为

$$\begin{aligned} \min \ & \frac{1}{2}\|w\|_2^2 + C\sum(\gamma_i + \hat{\gamma}_i) \\ \text{s.t.} \ & w^{\mathrm{T}}\phi(x_i) + b - y_i \leqslant \epsilon + \gamma_i, i = 1, \cdots, m, \\ & y_i - w^{\mathrm{T}}\phi(x_i) + b \leqslant \epsilon + \hat{\gamma}_i, i = 1, \cdots, m, \\ & \gamma_i \geqslant 0, \hat{\gamma}_i \geqslant 0, i = 1, \cdots, m. \end{aligned}$$

其次将模型转化为标准型

$$\begin{aligned} \min \ & \frac{1}{2}\|w\|_2^2 + C\sum(\gamma_i + \hat{\gamma}_i) \\ \text{s.t.} \ & w^{\mathrm{T}}\phi(x_i) + b - y_i - \epsilon - \gamma_i \leqslant 0, i = 1, \cdots, m, \\ & y_i - w^{\mathrm{T}}\phi(x_i) - b - \epsilon - \hat{\gamma}_i \leqslant 0, i = 1, \cdots, m, \\ & -\gamma_i \leqslant 0, -\hat{\gamma}_i \leqslant 0, i = 1, \cdots, m. \end{aligned}$$

第三步选定对偶变量为

$$\alpha, \hat{\alpha}, \beta, \hat{\beta} \in \mathbf{R}^m, \alpha, \hat{\alpha}, \beta, \hat{\beta} \geqslant 0.$$

第四步定义Lagrange函数为

$$\begin{aligned} L(w, b, \gamma, \hat{\gamma}, \alpha, \hat{\alpha}, \beta, \hat{\beta}) =& \frac{1}{2}\|w\|_2^2 + C\sum(\gamma_i + \hat{\gamma}_i) + \sum \alpha_i(w^{\mathrm{T}}\phi(x_i) + b - y_i - \epsilon - \gamma_i) \\ & + \sum \hat{\alpha}_i(y_i - w^{\mathrm{T}}\phi(x_i) - b - \epsilon - \hat{\gamma}_i) - \beta^{\mathrm{T}}\gamma - \hat{\beta}^{\mathrm{T}}\hat{\gamma} \\ =& \frac{1}{2}\|w\|_2^2 + \sum(\alpha_i\phi(x_i) - \hat{\alpha}_i\phi(x_i))^{\mathrm{T}}w + b\sum(\alpha_i - \hat{\alpha}_i) \end{aligned}$$

$$+ (C\mathbf{1}_m - \alpha - \beta)^{\mathrm{T}}\gamma + (C\mathbf{1}_m - \hat{\alpha} - \hat{\beta})^{\mathrm{T}}\hat{\gamma}$$
$$+ \sum(\hat{\alpha}_i - \alpha_i)y_i - \epsilon\sum(\hat{\alpha}_i + \alpha_i).$$

计算Lagrange函数的各阶导数为

$$\begin{aligned}
\nabla_w L(w,b,\gamma,\hat{\gamma},\alpha,\hat{\alpha},\beta,\hat{\beta}) &= w - \sum(\hat{\alpha}_i - \alpha_i)\phi(x_i),\\
\nabla_b L(w,b,\gamma,\hat{\gamma},\alpha,\hat{\alpha},\beta,\hat{\beta}) &= \sum(\alpha_i - \hat{\alpha}_i),\\
\nabla_\gamma L(w,b,\gamma,\hat{\gamma},\alpha,\hat{\alpha},\beta,\hat{\beta}) &= C\mathbf{1}_m - \alpha - \beta,\\
\nabla_{\hat{\gamma}} L(w,b,\gamma,\hat{\gamma},\alpha,\hat{\alpha},\beta,\hat{\beta}) &= C\mathbf{1}_m - \hat{\alpha} - \hat{\beta},\\
\nabla^2_{ww} L(w,b,\gamma,\hat{\gamma},\alpha,\hat{\alpha},\beta,\hat{\beta}) &= I_N,\\
\nabla^2_{wb} L(w,b,\gamma,\hat{\gamma},\alpha,\hat{\alpha},\beta,\hat{\beta}) &= 0,\\
\nabla^2_{w\gamma} L(w,b,\gamma,\hat{\gamma},\alpha,\hat{\alpha},\beta,\hat{\beta}) &= 0,\\
\nabla^2_{w\hat{\gamma}} L(w,b,\gamma,\hat{\gamma},\alpha,\hat{\alpha},\beta,\hat{\beta}) &= 0,\\
\nabla^2_{bb} L(w,b,\gamma,\hat{\gamma},\alpha,\hat{\alpha},\beta,\hat{\beta}) &= 0,\\
\nabla^2_{b\gamma} L(w,b,\gamma,\hat{\gamma},\alpha,\hat{\alpha},\beta,\hat{\beta}) &= 0,\\
\nabla^2_{b\hat{\gamma}} L(w,b,\gamma,\hat{\gamma},\alpha,\hat{\alpha},\beta,\hat{\beta}) &= 0,\\
\nabla^2_{\gamma\gamma} L(w,b,\gamma,\hat{\gamma},\alpha,\hat{\alpha},\beta,\hat{\beta}) &= 0,\\
\nabla^2_{\gamma\hat{\gamma}} L(w,b,\gamma,\hat{\gamma},\alpha,\hat{\alpha},\beta,\hat{\beta}) &= 0,\\
\nabla^2_{\hat{\gamma}\hat{\gamma}} L(w,b,\gamma,\hat{\gamma},\alpha,\hat{\alpha},\beta,\hat{\beta}) &= 0.
\end{aligned}$$

因此Lagrange函数的Hessian矩阵满足

$$\nabla^2 L(w,b,\gamma,\hat{\gamma},\alpha,\hat{\alpha},\beta,\hat{\beta}) = \begin{pmatrix} I_N & 0 & 0 & 0\\ 0 & 0 & 0 & 0\\ 0 & 0 & 0 & 0\\ 0 & 0 & 0 & 0 \end{pmatrix} \geqslant 0.$$

因此Lagrange函数的最优解即如下方程的解

$$\begin{aligned}
\nabla_w L(w,b,\gamma,\hat{\gamma},\alpha,\hat{\alpha},\beta,\hat{\beta}) &= w - \sum(\hat{\alpha}_i - \alpha_i)\phi(x_i) = 0,\\
\nabla_b L(w,b,\gamma,\hat{\gamma},\alpha,\hat{\alpha},\beta,\hat{\beta}) &= \sum(\alpha_i - \hat{\alpha}_i) = 0,\\
\nabla_\gamma L(w,b,\gamma,\hat{\gamma},\alpha,\hat{\alpha},\beta,\hat{\beta}) &= C\mathbf{1}_m - \alpha - \beta = 0,\\
\nabla_{\hat{\gamma}} L(w,b,\gamma,\hat{\gamma},\alpha,\hat{\alpha},\beta,\hat{\beta}) &= C\mathbf{1}_m - \hat{\alpha} - \hat{\beta} = 0.
\end{aligned}$$

直接计算得到

$$\begin{aligned}
&w = \sum(\hat{\alpha}_i - \alpha_i)\phi(x_i),\\
&\sum(\alpha_i - \hat{\alpha}_i) = 0,\\
&C\mathbf{1}_m - \alpha - \beta = 0,\\
&C\mathbf{1}_m - \hat{\alpha} - \hat{\beta} = 0.
\end{aligned}$$

代入Lagrange函数可得最优值为

$$\sum(\hat{\alpha}_i - \alpha_i)y_i - \epsilon\sum(\alpha_i + \hat{\alpha}_i) - \sum\frac{1}{2}(\alpha_i - \hat{\alpha}_i)(\alpha_j - \hat{\alpha}_j)\phi(x_i)^{\mathrm{T}}\phi(x_j).$$

因此，对偶函数为

$$r(\alpha,\hat{\alpha},\beta,\hat{\beta})=\sum(\hat{\alpha}_i-\alpha_i)y_i-\epsilon\sum(\alpha_i+\hat{\alpha}_i)-\sum\frac{1}{2}(\alpha_i-\hat{\alpha}_i)(\alpha_j-\hat{\alpha}_j)\phi(x_i)^{\mathrm{T}}\phi(x_j).$$

综上，原始模型的对偶模型为

$$\begin{aligned}\max\ &\sum(\hat{\alpha}_i-\alpha_i)y_i-\epsilon\sum(\alpha_i+\hat{\alpha}_i)-\sum\frac{1}{2}(\alpha_i-\hat{\alpha}_i)(\alpha_j-\hat{\alpha}_j)\phi(x_i)^{\mathrm{T}}\phi(x_j)\\ \text{s.t.}\ &\sum(\alpha_i-\hat{\alpha}_i)=0,\\ &C\mathbf{1}_m-\alpha-\beta=0,\\ &C\mathbf{1}_m-\hat{\alpha}-\hat{\beta}=0.\end{aligned}$$

模型的变量为$\alpha,\hat{\alpha},\beta,\hat{\beta}$. 我们可以将模型转化为

$$\begin{aligned}\max\ &\sum(\hat{\alpha}_i-\alpha_i)y_i-\epsilon\sum(\alpha_i+\hat{\alpha}_i)-\sum\frac{1}{2}(\alpha_i-\hat{\alpha}_i)(\alpha_j-\hat{\alpha}_j)\phi(x_i)^{\mathrm{T}}\phi(x_j)\\ \text{s.t.}\ &\sum(\alpha_i-\hat{\alpha}_i)=0,\\ &0\leqslant\alpha\leqslant C\mathbf{1}_m,\\ &0\leqslant\hat{\alpha}\leqslant C\mathbf{1}_m.\end{aligned}$$

模型的变量为$\alpha,\hat{\alpha}$.

对于嵌入支持向量回归模型

$$\min\ \frac{1}{2}\|w\|_2^2+C\sum_{i=1}^{m}Loss_{\epsilon}(w^{\mathrm{T}}\phi(x_i)+b-y_i),$$

可以直接计算其KKT条件。首先引入松弛变量

$$\gamma=(\gamma_i),\hat{\gamma}=(\hat{\gamma}_i),i=1,\cdots,m,$$

转化支持向量回归模型为

$$\begin{aligned}\min\ &\frac{1}{2}\|w\|_2^2+C\sum(\gamma_i+\hat{\gamma}_i)\\ \text{s.t.}\ &w^{\mathrm{T}}\phi(x_i)+b-y_i\leqslant\epsilon+\gamma_i,i=1,\cdots,m,\\ &y_i-w^{\mathrm{T}}\phi(x_i)-b\leqslant\epsilon+\hat{\gamma}_i,i=1,\cdots,m,\\ &\gamma_i\geqslant0,\hat{\gamma}_i\geqslant0,i=1,\cdots,m.\end{aligned}$$

其次将模型转化为标准型

$$\begin{aligned}\min\ &\frac{1}{2}\|w\|_2^2+C\sum(\gamma_i+\hat{\gamma}_i)\\ \text{s.t.}\ &w^{\mathrm{T}}\phi(x_i)+b-y_i-\epsilon-\gamma_i\leqslant0,i=1,\cdots,m,\\ &y_i-w^{\mathrm{T}}\phi(x_i)-b-\epsilon-\hat{\gamma}_i\leqslant0,i=1,\cdots,m,\\ &-\gamma_i\leqslant0,-\hat{\gamma}_i\leqslant0,i=1,\cdots,m.\end{aligned}$$

第三步选定对偶变量为

$$\alpha,\hat{\alpha},\beta,\hat{\beta}\in\mathbf{R}^m,\alpha,\hat{\alpha},\beta,\hat{\beta}\geqslant0.$$

第四步定义Lagrange函数为

$$\begin{aligned}L(w,b,\gamma,\hat{\gamma},\alpha,\hat{\alpha},\beta,\hat{\beta})=&\frac{1}{2}\|w\|_2^2+C\sum(\gamma_i+\hat{\gamma}_i)+\sum\alpha_i(w^{\mathrm{T}}\phi(x_i)+b-y_i-\epsilon-\gamma_i)\\ &+\sum\hat{\alpha}_i(y_i-w^{\mathrm{T}}\phi(x_i)-b-\epsilon-\hat{\gamma}_i)-\beta^{\mathrm{T}}\gamma-\hat{\beta}^{\mathrm{T}}\hat{\gamma}\\ =&\frac{1}{2}\|w\|_2^2+\sum(\alpha_i\phi(x_i)-\hat{\alpha}_i\phi(x_i))^{\mathrm{T}}w+b\sum(\alpha_i-\hat{\alpha}_i)\end{aligned}$$

$$+ (C\mathbf{1}_m - \alpha - \beta)^{\mathrm{T}}\gamma + (C\mathbf{1}_m - \hat{\alpha} - \hat{\beta})^{\mathrm{T}}\hat{\gamma}$$
$$+ \sum(\hat{\alpha}_i - \alpha_i)y_i - \epsilon\sum(\hat{\alpha}_i + \alpha_i).$$

直接计算可得模型的KKT条件为

$$\begin{aligned}
&w^{\mathrm{T}}\phi(x_i) + b - y_i \leqslant \epsilon + \gamma_i, i = 1, \cdots, m,\\
&y_i - w^{\mathrm{T}}\phi(x_i) - b \leqslant \epsilon + \hat{\gamma}_i, i = 1, \cdots, m,\\
&\gamma_i \geqslant 0, \hat{\gamma}_i \geqslant 0, i = 1, \cdots, m,\\
&\alpha \geqslant 0, \hat{\alpha} \geqslant 0, \beta \geqslant 0, \hat{\beta} \geqslant 0,\\
&\alpha_i(w^{\mathrm{T}}\phi(x_i) + b - y_i - \epsilon - \gamma_i) = 0, i = 1, \cdots, m,\\
&\hat{\alpha}_i(y_i - w^{\mathrm{T}}\phi(x_i) - b - \epsilon - \hat{\gamma}_i) = 0, i = 1, \cdots, m,\\
&\beta_i\gamma_i = 0, i = 1, \cdots, m,\\
&\hat{\beta}_i\hat{\gamma}_i = 0, i = 1, \cdots, m,\\
&w = \sum(\hat{\alpha}_i - \alpha_i)\phi(x_i),\\
&\sum(\alpha_i - \hat{\alpha}_i) = 0,\\
&C\mathbf{1}_m - \alpha - \beta = 0,\\
&C\mathbf{1}_m - \hat{\alpha} - \hat{\beta} = 0.
\end{aligned}$$

定义一个非负向量$x \in \mathbf{R}^m$的支撑集为

$$S(x) = \{i |\ x_i > 0, i = 1, \cdots, m\}.$$

因为约束

$$w^{\mathrm{T}}\phi(x_i) + b - y_i - \epsilon - \gamma_i = 0$$

和约束

$$y_i - w^{\mathrm{T}}\phi(x_i) - b - \epsilon - \hat{\gamma}_i = 0$$

不能同时成立，因此$\alpha_i, \hat{\alpha}_i$必定有一个为零，因此

$$S(\alpha) \subseteq S(\hat{\alpha})^c.$$

又根据KKT条件，可知

$$S(\beta) \subseteq S(\gamma)^c, S(\hat{\beta}) \subseteq S(\hat{\gamma})^c.$$

根据条件

$$\alpha_i(w^{\mathrm{T}}\phi(x_i) + b - y_i - \epsilon - \gamma_i) = 0,\ i = 1, \cdots, m,$$

可得

$$w^{\mathrm{T}}\phi(x_i) + b - y_i - \epsilon - \gamma_i = 0,\ \forall i \in S(\alpha).$$

因此可得

$$b = y_i + \epsilon + \gamma_i - w^{\mathrm{T}}x_i,\ \forall i \in S(\alpha).$$

鲁棒化为

$$b = \frac{1}{|S(\alpha)|}\sum_{i \in S(\alpha)}\Big(y_i + \epsilon + \gamma_i - (\sum_{j=1}^{m}(\hat{\alpha}_j - \alpha_j)\phi(x_j))^{\mathrm{T}}\phi(x_i)\Big).$$

同理根据条件

$$\hat{\alpha}_i(y_i - w^{\mathrm{T}}\phi(x_i) - b - \epsilon - \hat{\gamma}_i) = 0,\ i = 1, \cdots, m,$$

可得

$$y_i - w^{\mathrm{T}}\phi(x_i) - b - \epsilon - \hat{\gamma}_i = 0,\ \forall i \in S(\hat{\alpha}).$$

因此可得

$$b = y_i - \epsilon - \hat{\gamma}_i - w^{\mathrm{T}}\phi(x_i),\ \forall i \in S(\hat{\alpha}).$$

鲁棒化为

$$b = \frac{1}{|S(\hat{\alpha})|}\sum_{i\in S(\hat{\alpha})}\Big(y_i - \epsilon - \hat{\gamma}_i - (\sum_{j=1}^{m}(\hat{\alpha}_j - \alpha_j)\phi(x_j))^{\mathrm{T}}\phi(x_i)\Big).$$

嵌入支持向量回归的对偶模型为

$$\begin{aligned}\max\ & \sum(\hat{\alpha}_i - \alpha_i)y_i - \epsilon\sum(\alpha_i + \hat{\alpha}_i) - \sum\frac{1}{2}(\alpha_i - \hat{\alpha}_i)(\alpha_j - \hat{\alpha}_j)\phi(x_i)^{\mathrm{T}}\phi(x_j)\\ \text{s.t.}\ & \sum(\alpha_i - \hat{\alpha}_i) = 0,\\ & 0 \leqslant \alpha \leqslant C\mathbf{1}_m,\\ & 0 \leqslant \hat{\alpha} \leqslant C\mathbf{1}_m.\end{aligned}$$

令核函数

$$k(x_i, x_j) = \phi(x_i)^{\mathrm{T}}\phi(x_j), i, j = 1, \cdots, m.$$

那么上面的模型转化为

$$\begin{aligned}\max\ & \sum(\hat{\alpha}_i - \alpha_i)y_i - \epsilon\sum(\alpha_i + \hat{\alpha}_i) - \sum\frac{1}{2}(\alpha_i - \hat{\alpha}_i)(\alpha_j - \hat{\alpha}_j)k(x_i, x_j)\\ \text{s.t.}\ & \sum(\alpha_i - \hat{\alpha}_i) = 0,\\ & 0 \leqslant \alpha \leqslant C\mathbf{1}_m,\\ & 0 \leqslant \hat{\alpha} \leqslant C\mathbf{1}_m.\end{aligned}$$

如果对偶模型的最优解$\alpha, \hat{\alpha}$已经计算得出，那么原始模型

$$\min\ \frac{1}{2}\|w\|_2^2 + C\sum_{i=1}^{m} Loss_{\epsilon}(w^{\mathrm{T}}\phi(x_i) + b - y_i)$$

的最优解为函数

$$f(x) = \sum(\hat{\alpha}_i - \alpha_i)k(x_i, x) + b.$$

22.4 核函数线性判别分析

回顾硬间隔核函数模型、软间隔核函数模型、软间隔核函数回归求出的最优函数分别为

$$f(x) = \sum_i \alpha_i y_i k(x_i, x) + b,$$

$$f(x) = \sum_i \alpha_i y_i k(x_i, x) + b,$$

$$f(x) = \sum_i (\hat{\alpha}_i - \alpha_i)y_i k(x_i, x) + b.$$

如果不考虑b，那么学得的模型总可以表示为核函数$k(x_i, x)$的线性组合，由此出发可以得到非常一般的核函数表示定理。

定理22.3 假设$\mathcal{X}$是样本空间，函数k：$\mathcal{X} \times \mathcal{X} \to \mathbf{R}$是核函数，$\mathbb{H}$是$k$对应的再生核Hilbert空间，$\|h\|_{\mathbb{H}}$表示其范数，那么对于任意的单调递增函数$\Omega$：$\mathbf{R}_+ \to \mathbf{R}$和任意的非负损失函数$Loss$：$\mathbf{R}^m \to \mathbf{R}_+$，优化问题

$$\min_{h \in \mathbb{H}} \Omega(\|h\|_{\mathbb{H}}) + Loss(h(x_1), \cdots, h(x_m))$$

的解总可以写成如下形式

$$h^*(x) = \sum_{i=1}^{m} \alpha_i k(x_i, x).$$

上面表示定理对于损失函数没有什么限制，对于正则化函数Ω只有单调递增的要求，这意味着对于相当一般的损失函数核正则函数，优化问题

$$\min_{h \in \mathbb{H}} \Omega(\|h\|_{\mathbb{H}}) + Loss(h(x_1), \cdots, h(x_m))$$

的解总可以写成如下形式

$$h^*(x) = \sum_{i=1}^{m} \alpha_i k(x_i, x).$$

这显示出了核函数方法的巨大威力。许多学者依据这个定理发展出一系列的基于核函数的学习方法，统称为核函数方法或者核方法。最常见的是通过核函数来将线性的学习方法拓展为非线性的学习方法。

在前文中，我们学习了线性判别分析，是通过二分类集合向直线或者N分类集合向$N-1$维仿射集合投影的方式来实现判别的一种方法，基本思想是同类集合的中心要比较聚集，异类集合要比较分散。下面介绍如何用核函数的方法进行线性判别。

定义22.5 对于二分类问题，给定数据集

$$D = \{(x_1, y_1), \cdots, (x_m, y_m)\}, x_i \in \mathbf{R}^n,\ \ y_i \in \{1, 2\}, i = 1, \cdots, m.$$

定义集合

$$X = \{x_1, \cdots, x_m\}, Y = \{1, 2\},$$

本质上集合D给出了如下的映射

$$g：X \to Y,\ \text{s.t.},\ \phi(x_i) = y_i, i = 1, \cdots, m.$$

利用映射ϕ定义两个集合

$$X_1 = \phi^{-1}(1), X_2 = \phi^{-1}(2),$$

分别表示标记1和2对应的样本集合。假设$N \gg n$，$\mathbf{R}^N$是高维空间，将数据集合$X \subseteq \mathbf{R}^n$通过映射

$$\phi：X \subseteq \mathbf{R}^n \to \mathbf{R}^N$$

嵌入高维空间。假设在高维空间中可用某种分布来度量集合中点的平均和发散程度，并且假设期望向量和协方差矩阵为

$$E\{\phi(X_1)\} = \alpha_1^{\phi}, \mathrm{Cov}(\phi(X_1)) = E\{(\phi(X_1) - \alpha_1^{\phi})(\phi(X_1) - \alpha_1^{\phi})^{\mathrm{T}}\} = \Sigma_1^{\phi},$$
$$E\{\phi(X_2)\} = \alpha_2^{\phi}, \mathrm{Cov}(\phi(X_2)) = E\{(\phi(X_2) - \alpha_2^{\phi})(\phi(X_2) - \alpha_2^{\phi})^{\mathrm{T}}\} = \Sigma_2^{\phi}.$$

定义类内散度矩阵为

$$S_w^\phi = \Sigma_1^\phi + \Sigma_2^\phi.$$

定义类间散度矩阵为

$$S_b^\phi = (\alpha_1^\phi - \alpha_2^\phi)(\alpha_1^\phi - \alpha_2^\phi)^{\mathrm{T}}.$$

从几何上而言，$\alpha_1^\phi, \alpha_2^\phi$表示在某种分布下的集合$\phi(X_1), \phi(X_2)$的中心点，矩阵$\Sigma_1^\phi, \Sigma_2^\phi$表示了在某种分布下的集合$\phi(X_1), \phi(X_2)$ 与中心点$\alpha_1^\phi, \alpha_2^\phi$之间的发散程度，矩阵$S_w^\phi$综合表示了集合$\phi(X_1)$ 和$\phi(X_2)$ 的发散程度，矩阵S_b^ϕ 表示了不同集合$\phi(X_1)$ 和$\phi(X_2)$之间的发散程度。

因为这是二分类问题，我们希望用一维的问题得以解决。考虑集合$\phi(X_1), \phi(X_2)$向$\mathbf{R}^N$中一条直线的投影，假设这条直线参数化为

$$L_{a,b} = \{at + b | \, t \in \mathbf{R}^1\}, a \in \mathbf{R}^N, b \in \mathbf{R}^N.$$

计算集合$\phi(X_1), \phi(X_2)$中的点在直线上的投影参数，取定$\phi(x) \in \phi(X_1), \phi(X_2)$，显然该点对应的直线上的参数为

$$t_{\phi(x)} = \frac{(\phi(x) - b)^{\mathrm{T}}}{\|a\|_2}, \forall \phi(x) \in \phi(X_1), \phi(X_2).$$

经过简单的计算可得

$$E\{t_{\phi(X_1)}\} = E\left\{\frac{(\phi(X_1) - b)^{\mathrm{T}} a}{\|a\|_2}\right\} = \frac{(\alpha_1^\phi - b)^{\mathrm{T}} a}{\|a\|_2},$$
$$E\{t_{\phi(X_2)}\} = E\left\{\frac{(\phi(X_2) - b)^{\mathrm{T}} a}{\|a\|_2}\right\} = \frac{(\alpha_2^\phi - b)^{\mathrm{T}} a}{\|a\|_2},$$
$$\mathrm{Cov}\{t_{\phi(X_1)}\} = \mathrm{Cov}\left\{\frac{(\phi(X_1) - b)^{\mathrm{T}} a}{\|a\|_2}\right\} = \frac{a^{\mathrm{T}} \Sigma_1^\phi a}{\|a\|_2^2},$$
$$\mathrm{Cov}\{t_{\phi(X_2)}\} = \mathrm{Cov}\left\{\frac{(\phi(X_2) - b)^{\mathrm{T}} a}{\|a\|_2}\right\} = \frac{a^{\mathrm{T}} \Sigma_2^\phi a}{\|a\|_2^2}.$$

线性分析判别的思想是：同类的样本尽可能接近，异类的样本尽可能远离。因此，可以解释为：集合$\phi(X_1)$的投影中心点和$\phi(X_2)$的投影中心点尽可能远离；集合$\phi(X_1)$的方差尽可能小，集合$\phi(X_2)$的方差也尽可能小。设计第一个目标函数

$$f_1(a, b) = \left\|\frac{(\alpha_1^\phi - b)^{\mathrm{T}} a}{\|a\|_2} - \frac{(\alpha_2^\phi - b)^{\mathrm{T}} a}{\|a\|_2}\right\|_2^2 = \|a\|_2^{-2} \|a^{\mathrm{T}}(\alpha_1^\phi - \alpha_2^\phi)\|_2^2,$$

要求尽可能大。第二，三个目标函数

$$f_2(a, b) = \frac{a^{\mathrm{T}} \Sigma_1^\phi a}{\|a\|_2^2}, f_3(a, b) = \frac{a^{\mathrm{T}} \Sigma_2^\phi a}{\|a\|_2^2},$$

要求尽可能小。综上，可以建立多目标优化模型

$$\begin{aligned} &\min \ (-f_1(a, b), f_2(a, b), f_3(a, b)) \\ &\text{s.t.} \quad a, b \in \mathbf{R}^N. \end{aligned}$$

经典的线性判别分析是通过如下几步得到的。首先将上面的模型转化为

$$\begin{aligned} &\min \ (-f_1(a, b), f_2(a, b) + f_3(a, b)) \\ &\text{s.t.} \quad a, b \in \mathbf{R}^N. \end{aligned}$$

然后再转化为

$$\max\ (f_1(a,b), \frac{1}{f_2(a,b)+f_3(a,b)})$$
$$\text{s.t.}\quad a,b\in \mathbf{R}^N.$$

最后转化为

$$\max\ \frac{f_1(a,b)}{f_2(a,b)+f_3(a,b)}$$
$$\text{s.t.}\quad a,b\in \mathbf{R}^N.$$

即

$$\max\ \frac{\|a^{\mathrm{T}}(\alpha_1^{\phi}-\alpha_2^{\phi})\|_2^2}{a^{\mathrm{T}}(\Sigma_1^{\phi}+\Sigma_2^{\phi})a}$$
$$\text{s.t.}\quad a,b\in \mathbf{R}^N.$$

最终为

$$\max\ \frac{a^{\mathrm{T}}(\alpha_1^{\phi}-\alpha_2^{\phi})(\alpha_1^{\phi}-\alpha_2^{\phi})^{\mathrm{T}}a}{a^{\mathrm{T}}(\Sigma_1^{\phi}+\Sigma_2^{\phi})a}$$
$$\text{s.t.}\quad a,b\in \mathbf{R}^N.$$

由上面的定义，可以将二分类问题的核函数线性判别模型表述为

$$\max\ \frac{a^{\mathrm{T}}S_b^{\phi}a}{a^{\mathrm{T}}S_w^{\phi}a}$$
$$\text{s.t.}\quad a,b\in \mathbf{R}^N.$$

这是一个无约束优化问题，目标函数

$$J=\frac{a^{\mathrm{T}}S_b^{\phi}a}{a^{\mathrm{T}}S_w^{\phi}a}$$

称为S_b与S_w的核函数广义瑞利商。

考察目标函数，模型

$$\max\ \frac{a^{\mathrm{T}}S_b^{\phi}a}{a^{\mathrm{T}}S_w^{\phi}a}$$
$$\text{s.t.}\quad a,b\in \mathbf{R}^N$$

的最优解与b无关，或者说任意一个b都可以，同时模型的最优解与a的长度无关，因此可以将模型转化为

$$\max\ \frac{a^{\mathrm{T}}S_b^{\phi}a}{a^{\mathrm{T}}S_w^{\phi}a}$$
$$\text{s.t.}\quad a\in \mathbf{R}^N.$$

对于嵌入映射ϕ，核函数为

$$K_X=[k(x_i,x_j)]_{m\times m}, k(x_i,x_j)=\phi(x_i)^{\mathrm{T}}\phi(x_j), i,j=1,\cdots,m.$$

利用上面的核函数表示定理，可知

$$h(x)=\sum_{i=1}^{m}\beta_i k(x_i,x),$$

即

$$a = \sum_{i=1}^{m} \beta_i \phi(x_i),$$

令矩阵和向量为

$$\phi_X = [\phi(x_1), \cdots, \phi(x_m)], \beta = (\beta_1, \cdots, \beta_m)^{\mathrm{T}}.$$

用$|X_i|, i = 1,2$表示集合$X_i, i = 1,2$中元素的个数，用$e_{X_i} \in \mathbf{R}^m, i = 1,2$表示$X_i, i = 1,2$的示性向量，在前文中我们采用了抽象的分布，此处特别取定集合$X_i, i = 1,2$ 上的分布为$\frac{e_{X_i}}{|X_i|}, i = 1,2$. 我们不知道嵌入映射$\phi$是什么，只知道核函数的矩阵$K_X$，那么有如下关系

$$\begin{aligned}
&\alpha_1^{\phi} = \phi_X \frac{e_{X_1}}{|X_1|}, \alpha_1^{\phi} = \phi_X \frac{e_{X_2}}{|X_2|}, K_X = \phi_X^{\mathrm{T}} \phi_X,\\
&a^{\mathrm{T}} S_b^{\phi} a = \beta^{\mathrm{T}} K_X (\frac{e_{X_1}}{|X_1|} - \frac{e_{X_2}}{|X_2|})(\frac{e_{X_1}}{|X_1|} - \frac{e_{X_2}}{|X_2|})^{\mathrm{T}} K_X \beta\\
&a^{\mathrm{T}} S_w^{\phi} a = \beta^{\mathrm{T}} (K_X K_X - \frac{1}{|X_1|} K_X e_{X_1} e_{X_1}{}^{\mathrm{T}} K_X - \frac{1}{|X_2|} K_X e_{X_2} e_{X_2}{}^{\mathrm{T}} K_X) \beta.
\end{aligned}$$

据此，模型

$$\begin{aligned}
&\max \ \frac{a^{\mathrm{T}} S_b^{\phi} a}{a^{\mathrm{T}} S_w^{\phi} a}\\
&\text{s.t.} \quad a, b \in \mathbf{R}^N
\end{aligned}$$

转化为

$$\begin{aligned}
&\max \ \frac{\beta^{\mathrm{T}} K_X (\frac{e_{X_1}}{|X_1|} - \frac{e_{X_2}}{|X_2|})(\frac{e_{X_1}}{|X_1|} - \frac{e_{X_2}}{|X_2|})^{\mathrm{T}} K_X \beta}{\beta^{\mathrm{T}} (K_X K_X - \frac{1}{|X_1|} K_X e_{X_1} e_{X_1}{}^{\mathrm{T}} K_X - \frac{1}{|X_2|} K_X e_{X_2} e_{X_2}{}^{\mathrm{T}} K_X) \beta}\\
&\text{s.t.} \quad \beta \in \mathbf{R}^m.
\end{aligned}$$

这是一个普通的优化问题，求得β以后，可以得到函数$h(x) = \sum_{i=1}^{m} \beta_i k(x_i, x)$.

第 23 章

半监督核函数学习

本章研究半监督核函数学习理论，它们的模型、性质、计算、应用以及解释。

23.1 硬间隔核函数模型

上一章讲了全监督核函数方法，基本思想是利用核函数将数据集划分为正负两个子集，期望实现几个要求：一是划分的核函数与正负子集的距离尽可能大；二是用核函数划分以后，错分的比例尽可能小。在机器学习理论中，还有一类重要的学习类型，即半监督学习，此时给定了两个数据集，一个是完全具有标记的数据集，另一个是完全没有标记的数据集，二者同为训练数据集，不仅要根据二者训练出模型，还要训练出无标记数据集的标记。

定义23.1 对于二分类问题，给定有标记数据集

$$D = \{(x_1, y_1)), \cdots, (x_m, y_m)\}, x_i \in \mathbf{R}^n,\ \ y_i \in \{-1, +1\}, i = 1, \cdots, m$$

和无标记数据集

$$G = \{x'_1, \cdots, x'_k\}, x'_a \in \mathbf{R}^n,\ \ a = 1, \cdots, k.$$

定义集合

$$X = \{x_1, \cdots, x_m\}, Y = \{-1, +1\},$$

本质上集合D给出了如下的映射

$$g\colon\ X \to Y,\ \text{s.t.},\ g(x_i) = y_i, i = 1, \cdots, m.$$

利用映射ϕ定义两个集合

$$X_{-1} = g^{-1}(-1), X_{+1} = g^{-1}(+1),$$

分别表示标记-1和$+1$对应的样本集合。集合G的标记未知，需要确定一个映射

$$g'\colon\ G \to Y.$$

利用映射g'定义两个集合

$$G_{-1} = g^{'-1}(-1), G_{+1} = g^{'-1}(+1).$$

这是需要确定的，不妨设

$$g(x'_a) = y'_a, a = 1, \cdots, k.$$

假设$N \gg n$，$\mathbf{R}^N$是一个高维空间，将X, G通过如下方式从n维空间嵌入(单射)N维空间

$$\phi\colon\ X \cup G \subseteq \mathbf{R}^n \to \mathbf{R}^N,$$

那么问题是在$\mathbf{R}^N$中区分集合$\phi(X_{-1})$和$\phi(X_{+1})$以及如何标记$\phi(G)$.

我们希望用超平面划分$\phi(X_{-1})$和$\phi(X_{+1})$两个集合，并且学习出集合$\phi(G)$的标记。首先参数化这个超平面为

$$L_{w,b} = \{z \mid z \in \mathbf{R}^N, w^{\mathrm{T}}z + b = 0\}, w \in \mathbf{R}^N, w \neq 0, b \in \mathbf{R}^1.$$

显然样本空间的任意一个点$\phi(x) \in \phi(X), \phi(x) \in \phi(G)$到超平面的距离为

$$\frac{|w^{\mathrm{T}}\phi(x) + b|}{\|w\|_2}, \forall \phi(x) \in \phi(X), \phi(x) \in \phi(G).$$

假设超平面能够将集合$\phi(X)$进行正确分类，即

$$\forall \phi(x) \in \phi(X_{-1}), w^{\mathrm{T}}\phi(x) + b < 0; \forall \phi(x) \in \phi(X_{+1}), w^{\mathrm{T}}\phi(x) + b > 0.$$

假设超平面能够将集合$\phi(G)$进行标记，即

$$\forall \phi(x) \in \phi(G_{-1}), w^{\mathrm{T}}\phi(x) + b < 0; \forall \phi(x) \in G_{+1}, w^{\mathrm{T}}\phi(x) + b > 0.$$

考察上面的条件，可知对于w, b是齐次的，因此可以将上面的条件改为

$$\forall \phi(x) \in \phi(X_{-1}), w^{\mathrm{T}}\phi(x) + b \leqslant -1; \forall \phi(x) \in \phi(X_{+1}), w^{\mathrm{T}}\phi(x) + b \geqslant +1,$$

和

$$\forall \phi(x) \in \phi(G_{-1}), w^{\mathrm{T}}\phi(x) + b \leqslant -1; \forall \phi(x) \in \phi(G_{+1}), w^{\mathrm{T}}\phi(x) + b \geqslant +1,$$

结合两个集合各自的标记可把上面的条件统一描述为

$$y_i(w^{\mathrm{T}}\phi(x_i) + b) \geqslant 1, \forall (x_i, y_i) \in D,$$

和

$$y'_a(w^{\mathrm{T}}\phi(x'_a) + b) \geqslant 1, \forall x_a \in G, y'_a \in \{-1, +1\},$$

其中y'_a是需要确定的未知量。

继续考察条件

$$\forall \phi(x) \in \phi(X_{-1}), w^{\mathrm{T}}\phi(x) + b \leqslant -1; \forall \phi(x) \in \phi(X_{+1}), w^{\mathrm{T}}\phi(x) + b \geqslant +1,$$

和

$$\forall \phi(x) \in \phi(G_{-1}), w^{\mathrm{T}}\phi(x) + b \leqslant -1; \forall \phi(x) \in \phi(G_{+1}), w^{\mathrm{T}}\phi(x) + b \geqslant +1,$$

如果超平面对数据集$\phi(X_{+1})$和$\phi(X_{-1})$进行了正确分类，并且标记了$\phi(G)$，那么相当于二者之间有空的条带

$$-1 \leqslant w^{\mathrm{T}}\phi(x) + b \leqslant +1,$$

显然这个条带的宽度为

$$\gamma = \frac{2}{\|w\|_2}.$$

嵌入半监督支持向量的基本思想是找到一个超平面既能够正确划分$\phi(X_{-1}), \phi(X_{+1})$两个集合，并且能够标记集合$\phi(G)$，又能够使它们划分的间隔足够大。因此，综上可以建

立如下模型

$$\begin{aligned}&\max\ \frac{2}{\|w\|_2}\\&\text{s.t.}\ \ y_i(w^{\mathrm{T}}\phi(x_i)+b)\geqslant 1, i=1,\cdots,m,\\&\qquad y'_a(w^{\mathrm{T}}\phi(x'_a)+b)\geqslant 1, a=1,\cdots,k,\\&\qquad (y'_a-1)(y'_a+1)=0, a=1,\cdots,k.\end{aligned}$$

模型可以转化为

$$\begin{aligned}&\min\ \frac{1}{2}\|w\|_2\\&\text{s.t.}\ \ y_i(w^{\mathrm{T}}\phi(x_i)+b)\geqslant 1, i=1,\cdots,m,\\&\qquad y'_a(w^{\mathrm{T}}\phi(x'_a)+b)\geqslant 1, a=1,\cdots,k,\\&\qquad (y'_a-1)(y'_a+1)=0, a=1,\cdots,k.\end{aligned}$$

最终转化为

$$\begin{aligned}&\min\ \frac{1}{2}\|w\|_2^2\\&\text{s.t.}\ \ y_i(w^{\mathrm{T}}\phi(x_i)+b)\geqslant 1, i=1,\cdots,m,\\&\qquad y'_a(w^{\mathrm{T}}\phi(x'_a)+b)\geqslant 1, a=1,\cdots,k,\\&\qquad (y'_a-1)(y'_a+1)=0, a=1,\cdots,k.\end{aligned}$$

这就是嵌入半监督支持向量机的基本模型，模型的变量为$w, b, y'=(y'_a), a=1,\cdots,k$.

对于嵌入半监督支持向量机模型

$$\begin{aligned}&\min\ \frac{1}{2}\|w\|_2^2\\&\text{s.t.}\ \ y_i(w^{\mathrm{T}}\phi(x_i)+b)\geqslant 1, i=1,\cdots,m,\\&\qquad y'_a(w^{\mathrm{T}}\phi(x'_a)+b)\geqslant 1, a=1,\cdots,k,\\&\qquad (y'_a-1)(y'_a+1)=0, a=1,\cdots,k.\end{aligned}$$

要计算其对偶问题。首先把问题转化为标准形式，即

$$\begin{aligned}&\min\ \frac{1}{2}\|w\|_2^2\\&\text{s.t.}\ \ 1-y_i(w^{\mathrm{T}}\phi(x_i)+b)\leqslant 0, i=1,\cdots,m,\\&\qquad 1-y'_a(w^{\mathrm{T}}\phi(x'_a)+b)\leqslant 0, a=1,\cdots,k,\\&\qquad (y'_a-1)(y'_a+1)=0, a=1,\cdots,k.\end{aligned}$$

其次确定对偶变量为

$$\alpha\in\mathbf{R}^m, \alpha\geqslant 0; \beta\in\mathbf{R}^k, \beta\geqslant 0; \gamma\in\mathbf{R}^k.$$

第三步定义模型的Lagrange函数为

$$\begin{aligned}L(w,b,y',\alpha,\beta,\gamma)=&\frac{1}{2}\|w\|_2^2+\sum_i\alpha_i(1-y_i(w^{\mathrm{T}}\phi(x_i)+b))\\&+\sum_a\beta_a(1-y'_a(w^{\mathrm{T}}\phi(x'_a)+b))+\sum_c\gamma_c(y'_c-1)(y'_c+1)\\=&\frac{1}{2}\|w\|_2^2-(\sum_i\alpha_i y_i\phi(x_i))^{\mathrm{T}}w-(\sum_a\beta_a y'_a\phi(x'_a))^{\mathrm{T}}w\end{aligned}$$

$$- b(\sum_i \alpha_i y_i) - b(\sum_a \beta_a y_a') + \sum_c \gamma_c y_c'^2$$
$$+ \sum_i \alpha_i + \sum_a \beta_a - \sum_c \gamma_c.$$

Lagrange函数的各阶导数为

$$\begin{aligned}
&\nabla_w L(w,b,y',\alpha,\beta,\gamma) = w - (\sum_i \alpha_i y_i \phi(x_i)) - (\sum_a \beta_a y_a' \phi(x_a')),\\
&\nabla_b L(w,b,y',\alpha,\beta,\gamma) = -\sum_i \alpha_i y_i - \sum_a \beta_a y_a',\\
&\nabla_{y'} L(w,b,y',\alpha,\beta,\gamma) = -\sum_a \beta_a e_a (\phi(x_a')^{\mathrm{T}} w) - b\beta + \sum_a 2\gamma_a y_a' e_a,\\
&\nabla^2_{ww} L(w,b,y',\alpha,\beta,\gamma) = I_N,\\
&\nabla^2_{wb} L(w,b,y',\alpha,\beta,\gamma) = 0,\\
&\nabla^2_{wy'} L(w,b,y',\alpha,\beta,\gamma) = -[\beta_1\phi(x_1'),\cdots,\beta_a\phi(x_a'),\cdots,\beta_k\phi(x_k')],\\
&\nabla^2_{bb} L(w,b,y',\alpha,\beta,\gamma) = 0,\\
&\nabla^2_{by'} L(w,b,y',\alpha,\beta,\gamma) = -\beta,\\
&\nabla^2_{y'y'} L(w,b,y',\alpha,\beta,\gamma) = 2[\gamma_1 e_1,\cdots,\gamma_a e_a,\cdots,\gamma_k e_k],
\end{aligned}$$

因此Lagrange函数的Hessian矩阵满足

$$\begin{pmatrix} I_m & 0 & -[\beta_1\phi(x_1'),\cdots,\beta_a\phi(x_a'),\cdots,\beta_k\phi(x_k')] \\ 0 & 0 & -\beta^{\mathrm{T}} \\ -[\beta_1\phi(x_1'),\cdots,\beta_a\phi(x_a'),\cdots,\beta_k\phi(x_k')]^{\mathrm{T}} & -\beta & 2[\gamma_1 e_1,\cdots,\gamma_a e_a,\cdots,\gamma_k e_k] \end{pmatrix} \geqslant 0.$$

因此Lagrange函数的最优解为如下方程的解

$$\begin{aligned}
&\nabla_w L(w,b,y',\alpha,\beta,\gamma) = w - \sum_i \alpha_i y_i \phi(x_i) - \sum_a \beta_a y_a' \phi(x_a') = 0,\\
&\nabla_b L(w,b,y',\alpha,\beta,\gamma) = -\sum_i \alpha_i y_i - \sum_a \beta_a y_a' = 0,\\
&\nabla_{y'} L(w,b,y',\alpha,\beta,\gamma) = -\sum_a \beta_a e_a (\phi(x_a')^{\mathrm{T}} w) - b\beta + \sum_a 2\gamma_a y_a' e_a = 0,
\end{aligned}$$

即

$$\begin{pmatrix} I_N & 0 & -[\beta_1\phi(x_1'),\cdots,\beta_a\phi(x_a'),\cdots,\beta_k\phi(x_k')] \\ 0 & 0 & -\beta^{\mathrm{T}} \\ -[\beta_1\phi(x_1'),\cdots,\beta_a\phi(x_a'),\cdots,\beta_k\phi(x_k')]^{\mathrm{T}} & -\beta & 2[\gamma_1 e_1,\cdots,\gamma_a e_a,\cdots,\gamma_k e_k] \end{pmatrix} \begin{pmatrix} w \\ b \\ y' \end{pmatrix}$$
$$= \begin{pmatrix} \sum_i \alpha_i y_i \phi(x_i) \\ -\sum_i \alpha_i y_i \\ 0 \end{pmatrix}.$$

利用线性代数中的广义逆，可以得到线性方程组的解(不定解)

$$\begin{pmatrix} w^* \\ b^* \\ y'^* \end{pmatrix} = \begin{pmatrix} I_N & 0 & -[\beta_1\phi(x_1'),\cdots,\beta_a\phi(x_a'),\cdots,\beta_k\phi(x_k')] \\ 0 & 0 & -\beta^{\mathrm{T}} \\ -[\beta_1\phi(x_1'),\cdots,\beta_a\phi(x_a'),\cdots,\beta_k\phi(x_k')]^{\mathrm{T}} & -\beta & 2[\gamma_1 e_1,\cdots,\gamma_a e_a,\cdots,\gamma_k e_k] \end{pmatrix}^{\dagger}$$
$$\times \begin{pmatrix} \sum_i \alpha_i y_i \phi(x_i) \\ -\sum_i \alpha_i y_i \\ 0 \end{pmatrix}.$$

代入Lagrange函数得到对偶函数

$$r(\alpha,\beta,\gamma) = L(w^*, b^*, y'^*, \alpha, \beta, \gamma).$$

因此原始问题的对偶模型为

$$\begin{aligned} \max\ & r(\alpha,\beta,\gamma) \\ \text{s.t.}\ & \alpha \geqslant 0, \beta \geqslant 0, \\ & \alpha \in \mathbf{R}^m, \beta \in \mathbf{R}^k, \gamma \in \mathbf{R}^k. \end{aligned}$$

对于嵌入半监督支持向量机模型

$$\begin{aligned} \min\ & \frac{1}{2}\|w\|_2^2 \\ \text{s.t.}\ & y_i(w^{\mathrm{T}}\phi(x_i) + b) \geqslant 1, i = 1, \cdots, m, \\ & y'_a(w^{\mathrm{T}}\phi(x'_a) + b) \geqslant 1, a = 1, \cdots, k, \\ & (y'_a - 1)(y'_a + 1) = 0, a = 1, \cdots, k. \end{aligned}$$

可以直接计算其KKT条件。首先把问题转化为标准形式，即

$$\begin{aligned} \min\ & \frac{1}{2}\|w\|_2^2 \\ \text{s.t.}\ & 1 - y_i(w^{\mathrm{T}}\phi(x_i) + b) \leqslant 0, i = 1, \cdots, m, \\ & 1 - y'_a(w^{\mathrm{T}}\phi(x'_a) + b) \leqslant 0, a = 1, \cdots, k, \\ & (y'_a - 1)(y'_a + 1) = 0, a = 1, \cdots, k. \end{aligned}$$

其次确定对偶变量为

$$\alpha \in \mathbf{R}^m, \alpha \geqslant 0; \beta \in \mathbf{R}^k, \beta \geqslant 0; \gamma \in \mathbf{R}^k.$$

第三步定义模型的Lagrange函数为

$$\begin{aligned} L(w, b, y', \alpha, \beta, \gamma) =& \frac{1}{2}\|w\|_2^2 + \sum_i \alpha_i(1 - y_i(w^{\mathrm{T}}\phi(x_i) + b)) \\ & + \sum_a \beta_a(1 - y'_a(w^{\mathrm{T}}\phi(x'_a) + b)) + \sum_c \gamma_c(y'_c - 1)(y'_c + 1) \\ =& \frac{1}{2}\|w\|_2^2 - (\sum_i \alpha_i y_i \phi(x_i))^{\mathrm{T}} w - (\sum_a \beta_a y'_a \phi(x'_a))^{\mathrm{T}} w \\ & - b(\sum_i \alpha_i y_i) - b(\sum_a \beta_a y'_a) + \sum_c \gamma_c y_c'^2 \\ & + \sum_i \alpha_i + \sum_a \beta_a - \sum_c \gamma_c. \end{aligned}$$

因此模型的KKT条件为

$$\begin{aligned} & y_i(w^{\mathrm{T}}\phi(x_i) + b) \geqslant 1, i = 1, \cdots, m, \\ & y'_a(w^{\mathrm{T}}\phi(x'_a) + b) \geqslant 1, a = 1, \cdots, k, \\ & (y'_a - 1)(y'_a + 1) = 0, a = 1, \cdots, k, \\ & \alpha \in \mathbf{R}^m, \alpha \geqslant 0; \beta \in \mathbf{R}^k, \beta \geqslant 0; \gamma \in \mathbf{R}^k, \\ & \alpha_i(1 - y_i(w^{\mathrm{T}}\phi(x_i) + b)) = 0, i = 1, \cdots, m, \\ & \beta_a(1 - y'_a(w^{\mathrm{T}}\phi(x'_a) + b)) = 0, a = 1, \cdots, k, \end{aligned}$$

$$\begin{pmatrix} I_m & 0 & -[\beta_1\phi(x_1'),\cdots,\beta_a\phi(x_a'),\cdots,\beta_k\phi(x_k')] \\ 0 & 0 & -\beta^{\mathrm{T}} \\ -[\beta_1\phi(x_1'),\cdots,\beta_a\phi(x_a'),\cdots,\beta_k\phi(x_k')]^{\mathrm{T}} & -\beta & 2[\gamma_1 e_1,\cdots,\gamma_a e_a,\cdots,\gamma_k e_k] \end{pmatrix}\begin{pmatrix} w \\ b \\ y' \end{pmatrix}$$
$$=\begin{pmatrix} \sum_i \alpha_i y_i \phi(x_i) \\ -\sum_i \alpha_i y_i \\ 0 \end{pmatrix}.$$

必须注意的是，在嵌入半监督支持向量机模型的对偶模型的计算过程中，必须计算出

$$\begin{pmatrix} w^* \\ b^* \\ y'^* \end{pmatrix}=\begin{pmatrix} I_N & 0 & -[\beta_1\phi(x_1'),\cdots,\beta_a\phi(x_a'),\cdots,\beta_k\phi(x_k')] \\ 0 & 0 & -\beta^{\mathrm{T}} \\ -[\beta_1\phi(x_1'),\cdots,\beta_a\phi(x_a'),\cdots,\beta_k\phi(x_k')]^{\mathrm{T}} & -\beta & 2[\gamma_1 e_1,\cdots,\gamma_a e_a,\cdots,\gamma_k e_k] \end{pmatrix}^{\dagger}$$
$$\times\begin{pmatrix} \sum_i \alpha_i y_i \phi(x_i) \\ -\sum_i \alpha_i y_i \\ 0 \end{pmatrix}.$$

仔细观察方程组，知道这个方程组的解和对偶模型

$$\begin{aligned} &\max\ r(\alpha,\beta,\gamma) \\ &\text{s.t.}\ \ \alpha \geqslant 0,\beta \geqslant 0, \\ &\qquad\ \alpha \in \mathbf{R}^m,\beta \in \mathbf{R}^k,\gamma \in \mathbf{R}^k \end{aligned}$$

中必定出现形如

$$\phi(x_i)^{\mathrm{T}}\phi(x_j),\phi(x_i)^{\mathrm{T}}\phi(x_a'),\phi(x_a')^{\mathrm{T}}\phi(x_j),\phi(x_a')^{\mathrm{T}}\phi(x_c'),i,j=1,\cdots,m;a,c=1,\cdots,k$$

的项，称函数

$$\begin{aligned} k(x_i,x_j)&=\phi(x_i)^{\mathrm{T}}\phi(x_j),i,j=1,\cdots,m, \\ k(x_i,x_a')&=\phi(x_i)^{\mathrm{T}}\phi(x_a'),i=1,\cdots,m,\ a=1,\cdots k; \\ k(x_a',x_i)&=\phi(x_a')^{\mathrm{T}}\phi(x_i),i=1,\cdots,m,\ a=1,\cdots k; \\ k(x_a',x_c')&=\phi(x_a')^{\mathrm{T}}\phi(x_c'),a,c=1,\cdots,k \end{aligned}$$

为嵌入ϕ导出的核函数，这个核函数和半监督问题有着密切的关系。

23.2 软间隔核函数模型

在前面的讨论中，我们一直要求训练样本是超平面可分的，即存在一个超平面将不同类的样本完全划分开来，所以一般而言会将一个低维的数据集嵌入高维的空间中，由此产生了核函数的方法。但是，核函数方法也有选择上的困难，所以我们在精确划分上做一些让步，缓解该问题的一个办法是允许支持向量机在一些样本上出错，为此需要引入软间隔核函数方法的概念。

具体而言，前面介绍的嵌入半监督支持向量机模型要求

$$y_i(w^{\mathrm{T}}\phi(x_i)+b)\geqslant 1,i=1,\cdots,m;y_a'(w^{\mathrm{T}}\phi(x_a')+b)\geqslant 1,a=1,\cdots,k,$$

即所有的样本的划分必须正确，这称为硬间隔。因此，称模型

$$\begin{aligned} \min\ & \frac{1}{2}\|w\|_2^2 \\ \text{s.t.}\ & y_i(w^{\mathrm{T}}\phi(x_i)+b)\geqslant 1, i=1,\cdots,m, \\ & y'_a(w^{\mathrm{T}}\phi(x'_a)+b)\geqslant 1, a=1,\cdots,k, \\ & (y'_a-1)(y'_a+1)=0, a=1,\cdots,k. \end{aligned}$$

为嵌入半监督硬间隔支持向量机模型。在本节中，改进想法是：不要求所有的样本都满足硬间隔，而是允许某些样本不满足条件

$$y_i(w^{\mathrm{T}}\phi(x_i)+b)\geqslant 1; y'_a(w^{\mathrm{T}}\phi(x'_a)+b)\geqslant 1.$$

当然在最大化间隔的同时，不满足约束的样本应尽可能小，于是设计模型为

$$\begin{aligned} \min\ & \frac{1}{2}\|w\|_2^2+C_1\sum_{i=1} Loss_{0/1}(y_i(w^{\mathrm{T}}\phi(x_i)+b)-1)+C_2\sum_a Loss_{0/1}(y'_a(w^{\mathrm{T}}\phi(x'_a)+b)-1) \\ \text{s.t.}\ & (y'_a-1)(y'_a+1)=0, a=1,\cdots,k. \end{aligned}$$

其中$C_1, C_2>0$是常数，而函数$Loss_{0/1}$是0/1损失函数，定义为

$$Loss_{0/1}(z)=\begin{cases} 1, & \text{如果} z<0, \\ 0, & \text{如果} z\geqslant 0. \end{cases}$$

显然当$C_1, C_2=+\infty$时，模型

$$\begin{aligned} \min\ & \frac{1}{2}\|w\|_2^2+C_1\sum_{i=1} Loss_{0/1}(y_i(w^{\mathrm{T}}\phi(x_i)+b)-1)+C_2\sum_a Loss_{0/1}(y'_a(w^{\mathrm{T}}\phi(x'_a)+b)-1) \\ \text{s.t.}\ & (y'_a-1)(y'_a+1)=0, a=1,\cdots,k. \end{aligned}$$

会迫使所有的样本都满足

$$y_i(w^{\mathrm{T}}\phi(x_i)+b)\geqslant 1, i=1,\cdots,m; y'_a(w^{\mathrm{T}}\phi(x'_a)+b)\geqslant 1, a=1,\cdots,k.$$

当C_1, C_2取有限值时，模型

$$\begin{aligned} \min\ & \frac{1}{2}\|w\|_2^2+C_1\sum_{i=1} Loss_{0/1}(y_i(w^{\mathrm{T}}\phi(x_i)+b)-1)+C_2\sum_a Loss_{0/1}(y'_a(w^{\mathrm{T}}\phi(x'_a)+b)-1) \\ \text{s.t.}\ & (y'_a-1)(y'_a+1)=0, a=1,\cdots,k. \end{aligned}$$

允许部分样本不满足

$$y_i(w^{\mathrm{T}}\phi(x_i)+b)\geqslant 1; y'_a(w^{\mathrm{T}}\phi(x'_a)+b)\geqslant 1.$$

已知函数$Loss_{0/1}$是不连续、非凸的，数学性质很不好，使得模型

$$\begin{aligned} \min\ & \frac{1}{2}\|w\|_2^2+C_1\sum_{i=1} Loss_{0/1}(y_i(w^{\mathrm{T}}\phi(x_i)+b)-1)+C_2\sum_a Loss_{0/1}(y'_a(w^{\mathrm{T}}\phi(x'_a)+b)-1) \\ \text{s.t.}\ & (y'_a-1)(y'_a+1)=0, a=1,\cdots,k \end{aligned}$$

不好求解，于是通常用一些具有较好性质的函数来代替$Loss_{0/1}$函数，这些函数称为替代损失函数。

定义23.2 三类主要的替代损失函数：

Hinge损失函数定义为

$$Loss_{\mathrm{hinge}}(z)=\max(0, 1-z).$$

指数损失函数定义为

$$Loss_{\exp}(z)=\exp(-z).$$

Logistic损失函数定义为

$$Loss_{\log}(z) = \log(1 + \exp(-z)).$$

选用Hinge损失函数，那么上面的模型转化为

$$\min \ \frac{1}{2}\|w\|_2^2 + C_1 \sum_i \max(0, 1 - y_i(w^{\mathrm{T}}\phi(x_i) + b)) + C_2 \sum_a \max(0, 1 - y'_a(w^{\mathrm{T}}\phi(x'_a) + b)).$$

引入松驰变量$s_i, i = 1, \cdots, m; s'_a, a = 1, \cdots, k$，可将原始模型转化为

$$\begin{aligned}
\min \ & \frac{1}{2}\|w\|_2^2 + C_1 \sum_i s_i + C_2 \sum_a s'_a \\
\text{s.t.} \ & y_i(w^{\mathrm{T}}\phi(x_i) + b) \geqslant 1 - s_i, i = 1, \cdots, m, \\
& y'_a(w^{\mathrm{T}}\phi(x'_a) + b) \geqslant 1 - s'_a, a = 1, \cdots, k, \\
& (y'_a - 1)(y'_a + 1) = 0, a = 1, \cdots, k, \\
& s_i \geqslant 0, i = 1, \cdots, m, \\
& s'_a \geqslant 0, a = 1, \cdots, k.
\end{aligned}$$

这个模型称为嵌入半监督软间隔支持向量机，与嵌入硬间隔支持向量机相比，在约束方面做了放松，模型的变量为$w, b, s = (s_i), s' = (s'_a), y' = (y'_a)$.

对于嵌入半监督软间隔支持向量机

$$\begin{aligned}
\min \ & \frac{1}{2}\|w\|_2^2 + C_1 \sum_i s_i + C_2 \sum_a s'_a \\
\text{s.t.} \ & y_i(w^{\mathrm{T}}\phi(x_i) + b) \geqslant 1 - s_i, i = 1, \cdots, m, \\
& y'_a(w^{\mathrm{T}}\phi(x'_a) + b) \geqslant 1 - s'_a, a = 1, \cdots, k, \\
& (y'_a - 1)(y'_a + 1) = 0, a = 1, \cdots, k, \\
& s_i \geqslant 0, i = 1, \cdots, m, \\
& s'_a \geqslant 0, a = 1, \cdots, k.
\end{aligned}$$

需要计算其对偶问题。首先将模型标准化为

$$\begin{aligned}
\min \ & \frac{1}{2}\|w\|_2^2 + C_1 \sum_i s_i + C_2 \sum_a s'_a \\
\text{s.t.} \ & 1 - s_i - y_i(w^{\mathrm{T}}\phi(x_i) + b) \leqslant 0, i = 1, \cdots, m, \\
& 1 - s'_a - y'_a(w^{\mathrm{T}}\phi(x'_a) + b) \leqslant 0, a = 1, \cdots, k, \\
& - s_i \leqslant 0, i = 1, \cdots, m, \\
& - s'_a \leqslant 0, a = 1, \cdots, k, \\
& (y'_a - 1)(y'_a + 1) = 0, a = 1, \cdots, k.
\end{aligned}$$

其次选定对偶变量为

$$\alpha, \beta \in \mathbf{R}^m, \alpha, \beta \geqslant 0; \alpha', \beta' \in \mathbf{R}^k, \alpha', \beta' \geqslant 0; \gamma' \in \mathbf{R}^k.$$

第三步定义模型的Lagrange函数为

$$\begin{aligned}
L(w, b, s, s', y', \alpha, \beta, \alpha', \beta', \gamma') = & \frac{1}{2}\|w\|_2^2 + C_1 \mathbf{1}_m^{\mathrm{T}} s + C_2 \mathbf{1}_k^{\mathrm{T}} s' \\
& + \sum_i \alpha_i (1 - s_i - y_i(w^{\mathrm{T}}\phi(x_i) + b)) - \beta^{\mathrm{T}} s \\
& + \sum_a \alpha'_a (1 - s'_a - y'_a(w^{\mathrm{T}}\phi(x'_a) + b)) - \beta'^{T} s'
\end{aligned}$$

$$
\begin{aligned}
&+\sum_a \gamma'_a({y'_a}^2-1)\\
=&\frac{1}{2}w^{\mathrm{T}}w-(\sum_i \alpha_i y_i \phi(x_i))^{\mathrm{T}}w-(\sum_a \alpha'_a y'_a \phi(x'_a))^{\mathrm{T}}w\\
&-b\alpha^{\mathrm{T}}y-b\alpha'^{\mathrm{T}}y'^{\mathrm{T}}+(C_1\mathbf{1}_m-\alpha-\beta)^{\mathrm{T}}s+(C_2\mathbf{1}_k-\alpha'-\beta')^{\mathrm{T}}s'\\
&+\sum_a \gamma'_a {y'_a}^2+\mathbf{1}_m^{\mathrm{T}}\alpha+\mathbf{1}_k^{\mathrm{T}}\alpha'-\mathbf{1}_k^{\mathrm{T}}\gamma'.
\end{aligned}
$$

计算Lagrange函数的各阶导数可得

$$
\begin{aligned}
&\nabla_w L(w,b,s,s',y',\alpha,\beta,\alpha',\beta',\gamma')=w-(\sum_i \alpha_i y_i\phi(x_i))-(\sum_a \alpha'_a y'_a\phi(x'_a)),\\
&\nabla_b L(w,b,s,s',y',\alpha,\beta,\alpha',\beta',\gamma')=-\alpha^{\mathrm{T}}y-\alpha'^{\mathrm{T}}y'^{\mathrm{T}},\\
&\nabla_s L(w,b,s,s',y',\alpha,\beta,\alpha',\beta',\gamma')=C_1\mathbf{1}_m-\alpha-\beta,\\
&\nabla_{s'} L(w,b,s,s',y',\alpha,\beta,\alpha',\beta',\gamma')=C_2\mathbf{1}_k-\alpha'-\beta',\\
&\nabla_{y'} L(w,b,s,s',y',\alpha,\beta,\alpha',\beta',\gamma')=-\sum_a \alpha'_a\phi(x'_a)^{\mathrm{T}}we_a-b\alpha'+2\sum_a \gamma'_a y'_a e_a,\\
&\nabla^2_{ww} L(w,b,s,s',y',\alpha,\beta,\alpha',\beta',\gamma')=I_N,\\
&\nabla^2_{wb} L(w,b,s,s',y',\alpha,\beta,\alpha',\beta',\gamma')=0,\\
&\nabla^2_{ws} L(w,b,s,s',y',\alpha,\beta,\alpha',\beta',\gamma')=0,\\
&\nabla^2_{ws'} L(w,b,s,s',y',\alpha,\beta,\alpha',\beta',\gamma')=0,\\
&\nabla^2_{wy'} L(w,b,s,s',y',\alpha,\beta,\alpha',\beta',\gamma')=-[\alpha'_a\phi(x'_a)]_{a=1,\cdots,k},\\
&\nabla^2_{bb} L(w,b,s,s',y',\alpha,\beta,\alpha',\beta',\gamma')=0,\\
&\nabla^2_{bs} L(w,b,s,s',y',\alpha,\beta,\alpha',\beta',\gamma')=0,\\
&\nabla^2_{bs'} L(w,b,s,s',y',\alpha,\beta,\alpha',\beta',\gamma')=0,\\
&\nabla^2_{by'} L(w,b,s,s',y',\alpha,\beta,\alpha',\beta',\gamma')=-\alpha'^{\mathrm{T}},\\
&\nabla^2_{ss} L(w,b,s,s',y',\alpha,\beta,\alpha',\beta',\gamma')=0,\\
&\nabla^2_{ss'} L(w,b,s,s',y',\alpha,\beta,\alpha',\beta',\gamma')=0,\\
&\nabla^2_{sy'} L(w,b,s,s',y',\alpha,\beta,\alpha',\beta',\gamma')=0,\\
&\nabla^2_{s's'} L(w,b,s,s',y',\alpha,\beta,\alpha',\beta',\gamma')=0,\\
&\nabla^2_{s'y'} L(w,b,s,s',y',\alpha,\beta,\alpha',\beta',\gamma')=0,\\
&\nabla^2_{y'y'} L(w,b,s,s',y',\alpha,\beta,\alpha',\beta',\gamma')=2[\gamma'_a e_a]_{a=1,\cdots,k}.
\end{aligned}
$$

因为Lagrange函数的Hessian矩阵满足

$$
\begin{pmatrix}
I_N & 0 & 0 & 0 & -[\alpha'_a\phi(x'_a)]^k_{a=1,\cdots,k}\\
0 & 0 & 0 & 0 & -\alpha'^{\mathrm{T}}\\
0 & 0 & 0 & 0 & 0\\
0 & 0 & 0 & 0 & 0\\
-[\alpha'_a\phi(x'_a)]^{\mathrm{T}}_{a=1,\cdots,k} & -\alpha' & 0 & 0 & 2[\gamma'_a e_a]_{a=1,\cdots,k}
\end{pmatrix}\geqslant 0.
$$

所以Lagrange函数的最优解为如下方程的解

$$
\begin{aligned}
&\nabla_w L(w,b,s,s',y',\alpha,\beta,\alpha',\beta',\gamma')=w-(\sum_i \alpha_i y_i\phi(x_i))-(\sum_a \alpha'_a y'_a\phi(x'_a))=0,\\
&\nabla_b L(w,b,s,s',y',\alpha,\beta,\alpha',\beta',\gamma')=-\alpha^{\mathrm{T}}y-\alpha'^{\mathrm{T}}y'^{\mathrm{T}}=0,
\end{aligned}
$$

$$\nabla_s L(w,b,s,s',y',\alpha,\beta,\alpha',\beta',\gamma') = C_1\mathbf{1}_m - \alpha - \beta = 0,$$
$$\nabla_{s'} L(w,b,s,s',y',\alpha,\beta,\alpha',\beta',\gamma') = C_2\mathbf{1}_k - \alpha' - \beta' = 0,$$
$$\nabla_{y'} L(w,b,s,s',y',\alpha,\beta,\alpha',\beta',\gamma') = -\sum_a \alpha'_a\phi(x'_a)^{\mathrm{T}}we_a - b\alpha' + 2\sum_a \gamma'_a y'_a e_a = 0.$$

即方程

$$\begin{pmatrix} I_N & 0 & 0 & 0 & -[\alpha'_a\phi(x'_a)]^k_{a=1,\cdots,k} \\ 0 & 0 & 0 & 0 & -\alpha'^{\mathrm{T}} \\ 0 & 0 & 0 & 0 & 0 \\ 0 & 0 & 0 & 0 & 0 \\ -[\alpha'_a\phi(x'_a)]^{\mathrm{T}}_{a=1,\cdots,k} & -\alpha' & 0 & 0 & 2[\gamma'_a e_a]_{a=1,\cdots,k} \end{pmatrix} \begin{pmatrix} w \\ b \\ s \\ s' \\ y' \end{pmatrix} = \begin{pmatrix} \sum_i \alpha_i y_i \phi(x_i) \\ -\alpha^{\mathrm{T}} y \\ 0 \\ 0 \\ 0 \end{pmatrix}.$$

利用线性代数中的广义逆可以计算出上面方程的不定解

$$\begin{pmatrix} w^* \\ b^* \\ s^* \\ s'^* \\ y'^* \end{pmatrix} = \begin{pmatrix} I_n & 0 & 0 & 0 & -[\alpha'_a\phi(x'_a)]^k_{a=1,\cdots,k} \\ 0 & 0 & 0 & 0 & -\alpha'^{\mathrm{T}} \\ 0 & 0 & 0 & 0 & 0 \\ 0 & 0 & 0 & 0 & 0 \\ -[\alpha'_a\phi(x'_a)]^{\mathrm{T}}_{a=1,\cdots,k} & -\alpha' & 0 & 0 & 2[\gamma'_a e_a]_{a=1,\cdots,k} \end{pmatrix}^{\dagger} \begin{pmatrix} \sum_i \alpha_i y_i \phi(x_i) \\ -\alpha^{\mathrm{T}} y \\ 0 \\ 0 \\ 0 \end{pmatrix}.$$

本质上是如下解

$$\begin{pmatrix} w^* \\ b^* \\ y'^* \end{pmatrix} = \begin{pmatrix} I_n & 0 & -[\alpha'_a\phi(x'_a)]^k_{a=1,\cdots,k} \\ 0 & 0 & -\alpha'^{\mathrm{T}} \\ -[\alpha'_a\phi(x'_a)]^{\mathrm{T}}_{a=1,\cdots,k} & -\alpha' & 2[\gamma'_a e_a]_{a=1,\cdots,k} \end{pmatrix}^{\dagger} \begin{pmatrix} \sum_i \alpha_i y_i \phi(x_i) \\ -\alpha^{\mathrm{T}} y \\ 0 \end{pmatrix}.$$

不定解代入目标函数可得到对偶函数

$$r(\alpha,\alpha',\gamma') = L(w^*,b^*,s^*,s'^*,y'^*,\alpha,C_1\mathbf{1}_m-\alpha,\alpha',C_2\mathbf{1}_k-\alpha',\gamma').$$

因此嵌入半监督软间隔支持向量模型的对偶模型为

$$\begin{aligned} \max\ & r(\alpha,\alpha',\gamma') \\ \text{s.t.}\ & 0 \leqslant \alpha \leqslant C_1\mathbf{1}_m; 0 \leqslant \alpha' \leqslant C_2\mathbf{1}_k, \\ & \alpha \in \mathbf{R}^m, \alpha' \in \mathbf{R}^k, \gamma' \in \mathbf{R}^k. \end{aligned}$$

对于嵌入半监督软间隔支持向量机

$$\begin{aligned} \min\ & \frac{1}{2}\|w\|_2^2 + C_1\sum_i s_i + C_2\sum_a s'_a \\ \text{s.t.}\ & y_i(w^{\mathrm{T}}\phi(x_i)+b) \geqslant 1 - s_i, i=1,\cdots,m, \\ & y'_a(w^{\mathrm{T}}\phi(x'_a)+b) \geqslant 1 - s'_a, a=1,\cdots,k, \\ & (y'_a-1)(y'_a+1) = 0, a=1,\cdots,k, \\ & s_i \geqslant 0, i=1,\cdots,m, \\ & s'_a \geqslant 0, a=1,\cdots,k. \end{aligned}$$

也可以直接计算其KKT条件。首先将模型标准化为

$$\begin{aligned} \min\ & \frac{1}{2}\|w\|_2^2 + C_1\sum_i s_i + C_2\sum_a s'_a \\ \text{s.t.}\ & 1 - s_i - y_i(w^{\mathrm{T}}\phi(x_i)+b) \leqslant 0, i=1,\cdots,m, \end{aligned}$$

$$
\begin{aligned}
&1 - s'_a - y'_a(w^{\mathrm{T}}\phi(x'_a) + b) \leqslant 0, a = 1, \cdots, k,\\
&- s_i \leqslant 0, i = 1, \cdots, m,\\
&- s'_a \leqslant 0, a = 1, \cdots, k,\\
&(y'_a - 1)(y'_a + 1) = 0, a = 1, \cdots, k.
\end{aligned}
$$

其次选定对偶变量为

$$
\alpha, \beta \in \mathbf{R}^m, \alpha, \beta \geqslant 0; \alpha', \beta' \in \mathbf{R}^k, \alpha', \beta' \geqslant 0; \gamma' \in \mathbf{R}^k.
$$

第三步定义模型的Lagrange函数为

$$
\begin{aligned}
L(w, b, s, s', y', \alpha, \beta, \alpha', \beta', \gamma') =& \frac{1}{2}\|w\|_2^2 + C_1 \mathbf{1}_m^{\mathrm{T}} s + C_2 \mathbf{1}_k^{\mathrm{T}} s'\\
&+ \sum_i \alpha_i (1 - s_i - y_i(w^{\mathrm{T}}\phi(x_i) + b)) - \beta^{\mathrm{T}} s\\
&+ \sum_a \alpha'_a (1 - s'_a - y'_a(w^{\mathrm{T}}\phi(x'_a) + b)) - \beta'^{T} s'\\
&+ \sum_a \gamma'_a ({y'_a}^2 - 1)\\
=& \frac{1}{2} w^{\mathrm{T}} w - (\sum_i \alpha_i y_i \phi(x_i))^{\mathrm{T}} w - (\sum_a \alpha'_a y'_a \phi(x'_a))^{\mathrm{T}} w\\
&- b\alpha^{\mathrm{T}} y - b\alpha'^{\mathrm{T}} y'^{\mathrm{T}} + (C_1 \mathbf{1}_m - \alpha - \beta)^{\mathrm{T}} s + (C_2 \mathbf{1}_k - \alpha' - \beta')^{\mathrm{T}} s'\\
&+ \sum_a \gamma'_a {y'_a}^2 + \mathbf{1}_m^{\mathrm{T}} \alpha + \mathbf{1}_k^{\mathrm{T}} \alpha' - \mathbf{1}_k^{\mathrm{T}} \gamma'.
\end{aligned}
$$

KKT条件为

$$
\begin{aligned}
&y_i(w^{\mathrm{T}}\phi(x_i) + b) \geqslant 1 - s_i, i = 1, \cdots, m,\\
&y'_a(w^{\mathrm{T}}\phi(x'_a) + b) \geqslant 1 - s'_a, a = 1, \cdots, k,\\
&s_i \geqslant 0, i = 1, \cdots, m,\\
&s'_a \geqslant 0, a = 1, \cdots, k,\\
&(y'_a - 1)(y'_a + 1) = 0, a = 1, \cdots, k,\\
&\alpha, \beta \in \mathbf{R}^m, \alpha, \beta \geqslant 0; \alpha', \beta' \in \mathbf{R}^k, \alpha', \beta' \geqslant 0; \gamma' \in \mathbf{R}^k,\\
&\alpha_i(1 - s_i - y_i(w^{\mathrm{T}}\phi(x_i) + b)) = 0, i = 1, \cdots, m,\\
&\alpha'_a(1 - s'_a - y'_a(w^{\mathrm{T}}\phi(x'_a) + b)) = 0, a = 1, \cdots, k,\\
&\beta_i s_i = 0, i = 1, \cdots, m,\\
&\beta'_a s'_a = 0, a = 1, \cdots, k,\\
&w = \sum_i \alpha_i y_i \phi(x_i) - \sum_a \alpha'_a y'_a \phi(x'_a),\\
&\alpha^{\mathrm{T}} y + \alpha'^{\mathrm{T}} y'^{\mathrm{T}} = 0,\\
&C_1 \mathbf{1}_m - \alpha - \beta = 0,\\
&C_2 \mathbf{1}_k - \alpha' - \beta' = 0,\\
&\sum_a \alpha'_a \phi(x'_a)^{\mathrm{T}} w e_a + b\alpha' = 2 \sum_a \gamma'_a y'_a e_a.
\end{aligned}
$$

必须注意的是，在嵌入半监督软间隔支持向量机模型的对偶模型的计算过程中，必

须求解方程

$$\begin{pmatrix} w^* \\ b^* \\ s^* \\ s'^* \\ y'^* \end{pmatrix} = \begin{pmatrix} I_n & 0 & 0 & 0 & -[\alpha'_a\phi(x'_a)]^k_{a=1,\cdots,k} \\ 0 & 0 & 0 & 0 & -\alpha'^{\mathrm{T}} \\ 0 & 0 & 0 & 0 & 0 \\ 0 & 0 & 0 & 0 & 0 \\ -[\alpha'_a\phi(x'_a)]^{\mathrm{T}}_{a=1,\cdots,k} & -\alpha' & 0 & 0 & 2[\gamma'_a e_a]_{a=1,\cdots,k} \end{pmatrix}^{\dagger} \begin{pmatrix} (\sum_i \alpha_i y_i \phi(x_i)) \\ -\alpha^{\mathrm{T}} y \\ 0 \\ 0 \\ 0 \end{pmatrix}.$$

仔细观察方程组，知道这个方程组的解和对偶模型

$$\begin{aligned} &\max\ r(\alpha,\alpha',\gamma') \\ &\text{s.t.}\ \ 0 \leqslant \alpha \leqslant C_1\mathbf{1}_m; 0 \leqslant \alpha' \leqslant C_2\mathbf{1}_k, \\ &\qquad \alpha \in \mathbf{R}^m, \alpha' \in \mathbf{R}^k, \gamma' \in \mathbf{R}^k \end{aligned}$$

中必定出现形如

$$\phi(x_i)^{\mathrm{T}}\phi(x_j), \phi(x_i)^{\mathrm{T}}\phi(x'_a), \phi(x'_a)^{\mathrm{T}}\phi(x_j), \phi(x'_a)^{\mathrm{T}}\phi(x'_c), i,j=1,\cdots,m; a,c=1,\cdots,k$$

的项，称函数

$$\begin{aligned} k(x_i,x_j) &= \phi(x_i)^{\mathrm{T}}\phi(x_j), i,j=1,\cdots,m; \\ k(x_i,x'_a) &= \phi(x_i)^{\mathrm{T}}\phi(x'_a), i=1,\cdots,m,\ a=1,\cdots k; \\ k(x'_a,x_i) &= \phi(x'_a)^{\mathrm{T}}\phi(x_i), i=1,\cdots,m,\ a=1,\cdots k; \\ k(x'_a,x'_c) &= \phi(x'_a)^{\mathrm{T}}\phi(x'_c), a,c=1,\cdots,k \end{aligned}$$

为嵌入ϕ导出的核函数，这个核函数和嵌入半监督软间隔支持向量问题有着密切的关系。

在上面的例子中，我们取定的是Hinge损失函数，当然也可以取其他的替代损失函数，如果$Loss$是一个抽象的损失函数，函数$f = a^{\mathrm{T}}x + b$是超平面，$\Omega(f)$是关于f的一个抽象评估函数，标记数据集D和未标记数据集G的嵌入函数为ϕ：$D \cup G \subseteq \mathbf{R}^n \to \mathbf{R}^N$，那么我们可以建立很一般的模型

$$\min_{f,y'}\ \Omega(f) + C_1\sum_i Loss(w^{\mathrm{T}}\phi(x_i)+b, y_i) + C_2\sum_a Loss(w^{\mathrm{T}}\phi(x'_a)+b, y'_a).$$

模型中第一项$\Omega(f)$称为结构风险，用于描述函数f的某些性质；第二项$\sum_i Loss(w^{\mathrm{T}}\phi(x_i)+b, y_i)$和第三项$\sum_a Loss(w^{\mathrm{T}}\phi(x'_a)+b, y'_a)$称为嵌入经验风险，用于描述模型与训练样本数据之间的契合程度；系数C_1, C_2用于二者的折中，这是一个抽象的正则化模型。

参考文献

[1] Stephen Boyd, Lieven Vandenberghe. Convex Optimization[M]. Cambridge: Cambridge University Press, 2004.

[2] Mokhtar S .Bazaraa, Hanif D.Sherali, C.M.Shetty. Nonlinear Programming: Theory and Algorithms, 3rd edition[M]. John Wiley and Sons,Inc.,Publication, 2006.

[3] Wenyu Sun, Yaxiang Yuan. Optimization Theory and Methods: Nonlinear Programming[M]. Springer, 2006.

[4] 孙文瑜，袁亚湘. 最优化理论与方法[M]. 北京：科学出版社，1997.

[5] 徐培德，邱涤珊. 非线性优化原理与方法[M]. 长沙：国防科技大学出版社，2008.

[6] 周志华. 机器学习[M]. 北京：清华大学出版社，2016.